btb
Aus Freude am Lesen

btb

Buch

Im Sommer 1819 sticht der Walfänger *Essex* von Nantucket, einer kleinen Insel vor der Küste Neuenglands, mit Kurs auf Kap Horn in See. Erst vor den Falkland-Inseln erlegen die Harpuniere das erste jener majestätischen Tiere, deren Tran in den Zeiten vor der Erdölgewinnung ein kostbarer Rohstoff ist. Im Pazifik, 45 Meilen südlich des Äquators, nimmt das Unglück seinen Lauf: Die *Essex* wird von einem riesigen Pottwal gerammt und sinkt. Für die zwanzig Männer, die sich auf die kleinen Walfangboote retten können, beginnt eine grausame Odyssee über den Ozean, die nur acht von ihnen überleben werden. Stürme, brennende Sonne und sogar die weitere Attacke eines Wals erwarten die Seeleute in den nächsten Wochen. Hunger und quälender Durst bringen die Männer, deren Boote schließlich auch noch voneinander getrennt werden, an die Grenzen ihrer Kraft – und an die Grenzen ihrer Menschlichkeit.

Packend und detailgenau schildert Nathaniel Philbrick den gnadenlosen Überlebenskampf der Männer. Gestützt auf die authentischen Quellen und modernste wissenschaftliche Erkenntnisse, enthüllt der Autor die ganze Wahrheit dieser beispiellosen Schiffskatastrophe und macht den Leser zum Zeugen eines bewegenden menschlichen Dramas. Darüber hinaus beleuchtet er auch die wirtschaftlichen und sozialen Hintergründe der großen Walfangzeit, ohne die es nie zu dieser Tragödie gekommen wäre.

Autor

Nathaniel Philbrick ist Direktor des Institute of Maritime Studies und Mitglied der Nantucket Historical Association. Er ist ein leidenschaftlicher Segler und lebt auf Nantucket, Massachusetts.

Nathaniel Philbrick

Im Herzen der See

Die letzte Fahrt des Walfängers *Essex*

Deutsch von Andrea Kann und Klaus Fritz

btb

Originaltitel: In the Heart of the Sea.
The Tragedy of the Whaleship Essex
Originalverlag: Viking, New York

Umwelthinweis:
Alle bedruckten Materialien dieses Taschenbuches
sind chlorfrei und umweltschonend.

btb Taschenbücher erscheinen im Goldmann Verlag,
einem Unternehmen der Verlagsgruppe Random House GmbH.

1. Auflage
Genehmigte Taschenbuchausgabe August 2002

Umschlaggestaltung: Design Team München
Umschlagillustration: Chris Moore
Satz: Dr. Ulrich Mihr GmbH, Tübingen
KR · Herstellung: Augustin Wiesbeck
Made in Germany
ISBN 3-442-72971-8
www.btb-verlag.de

In deiner erhabenen Größe wirfst du die Gegner zu Boden.
Du sendest deinen Zorn; er frißt sie wie Stoppeln.
Du schnaubtest vor Zorn, da türmte sich Wasser,
da standen Wogen als Wall, Fluten erstarrten im Herzen
der See.

Exodus 15, 7–8

INHALT

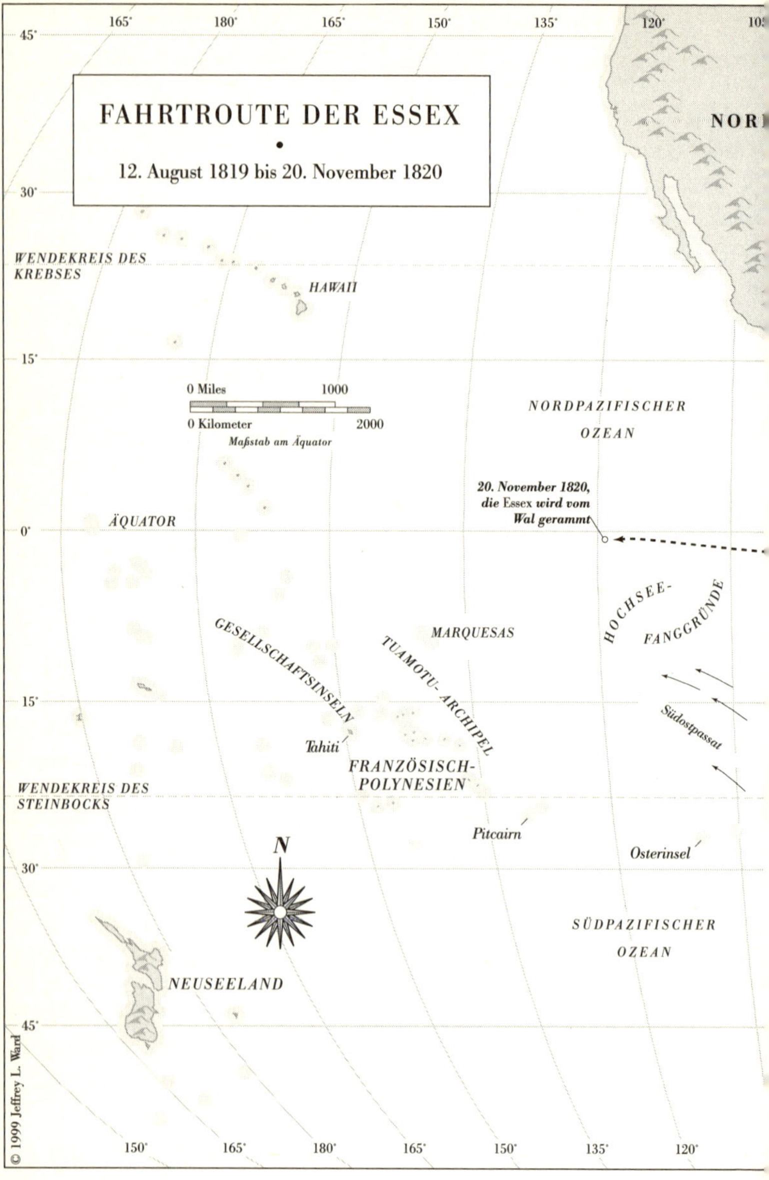

FAHRTROUTE DER ESSEX
12. August 1819 bis 20. November 1820
165°
180°
165°
150°
135°
120°
45°
30°
15°
0°
15°
30°
45°
WENDEKREIS DES KREBSES
HAWAII
0 Miles
1000
0 Kilometer
2000
Maßstab am Äquator
NORDPAZIFISCHER OZEAN
20. November 1820, die Essex wird vom Wal gerammt
ÄQUATOR
HOCHSEE-FANGGRÜNDE
GESELLSCHAFTSINSELN
TUAMOTU-ARCHIPEL
MARQUESAS
Südostpassat
Tahiti
FRANZÖSISCH-POLYNESIEN
WENDEKREIS DES STEINBOCKS
Pitcairn
Osterinsel
N
SÜDPAZIFISCHER OZEAN
NEUSEELAND
150°
165°
180°
165°
150°
135°
120°
© 1999 Jeffrey L. Ward

MERIKA
Boston
Kap Cod
Nantucket
Kenterung der Essex am 15. August
Westliche Winde
Corvo
AZOREN
Flores, 2. September
EUROPA
Sargassosee
NORDATLANTISCHER OZEAN
KANARISCHE INSELN
AFRIKA
WESTINDISCHE INSELN
KUBA
KAPVERDEN
Boavista
Maio, 19. September
Nordostpassat
Doldrums
Ankunft auf der Insel Hood, 8. Oktober
September 1820, Versorgungsstopp in Atacames. Henry Dewitt setzt sich ab.
GALAPAGOS-INSELN
Amazonas
Anden
ÄQUATOR
Südostpassat
LOBOS-INSELN
SÜD-AMERIKA
PERU
Ende Mai, die Essex trifft die Aurora
Versorgungsstopp in Arica
ter und Frühling 1820, die Essex kreuzt vor der Küste Chiles nach Walen
ARGENTINIEN
CHILE
Rio de Janeiro
SÜDATLANTISCHER OZEAN
Juan Fernandez
Valparaiso
Buenos Aires
Oktober 1819, der erste Wal wird gesichtet
Februar 1820, Versorgungsstopp bei Masafuera
Versorgungsstopp in Talcahuano
Santa Maria
3. Januar 1820, Gam in der Bucht von Arauco
Westliche Winde
FALKLAND-INSELN
Staateninseln
Kap Horn

DIE BESATZUNG DER *ESSEX*

KAPITÄN

George Pollard jr.

OBERMAAT

Owen Chase

ZWEITER MAAT

Matthew Joy

BOOTSSTEUERMÄNNER

Benjamin Lawrence · Obed Hendricks
Thomas Chappel

MATROSEN

Owen Coffin · Isaac Cole · Henry Dewitt
Richard Peterson · Charles Ramsdell · Barzillai Ray
Samuel Reed · Isaiah Sheppard · Charles Shorter
Lawson Thomas · Seth Weeks · Joseph West
William Wright

STEWARD

William Bond

KAJÜTENJUNGE

Thomas Nickerson

Vorwort

23. FEBRUAR 1821

Wie ein riesiger Raubvogel glitt der Walfänger langsam im Zickzackkurs vor der Westküste Südamerikas über ein lebendes Meer aus Öl Richtung Norden. Denn damals, im Jahr 1821, war der Pazifische Ozean eine schier endlose Fläche voll warmblütiger Ölquellen, auch Pottwale genannt.

Pottwale – die größten lebenden Zahnwale – zu fangen, war keine einfache Sache. Dazu mussten sechs Mann in einem vom Schiff ausgesetzten kleinen Boot auf ihr Opfer zurudern, es harpunieren und ihm anschließend die Lanze in den Leib stoßen, was nicht ungefährlich war, denn mit einem einzigen kurzen Flukenschlag konnte das Sechzig-Tonnen-Tier das Walboot zerschmettern und die Männer, oft meilenweit vom Schiff entfernt, ins eiskalte Meerwasser schleudern.

Nach erfolgreicher Jagd stand den Männern die ungeheure Arbeit bevor, den toten Wal in Öl zu verwandeln, das heißt, ihn abzuspecken und anschließend den klein geschnittenen Speck zu kochen, um daraus das hochwertige Öl zu gewinnen, das die nächtlichen Straßen erleuchtete und das Räderwerk des Industriezeitalters schmierte. Damit all das bereits in der grenzenlosen Weite des Pazifiks erledigt werden konnte, mussten die Walfänger des frühen neunzehnten Jahrhunderts nicht nur seefahrende Jäger und Fabrikarbeiter, sondern gleichzeitig Forscher sein und immer weiter in eine kaum kartografierte Wildnis vorstoßen, die größer war als alle Landmassen der Erde zusammen.

Mehr als ein Jahrhundert lang war der Hauptsitz dieses weltumspannenden Ölgeschäfts eine kleine, vierundzwanzig

Meilen vor der Küste des südlichen Neuenglands gelegene Insel namens Nantucket. So paradox es auch scheinen mochte, viele Walfänger aus Nantucket waren Quäker und damit Mitglieder einer religiösen Sekte, die sich unerschütterlich dem Pazifismus verschrieben hatte – zumindest dem Menschen gegenüber. Mit ihrer eisernen Selbstbeherrschung und ihrem beinahe heiligen Sendungsbewusstsein verkörperten sie das, was Melville »streitbare Erzquäker« nannte.

Bei dem die chilenische Küste hinauffahrenden Walfänger aus Nantucket handelte es sich um die *Dauphin,* die erst vor wenigen Monaten zu ihrer Dreijahresfahrt in See gestochen war. Am Morgen des 23. Februar 1821 meldete der Ausguckposten eine ungewöhnliche Entdeckung – ein Boot, das, viel zu klein für die offene See, wie eine Nussschale auf den Wellen schaukelte. Neugierig richtete der Kapitän der *Dauphin,* der siebenunddreißigjährige Zimri Coffin, sein Fernrohr auf das mysteriöse Boot.

An den beiden spitz zulaufenden Enden erkannte er rasch, dass es sich um ein ungefähr fünfundzwanzig Fuß langes Walboot handelte, allerdings um eines, wie er es noch nie zuvor gesehen hatte. Die Bootswände waren nachträglich um etwa einen halben Fuß erhöht worden, und zwei behelfsmäßige Masten hatten aus dem Ruderboot einen primitiven Schoner gemacht, den die vom Salz bretthарten und von der Sonne ausgebleichten Segel schon unendlich viele Meilen über die See gezogen haben mussten. Coffin konnte niemanden an der Ruderpinne entdecken. Er drehte sich zum Rudergänger der *Dauphin* um und befahl: »Hartruder nach Luv!«

Unter Coffins wachsamem Auge brachte der Rudergänger das Schiff so dicht wie möglich an das treibende Boot heran. Durch den Fahrtschwung rauschten sie ziemlich schnell daran vorbei, aber in den wenigen Sekunden, in denen sie von ihrem wesentlich höheren Schiff in den offenen Kahn hinabstarrten, bot sich ihnen ein Anblick, den sie zeit ihres Lebens nie mehr vergessen sollten.

Als Erstes sahen sie Knochen – Menschenknochen –, mit denen die Duchten und Deckplanken übersät waren, als wäre das Walboot die Hochseehöhle einer grausamen, Menschen fressenden Bestie. Dann entdeckten sie die beiden Männer. Zusammengekauert saßen sie da, jeder in einem Ende des Bootes, die Haut verbrannt und wund, die Bärte salz- und blutverkrustet. Und während ihnen die Augen aus den Höhlen traten, saugten sie das Mark aus den Knochen ihrer toten Bordgenossen.

Anstatt ihre Retter freudestrahlend zu begrüßen, reagierten die vor Durst und Hunger halb irren Schiffbrüchigen verstört, ja erschrocken. Außer Stande zu sprechen, warfen sie sich wie zwei ausgehungerte Hunde in der Fallgrube mit wilder, fast barbarischer Verzweiflung über die zersplitterten und abgenagten Knochen, nicht bereit sie preiszugeben.

Später, nachdem die Überlebenden zu essen und trinken bekommen (und schließlich doch von den Knochen abgelassen) hatten, fand einer der beiden die Kraft zu erzählen, was ihnen zugestoßen war. Es war eine Geschichte wie aus den schlimmsten Albträumen eines Walfängers: Sie handelte von Schiffbrüchigen, die ohne Proviant und Wasser in einem kleinen Boot fernab von jedem Land auf hoher See trieben, und – womöglich das Allerschlimmste überhaupt – von einem Wal mit der Rachsucht und Tücke eines Menschen …

Obwohl heute nur noch wenige davon wissen, war das Versenken des Walfängers *Essex* durch einen blindwütigen Pottwal eines der bekanntesten Schiffsunglücke des neunzehnten Jahrhunderts. Fast jedes Kind las in der Schule über dieses Ereignis, das Herman Melville zu den dramatischen Schlussszenen seines *Moby Dick*-Romans inspirierte.

Aber der Moment, mit dem Melvilles Epos endet – der Untergang des Schiffes –, war nur der Anfang jener tatsächlichen Katastrophe, die über die *Essex*-Besatzung hereinbrach. Im Nachhinein wirkt der Untergang wie der Beginn eines grauenvollen Laborversuchs, mit dem herausgefunden werden sollte, wie weit das Tier im Menschen in seinem Kampf gegen die grausame See gehen würde. Von den zwanzig Mann, die sich aus dem vom Wal zertrümmerten Schiff retten konnten, überlebten nur acht. Die beiden von der *Dauphin* geretteten Männer waren fast viereinhalbtausend Seemeilen über den Pazifik gesegelt, und damit mindestens fünfhundert Meilen weiter als Kapitän William Bligh auf seiner heldenhaften Fahrt in einem offenen Boot, nachdem er von den Meuterern der *Bounty* ausgesetzt worden war, und über fünfmal so weit wie 1916 der irische Südpolarforscher Ernest Shackleton auf seiner nicht weniger berühmten Fahrt nach South Georgia.

Fast einhundertachtzig Jahre lang wusste man über die Katastrophe der *Essex* im Grunde nur das, was Owen Chase, der Obermaat des Schiffes, in seinem einhundertachtundzwanzig Seiten langen Meisterwerk *Narrative of the Wreck of the Whaleship Essex* geschrieben hatte. Daneben existierten zwar bruchstückhafte Schilderungen anderer Überlebender, doch keine einzige davon war auch nur annähernd so glaubwürdig oder ausführlich wie der Bericht von Chase, der dank der Hilfe eines Ghostwriters bereits neun Monate nach der Rettung des Obermaats veröffentlicht wurde. Im Jahr 1960 schließlich wurde auf dem Dachboden eines Hauses in Penn Yan im Bundesstaat New York ein altes Notizbuch entdeckt, doch erst zwanzig Jahre später, im Jahr 1980, als das Notizbuch dem Walfangexperten Edouard Stackpole aus Nantucket in die Hände fiel, erkannte man, dass es sich bei seinem ursprünglichen Besitzer Thomas Nickerson um den Kajütenjungen der *Essex* gehandelt haben musste. Nickerson, mittlerweile Inhaber eines Gasthauses auf Nantucket, war in fortgeschrittenem Alter von einem Schriftsteller namens Leon Lewis – möglicherweise einer seiner Gäste – gedrängt worden, einen Bericht über das Schiffsunglück zu schreiben. Im Jahr 1876 schickte Nickerson das Notizbuch, das seinen einzigen Berichtsentwurf enthielt, an Lewis. Aus unbekannten Gründen bereitete dieser das Manuskript jedoch nie zur Veröffentlichung vor, sondern überließ das Notizbuch einem Nachbarn, der es bis zum Tod behielt. Im Jahr 1984 schließlich gab die Nantucket Historical Association Nickersons Erinnerungen in einer kleinen Auflage als Monographie heraus.

Natürlich kann sich Nickersons Schilderung in literarischer Hinsicht nicht mit dem geschliffenen Stil von Chases Bericht messen. Holperig im Stil und abschweifend in der Darstellung ist dieses Buch unleugbar das Werk eines Amateurs, eines Amateurs freilich, *der dabei war*, der am Ruder der *Essex* stand, als der Wal sie zerschmetterte. Mit seinen vierzehn Jahren war Thomas Nickerson das jüngste Besatzungsmitglied, daher bleibt sein Bericht zwangsläufig der eines naiven Jungen an der Schwelle zum Mannesalter, eines sich nach einem Zuhause sehnenden Waisenkindes (er hatte beide Eltern noch vor seinem zweiten Geburtstag verloren). Zwar brachte er seine Erlebnisse erst im Alter von einundsiebzig Jahren zu Papier, aber da seine Erinnerungen durch Gespräche mit anderen Überlebenden aufgefrischt wurden, blickte er auf diese lang vergangene Zeit zurück, als wäre es gestern gewesen. Auch wir werden im Folgenden selbstverständlich Chases Verdienste gebührend würdigen, gleichzeitig jedoch wird zum ersten Mal die Version des Obermaats zumindest stellenweise durch die seines Kajütenjungen in Frage gestellt, dessen Aussage heute, einhundertachtzig Jahre nach dem Untergang der *Essex*, zu lesen ist.

Mein Vater, Thomas Philbrick, war Professor für Englisch an der Universität Pittsburgh und außerdem Autor verschiedener Bücher über amerikanische Seefahrtsromane. Als ich klein war, pflegte er meinem Bruder und mir vor dem Einschlafen die Geschichte von dem Wal zu erzählen, der ein Schiff attackierte. Mein Onkel, der im Jahr 1958 den Wallace-Stevens-Preis für Lyrik gewann, hatte ein Fünfhundert-Zeilen-Gedicht mit dem Titel *A Travail Past* über die *Essex* geschrieben, das im Jahr 1976 postum veröffentlicht wurde. Mit seinem Gedicht wollte er die Erinnerung an »eine Vergangenheit, die wir sträflicherweise vergessen«, wachrütteln. Wie es der Zufall wollte, zog ich zehn Jahre später, im Jahr 1986, mit meiner Frau und meinen beiden Kindern in den Heimathafen der *Essex* nach Nantucket.

Binnen kurzem fand ich heraus, dass Owen Chase, Herman Melville, Thomas Nickerson und Onkel Charlie beileibe nicht die Einzigen gewesen waren, die über die *Essex* geschrieben hatten. Da gab es auch den berühmten Nantucketer Historiker Edouard Stackpole, der im Jahr 1993 starb, just zu dem Zeitpunkt, als meine Nachforschungen begannen. Ein weiterer war Thomas Heffernan, der Autor von *Stove by a Whale – Owen Chase and the Essex,* einem unentbehrlichen wissenschaftlichen Werk, das unmittelbar vor der Entdeckung des Nickerson-Manuskripts abgeschlossen wurde und im Jahr 1981 erschien. Und schließlich gab es Henry Carlisles packenden Roman *The Jonah Man* aus dem Jahr 1984, der die dramatische Geschichte der *Essex* aus Sicht ihres Kapitäns George Pollard schildert.

Durch die Lektüre all dieser Berichte wurde meine Wissbegier erst recht angestachelt. Ich fragte mich, was den Wal zu einem solchen Verhalten getrieben haben mochte, wie sehr Hunger und Durst das Urteilsvermögen der Männer beeinflusst hatten und was eigentlich genau dort draußen geschehen war. Ich vertiefte mich in die schriftlichen Aufzeichnungen anderer Walfänger jener Epoche und las über Kannibalismus, das Überleben auf See, die psychischen und physiologischen Auswirkungen des Hungerns, über Navigation, Meereskunde, das Verhalten der Pottwale, Schiffsbau – kurz, ich las alles, wovon ich mir Aufschluss versprach über das, was diese Männer auf dem weiten und unversöhnlichen Pazifischen Ozean durchgemacht hatten.

Schließlich gelangte ich zu der Erkenntnis, dass der Untergang der *Essex* Melville weit mehr als nur den Schluss zu einem der großartigsten amerikanischen Romane, die jemals geschrieben wurden, geliefert hatte. Dieses Unglück hatte auch all jene Fragen zu Klasse, Herkunft, Führerschaft und dem Verhältnis des Menschen zur Natur aufgeworfen, die Melville während der Arbeit an *Moby Dick* beschäftigen sollten. Daneben bot es Melville einen archetypischen, gleichwohl tatsächlich existierenden Schauplatz, von dem die imaginäre Reise der *Pequod* ihren Ausgang nahm – eine winzige Insel, die einstmals der ganzen Welt Beachtung abgenötigt hatte. Gnadenlos erwerbstüchtig, technologisch fortschrittlich und von dem Glauben beseelt, gleichsam erwählt zu sein, stellte Nantucket im Jahr 1821 in kleinerem Maßstab schon das dar, was Amerika erst noch werden sollte. Niemand hätte sich damals träumen lassen, dass die Insel nur eine Generation später bereits dem Untergang geweiht war und, genau wie die *Essex*, an ihrer zu engen Verbindung mit dem Wal zu Grunde ging.

D.
G.
B.
C.
E.
H.
L.
A.
K.
J.
F.
I.
LWL

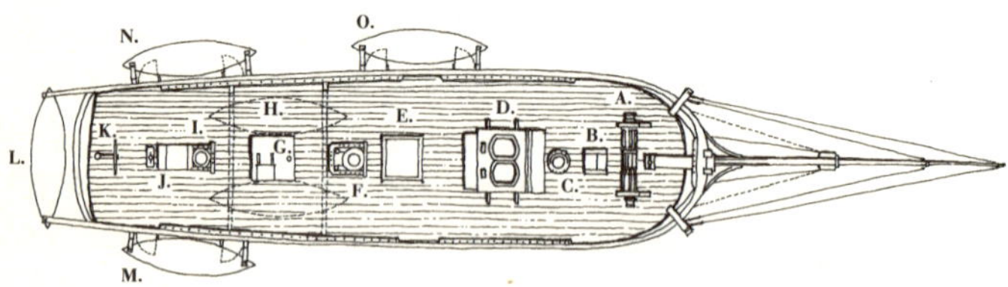
N.
O.
A.
D.
H.
E.
K.
I.
B.
G.
L.
J.
F.
C.
M.

Erstes Kapitel

NANTUCKET

Es war, so erinnerte er sich später, »der schönste Moment meines Lebens« – jener Augenblick, als er das erste Mal an Bord des Walfängers *Essex* ging. Dieser stupsnäsige Vierzehnjährige mit dem offenen, aufgeweckten Gesicht hatte, wie jeder Junge in Nantucket, gelernt, »alles, was nach einem Schiff aussah, zu vergöttern«. Mochte die abgetakelte, am Kai vertäute *Essex* auch nicht viel hermachen, für Thomas Nickerson war sie das Schiff seiner Träume. Endlich, nach schier endloser Wartezeit, würde er zur See fahren.

Sengend brannte die Julisonne auf die alten, ölgetränkten Schiffsplanken, bis unter Deck eine wahre Gluthitze herrschte. Das konnte Nickerson freilich nicht davon abhalten, jede Ritze zu erforschen, angefangen bei dem an Deck montierten Ziegelofen der Trankocherei bis hinunter in die düsteren Tiefen des leeren Laderaums. Dazwischen lag eine knarrende, durch wasserdichte Schotten unterteilte Welt, ein lebendes Etwas aus Eiche und Kiefer, das nach Öl, Blut, Kautabaksaft, Essen, Salz, Moder, Teer und Rauch stank. »So schwarz und hässlich sie auch war«, schrieb Nickerson in sein Notizbuch, »gegen keinen Palast der Welt hätte ich sie eingetauscht.«

Im Juli 1819 gehörte die *Essex* zu einer Flotte aus über siebzig Walfängern, die in Pazifik und Atlantik kreuzten. Da die Preise für Walöl ständig stiegen, während die übrige Weltwirtschaft immer tiefer in eine Krise sank, war das Städtchen Nantucket auf dem Weg, einer der reichsten Orte Amerikas zu werden.

Die etwa siebentausend Einwohner lebten auf einem sanft abfallenden Hügel, der mit Häusern übersät war und von Windmühlen und Kirchtürmen gekrönt wurde. Manch einer behauptete gar, Nantucket ähnelte der vornehmen und angesehenen Hafenstadt Salem – ein beachtliches Kompliment für eine über zwanzig Meilen weit draußen im Atlantik gelegene Insel südlich von Kap Cod. Im Unterschied zu dem sich den Hügel hinaufziehenden Teil der Stadt, der eine fast erdentrückte Ruhe ausstrahlte, herrschte im Hafenviertel reger Betrieb. Aus den langen, niedrigen Lagerhäusern und Reeperbahnen ragten vier massive Kais über hundert Meter weit in den Hafen hinaus. Gewöhnlich lagen fünfzehn bis zwanzig Walfänger und Dutzende von kleineren Handelsschiffen, hauptsächlich einmastige Frachtschiffe und Schoner, zum Ent- oder Beladen an den Kais vertäut oder vor Anker im Hafen. Auf den Kais mit ihrem Gewirr aus Ankern, Trankesseln, Spieren und Ölfässern wimmelte es von Matrosen, Schauermännern und Handwerkern, und dazu herrschte ein ständiges Kommen und Gehen von zweirädrigen Pferdekarren, auch Kaleschen genannt.

Für Thomas Nickerson war das ein vertrauter Anblick. Von klein auf nutzten die Kinder von Nantucket den Hafen als Spielplatz, ruderten in ausrangierten Walbooten auf und ab und kletterten in den Riggs der Schiffe herum. Kein Wunder, dass sie für Fremde eine »eigentümliche Sorte von Jugendlichen« verkörperten, »die mit dem Bewusstsein aufwachsen, zum Seefahrer geboren zu sein … Wie die Affen huschen sie die Wanten empor – kleine Kerle von zehn oder zwölf Jahren – und turnen auf den Rahen herum, als sei es das Natürlichste von der Welt.« Folglich trat Nickerson, wenngleich die *Essex* sein erstes Schiff war, glänzend vorbereitet zu seiner großen Fahrt an.

Auch sollte er nicht allein in See stechen. Seine Freunde Barzillai Ray, Owen Coffin und Charles Ramsdell, alle zwischen fünfzehn und achtzehn Jahren, hatten ebenfalls auf der *Essex* angeheuert. Owen Coffin war der Vetter des neuen Kapitäns der *Essex*, und vermutlich brachte er seine drei

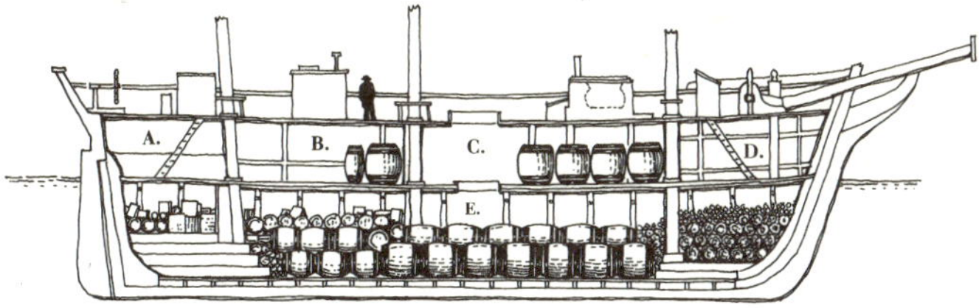

Freunde mit aufs Schiff seines Verwandten. Nickerson war der jüngste von ihnen.

Die *Essex* war alt und mit ihren siebenundachtzig Fuß Länge und zweihundertachtunddreißig Tonnen Verdrängung ziemlich klein, aber in Nantucket eilte ihr der Ruf eines glücklichen Schiffes voraus. Die letzten fünfzehn Jahre hatte sie sich als einträgliches Geschäft erwiesen und war in regelmäßigen Zweijahresabständen mit so viel Öl heimgekehrt, dass sie ihre Eigentümer, Nantucketer Quäker, zu wohlhabenden Männern gemacht hatte. Ihr bisheriger Kapitän Daniel Russell war während der letzten vier Fahrten sogar so erfolgreich gewesen, dass man ihm das Kommando über ein neues und größeres Schiff, die *Aurora*, gab. Dank Russells Beförderung übernahm der ehemalige Obermaat George Pollard jr. das Kommando über die *Essex*, und Owen Chase, einer der Bootssteuermänner (und gleichzeitig Harpunier), stieg zum Obermaat auf, während drei andere Besatzungsmitglieder in den Rang von Bootssteuerern erhoben wurden. Nicht nur ein glückliches, sondern anscheinend auch ein zufriedenes Schiff, hätte die *Essex* Nickerson zufolge »kaum verlockender sein können«.

Da Nantucket wie alle Seefahrerstädte jener Zeit eine vom festen Glauben an Omen und Zeichen beseelte Gemeinde war, galt ein solcher Ruf sehr viel. Dennoch hatte es für Gerede unter den Männern auf den Kais gesorgt, als kurz zuvor in jenem Juli, während die *Essex* repariert und ausgerüstet wurde, ein Komet am nächtlichen Himmel erschienen war.

Nantucket war eine Stadt von Dachbewohnern. Fast jedes Haus hatte auf seinem Dach, dessen Schindeln rot angemalt oder vom Wetter ergraut waren, eine Plattform, den so genannten Wandelgang. Ursprünglich hatte man sie angebracht, um leichter Sand zum Löschen der Kaminfeuer in den Schornstein kippen zu können, aber mit der Zeit erwiesen sich diese Wandelgänge und Plattformen überdies als hervorragende Aussichtsplätze. Von dort aus konnte man mit dem Fernrohr in der Hand die See bequem nach den Segeln heimkehrender Schiffe absuchen. Nachts waren die Fernrohre von Nantucket oft zum Firmament ausgerichtet, und im Juli 1819 bestrichen die Insulaner mit ihnen den nordwestlichen Himmel. Der Quäker Obed Macy, ein Kaufmann, der akribisch alles aufzeichnete, was er zu »außergewöhnlichen Ereignissen« im Inselleben erklärte, beobachtete den nächtlichen Himmel von seinem Haus in der Pleasant Street aus. »Der Komet (der in jeder sternklaren Nacht erscheint)«, schrieb er, »wird angesichts seines ungewöhnlich langen Schweifes, der sich im Gegensatz zur Sonne fast senkrecht Richtung Osten erhebt und auf den Polarstern zuläuft, allgemein für sehr groß gehalten.«

Seit frühesten Zeiten wurde das Auftauchen eines Kometen als Zeichen dafür gedeutet, dass ein ungewöhnliches Ereignis bevorstand. Der *New Bedford Mercury,* der in Ermangelung einer eigenen Zeitung auch auf Nantucket gelesen wurde, kommentierte: »Tatsache ist, dass das Auftauchen eines dieser ungewöhnlichen Besucher bisher noch jedes Mal irgendein bemerkenswertes Ereignis nach sich gezogen hat.« Solche Spekulationen wies Macy allerdings zurück: »Das Philosophieren wollen wir unseren Wissenschaftlern überlassen. Allerdings lässt sich nicht leugnen, dass auch der Gelehrteste in puncto Kometen kaum über fundierte Kenntnisse verfügt.«

Auf den Kais und in den Schifffahrtsbüros wurde trotzdem lebhaft spekuliert, und nicht nur über den Kometen. Den ganzen Frühling und Sommer hindurch war entlang der Küste Neuenglands immer wieder ein, wie der *Mercury* schrieb, »ungewöhnliches Seewesen« gesichtet worden – eine Schlange mit schwarzen Pferdeaugen und einem fünfzig Fuß langen Körper, der laut Augenzeugen an eine Kette schwimmender Fässer erinnerte. Jeder Seemann, vor allem wenn er so jung und leicht zu beeindrucken war wie Thomas Nickerson, dürfte sich, und sei es auch nur flüchtig gewesen, gefragt haben, ob dies wirklich der günstigste Zeitpunkt war, sich auf eine Fahrt um Kap Horn zu begeben.

Freilich hatten die Nantucketer auch allen Grund, abergläubisch zu sein, wurde ihr Leben doch von einer gefährlich unberechenbaren Macht beherrscht – der See. Ein verschlungenes System sich ständig verändernder Untiefen, das auch die Barre unmittelbar vor der Hafeneinfahrt von Nantucket einschloss, machte aus dem im Grunde simplen Vorgang, die Insel anzulaufen oder sie wieder zu verlassen, nur zu oft eine nervenzerreißende und nicht selten folgenschwere Lehrstunde in Sachen Seemannschaft. Insbesondere im Winter, wenn die Stürme am heftigsten tobten, ereignete sich fast wöchentlich ein Schiffbruch vor Nantucket. Über die ganze Insel verstreut fanden sich namenlose Gräber ertrunkener Seeleute, die an der von Wellen gepeitschten Küste angespült worden waren. In der Sprache ihrer indianischen Ureinwohner, der Wampanoag, bedeutete Nantucket »fernes Land«, aber im Grunde war diese Insel nichts als ein Haufen Sand, an dem unerbittlich der Ozean nagte. Wer hier lebte, kannte die Grausamkeit der See zur Genüge, selbst wenn er Nantucket nie verlassen hatte. Die englischen Siedler, die sich vom Jahr 1659 an in Nantucket niederließen, waren sich der Gefahren der See sehr wohl bewusst gewesen. Sie hatten gehofft, auf diesem grasbewachsenen und von Weihern gesprenkelten halbmondförmigen Eiland, auf dem sie keine Wölfe fürchten mussten, nicht als Fischer, sondern als Bauern und Schafhirten ihr Auskommen zu finden. Als jedoch die immer größer werdenden Viehherden sowie die wachsende Anzahl Farmen die Insel in ein vom Wind abgetragenes Ödland zu verwandeln drohten, blieb den Nantucketern gar nichts anderes übrig, als den Blick aufs Meer zu richten.

Regelmäßig jeden Herbst tauchten Hunderte von Glattwalen vor der Südküste der Insel auf, wo sie bis zum Frühlingsanfang blieben. Riesigen Unterwasserviehherden gleich, grasten sie die nährstoffreichen Gewässer vor Nantucket ab, indem sie die oberen Meeresschichten durch die fransigen Fischbeinplatten ihrer stets grinsenden Mäuler siebten. Während die englischen Siedler vor Kap Cod und dem östlichen Long Island bereits seit Jahrzehnten Glattwale jagten (der englische Name *right whale* rührt daher, dass sie »die richtigen Wale zum Töten« waren), hatte in Nantucket bisher niemand den Mut aufgebracht, die Wale in Booten zu verfolgen. Selbst die Verwertung der an der Küste gestrandeten Wale (so genannte Treibwale) hatte man den Wampanoag überlassen.

Im Jahr 1690 standen mehrere Nantucketer auf einem Hügel und blickten hinaus aufs Meer, wo ein paar Wale bliesen und miteinander spielten. Plötzlich deutete einer der Anwesenden mit dem Kopf auf die Wale und sagte: »Dort hinten liegt eine grüne Weide, auf der sich unsere Urenkel ihr tägliches Brot verdienen werden.« Zur Erfüllung seiner Prophezeiung lockte man kurz darauf einen Walfänger namens Ichabod Paddock aus Kap Cod, der die Insulaner in der Kunst des Walfangs unterweisen sollte, über den Nantucket-Sund.

Die ersten Walboote waren nur zwanzig Fuß lang und wurden von den Stränden an der Südküste der Insel zu Wasser gelassen. Gewöhnlich bestand eine Bootscrew aus fünf Wampanoag an den Ruderriemen und einem weißen Nantucketer am Steuerriemen. Sobald die Männer einen Wal getötet hatten, schleppten sie ihn an den Strand zurück und zogen ihm den Speck ab, den sie anschließend zu Öl kochten. Anfang des achtzehnten Jahrhunderts hatten die englischstämmigen Nantucketer ein System der Schuldsklaverei eingeführt, das ihnen ein schier unerschöpfliches Reservoir an indianischen Arbeitskräften garantierte. Ohne die Ureinwohner der Insel, die bis gut in die Zwanzigerjahre des achtzehnten Jahrhunderts hinein der weißen Bevölkerung Nantuckets zahlenmäßig überlegen waren, wäre die Insel niemals ein erfolgreicher Walfanghafen geworden.

Im Jahr 1712 blies ein heftiger Sturm aus Norden einen gewissen Kapitän Hussey, der mit seinem kleinen Boot auf der Suche nach Glattwalen vor der Südküste Nantuckets kreuzte, weit hinaus aufs offene Meer. Einige Meilen von der Insel entfernt, sah er plötzlich mehrere Wale, die ihm bis dato völlig unbekannt waren. Anders als die senkrechte Fontäne des Glattwals war der Blas dieser Wale nach vorn gewölbt. Trotz des stürmischen Windes und der rauen See gelang es Hussey, einen der Wale zu harpunieren und zu töten. Es kam ihm so vor, als würden Blut und Öl seiner Beute die Wellen auf beinahe biblische Weise glätten. Wie Hussey rasch erkannte, handelte es sich bei dem erlegten Tier um einen Pottwal, jene Walart also, von der nur wenige Jahre zuvor ein Exemplar an den Südweststrand der Insel gespült worden war. Abgesehen davon, dass das aus dem Speck des Pottwals gewonnene Öl wesentlich hochwertiger als das des Glattwals war und ein helleres, reiner brennendes Licht erzeugte, enthielt der klotzige Pottwalkopf ein riesiges Reservoir noch wertvolleren Öls – das so genannte Walrat oder Spermaceti, das einfach aus dem Kopf in ein Fass geschöpft werden konnte. (Auf Grund der Ähnlichkeit von Walrat mit Samenflüssigkeit nannte man den Pottwal auch Spermwal.) Der Pottwal mochte zwar schneller und aggressiver als der Glattwal sein, aber er war auch bedeutend ertragreicher. In Ermangelung anderer Möglichkeiten, ihren Lebensunterhalt zu verdienen, verschrieben sich die Nantucketer mit Haut und Haaren der Jagd auf den Pottwal, und binnen kurzem hatten sie ihre Walfang-Konkurrenten vom Festland und auf Long Island überflügelt.

Im Jahr 1760 hatten die Bewohner Nantuckets die heimischen Walbestände praktisch ausgerottet, was sie allerdings nicht weiter scherte, denn zu diesem Zeitpunkt hatten sie ihre *slups* für den Walfang bereits vergrößert und mit Ziegelöfen zum Trankochen ausgestattet, so dass sie schon auf hoher See das Öl gewinnen konnten. Da nun keine Notwendigkeit mehr bestand, ständig zum Entladen des unförmigen Specks in den Hafen zurückzukehren, vergrößerte sich die Reichweite ihrer Flotte erheblich. Bis zum Ausbruch des nordamerikanischen Unabhängigkeitskriegs hatten die Walfänger aus Nantucket ihr Jagdgebiet bis an den Rand des nördlichen Polarkreises, zur Westküste Afrikas und Ostküste Südamerikas und südlich bis zu den Falklandinseln ausgedehnt.

In einer Rede, die der englische Politiker Edmund Burke 1775 vor dem Parlament hielt, nannte er die Bewohner der Insel die Vorkämpfer eines neuen amerikanischen Pioniergeistes – eines »modernen Volkes«, dessen Erfolg im Walfang den der vereinten Walfangflotte von ganz Europa übertreffe. Nach englischem Vorbild entwickelten die Nantucketer auf ihrer Insel, die fast dieselbe Entfernung vom Festland trennte wie England von Frankreich, das Bewusstsein, ein ganz besonderes und überlegenes Volk zu sein. Sie betrachteten sich als privilegierte Bürger dessen, was Ralph Waldo Emerson die »Nation von Nantucket« nannte.

Der Unabhängigkeitskrieg (1775–81) und der Krieg von 1812, in dessen Verlauf die britische Marine die amerikanische Küstenfischerei nach Strich und Faden ausplünderte, wirkten sich auf den Walfang verheerend aus. Glücklicherweise besaßen die Nantucketer genügend Kapital und ausreichend Geschick und Erfahrung im Walfang, um diese schweren Zeiten zu überstehen. Im Jahr 1819 war Nantucket schon wieder auf dem besten Weg, an seine frühere Glanzzeit anzuknüpfen. Ja, mit dem Vorstoß in den Pazifik leitete man sogar eine neue Epoche des Walfangs ein. Allerdings hatte der Aufschwung der pazifischen Pottwalfischerei auch seine Schattenseiten. Hatten die Fahrten früher durchschnittlich rund neun Monate gedauert, so zogen sie sich nun in der Regel über zwei bis drei Jahre hin. Nie zuvor waren die Walfänger aus Nantucket so lange von ihren Familien getrennt gewesen. Die Zeiten, als die Frauen vom Strand aus ihre Männer und Söhne bei der Waljagd beobachten konnten, waren ohnehin längst vorbei. Und obwohl Nantucket jetzt die Welthauptstadt des Walfangs war, gab es nicht wenige Insulaner, die noch nie in ihrem Leben einen Wal zu Gesicht bekommen hatten.

Im Sommer 1819 sprachen die Leute noch immer über das mittlerweile neun Jahre zurückliegende Ereignis, als nördlich der Insel eine Schule von Glattwalen gesichtet worden war. Damals waren sofort die Walboote losgepullt, und die am Strand versammelte Menschenmenge hatte voller Begeisterung erlebt, wie zwei Wale getötet und in den Hafen geschleppt wurden. Für die Menschen von Nantucket war dieser Vorfall ein Schlüsselerlebnis gewesen, beinahe eine Epiphanie. Endlich hatten sie mit eigenen Augen zwei jener Kreaturen gesehen, von denen sie schon so viel gehört hatten und von denen ihr Lebensunterhalt abhing. Einer der Wale wurde auf den Kai gezogen, und ehe der Tag zur Neige ging, waren Tausende von Menschen – darunter womöglich auch der damals fünfjährige Thomas Nickerson – herbeigepilgert, um ihn zu bestaunen. Es fällt nicht schwer, sich die lebhafte Neugier der Nantucketer vorzustellen, als sie das riesige Tier anstarrten und knufften und pufften und sich dabei sagten: »*Das* ist er also!«

Nantucket hatte ein Wirtschaftssystem geschaffen, das nicht mehr auf die natürlichen Ressourcen der Insel angewiesen war. Infolge zu intensiver landwirtschaftlicher Nutzung war der Boden der Insel längst ausgelaugt; Epidemien hatten die ursprünglich vielköpfige indianische Bevölkerung Nantuckets auf eine Hand voll reduziert, was die Reeder zwang, sich ihre Crews auf dem Festland zu suchen, und die Wale waren fast vollständig aus den hiesigen Gewässern verschwunden. Trotz alledem erfreuten sich die Nantucketer einer florierenden Wirtschaft. Wie ein Besucher einmal feststellte, hatte sich die Insel in eine »öde, ausschließlich mit Walöl gedüngte Sandbank« verwandelt.

Das ganze siebzehnte Jahrhundert hindurch widersetzten sich die englischstämmigen Nantucketer hartnäckig jedem Versuch einer Kirchengründung auf der Insel. Dafür sorgte nicht zuletzt eine gewisse Mary Coffin Starbuck, ohne deren Genehmigung, so hieß es allgemein auf Nantucket, nichts von Bedeutung geschehen konnte. Mary Coffin und Nathaniel Starbuck hatten im Jahr 1662 als erstes englisches Brautpaar der Insel geheiratet und einen lukrativen Außenposten für den Handel mit den Wampanoag eingerichtet. Wann immer ein Wanderprediger mit der Absicht, eine Gemeinde zu gründen, nach Nantucket kam, wurde er von Mary Starbuck schroff abgewiesen. Im Jahr 1702 erlag sie dann doch einem charismatischen Quäkerprediger namens John Richardson. Mit der Predigt, die er in Starbucks Wohnzimmer vor einer kleinen Versammlung hielt, gelang es Richardson, die Gastgeberin zu Tränen zu rühren. Marys Bekehrung zum Quäkertum war der Anfang jener einzigartigen Verbindung von Spiritualität und Habsucht, die den Aufstieg Nantuckets zum bedeutendsten Walfanghafen erst möglich machte.

Statt sich auf die Bibelauslegung puritanischer Prediger zu stützen, glaubten die Quäker, oder genauer die *Gesellschaft der Freunde,* an die individuelle Erfahrung der Existenz Gottes, das »Innere Licht«. Das heißt freilich keineswegs, dass Nantuckets unaufhaltsam wachsende Quäkerschar Freidenker gewesen wären. Die *Freunde* mussten bestimmte, auf den Jahresversammlungen festgelegte Verhaltensregeln befolgen, die einen Gemeinschaftsgeist förderten, wie er im Grunde auch überall sonst in Neuengland gedieh. Der einzige Unterschied bestand im Pazifismus der Quäker und ihrer bewussten Ablehnung jeglicher weltlichen Protzerei – zwei Prinzipien, die allerdings in keinerlei Widerspruch zum Geldverdienen standen. Statt in den Bau aufwendiger Häuser oder den Kauf eleganter Kleider investierten die Quäker von Nantucket ihre Gewinne in den Walfang. Infolgedessen waren sie in der Lage, die Krisen zu überstehen, die so viele Walhändler auf dem Festland in den Ruin stürzten, und binnen kurzem hatten die Kinder von Mary Starbuck gemeinsam mit ihren Macy- und Coffinvettern eine quäkerische Walfänger-Dynastie begründet.

Die Nantucketer sahen keinen Widerspruch zwischen ihrem Erwerb und ihrer Religion. Gott selbst hatte ihnen die Erlaubnis erteilt, sich die Fische des Meeres untertan zu machen. Peleg Folger, Nantucketer Walfänger und Ältester der Quäkergemeinde, dichtete die Verse:

> Du, o Herr, erschufst den mächtigen Wal,
> Dieses sagenhafte Riesenwesen von kolossaler Länge
> Gewaltig sein Kopf und Leib, gewaltig sein Schwanz
> Unvorstellbar seine unermessliche Kraft.
> Aber du, ewiger Gott, hast auch bestimmt,
> Dass wir arme, schwache Sterbliche
> (Zum Erhalt von uns und unseren Frauen und Kindern)
> Mit ungebrochenem Kampfgeist dieses schreckliche
> Ungeheuer angreifen.

Wenngleich die Quäker das wirtschaftliche und kulturelle Leben der Insel bestimmten, ließen sie auch andere Glaubensrichtungen gelten, und zu Beginn des neunzehnten Jahrhunderts wurde die Stadt im Norden und Süden von den beiden Kirchtürmen der Kongregationalisten eingerahmt. Aber trotz unterschiedlicher Religionen waren alle Bewohner dieser Insel von einer gemeinsamen geistigen Mission erfüllt: ungeachtet ihres blutigen Handwerks auf See an Land ein friedliches Leben zu führen. Als pazifistische Schlächter und schlicht gekleidete Millionäre gehorchten die Walfänger von Nantucket lediglich dem Willen des Herrn.

Die Stadt, die Thomas Nickerson wie seine Hosentasche kannte, machte einen leicht baufälligen Eindruck. Schon bei einem Spaziergang durch die engen, sandigen Gassen stellte man fest, dass trotz der stattlichen Kirchtürme und dem einen oder anderen herrschaftlichen Haus ein himmelweiter Unterschied zwischen Nantucket und Salem bestand. »Die ehrenwerten Bürger von Nantucket scheinen nicht gerade ihren Stolz in ein einheitliches Straßenbild oder saubere Bürgersteige zu setzen«, stellte ein die Stadt besuchender Quäker fest. Die Nantucketer lebten in einfachen Schindelhäusern, die nicht selten mit Teilen von ausgeschlachteten Schiffen versehen waren: »Niedergangsleitern bilden praktische Rinnsteinüberbrückungen ... Heckplanken – mit Namen und Heimathafen des Schiffes – erfüllen den doppelten Zweck, sowohl als Zaun zu dienen wie auch Ortsunkundige, sollten sie sich tatsächlich einmal verlaufen, darauf hinzuweisen, in welcher Stadt sie sich befinden.«

Statt die offiziellen, im Jahr 1798 aus Steuergründen eingeführten Straßennamen zu benutzen, sprachen die Nantucketer weiterhin von der *Elisha-Bunker-Street* oder *Kapitän-Mitchell-Street.* »Die Einheimischen leben wie eine große Familie zusammen«, schrieb der Nantucketer Walter Folger, zufälligerweise Teilhaber der *Essex,* »zwar nicht in einem gemeinsamen Haus, aber in Freundschaft. Man kennt nicht nur seine unmittelbaren Nachbarn, sondern hier kennt jeder jeden. Sucht man jemanden, braucht man nur den erstbesten Einheimischen, der einem begegnet, zu fragen, und er wird einen nicht nur zum Haus des Gesuchten führen, sondern auch Auskunft über den Beruf des Betreffenden, und was immer man sonst wissen möchte, geben können.«

Aber selbst innerhalb dieser fest zusammengewachsenen, familienähnlichen Gemeinschaft waren beileibe nicht alle gleich, und Thomas Nickerson hatte das Pech, zu den Ausgegrenzten zu gehören. Zwar war seine Mutter, Rebecca Gibson, eine gebürtige Nantucketerin, sein Vater, Thomas Nickerson, jedoch stammte von Kap Cod, und Thomas junior wurde im Jahr 1805 in Harwich geboren. Sechs Monate später zogen seine Eltern mit ihm und seinen Geschwistern über den Sund nach Nantucket – sechs Monate zu spät. Denn die Menschen hier hielten nicht viel von Auswärtigen. Nichtinsulaner wurden als »Fremde« oder schlimmer noch als »Tölpel« bezeichnet, wobei diese ursprünglich nur für Kap Codder reservierte Herabsetzung später all jene mit einbezog, die das Pech hatten, vom Festland zu stammen.

Vielleicht hätte es Thomas Nickerson mehr Achtung eingetragen, wenn seine Mutter wenigstens aus einer alteingesessenen und angesehenen Familie wie den Coffins, den Starbucks, den Macys, den Folgers oder den Gardners gekommen wäre. Doch das war nicht der Fall. Anders als die meisten Nantucketer mussten die Gibsons und die Nickersons auf einer Insel, wo sich viele Familien auf ihre direkte Abstammung von einem der etwa zwanzig »Ersten Siedler« beriefen, ohne das schützende Netz aus verwandtschaftlichen Beziehungen auskommen. »Möglicherweise gibt es auf der ganzen Welt keinen Ort von vergleichbarer Bedeutung«, sagte Obed Macy, »wo die Einwohner durch Blutsverwandtschaft ähnlich eng verbunden wären wie hier, was übrigens erheblich zum friedlichen Zusammenleben der Menschen und zu ihrer Heimatverbundenheit beiträgt.« Nickersons Freunde und zukünftige Bordgenossen Owen Coffin, Charles Ramsdell und Barzillai Ray konnten sich dieser Gemeinschaft zugehörig fühlen; Thomas dagegen, mochte er auch ihr Spielkamerad sein und mit ihnen zur See fahren, wusste tief im Herzen, dass er, da konnte er machen, was er wollte, in ihren Augen bestenfalls ein Tölpel war.

Wo man in Nantucket wohnte, hing von der Stellung im Walfanggewerbe ab. Reeder oder Kaufleute residierten im Allgemeinen in der versteckt am Hang verlaufenden Pleasant Street, wo sie vor dem Lärm und dem Gestank des Hafens geschützt waren. (In den folgenden Jahrzehnten, als die Herrschaften mehr Raum und eine bessere Aussicht beanspruchten, zog es sie mehr zur Main Street.) Im Unterschied dazu bevorzugten Kapitäne gewöhnlich die belebte Orange-Street, die den besten Blick über den Hafen bot. Besaß ein Kapitän ein Haus auf der Ostseite der Orange-Street, konnte er das Treiben im Hafen verfolgen und beobachten, wie sein Schiff unten am Kai beladen und ausgerüstet wurde. Maate ließen sich in der Regel am Fuße dieses Hügels (»unterm Wall«, wie es hieß) in der Union Street nieder, buchstäblich im Schatten jener Häuser, die sie eines Tages selbst zu besitzen trachteten.

An der Ecke Main und Pleasant Street erhob sich das riesige südliche Versammlungshaus der *Freunde.* Es war im Jahr 1792 aus den Trümmern des noch gewaltigeren Großen Versammlungshauses gebaut worden, das einst am Ende der Main Street über den grabsteinlosen Friedhof der Quäker geragt hatte. Dass Nickerson als Kongregationalist erzogen worden war, hinderte ihn keineswegs daran, eines der beiden Versammlungshäuser der Quäker – das andere befand sich in der Broad Street – zu betreten. Einem Besucher zufolge gehörte im Schnitt sogar fast die Hälfte der Anwesenden bei den Quäkerversammlungen nicht der *Gesellschaft der Freunde* an. Etwas früher in jenem Sommer, am 29. Juni 1819, notierte Obed Macy, dass zweitausend Menschen (über ein Viertel der Bevölkerung der Insel) ein öffentliches Quäkertreffen im südlichen Versammlungshaus besucht hatten.

Während die älteren Bürger ihres Seelenheils wegen in die Versammlungen strömten, kamen die jüngeren Leute meistens aus anderen Gründen. Kein anderer Ort auf Nantucket bot ihnen eine so günstige Gelegenheit zur Begegnung mit dem anderen Geschlecht. Der Nantucketer Charles Murphy beschrieb in einem Gedicht, womit sich junge Männer wie er während der langen, für die Quäkerversammlungen typischen Schweigepausen die Zeit vertrieben:

> Begehrlich manch ein Auge blitzt,
> bei all der Schönheit, die dort sitzt
> bewundert in der langen Zeit
> manch hübsche Maid im Festtagskleid.

Ein weiterer Treffpunkt für verliebte junge Leute war der Hügelkamm hinter der Stadt, auf dem die vier Windmühlen standen. Von hier oben genossen die Pärchen einen atemberaubenden Blick über die Siedlung und den Hafen von Nantucket bis zu dem in der Ferne sich abzeichnenden nagelneuen Leuchtturm am Ende von Great Point.

Selbst junge und abenteuerlustige Nantucketer wie Nickerson und seine Freunde verspürten erstaunlich selten den Drang, die Welt jenseits der Gassen ihrer Kleinstadt zu erkunden. »So klein die Insel auch ist«, gestand ein Walölhändler in einem Brief, »ich war noch nie am östlichsten oder westlichsten Ende, und ich schätze, in den letzten Jahren habe ich mich keine Meile aus der Stadt bewegt.« In einer Welt von Walen, Seeschlangen und ominösen Erscheinungen am nächtlichen Himmel betrachteten alle Nantucketer, ob Walfänger oder Bauern, die Stadt als Zuflucht, als eingefriedeten Hort mit vertrauten Wegen und immer währenden, angestammten Verbindungen, kurz, als Heimat.

Hinter Nantuckets beschaulicher Quäkerfassade brodelten heftige Leidenschaften. Wenn man die Aberhunderte, ja manchmal Tausende von Menschen sah, die jeden Donnerstag und Sonntag zur Versammlung der *Freunde* pilgerten, die Männer in ihren langen dunklen Mänteln und breitkrempigen Hüten, die Frauen in ihren langen Kleidern und akkurat bestickten Hauben, hätte man glauben können, das Leben der Insulaner verliefe in ruhigen und geordneten Bahnen. Aber neben dem Quäkertum und den verwandtschaftlichen Beziehungen trieben noch andere Mächte die Nantucketer um, allen voran ihre Walbesessenheit. Dadurch umgab die Insel, mochten ihre Bewohner es auch noch so sehr zu verbergen versuchen, etwas Barbarisches, ein mit Stolz gepaarter Blutdurst, der die ganze Sippe, von den Eltern bis zu den Kindern, auf die Jagd nach Walen einschwor.

Die Prägung eines jungen Nantucketers begann im frühesten Kindesalter. Zu den ersten Wörtern, die ein Kleinkind lernte, gehörten bereits Jagdbegriffe, wie zum Beispiel »townor«, was in der Sprache der Wampanoag bedeutete, dass der Wal ein zweites Mal gesichtet worden war. Gutenachtgeschichten handelten vom Waltöten und der Flucht vor Kannibalen im fernen Pazifik. Eine Mutter erzählte voller Stolz, wie sich ihr neunjähriger Sohn mit einer Gabel, an die er das Ende eines Wollknäuels geknotet hatte, anschickte, die Hauskatze zu harpunieren. Zufällig betrat die Mutter genau in dem

Moment das Zimmer, als das verängstigte Tier zu fliehen versuchte. Nichts ahnend hob sie das Knäuel auf, als ihr Sohn wie ein alterfahrener Bootssteurer brüllte: »Leine fieren, Mutter! Los, Leine fieren! Da taucht er ab durchs Fenster!«

Gerüchten zufolge gab es auf der Insel einen Geheimbund junger Frauen, dessen Mitglieder sich verpflichtet hatten, nur Männer zu heiraten, die bereits einen Wal getötet hatten. Um von diesen jungen Damen besser als Waljäger erkannt zu werden, trugen die Bootssteurer Speile (kleine Holzstifte, die das Ausspringen der Walleine aus der Rille am Bug eines Walbootes verhinderten) am Revers. Mit ihrem athletischen Körperbau und der Aussicht auf lukrative Kapitänsposten galten Bootssteuermänner als die begehrtesten Junggesellen Nantuckets.

Entsprechend makaber klangen die Trinksprüche der Nantucketer, die im Grunde wenig mit den üblichen Toasts auf die Gesundheit gemein hatten:

Tod den Lebenden!
Es leben die Schlächter!
Viel Erfolg den Seemannsfrauen!
Und öliges Glück allen Walfängern!

Solch martialischen Trinksprüchen zum Trotz gehörte der Tod auf Nantucket zum Alltag. Im Jahr 1810 wurden siebenundvierzig vaterlose Kinder auf der Insel gezählt, und fast ein Viertel der Frauen über dreiundzwanzig (das durchschnittliche Heiratsalter) hatte die See zu Witwen gemacht.

Selbst im fortgeschrittenen Alter besuchte Nickerson weiterhin die Gräber seiner Eltern auf dem Alten Nordfriedhof. Zweifellos begab er sich auch im Jahr 1819, während der letzten Wochen vor seiner Fahrt auf der *Essex*, zu diesem eingezäunten Flecken sonnenverbrannten Grases und streifte zwischen den schiefen Grabsteinen umher.

Nickerson hatte zuerst den Vater verloren. Er war am 9. November 1806 im Alter von dreiunddreißig Jahren gestorben. Auf seinem Grabstein stehen die Worte:

Zerdrückt wie die Motte in deiner Hand
Zerfallen wir zu Staub
Unsere schwache Kraft hält dem nicht stand
Und so geht all unser Glanz dahin.

Keinen Monat später starb mit achtundzwanzig Jahren Nickersons Mutter, die fünf Kinder geboren hatte. Ihre älteste noch lebende Tochter war acht, ihr einziger Sohn nicht einmal zwei Jahre alt. Ihre Grabinschrift lautete:

Schnell verfällt unser sterbliches Leben
Zu früh der sprudelnde Quell verrinnt
Adam und nach ihm sein zahlreich Geschlecht
Nur noch ein Nichts im Wind.

Der bei seinen Großeltern aufgewachsene Nickerson war nicht der einzige Waise an Bord der *Essex*. Sein Freund Barzillai Ray hatte ebenfalls beide Eltern verloren. Owen Coffin und Charles Ramsdell hatten beide keine Väter mehr. Womöglich war ihr stärkstes Band gerade die Tatsache, dass jeder von ihnen, wie so viele Nantucketer, ein vaterloser Junge war, für den ein Kapitän oder Schiffsoffizier beileibe nicht nur jemand war, der sie schwer schuften ließ, sondern sehr wahrscheinlich die erste männliche Autoritätsperson überhaupt.

Vielleicht wurde keine andere Gemeinde, weder vorher noch nachher, durch den Beruf ihrer Mitglieder so sehr auseinander gerissen wie Nantucket. Für einen Walfänger und seine Familie war es ein zermürbendes Leben: zwei bis drei Jahre fern der Heimat, drei bis vier Monate zu Hause. Auf Grund der langen Abwesenheit ihrer Männer mussten sich die Frauen neben der Kindererziehung auch um das geschäftliche Leben der Insel kümmern. Hauptsächlich ihnen war es zu verdanken, dass das komplexe Netz aus persönlichen und geschäftlichen Beziehungen, das die Gemeinschaft zusammenhielt, nicht riss. Hector St. John de Crèvecoeur, der in seinen berühmten *Letters from an American Farmer* seinen langen Aufenthalt auf der Insel zur Zeit des Unabhängigkeitskrieges schilderte, äußerte die Ansicht, dass die Frauen von Nantucket dank »ihrer Klugheit und ihres Organisationstalents … anderen Ehefrauen deutlich überlegen sind«.

Auch das Quäkertum trug zur Aufwertung der Rolle der Frauen bei, indem es auf der spirituellen und intellektuellen Gleichheit der Geschlechter insistierte. Diese Religion förderte eine Einstellung, die sich mit dem deckte, was den Nantucketern täglich klar und deutlich vor Augen geführt wurde: dass jede Frau, die nach höherer Bildung strebte, als ihrem Geschlecht gemeinhin vorbehalten war, ihren männlichen Pendants in jeder Hinsicht das Wasser reichen konnte.

Sowohl der Not gehorchend als auch aus eigenem Antrieb heraus, führten die Inselfrauen ein reges gesellschaftliches Leben, wobei sie sich, wie Crèvecoeur schrieb, »unaufhörlich« gegenseitig besuchten. Diese Besuche schlossen freilich mehr als den Austausch des neuesten Klatsches ein. Sie bildeten gleichzeitig den Rahmen, in dem ein Großteil der Geschäfte auf Nantucket abgewickelt wurde. Wie sich Lucretia Coffin Mott, eine auf Nantucket geborene und aufgewachsene Feministin des neunzehnten Jahrhunderts erinnerte, folgte ein von einer Fahrt zurückgekehrter Ehemann gewöhnlich im Kielwasser seiner Frau zu deren Treffen mit anderen Frauen. Mott, die schließlich nach Philadelphia zog, bemerkte dazu, wie befremdend eine solche Praxis auf die Menschen vom Festland gewirkt hätte, wo die Geschlechter sich in strikt voneinander getrennten gesellschaftlichen Bereichen bewegten.

Einige der Nantucketer Strohwitwen passten sich dem Rhythmus der Walfänger – drei Jahre auf See, drei Monate zu Hause – sehr gut an. Unter dem Titel »Lied vom Mädchen aus Nantucket« schrieb die Insulanerin Eliza Brock folgende Verse in ihr Tagebuch:

Dann heirate ich flugs einen Seemann,
auf dass in See er sticht

Denn ein unabhängiges Leben,
ist das einzig Wahre für mich.
Doch manchmal wünsch ich mir schon,
sein Gesicht mal wiederzusehen,
Denn mit einem feschen Mannsbild wie ihm,
ist es einfach wunderschön.
Sein Antlitz so herrlich offen,
sein Auge so dunkel und klar
O mein Herz schlägt ganz zärtlich für ihn,
wann immer er ist mir nah.
Und wenn er sagt: »Adieu, mein Schatz,
ich muss hinaus auf See«,
Dann wein ich zuerst, doch dann lach ich,
denn ich bin wieder frei – juchhee!

Am Tag der Hochzeit wurde den Nantucketerinnen eine große Last von Macht und Verantwortung aufgebürdet. »Sowie sie die Zeremonie hinter sich gebracht haben«, schrieb Crèvecoeur, »verschwindet ihre Fröhlichkeit und Ausgelassenheit. Offenbar führt die neue Stellung, die sie fortan in der Gesellschaft bekleiden, dazu, dass sie sich mit ernsteren Gedanken tragen als jemals zuvor ... Die frisch gebackene Ehefrau ... übernimmt nach und nach das Kommando im Haushalt; der frisch gebackene Ehemann fährt schon bald zur See und überlässt es ihr, das Zepter in ihrem neuen Reich zu schwingen.«

Zur grenzenlosen Entrüstung nachfolgender Generationen heimatverbundener Nantucketer behauptete Crèvecoeur, dass viele der Inselbewohnerinnen opiumsüchtig waren: »In all diesen Jahren haben sie die asiatische Gewohnheit angenommen, jeden Morgen eine bestimmte Dosis Opium zu nehmen, und daran haben sie sich inzwischen so gewöhnt, dass sie in arge Verlegenheit kämen, wenn sie plötzlich auf diesen Genuss verzichten müssten.« Warum sie das Rauschgift überhaupt nahmen, lässt sich nach so langer Zeit wohl kaum noch eindeutig klären. Doch das Bild, das sich aufdrängt – von einer leistungsorientierten Gesellschaft, deren Mitglieder versuchten, mit einer vermutlich ziemlich deprimierenden Einsamkeit fertig zu werden –, macht die Opiumsucht der Frauen vielleicht verständlicher. Die ständige Verfügbarkeit der Droge – auf jedem Walfänger gehörte Opium zum festen Bestand des Arzneischranks – in Verbindung mit dem Reichtum der Insulaner könnte ebenfalls zur Erklärung für den erstaunlich verbreiteten Drogenkonsum auf Nantucket beitragen.

Dass sich zwischen Frau und Mann in den wenigen Monaten gemeinsamer Zeit, die ihnen zwischen den langen Fahrten blieben, nur sehr schwer Intimität – sowohl körperliche als auch emotionale – herstellen ließ, liegt auf der Hand. Nach einer alten Inselüberlieferung sollen sich die Nantucketer Frauen während der langen Abwesenheit ihrer Männer mit sexuellen Hilfsmitteln, »Mann-im-Haus« genannt, beholfen haben. Obwohl diese Behauptung mit dem seriösen Ruf der Insel-Quäker unvereinbar scheint, wurde im Jahr 1979 im Kamin eines Hauses im historischen Ortskern das sechs Zoll lange Gipsmodell eines Penis (zusammen mit einem Stapel Briefe und einer Flasche Laudanum) gefunden. Nur weil die Nantucketerinnen »anderen Frauen deutlich überlegen« waren, hieß das noch lange nicht, dass sie keine körperlichen Bedürfnisse verspürt hätten. Wie ihre Ehemänner waren auch sie ganz normale Menschen, die versuchten, sich einer äußerst ungewöhnlichen Lebensweise anzupassen.

Mag sein, dass Thomas Nickerson seine ersten Momente an Bord der *Essex*, als er ihr düsteres, stickig heißes Innere erforschte, genossen hat, aber dieses aufregende Gefühl dürfte rasch verflogen sein. Während der nächsten drei Wochen dieses seit Menschengedenken heißesten Sommers schufteten Nickerson und die allmählich anwachsende Crew bis zur Erschöpfung, um das Schiff für die Fahrt vorzubereiten. Selbst im Winter stanken die von einer Schicht ölgetränkten Sandes bedeckten Kais so entsetzlich, dass es allgemein hieß, man rieche Nantucket lange, bevor man es sehen könne. In jenem Juli und August müssen die Kais selbst für altgediente Walfänger einen unerträglichen Gestank verströmt haben.

Zur damaligen Zeit war es auf Nantucket gängige Praxis, dass die neu angeheuerten Besatzungsmitglieder eines Walfängers mithalfen, das Schiff für die bevorstehende Fahrt seeklar zu machen. Nirgendwo sonst in Neuengland wurde von einem Seemann erwartet, sich am Takeln und Ausrüsten seines Schiffes zu beteiligen. Dafür gab es Rigger, Schauermänner und Lieferanten. Aber auf Nantucket, dessen quäkerische Kaufleute berühmt dafür waren, die Kosten klein und die Gewinne groß zu halten, galten andere Maßstäbe.

Walfänger bekamen keine feste Heuer, sondern wurden bei Fahrtende nach im Voraus festgelegten Anteilen am gesamten Fang, Lay genannt, bezahlt. Das bedeutete, dass sämtliche Arbeit, die ein Schiffseigner vor der Reise aus einem Seemann herausholen konnte, im Wesentlichen gratis oder, nach Nickersons Verständnis, »geschenkte ... Arbeit« seitens des Seemanns war. Möglich, dass ein Reeder seinen Seeleuten Geld für Kleidung und die erforderliche Ausrüstung vorstreckte, doch am Ende der Reise wurde dieser Betrag (mit Zinsen) von ihrer Lay abgezogen.

Als Kajütenjunge verdiente Thomas Nickerson eine kärgliche, oder wie man zu sagen pflegte, sehr lange Lay. Obwohl die Schiffspapiere der *Essex* nicht mehr auffindbar sind, wissen wir, dass Nickersons Vorgänger, der Kajütenjunge Joseph Underwood aus Salem, für die vorherige Reise eine einhundertachtundneunzigste Lay erhalten hatte. Angenommen, die aus 1200 Fässern Pottwalöl bestehende Ladung der *Essex* wurde für 26 500 Dollar verkauft, dann hatte Underwood, nachdem die Reisekosten von der Bruttosumme und seine persönlichen Ausgaben von seinem Anteil abgezogen worden waren, für zwei Jahre Arbeit einen Gesamtbetrag von etwa 150 Dollar verdient. Das war zwar ein erbärmlicher Lohn, aber immerhin hatte der Kajütenjunge für zwei Jahre Kost und Logis bekommen und konnte dank seiner Erfahrung nun eine Karriere als Walfänger beginnen.

Ende Juli war das Überwasserschiff der *Essex* – alle oberhalb der Wasserlinie liegenden Teile des Rumpfes einschließlich der Aufbauten – vollständig wiederhergestellt, mit einer neuen Lage Kiefernholz beplankt und mit einer Kombüse versehen worden. Außerdem war die *Essex,* vermutlich noch bevor Nickerson in die Crew eintrat, wegen des Kupferbeschlags für ihr Unterwasserschiff kielgeholt worden. Mit einem ungeheuer komplizierten System aus Taljen, die von den Masten zum Kai gespannt waren, hatte man den Kiel seitlich aufgeholt und die exponierte Seite mit Kupfer beschlagen, um den Bewuchs durch Algen und Muscheln zu verhindern, der ihren Rumpf aus vier Zoll dicken Eichenplanken in weiches, poröses Furnier verwandeln konnte.

Mit vierundzwanzig Jahren kam die *Essex* allmählich in das Alter, in dem viele Schiffe langsam, aber sicher ernsthafte Verschleißerscheinungen erkennen lassen. Dank der offenbar konservierenden Wirkung des Walöls überstieg die Lebensdauer eines Walfängers zwar um einiges die eines normalen Handelsschiffes, aber auch dieser Effekt hatte seine Grenzen. Fäule, Schiffsbohrwurm und die so genannte Eisenkrankheit, bei der die rostenden eisernen Befestigungsvorrichtungen das Eichenholz angriffen, konnten jedes Schiff befallen. Eine weitere Crux waren die immer länger werdenden Fahrten um Kap Horn. »Derart lange Aufenthalte auf See ohne größere Ausbesserungen«, schrieb Obed Macy in sein Tagebuch, »verkürzen zwangsläufig die Lebensdauer der Schiffe [um] etliche Jahre.« Tatsächlich hatte sich die *Essex* während ihrer vorigen Fahrt tagelangen Reparaturen in Südamerika unterziehen müssen. Sie war ein altes, längst von einer neuen Walfang-Ära überholtes Schiff, von dem niemand wusste, wie lange es noch halten würde.

Reeder investierten grundsätzlich nur widerwillig mehr Geld als unbedingt nötig in die Reparatur eines Schiffes. Zwar waren sie um die Erneuerung des Überwasserschiffs der *Essex* nicht herumgekommen, aber es ist durchaus denkbar, dass sie es vorzogen, die Reparatur der ein oder anderen bedenklichen Stelle unterhalb der Wasserlinie auf spätere Zeiten zu verschieben, wenn nicht sogar ganz darauf zu verzichten. Denn im selben Sommer erwarteten die Haupteigner der *Essex,* Gideon Folger und Söhne, die Lieferung der *Aurora,* eines neuen, bedeutend größeren Walfängers, so dass dies kaum das geeignete Jahr schien, immense Geldsummen in ein altes, ausgedientes Schiff wie die *Essex* zu stecken.

Die Geschäftspraktiken der Nantucketer Reeder waren zwar unblutig, aber deshalb nicht weniger skrupellos als die Arbeit der Walfänger. Dass sie als Quäker auftraten, hielt sie keineswegs von eiskaltem, rücksichtslosem Gewinnstreben ab.

Einer der beiden Eigentümer der *Pequod* in *Moby Dick* ist Bildad, ein frommer Quäker, dessen religiöse Grundsätze ihn freilich nicht daran hindern, seine Besatzung gegen eine geradezu schändlich lange Lay auszubeuten (Ismael bietet er die siebenhundertsiebenundsiebzigste Lay an!). In der einen Hand die Bibel, in der andern das Hauptbuch, ähnelt Bildad einem hageren, quäkerischen John D. Rockefeller, dessen Denken unablässig um das nüchterne Kalkül kreist, die Fahrt eines Walfängers möglichst profitabel zu gestalten.

Verschiedene Zeitgenossen warfen den Quäkern vor, statt die Insulaner zu Wohlstand und Tugend zu führen, hätten sie den Grundstock zu den gewissenlosen Geschäftsmethoden der Nantucketer Schiffseigner gelegt. So beklagte etwa William Comstock in seinem Bericht über die Fahrt eines Nantucketer Walfängers in den Zwanzigerjahren des neunzehnten Jahrhunderts, dass »der Ärger, den die Quäker nach außen hin nicht zeigen dürfen, ihre Herzen verhärtet, weil er kein Ventil findet, und während sie öffentlich Liebe und guten Willen geloben... vergiften ihre innere Erbitterung und Missgunst sämtliche Quellen menschlicher Güte«.

Gideon Folger und Paul Macy, die beiden Hauptgesellschafter der *Essex,* gehörten bekanntermaßen zur vermögenden quäkerischen Oberschicht der Insel. Trotzdem versuchte, wie Nickerson berichtet, der im Sommer 1819 für die Schiffsausrüstung verantwortliche Macy, durch gravierende Unterversorgung des Schiffes Kosten einzusparen.

Hierin bildete er freilich keine Ausnahme. »Oft genug unterlassen es die Eigentümer von Walfängern, ihre Schiffe ausreichend mit Proviant auszustatten«, schrieb Comstock, »und verlassen sich darauf, dass der Kapitän seine Besatzung entsprechend kurz hält, damit die reichen Besitzer ein paar Dollar sparen, während die armen, schwer schuftenden Seeleute hungern müssen.« Zwar wäre es ungerecht, Paul Macy die Schuld, oder auch nur eine Mitschuld an dem schrecklichen Leid, das den Männern der *Essex* am Ende widerfuhr, zu geben. Doch seine Entscheidung, bei Rindfleisch und Schiffszwieback zu sparen, hatte zweifellos böse Folgen für die Besatzung.

Im frühen neunzehnten Jahrhundert legte man auf Nantucket sein Geld nicht in Wertpapieren oder Aktien an, sondern in Walfangschiffen. Statt jedoch die gesamten Ersparnisse in ein einziges Schiff zu stecken, kauften die Insulaner Anteile von mehreren Schiffen und verteilten dadurch sowohl Risiko als auch Gewinn auf die ganze Gemeinde. Teilhaber wie Macy und Folger konnten damit rechnen, dass pro Jahr 28 bis 44 Prozent ihrer Investitionen in Walfänger zu ihnen zurückflossen.

Noch bemerkenswerter erscheint diese Rentabilitätsrate vor dem Hintergrund der desolaten Lage der Weltwirtschaft im Jahr 1819. Während Nantucket weiterhin seine Flotte um ein Schiff nach dem anderen vergrößerte, gingen die Firmenzusammenbrüche auf dem Festland in die Hunderte. »Die Epoche unseres vermeintlichen Wohlstands ist vorbei«, titelte eine Zeitung aus Baltimore in jenem Frühjahr und berichtete von »geplatzten Wechseln, leer stehenden Häusern, ausgestorbenen Straßen, Einbußen des Handels und geplünderten Schatztruhen«. Nantucket blieb eine verblüffende Ausnahme. So, wie es dank seiner geografischen Lage vom wärmenden Einfluss des Golfstroms profitierte (der dieser Insel die längste Vegetationszeit der ganzen Gegend bescherte), erfreute es sich auch, zumindest vorläufig, eines außergewöhnlich günstigen Wohlstandsklimas.

Zwischen dem vierten und dem dreiundzwanzigsten Juli

verließen zehn Walfänger den Hafen der Insel; meistens liefen sie paarweise aus. Auf den Kais wimmelte es bis spät in die Nacht hinein von Arbeitern, denn die Vorbereitungen, um die Walfänger seeklar zu machen, liefen auf Hochtouren, und überall herrschte hektische Betriebsamkeit. Freilich waren sich Gideon Folger, Paul Macy und der Kapitän der *Essex*, George Pollard, bewusst, dass alle Anstrengungen vergebens wären, wenn es ihnen nicht gelänge, eine einundzwanzigköpfige Besatzung anzuheuern.

Angesichts der geringen Einwohnerzahl Nantuckets waren die Schiffseigner zur Bemannung ihrer Walfänger auf segelunerfahrene Auswärtige angewiesen, gemeinhin »Grünlinge« genannt, von denen etliche aus dem nahe gelegenen Kap Cod kamen. Auch Heueragenten aus den Städten der Ostküste schickten Grünlinge nach Nantucket, oft gleich im Dutzend an Bord von Postschiffen.

Der erste Eindruck, den ein Neuling von der Insel bekam, war in der Regel alles andere als gut, denn die im Hafen herumlungernden Jungen machten sich einen Spaß daraus, die Neuankömmlinge mit dem Ruf zu empfangen: »Guckt mal, da kommen schon wieder ein paar Grünlinge zum Eelen!« (Öl wurde auf Nantucket »Eel« ausgesprochen). Anschließend mussten sie vom Kai zum Kleidungs- und Textilgeschäft in der Main Street laufen, dem »zweiten Zuhause und Treffpunkt der Seeleute«. Hierher kamen alle, die eine Stelle suchten oder auch einfach nur die Zeit totschlagen wollten (»dem Uhrzeiger zuschauen«, wie man es auf Nantucket nannte), und verbrachten in dem verqualmten, mit Bänken und Holzkisten möblierten Raum den Tag mit Müßiggang.

Von arbeitssuchenden Seeleuten wurde auf dieser rastlosen Insel erwartet, dass sie nicht einfach nur herumsaßen, sondern Holz schnitzten. Denn an ihrer Art zu schnitzen ließ sich ablesen, für welche Stelle sie sich interessierten. Ein Walfänger mit mindestens einer Fahrt auf dem Buckel wusste immerhin so viel, dass er stets vom Körper wegschnitzte, womit er signalisierte, dass er eine Stelle als Bootssteurer suchte. Bootssteurer wiederum schnitzten in die entgegengesetzte Richtung, zum Körper hin, und gaben dadurch zu verstehen, dass sie sich eine Stelle als Maat zutrauten. Und ein Grünling, der die von den Nantucketern entwickelte Zeichensprache nicht kannte, schnitzte am besten einfach so gut er konnte.

Viele Grünlinge fühlten sich nach ihrer Ankunft auf der Insel, als hätte man sie in ein fremdes Land versetzt, wo man eine ihnen unbekannte Sprache pflegte. Denn die Nantucketer, selbst Frauen und Kinder, warfen mit seemännischen Begriffen um sich, als wären sie samt und sonders Vollmatrosen. Einem Inselbesucher zufolge »weiß jedes Kind, *woher der Wind weht,* und die alten Weiber auf der Straße reden mit derselben Selbstverständlichkeit vom *Aufkreuzen* und *Anpreien alter Backgenossen* oder erzählen, *wen sie alles zum Beidrehen gezwungen haben;* etwa so, wie der Kapitän eines soeben aus dem Pazifik zurückgekehrten Walfängers einem *Landlubber* an Hand der Spanne seines *Klüverbaums* oder der Länge des *Großstags* eine Abmessung veranschaulicht«. Für Grünlinge, die auf dem Postschiff nach Nantucket womöglich das erste Mal Bekanntschaft mit der See gemacht hatten, dürfte all das ziemlich verwirrend und schleierhaft gewesen sein, insbesondere da etliche Insulaner überdies das eigentümliche »Dich und Du« der Quäkersprache benutzten.

Die Verwirrung wurde noch vergrößert durch den Dialekt der Nantucketer. Nicht nur bei *Eel* für *Öl,* sondern bei einer Unzahl von Wörtern unterschied sich ihre Aussprache zum Teil bereits beträchtlich von der des benachbarten Kap Cod und der Insel Martha's Vineyard. Und Fremde vom Festland mussten schon sehr genau hinhören, wenn sie das Genuschel verstehen wollten.

Erschwerend hinzu kamen die vielen seltsamen Ausdrücke der Nantucketer. Wenn beispielsweise jemand eine Sache verpfuschte, bezeichnete man es als »foopaw«, eine offensichtliche Verballhornung des französischen *faux pas,* die aus der Zeit nach dem Unabhängigkeitskrieg stammte, als die Nantucketer eine Walfangbasis in Dünkirchen in Frankreich einrichteten. Sonntagnachmittags ging der Nantucketer nicht einfach spazieren, sondern er begab sich auf einen »rantum scoot«, was hieß, er schlenderte ohne besonderes Ziel durch die Gegend. Delikatessen wurden »manavelins« genannt, weil sie über das zum Leben Notwendige hinausgingen. Und wenn jemand schielte, war er »in der Wochenmitte geboren und hielt rechts und links nach dem Sonntag Ausschau«.

In aller Regel wurden die Grünlinge, wie sich einer von ihnen entsann, »einer Art Prüfung« durch den Schiffseigentümer sowie den Kapitän unterzogen. Ein anderer erinnerte sich: »Wir wurden kurz nach Alter, Herkunft und früherer Beschäftigung befragt, und dann wurde jeder von uns gründlich untersucht, nicht zu vergessen die Augen, denn für einen wahren Walfängerkapitän war ein scharfsichtiger Mann von unschätzbarem Wert.« Manche Grünlinge waren so naiv und unwissend, dass sie die längste Lay verlangten, weil sie irrtümlich glaubten, die höhere Zahl bedeutete höhere Heuer; und die Schiffseigner waren nur zu gern bereit, ihnen diesen Wunsch zu erfüllen.

Die Walfängerkapitäne konkurrierten gegeneinander um die Matrosen. Aber natürlich gab es, wie bei allem auf Nantucket, auch hier bestimmte Regeln, an die sich jeder halten musste. Da frisch gebackene Kapitäne ihren dienstälteren Kollegen den Vortritt lassen mussten, dürften für Kapitän Pollard von der *Essex* nur jene Seeleute übrig geblieben sein, für die sich sonst niemand interessierte. Ende Juli fehlte Pollard und den Schiffseignern immer noch mehr als ein halbes Dutzend Mann an der Sollstärke.

Am 4. August blieb Obed Macy vor dem Büro der Seeversicherungsgesellschaft an der Ecke Main und Federal Street stehen, um einen Blick auf das an der Schindelwand angebrachte Thermometer zu werfen. »34 Grad und nahezu windstill, wodurch es in der Sonne kaum auszuhalten ist«, notierte er in sein Tagebuch.

Am nächsten Tag, dem 5. August, wurde die *Essex* unter kompletter Takelung über die Barre vor dem Hafen von Nantucket in tiefere Gewässer geschleppt. Nun konnte das eigentliche Beladen beginnen, und schon setzte ein reger Verkehr von kleineren Booten, so genannten Leichtern, ein, die Waren vom Kai zum Schiff transportierten. Als Erstes mussten die Bodenfässer verstaut werden – große, eisenbereifte Behälter, die jeweils zweihundertachtundsechzig Gallonen Walöl fassten und vorläufig mit Meerwasser gefüllt wurden, damit sie prall und dicht blieben. Auf ihnen wurden Trinkwasserfässer unterschiedlicher Größe verstaut. Beträchtlichen Platz nahm das Feuerholz ein, ebenso wie Abertausende gestapelter oder gebündelter Fassdauben, aus denen der Schiffsküfer später weitere Ölfässer anfertigen würde. Auf diese Lage wurde – ebenfalls in Fässern – Proviant für zweieinhalb Jahre gepackt. Angenommen, die Männer hätten genauso viel zu essen bekommen wie Matrosen von Kauffahrern (was für Nantucketer Walfänger freilich eher zu hoch gegriffen sein dürfte), müsste die *Essex* mindestens vierzehn Tonnen Fleisch (gepökeltes Rind- und Schweinefleisch), über acht Tonnen Brot und Tausende Gallonen Trinkwasser mitgeführt haben. Ferner wurden Unmengen an Walfangausrüstung (Harpunen, Lanzen usw.), Kleidung, Karten, Segel (einschließlich mindestens eines Ersatzteils), Navigationsinstrumente, Arzneimittel, Rum, Gin, Rundhölzer und so weiter eingeladen. Außer den drei frisch gestrichenen Walbooten, die an den Schiffsdavits aufgehängt waren, befanden sich zwei Ersatzboote an Bord: Das eine war mit der offenen Seite nach unten auf einem Gestell auf dem Achterdeck verstaut, das andere an den über das Heck hinausragenden Ersatzspieren aufgepallt.

Als die Männer sechs Tage später das Beladen der *Essex* abgeschlossen hatten – ihre Arbeit war, wie Obed Macy am 9. August pflichtgemäß vermerkte, kurz von einem sintflutartigen Platzregen unterbrochen worden –, war das Schiff fast so schwer beladen, wie es das bei seiner Rückkehr nach Nantucket voraussichtlich mit Walöl sein würde. Dazu ein

Nantucketer: »Der allmähliche Verbrauch von Proviant und anderen Vorräten hält Schritt mit der allmählichen Ansammlung von Öl ... so dass ein Walfänger während der ganzen Fahrt immer voll, oder zumindest fast voll ist.«

Etwas fehlte allerdings immer noch, und das waren die Männer für die sieben leeren Kojen auf dem Vorschiff der *Essex*. Schließlich wandte Gideon Folger sich an einen Agenten in Boston mit der Bitte, ihm so viele schwarze Seeleute wie möglich zu schicken.

Auch wenn Addison Pratt kein Schwarzer war, kam er unter ähnlichen Umständen nach Nantucket wie die sieben afrikanischstämmigen Amerikaner, die es ein Jahr vor ihm auf die Insel und an Bord der *Essex* verschlagen hatte. Er schilderte, wie er im Jahr 1820 nach Boston ging, um auf einem Schiff anzuheuern:

> Alsbald machte ich mich auf die Suche nach einem Schiff, das in Kürze zu einer längeren Fahrt aufbrechen würde, aber in der Handelsschifffahrt herrschte ziemliche Flaute, die Heuer betrug nur zehn Dollar im Monat, und in den Häfen trieben sich mehr Seeleute als Schiffe herum – harte Zeiten für Grünlinge, wie ich schnell merkte. Doch nachdem ich mich ein paar Tage lang umgesehen hatte, hörte ich, dass auf einem Walfänger noch Matrosen für eine Fahrt in den Pazifik gesucht würden. Ich überlegte nicht lange, sondern eilte sogleich zum Büro, unterschrieb und erhielt einen Vorschuss von zwölf Dollar, von dem ich mir Seekleidung kaufte ... Außer mir wurden noch sechs andere Seeleute für dasselbe Schiff angeheuert, worauf man uns an Bord eines Postschiffs alle nach Nantucket schickte.

Wie aus Pratts Bericht hervorgeht, war die Fahrt auf einem Walfänger die unterste Sprosse auf der Karriereleiter eines Seemanns. Nantucketer wie Thomas Nickerson und seine

Freunde mochten ihre erste Fahrt als notwendigen ersten Schritt einer langen und einträglichen Laufbahn betrachten, aber für die Männer, die in Städten wie Boston gewöhnlich von Heueragenten zusammengetrommelt wurden, sah die Sache anders aus: Statt der Anfang von irgendetwas Neuem, war eine Walfangreise oftmals ihre letzte, verzweifelte Zuflucht.

Noch weniger Alternativen als Addison Pratt im Jahr 1820 hatten die sieben schwarzen Seeleute – Samuel Reed, Richard Peterson, Lawson Thomas, Charles Shorter, Isaiah Sheppard, William Bond und Henry Dewitt –, die beschlossen, auf der *Essex* anzuheuern. Keiner ihrer Namen taucht in den Bostoner oder New Yorker Einwohnerverzeichnissen jener Zeit auf, was darauf schließen lässt, dass sie keine Grundbesitzer waren. Auf alle Fälle dürften die meisten von ihnen – ob sie Boston als Heimat angaben oder nicht – mehr als nur einige wenige Nächte in den Gasthäusern des Hafenviertels im Nordend der Stadt verbracht haben, wo sich bekanntlich umherziehende Seeleute jeder Hautfarbe herumtrieben.

Eines zumindest wussten die sieben Schwarzen, als sie an Bord des Postschiffes nach Nantucket gingen: Mochten sie auf einem Nantucketer Walfänger auch noch so wenig verdienen, sie würden, wie man ihnen zugesichert hatte, nicht schlechter bezahlt als ein Weißer bei gleicher Qualifikation. Denn seit der Zeit, als die Nantucketer Arbeiterschaft noch größtenteils aus amerikanischen Ureinwohnern bestanden hatte, bezahlten die Reeder der Insel ihre Leute stets nach deren Rang und nicht nach deren Hautfarbe, was zum Teil an der ablehnenden Haltung der Quäker gegenüber jeder Form von Sklaverei, vor allem jedoch an der rauen Wirklichkeit an Bord lag. Kurz gesagt war es einem Kapitän egal, ob ein Seemann weiß oder schwarz war, solange er sich darauf verlassen konnte, dass jeder die ihm zugewiesene Aufgabe erfüllte.

Dennoch wurden die als Grünlinge auf die Insel geschickten schwarzen Seeleute keineswegs von den Nantucketern als Gleiche betrachtet. Im Jahr 1807 berichtete ein Besucher der Insel:

> Als Ersatz für die ausgestorbenen Indianer werden heute Neger eingesetzt. Farbige Seeleute sind unterwürfiger als weiße; da sie allerdings ausgelassener und stets zu Späßen aufgelegt sind, ist es schwierig, sie rechtzeitig vor dem Auslaufen an Bord zu bekommen oder sie davon abzuhalten, nach der Ankunft des Schiffes sofort von Bord zu stürmen. Die Neger werden zwar wegen ihres Gehorsams geschätzt, doch sind sie weniger intelligent als die Indianer, weshalb sie nie den Rang eines Bootssteurers oder Maats erlangen.

Was schwarze Seeleute auf diese Quäkerinsel verschlug, war freilich nicht der Traum von einer besseren Gesellschaft, sondern die unersättliche und oftmals ausbeuterische Gier der Walfangindustrie nach Arbeitskräften. »Ein Afrikaner wird von den Offizieren seines Schiffes wie ein Stück Vieh behandelt«, schrieb William Comstock, der einiges über die Ruchlosigkeit quäkerischer Reeder von Nantucket zu berichten wusste. »Sollten diese Seiten meinen schwarzen Brüdern in die Hände fallen, mögen sie es sich geraten sein lassen, Nantucket ebenso zu fliehen wie den Mahlstrom vor Norwegens Küste.« Selbst Nickerson räumte ein, dass Nantucketer Walfängerkapitäne in dem Ruf standen, »Negerschinder« zu sein. Bezeichnenderweise nannten die Nantucketer das mit Grünlingen aus New York City kommende Postschiff »Sklavenschiff«.

Am Abend des 11. August, einem Mittwoch, befanden sich alle Besatzungsmitglieder bis auf Kapitän Pollard an Bord der *Essex*. Neben ihr, unmittelbar vor der Nantucketer Barre, lag ein weiterer Walfänger vor Anker, die *Chili*, die unter Absalom Coffins Kommando ebenfalls am nächsten Tag in See stechen sollte. Hierdurch bot sich beiden Besatzungen die Gelegenheit zu einem »Gam«, wie das gesellige

Beisammensein von zwei oder mehr Schiffscrews unter Walfängern genannt wurde. Da die Kapitäne, die das lärmende Feiern womöglich unterbunden hätten, abwesend waren, dürften die Seeleute sich die Chance zu einem letzten, ausgelassenen Fest, bevor ihr Leben von der zermürbenden Disziplin des Bordalltags beherrscht würde, kaum entgehen haben lassen.

Irgendwann an jenem Abend begab sich Thomas Nickerson hinunter zu seiner Koje, in der ihn eine mit schimmeliger Spreu gefüllte Matratze erwartete. Als er auf dem sich sanft wiegenden Schiff in den Schlaf hinüberglitt, überkam ihn vielleicht auch jenes Gefühl, das ein junger Walfänger als großartigen, geradezu überwältigenden »Stolz auf mein schwimmendes Heim« bezeichnete.

Vermutlich ahnte er in jener Nacht nichts vom neuesten Klatsch, der sich in der Stadt herumsprach und die merkwürdigen Vorgänge auf dem Gemeindeland betraf. Riesige Heuschreckenschwärme waren in die Rübenfelder eingefallen. »Der gesamte Erdboden war mit ihnen übersät...«, schrieb Obed Macy. »Kein lebender Mensch hat jemals solche Riesenschwärme erlebt.« Nach dem Kometen im Juli jetzt eine Heuschreckenplage?

Wie sich herausstellte, sollte für die beiden am Abend des 11. August 1819 vor der Barre vermurten Schiffe die Sache ein schlimmes Ende nehmen. Die *Chili* sollte erst nach dreieinhalb Jahren wieder zurückkehren, und dann auch nur mit fünfhundert Fass Pottwalöl, also etwa einem Viertel der in ein Schiff ihrer Größe passenden Menge. Für Kapitän Coffin und seine Besatzung sollte es eine katastrophale Fahrt werden.

Doch das war nichts im Vergleich zu dem, was das Schicksal für die zweiundzwanzig Männer der *Essex* in petto hatte.

Zweites Kapitel

GEKENTERT

Am Donnerstagmorgen, dem 12. August 1819, brachte ein Boot aus dem Hafen Kapitän George Pollard jr. zur *Essex.* Für einen frisch bestallten Kapitän war Pollard mit seinen achtundzwanzig Jahren relativ jung. Die letzten vier Jahre hatte er bis auf sieben Monate an Bord der *Essex* verbracht, zuerst als Zweiter Maat und später als Obermaat. Abgesehen vom ehemaligen Kapitän Daniel Russell kannte niemand das Schiff besser als George Pollard.

Er trug ein Schreiben der Haupteigner der *Essex,* Gideon Folger und Paul Macy, mit sich, das dem neuen Kapitän kurz und bündig erklärte, was genau von ihm erwartet wurde. Pollards Vorgänger Daniel Russell hatte vor einer früheren Fahrt ein ähnliches Schreiben erhalten, dessen Inhalt folgendermaßen lautete:

> Verehrter Freund,
> dir, als Kapitän der bereits draußen vor Anker liegenden *Essex,* geben wir hiermit Anweisung, beim ersten günstigen Wind in See zu stechen und Kurs auf den Pazifischen Ozean zu nehmen, dich nach besten Kräften um eine volle Schiffsladung Pottwalöl zu bemühen und, sobald das geschafft ist, auf dem schnellsten Weg hierher zurückzukehren. Jeglicher Schwarzhandel ist dir untersagt. Du darfst weder Handel mit zur *Essex* gehörenden Gütern treiben noch dulden, dass jemand anders dies tut, es sei denn, es wäre erforderlich für den Erhalt des Schiffes oder seiner Besatzung. Wir

wünschen dir eine kurze und einträgliche Reise und viel Glück und verbleiben als deine Freunde im Namen der Eigentümer des Schiffes *Essex*

Gideon Folger, Paul Macy

So schwer die Erwartungen der Schiffseigentümer auch auf Pollard lasteten, er dachte nicht nur an die bevorstehende Fahrt, sondern auch an das, was er zurückließ. Erst zwei Monate zuvor waren er und die neunzehnjährige Mary Riddell in der Zweiten Kongregation, in der Marys Vater, ein wohlhabender Schuhmacher und Reepschläger, Diakon war, getraut worden.

Als Kapitän Pollard die Leiter an der Bordwand der *Essex* emporkletterte und sich anschließend zum Achterdeck begab, wusste er, dass alle Augen der Stadt auf ihm und seinen Männern ruhten. Zwar hatten den ganzen Sommer hindurch Schiffe die Insel verlassen, manchmal sogar vier bis fünf die Woche, doch nach der Abfahrt der *Essex* und der *Chili* würde ungefähr ein Monat vergehen, ehe der nächste Walfänger auslief. Es war also vorläufig die letzte Abwechslung, die den Einwohnern von Nantucket geboten wurde.

Für ein Walfangschiff war das Verlassen der Insel alles andere als ein Kinderspiel, denn der größte Teil der Besatzung hatte keinen blassen Schimmer von dem, was zu tun war. Wenn die Grünlinge allzu tollpatschig an Deck herumstolperten oder sich krampfhaft an die nächstbesten Spieren klammerten, konnte das für einen Kapitän äußerst peinlich werden, wusste er doch nur zu genau, dass sämtliche alten Salzbuckel der Stadt, wie natürlich auch die *Schiffseigentümer*, von ihrem Platz im Schatten der Windmühlen auf dem Mill Hill alles kritisch beobachteten und kommentierten.

Nach einem verstohlenen, vielleicht auch nervösen Blick Richtung Stadt gab Kapitän George Pollard den Befehl, klar zum Ankerlichten zu machen.

Selbst ein kleiner und alter Walfänger war eine hochkomplizierte, ausgeklügelte Einrichtung. Die *Essex* hatte drei Masten und einen Bugspriet. Waagerecht an den Masten waren zahlreiche Spieren, so genannte Rahen, angebracht, an denen rechteckige Segel gefahren wurden. Dazwischen spannte sich ein unübersichtliches Gewirr aus Tauwerk, das teils zum Halten der Masten, teils zum Einstellen der (über zwanzig) Segel diente und aus der Perspektive eines von Deck aus in die Höhe starrenden Grünlings wie das Netz einer riesigen Spinne aussah.

Dass jedes einzelne Tau einen Namen hatte, war für einen Grünling einfach vollkommen lachhaft, denn selbst nach einer dreijährigen Fahrt konnte doch unmöglich irgendjemand so tun, als hätte er auch nur die geringste Ahnung davon, welches Seil wohin lief. Für junge Nantucketer wie Nickerson und seine Freunde war diese Erkenntnis besonders niederschmetternd, hatten sie sich doch in der Annahme, sie wüssten schon einiges über die Schifffahrt, in dieses Abenteuer gestürzt. »Ein einziges verwirrendes, unhandliches Durcheinander – zumindest in den Augen der Crew«, erinnerte sich Nickerson. »Die Offiziere, gewandte, tatkräftige Männer, waren sichtlich ... pikiert angesichts der vor den Augen ihrer Heimatstadt so offen demonstrierten Unbeholfenheit.«

Da Pollard als Kapitän seinen Platz auf dem Achterdeck nicht verlassen durfte, musste er dem stümperhaften Schauspiel mehr oder weniger hilflos zusehen. Der auf dem Vordeck postierte Obermaat Owen Chase bemühte sich nach Kräften, so etwas wie Methode in das Chaos zu bringen. Da er dafür verantwortlich war, dass Pollards Befehle ausgeführt wurden, brüllte und flehte er die Männer an, als betrachtete er jede Verzögerung und jeden ihrer Fehler als persönliche Beleidigung.

Seit Chase im Jahr 1815 mit achtzehn Jahren als gemeiner Matrose auf der *Essex* angemustert hatte, waren er und Pollard Bordgenossen. Chase hatte rasch die verschiedenen Ränge durchlaufen. Bei der zweiten Fahrt war er Bootssteurer gewesen, und jetzt, mit nur zweiundzwanzig Jahren, bereits Obermaat. (Matthew Joy, Zweiter Maat der *Essex,* war vier Jahre älter als Chase.) Wenn auf dieser Fahrt alles glatt ging, hätte Chase gute Chancen, noch vor seinem fünfundzwanzigsten Geburtstag Kapitän zu werden.

Mit knapp einem Meter achtzig war Chase für das frühe neunzehnte Jahrhundert ein hochgewachsener Mann. Er überragte den zu Korpulenz neigenden Kapitän. Pollards Vater war ebenfalls Kapitän, der von Chase hingegen Bauer – und das ausgerechnet auf einer Insel, deren Stolz einzig und allein ihren Seehelden galt. Vielleicht war es diese Tatsache, die Chase zu brennendem Ehrgeiz anstachelte; jedenfalls machte er bei Antritt seiner dritten Fahrt keinen Hehl aus seinem Verlangen, endlich Kapitän zu werden. »Gewöhnlich gelten zwei Fahrten als ausreichend, um einen aufgeweckten und intelligenten jungen Mann zum Kapitän zu qualifizieren«, schrieb er. »Denn in dieser Zeit lernt er durch Erfahrung und mögliche Probleme alles, was er wissen muss.« Obwohl Chase sechs Jahre jünger als sein Kapitän war, bildete er sich ein, bereits alles zu beherrschen, was zur Erfüllung von Pollards Funktion erforderlich war. Das übertrieben selbstsichere Auftreten des Obermaats dürfte einem neu ernannten, gerade aus dem langen Schatten eines hoch angesehenen Vorgängers heraustretenden Kapitän wie Pollard die Durchsetzung seines persönlichen Führungsstils nicht eben erleichtert haben.

Während die Besatzung zur Vorbereitung des Ankerlichtens Ersatztrossen und -kabel bereitlegte, vergewisserte sich Chase, dass an Deck alles seefest gezurrt und gesichert war. Dann schickte er die Männer ans Bratspill, eine vor dem Vorschiffsniedergang angebrachte lange Holzwalze mit einer doppelten Reihe Löcher an jedem Ende zum Aufwinden der schweren Ankerkette. Acht Mann mussten sich an den beiden Enden aufstellen, vier vorn und vier achtern, jeder mit einer hölzernen Spillspake. Das Bratspill im Einklang mit den anderen Männern zu drehen war eine ebenso schwierige wie kräftezehrende Aufgabe. »Um das zu bewerkstelligen, müssen die Matrosen ... mit einem heftigen, gleichzeitigen Stoß das Spill in Bewegung setzen«, hieß es in einem Bericht,

»wobei ihnen der von einem der ihren ausgestoßene Singsang oder Heulton den Takt vorgibt.«

Sobald die Männer die Ankertrosse steif geholt und schließlich kurzstag gehievt hatten, wurde es für die aufgeenterten Männer Zeit, die Reffbändsel zu lösen, damit sich die Segel entfalten konnten. Dann wies Pollard den Obermaat (den er, wie es den Gepflogenheiten entsprach, stets mit »Mr. Chase« anredete) an, den Anker zu lichten und ihm zu melden, sobald dieser klar war. Nun begann die eigentliche Arbeit – ein Vorgang, der sich angesichts der Unerfahrenheit der Schiffsbesatzung unerträglich in die Länge gezogen haben dürfte: das zentimeterweise Hochhieven des riesigen, schlammtriefenden Ankers zum Bug. Schließlich war der Anker jedoch am Schanzkleid festgelascht und der Ring am Ende seines Schafts an einem überstehenden Balken, dem so genannten Kranbalken, gesichert.

Jetzt begann freilich erst die wahre öffentliche Pein für Pollard und Chase. In dem allmählich auffrischenden Südwestwind mussten zusätzliche Segel gesetzt werden. Bei einer erstklassigen Besatzung hätten sich die Segel blitzschnell entfaltet; bis bei der *Essex* die Bramsegel gesetzt und alle Segel zum Wind getrimmt waren, hatten sie laut Nickerson Great Point komplett umrundet, sich also bereits über neun Meilen von der Stelle entfernt, wo sie ankerauf gegangen waren. Und die ganze Zeit über wussten Pollard und seine Offiziere, dass den Teleskopen der Stadt nicht der kleinste Fehler entging.

Als Kajütenjunge musste Nickerson die Decks fegen und dafür sorgen, dass die Leinen sauber aufgeschossen waren. Als er die Arbeit für einen kurzen Moment unterbrach, um zu seiner geliebten Insel zurückzublicken, die langsam hinter ihnen verschwand, verpasste der Obermaat ihm eine Ohrfeige und fuhr ihn wütend an: »He, du da, Tom, willst du wohl gefälligst deinen Besen schwingen und fegen! Wenn ich dich noch mal beim Faulenzen erwische, dann setzt es was, mein Bürschchen!«

Vielleicht hatten sich Nickerson und seine Nantucketer

Freunde vor ihrer Abfahrt eingebildet, Chase zu kennen, doch jetzt wurde ihnen klar, dass, wie ein junger Nantucketer einmal festgestellt hatte, »auf See alles anders aussieht«. Der Maat eines Nantucketer Walfängers machte beim Verlassen der heimatlichen Insel eine Verwandlung durch, die der von Dr. Jekyll zu Mr. Hyde nahe kam. Aus einem freundlichen, nachsichtigen Quäker wurde auf See ein brüllender Leuteschinder. »Häufig hört man eine Nantucketer Mutter voller Stolz verkünden, als *Maat* sei ihr Sohn ein richtiger *Drachen*«, schrieb William Comstock, »was nichts anderes heißt, als dass er ein grausamer Tyrann ist, aber das hält man auf dieser Insel ja für den *Gipfel* menschlicher Vollkommenheit.«

Und so erlebte Nickerson, wie sich Owen Chase aus einem ganz vernünftigen jungen Mann mit einer frisch angetrauten Frau namens Peggy in einen brutalen Leuteschinder verwandelte, der sich nicht im Geringsten scheute, Gehorsam mit Gewalt zu erzwingen, und in einer Weise fluchte, die den größtenteils von ihren Müttern und Großmüttern erzogenen Jungen das Blut in den Adern gefrieren ließ. »Obwohl ich nur wenige Stunden zuvor noch so darauf gebrannt hatte, auf diese Reise zu gehen«, erinnerte sich Nickerson, »überkam mich auf einmal Trübsinn, als mir klar wurde, dass mir in Wirklichkeit eine nicht besonders vergnügliche Reise unter einem strengen Aufseher bevorstand; und das mir, einem Jungen meines Alters, der eine solche Sprache und derartige Drohungen nicht gewohnt war.«

Aber es war nicht nur die Erkenntnis, dass das Leben auf einem Walfänger härter sein könnte, als er es sich vorgestellt hatte. Nun, da die Insel hinter dem Horizont verschwunden war, dämmerte Nickerson, was nur Jugendliche an der Schwelle zum Erwachsenwerden begreifen, dass nämlich die unbeschwerten Tage der Kindheit ein für alle Mal vorbei waren. »Damals wurde mir zum ersten Mal klar, dass ich mutterseelenallein auf einer großen, erbarmungslosen Welt war ... ohne irgendeinen Verwandten oder Freund, der mir

Trost hätte spenden können.« Erst da begriff Nickerson allmählich, »welches Opfer ich gebracht hatte«.

Noch am selben Abend wurden die Männer in zwei Schichten oder Wachen eingeteilt. Mit Ausnahme der Freiwächter – jene Besatzungsmitglieder, die wie der Koch, der Steward und der Küfer (oder Böttcher) tagsüber arbeiteten und nachts schliefen – mussten alle Mann abwechselnd vier Stunden lang Wache an Deck gehen. Wie Kinder, die sich auf dem Spielplatz ihre Mannschaften auswählen, suchten sich der Ober- und der Zweite Maat abwechselnd die Männer für ihre Wachen aus. »Als Erstes stellen die Offiziere fest, wer von der Insel stammt und wer ein Fremder ist«, schrieb William Comstock. »Die einstige Ehre, ein Bürger Roms zu sein, war nichts im Vergleich zu der Wertschätzung, die ein Bewohner jener Sandbank namens Nantucket an Bord genoss.« Erst wenn alle Nantucketer ausgesondert waren (Nickerson kam übrigens zu Chase), trafen die Maate ihre Auswahl unter Kap Coddern und Schwarzen.

Als Nächstes folgte die Wahl der Rudergasten für die Walboote, ein Wettstreit, an dem sich neben den Maaten auch Kapitän Pollard beteiligte, der sein eigenes Boot steuerte. Da es sich bei der Crew der Walboote um Männer handelte, mit denen ein Maat oder der Kapitän in den Kampf zog, wurde die Auswahl sehr ernst genommen. »Zwischen der Schiffsführung herrschte ein erbitterter Konkurrenzkampf«, erinnerte sich ein Walfänger, »und unübersehbar auch eine gewisse Besorgnis, gepaart mit unverhohlenen Eifersüchteleien.«

Auch hierbei war jeder Offizier bestrebt, sein Boot mit möglichst vielen Nantucketern zu bemannen. Nickerson wurde in Chases Boot gewählt, dessen Bootssteurer der Nantucketer Benjamin Lawrence war. Nickersons Freund (und Vetter des Kapitäns) Owen Coffin wurde zusammen mit mehreren Nantucketern Pollards Boot zugeteilt. Für Matthew Joy, den als Zweiten Maat rangniedrigsten Offizier, blieb kein einziger Insulaner zur Bemannung seines Bootes übrig. Die drei nicht gewählten Männer wurden zu Schiffswächtern der *Essex* ernannt. Ihre Aufgabe war es, das Schiff zu steuern, wenn die anderen auf Waljagd gingen.

Zum ersten Tag einer Walfangfahrt gehörte noch ein weiteres Ritual: die Ansprache des Kapitäns an die Besatzung. Dieser Brauch, der angeblich aus der Zeit stammt, als Noah die Tür seiner Arche verschloss, gab dem Kapitän Gelegenheit, sich offiziell vorzustellen, ein Auftritt, den die gesamte Besatzung – Offiziere ebenso wie Grünlinge – mit großem Interesse verfolgte.

Bereits bei Pollards ersten Worten staunte Nickerson über den Unterschied zwischen dem Kapitän und seinem Obermaat. Anstatt die Männer anzuschreien oder Flüche auf sie herabregnen zu lassen, sprach Pollard »ohne arrogantes Gehabe oder unflätige Ausdrucksweise«. Er äußerte lediglich, dass der Erfolg der Reise von der Besatzung abhänge und den Offizieren strikter Gehorsam zu leisten sei. Nachdem er die Männer darauf hingewiesen hatte, dass sich jeder Matrose, der bewusst einen Befehl missachte, nicht nur vor den Offizieren, sondern auch vor ihm verantworten müsse, entließ er sie mit den Worten: »Lassen Sie die Wache antreten, Mr. Chase.«

Die Besatzung der *Essex* aß und schlief in drei separaten Bereichen: den Kabinen von Kapitän und Maaten im achtersten Teil des Schiffes, dem unmittelbar davor gelegenen Zwischendeck, wo die Bootssteurer und jungen Nantucketer wohnten, und schließlich den engen, düsteren Mannschaftsquartieren in der Back, dem vordersten Teil des Schiffes, der durch den Abspeckraum vom Zwischendeck getrennt war. Die zwischen der Back und den anderen Unterkünften verlaufende Grenze war keineswegs nur eine räumliche, sondern zugleich eine Rassentrennung. Laut Addison Pratt, einem Grünling auf einem Nantucketer Schiff im Jahr 1820, war das Backdeck »voll gestopft mit Schwarzen«, während die weißen Seeleute, die keine Offiziersränge bekleideten, im Zwischendeck wohnten. Eingedenk der typischen Vorurteile Nantucketer Walfänger schätzte sich Thomas Nickerson »überglücklich, dem engen Zusammengepferchtsein mit so vielen Schwarzen« im Vorschiff der *Essex* entronnen zu sein.

Aber das Backdeck hatte auch seine Vorzüge. Dank seiner isolierten Lage (der einzige Zugang bestand in einer Deckluke) konnten sich seine Bewohner ihre eigene Welt schaffen. Richard Henry Dana, der Autor von *Zwei Jahre vor'm Mast,* zog die kameradschaftliche Atmosphäre der Back jener des Zwischendecks vor, wo »man, unmittelbar unter den Augen der Offiziere, weder tanzen, singen, spielen, rauchen, lärmen, *meckern* noch anderen Seemannsvergnügen nachgehen kann«. Im Vorschiff dagegen vertrieben sich die Schwarzen nach altem Seefahrerbrauch die Zeit mit dem Spinnen von *Seemannsgarn* und erzählten sich von früheren Fahrten, Bordgenossen, Schiffbrüchen und etlichen anderen Erlebnissen auf See. Sie tanzten und sangen, oftmals mit Fiedelbegleitung; sie beteten zu ihrem Gott und – ebenfalls ein alter Brauch auf See – lästerten über den Kapitän und seine beiden Offiziere.

Am folgenden Morgen litten viele Grünlinge an akuter Seekrankheit, »taumelten und stolperten über die Decks, beinahe willens ... zu sterben oder sich in die Fluten zu stürzen«, erinnerte sich Nickerson. Die Nantucketer kannten ein, wie sie meinten, todsicheres Mittel zur Heilung von Seekrankheit, eine Behandlung allerdings, die sensiblere Gemüter vermutlich noch schlimmer fanden als die Krankheit selbst: Der Leidende musste ein an einem Bindfaden befestigtes Stück Schweinespeck hinunterschlucken, das anschließend wieder herausgezogen wurde. Machten sich die Symptome erneut bemerkbar, wurde der Vorgang wiederholt.

Chase dachte freilich überhaupt nicht daran, seine angeschlagene Crew zu schonen. An diesem Morgen, Schlag acht Glasen, befahl er allen Matrosen, die Decks zu schwabbern und das Schiff klar zur Waljagd zu machen. Denn auch wenn der Walbestand in den Gewässern südöstlich der Insel an den Ausläufern des Golfstroms im Laufe der Jahre stark geschrumpft war, konnte man hier jederzeit auf eine Schule Pottwale stoßen. Und wehe der Besatzung, die nicht gerüstet war, wenn ein Wal gesichtet wurde.

Aber um einen Wal zu sichten, musste ein Ausguck in den Masttopp geschickt werden – für eine Crew seekranker Grünlinge nicht gerade eine verlockende Aussicht. Von jedem Besatzungsmitglied wurde erwartet, in den Großmasttopp aufzuentern und von dort oben zwei Stunden nach Walen Ausschau zu halten. Einige Männer waren so geschwächt vom häufigen Erbrechen, dass sie bezweifelten, genügend Kraft aufzubringen, um sich zwei Stunden lang an einer schwankenden Bramstenge festzuklammern. Wie Nickerson berichtete, wagte einer sogar zu protestieren, es sei »völlig absurd und unzumutbar«, von ihnen zu erwarten, nach Walen Ausschau zu halten, er für seinen Teil »würde jedenfalls nicht aufentern, und er hoffe, dass der Kapitän es nicht von ihm verlangen würde«.

Die Tatsache, dass der ungenannte Matrose ausdrücklich den Kapitän statt des Obermaats erwähnte, legt den Schluss nahe, dass es sich bei ihm um Pollards Vetter, den siebzehnjährigen Owen Coffin handelte. Speiübel, wie ihm war, und von Natur aus ängstlich, wandte sich Coffin womöglich mit einem verzweifelten, unbesonnenen Hilferuf an seinen Verwandten, in der Hoffnung, auf diese Weise dem Drill des Obermaats zu entgehen. Aber vergeblich: Laut Nickerson, dessen Bericht nicht der Ironie entbehrt, setzte es neben ein paar »sanften Worten« seitens der Offiziere »einige kleine Aufmunterungen«, und nicht viel später hatten sämtliche Grünlinge abwechselnd im Masttopp gesessen.

Die Route, die ein Walfänger nach Kap Horn fuhr, lässt sich mit dem Zickzackkurs eines Skifahrers am Hang vergleichen. Den Kurs bestimmten die jeweils über dem Atlantik vorherrschenden Winde. Zuerst segelte das Schiff, von westlichen Winden vorwärts geschoben, auf südöstlichem Kurs Richtung Europa. Dort erwischte es früher oder später den

Nordostpassat, der es zurück über den Atlantik blies, Richtung Südamerika. Nach der Überquerung des Äquators in einer oftmals windstillen Zone, dem Kalmengürtel, auch Doldrums genannt, arbeitete es sich mit dem Südostpassat nach Südwesten vor, in ein Gebiet veränderlicher Winde. Und schließlich geriet es in den berüchtigten Westwindgürtel, an dem schon etliche Umrundungen Kap Horns gescheitert waren.

Beim ersten Kreuzschlag Richtung Süden über den weiten Atlantik legten die Schiffe Versorgungsstopps auf den Azoren und den Kapverdischen Inseln ein, wo sie zu wesentlich günstigeren Preisen als in Nantucket Frischproviant in Form von Gemüse und Vieh erstehen konnten. Gleichzeitig boten diese Zwischenstopps den Walfängern die Möglichkeit, das während der Fahrt über den Atlantik gewonnene Öl zurück in die Heimat zu verschiffen.

Bei quer einkommender Steuerbordbrise aus Südwest war die *Essex* am 15. August, drei Tage nach dem Auslaufen, auf ihrem Weg zu den Azoren bereits ein gutes Stück vorangekommen. Sie hatten Nantucket relativ spät verlassen, und die Offiziere hofften, die verlorene Zeit aufholen zu können. Wie üblich waren an den oberen Rahen der drei Masten Bramsegel gesetzt, aber zusätzlich trug die *Essex* an diesem Tag auch noch mindestens ein Leesegel, ein rechteckiges, zeitweilig an der Leesegelspiere einer Rah – in diesem Fall der Großbramrah – gesetztes Beisegel.

Nur selten setzten Walfanger ihre Leesegel, und schon gar nicht dann, wenn sie sich in Gewässern aufhielten, wo die Chance bestand, Wale zu sichten. Während für Kauffahrer im Chinahandel die Schnelligkeit, mit der sie ihre Ladung beförderten, eine wirtschaftliche Überlebensfrage darstellte, hatten Walfänger es meistens nicht besonders eilig. Der Einsatz von Leesegeln bedeutete, dass ein Kapitän den letzten Viertelknoten an Fahrt aus seinem Schiff herausholen wollte. Leesegel ließen sich nur schwer setzen und noch schwerer wieder einholen, vor allem mit einer unerfahrenen Besatzung. Da die Leesegelspieren länger als die Rahen waren, bestand die Gefahr, dass sie ins Wasser eintauchten, sobald das Schiff zu schlingern begann. Näherte sich ein Walfänger mit einer vorwiegend aus Grünlingen bestehenden Crew den oftmals stürmischen Gewässern des Golfstroms mit fliegenden Leesegeln, konnte man davon ausgehen, dass er von einem aggressiven, um nicht zu sagen tollkühnen Kapitän kommandiert wurde.

Mit der zusätzlichen Segelfläche zum Einfangen des Windes machte die *Essex* recht flotte Fahrt, vermutlich sechs bis acht Knoten. Plötzlich sichtete der Ausguck ein Schiff voraus. Pollard wies den Rudergänger an, darauf zuzuhalten, und kurz darauf hatte die *Essex* das fremde Schiff eingeholt. Es war der Walfänger *Midas,* der fünf Tage zuvor New Bedford verlassen hatte. Nachdem Kapitän Pollard und der Kapitän der *Midas* brüllend die üblichen Höflichkeitsfloskeln sowie Schätzungen über ihre geographische Länge ausgetauscht hatten, war die *Essex* bereits an der *Midas* vorbeigezogen, wobei es die gesamte Besatzung zweifellos mit Genugtuung erfüllte, dass sich ihr Schiff als der, wie Nickerson es ausdrückte, »schnellere Segler von beiden« erwies.

Im Verlauf des Tages begann sich das Wetter zu verschlechtern. Am Himmel zogen Wolken auf, und im Südwesten wurde es verdächtig düster. »Die See wurde sehr rau«, erinnerte sich Nickerson, »und ließ das Schiff heftig stampfen und schlingern.« Obwohl ganz offensichtlich Sturm drohte, preschte die *Essex* »weiterhin unter Vollzeug durch die Nacht, und die Offiziere sahen keinen Grund, die Besatzung, außer zu ihren jeweiligen Wachen, zu wecken«.

Am nächsten Morgen erreichten sie bei Dauerregen den Golfstrom. Diese geradezu unheimlich warme Meeresströmung kannten die Nantucketer vermutlich besser als alle anderen Seefahrer, denn im achtzehnten Jahrhundert hatten sie am Rand dieser Strömung von Carolina bis nach Bermuda Pottwale gejagt. Und im Jahr 1786 hatte Benjamin Franklin, dessen Mutter, Abiah Folger, eine gebürtige Nantucketerin war, auf Grundlage der von seinem Nantucketer »Vetter«, dem Walfängerkapitän Timothy Folger, zusammengetragenen Kenntnisse die erste Karte des Golfstroms angefertigt.

Bei der Entscheidung, die Segel zu kürzen oder nicht, spielten etliche Erwägungen eine Rolle, sowohl nautische als auch psychologische. Kein Kapitän wollte übertrieben vorsichtig sein, andererseits wäre es jedoch auch unvernünftig, unnötige Risiken einzugehen, insbesondere am Anfang einer Reise, die gut und gern drei Jahre dauern konnte. Irgendwann wurde es allerdings so stürmisch, dass sich Pollard dafür entschied, Fock- und Besanbramsegel einzuholen, aber sowohl das Großbramsegel als auch das bei aufziehendem Unwetter normalerweise als Erstes eingeholte Leesegel fliegen zu lassen. Mag sein, dass Pollard herausfinden wollte, wie sich die *Essex* verhielt, wenn er sie bis zum Äußersten vorwärts trieb; jedenfalls segelten sie weiter, nicht bereit, klein beizugeben.

Chase zufolge sahen sie das Unwetter kommen: Aus Südwesten raste eine große, schwarze Wolke auf sie zu. Spätestens jetzt wäre es höchste Zeit gewesen, die Segelfläche zu verkleinern. Aber wieder zögerten sie. Die Wolke wurde als harmlose Bö abgetan; die würden sie schon überstehen. Wie Chase später einräumte, »unterschätzten wir völlig sowohl deren Kraft als auch deren Heftigkeit«.

Selbst wenn es sich nur um eine Sekunde gehandelt hätte: Deutlicher, als durch das hinausgezögerte Reffen angesichts einer herannahenden Sturmbö, hätte Pollard seine Geringschätzung altbewährter Seefahrerweisheiten kaum zum Ausdruck bringen können. Ein Leitsatz der Offiziere der Royal Navy lautete: »Lass dich nie unvorbereitet vom Feind oder einer Bö überraschen.« Und allgemein hieß es: Je deutlicher und scharf umrissener eine Sturmwolke, umso schlimmer der Wind. Auch Blitz und Donner waren schlechte Vorzeichen. Aber erst als zuckende Blitze über den bedrohlich schwarzen Himmel zischten, gefolgt von krachendem Donner, begann Pollard endlich, Befehle zu erteilen. Doch da war es zu spät.

Wenn eine Sturmbö naht, gibt es zwei Möglichkeiten: Entweder man luvt an und dreht das Schiff mit dem Bug in den Wind, um den Druck von den Segeln zu nehmen, oder man fällt um fast einhundertachtzig Grad in die Gegenrichtung ab, vom Wind weg, und lässt das Schiff vom Sturm vorwärts treiben. Dadurch verringert sich der Druck auf die vorderen Segel, da sie teilweise von den hinteren abgedeckt werden. In der Handelsschifffahrt, wo die Schiffe in der Regel unterbemannt waren, drehten die Kapitäne bevorzugt in den Wind – was sie »durch die Bö luven« nannten –, nicht zuletzt, weil normalerweise jedes Schiff die Tendenz hat, mit dem Bug nach Luv zu drehen. Alles in allem zogen es jedoch die meisten Kapitäne vor, vom Wind abzufallen – eine Taktik, die freilich voraussetzte, dass sie das Eintreffen der Bö richtig erahnten, damit rechtzeitig die oberen und achteren Segel gerefft wurden. Der Versuch, erst im letzten Moment, bevor die Bö das Schiff erwischte, abzufallen, zeugte in der Regel von »einer Fehleinschätzung der Bö oder mangelnder Wachsamkeit«.

Doch genau das geschah im Fall der *Essex*. Als sich die Sturmbö drohend näherte, erhielt der Rudergänger den Befehl, abzufallen und vor dem Wind zu laufen. Unglücklicherweise dauert es bei einem Schiff von der Größe der *Essex* eine Weile, bis es auf das Ruder reagiert. Als die Bö mit voller Wucht in das Schiff fuhr, hatte es gerade zu drehen begonnen und lag genau quer zum Wind – die schlimmste Position überhaupt.

Allein bei dem Geräusch – dem Kreischen des Windes im Rigg, gefolgt vom Knattern der wild hin und her schlagenden Segel und dem Ächzen von Stagen und Masten – stockte den Grünlingen vor Schreck das Blut in den Adern. Schon begann sich die *Essex* nach Lee überzulegen – zuerst langsam, da sich das enorme Gewicht ihres Kiels und Ballasts, ganz zu schweigen von den tonnenweise in ihrer Last verstauten Vorräten, am Anfang noch der Krängung widersetzte. Doch als der Wind immer stärker wurde, musste sich das Schiff seinem erbarmungslosen Druck beugen.

Bei einem Krängungswinkel von fünfundvierzig Grad oder mehr lässt sich der Rumpf eines Schiffes mit einem schwergewichtigen Menschen vergleichen, der auf dem kürzeren Ende einer asymmetrischen Wippe sitzt. Er kann so viel wiegen, wie er will: Solange das andere Ende der Wippe jenseits des Drehpunkts lang genug ist, wirkt es als Hebel und hebt ihn langsam, aber sicher immer weiter in die Höhe, bis das gegenüberliegende Ende schließlich sacht auf dem Boden aufsetzt. Im Fall der *Essex* wirkten die Masten mit ihren Wind gefüllten Segeln als Hebel auf den Rumpf und legten ihn so weit über, bis die Rahnocken ins Wasser tauchten und sich das Schiff nicht mehr von selbst aufrichten konnte. Die Krängung der *Essex* betrug annähernd neunzig Grad, und damit war sie gekentert oder hatte sich, wie es in der Seemannssprache heißt, »über ihre Kante« gelegt.

Aus Angst, in die bereits knietief unter Wasser liegenden Lee-Speigatten geschleudert zu werden, klammerten sich die Männer an Deck an den nächstbesten Halt, während unter Deck alle versuchten, sich so gut es ging vor den durch die Gegend fliegenden Gegenständen zu schützen. Der Schiffskoch verließ vermutlich, sofern er das nicht schon längst getan hatte, Hals über Kopf die Kombüse, denn der schwere Herd und das Kochgeschirr drohten jeden Moment durch die dünnen Wände zu brechen. Die beiden Walboote auf der Backbordseite der *Essex* waren unter den Wellen verschwunden, vom Gewicht des gekenterten Schiffs unter Wasser gedrückt. Laut Chase war »die gesamte Schiffsbesatzung für kurze Zeit in nacktes Entsetzen und heillose Verwirrung gestürzt«.

Trotzdem schien sich inmitten des Chaos die Lage schlagartig beruhigt zu haben; dieser Eindruck entstand zumindest an Deck. Da bei einem gekenterten Schiff der Rumpf als Schutzschild gegen Wind und Regen wirkt, waren die Männer vorübergehend vor den heulenden Kräften des Windes abgeschirmt, die das Schiff voll aufs Wasser geschmettert hatten. Diesen Moment nutzte Pollard, um den Mut und Gemeinschaftsgeist seiner kopflosen Besatzung zu beschwören. »Die Ruhe und Besonnenheit des Kapitäns«, erinnerte sich Nickerson, »brachten binnen kurzem alle wieder zur Besinnung.« Pollard befahl, die Fallen loszuwerfen und die Schoten zu fieren, aber »das Schiff lag so weit auf der Seite, dass nichts lief, wie es sollte«.

Falls die Bö das Schiff noch länger in Kenterlage drückte, würde es wegen der durch die offenen Niedergänge hereinströmenden Wassermassen nicht mehr aufzurichten sein. Je länger es auf der Seite lag, desto wahrscheinlicher wurde zudem, dass Ballast und Vorräte im Laderaum nach Lee rutschten – eine fatale Verkettung von Umständen, die dem Schiff leicht zum Verhängnis werden konnte. Bereits jetzt hatten die Wellen die Kombüse fast vollständig vom Deck gespült. Notfalls müssten die Männer als letzte Rettung die Masten abschlagen.

Die Zeit schien stehen zu bleiben, als sich die Männer bei strömendem Regen und Blitzgeflacker an die Luvreling klammerten. Aber noch ehe die Äxte zum Einsatz kamen, erwachte das Schiff mit einem Ruck wieder zum Leben. Die Männer spürten es in ihren Händen und Füßen und in ihren Magengruben – ein Nachlassen der furchtbaren Anspannung. Sie warteten auf die nächste Bö, die das Schiff wieder flach legen würde. Aber nichts dergleichen geschah – die Schwerkraft des Ballasts richtete das Schiff und mit ihm die drei Masten immer weiter auf, bis schließlich auch die Rahen aus den Fluten tauchten. Als die Masten Richtung Himmel schwangen, strömte das angesammelte Wasser in einem Schwall über die Decks und schoss durch die Speigatten zurück ins Meer. Mit einem Zittern kehrte die *Essex* in die Senkrechte zurück und war wieder ein Schiff.

Sobald der Rumpf nicht mehr als Schutzschild diente, merkten die Offiziere, dass die Bö weitergezogen war. Aber es stürmte nach wie vor, auch wenn der Wind etwas nachgelassen hatte. Die *Essex* zeigte jetzt mit dem Bug in den Wind, und ihre Segel wurden gegen die Masten geweht. Das Rigg knarrte und ächzte so schauerlich wie noch nie, als der Schiffsrumpf über die vom Regen gepeitschten Wellen schlingerte. Wieder neigten sich die Decks, so dass die Grünlinge vorübergehend die Balance verloren. Diesmal jedoch legte sich die *Essex* nicht über, sondern fuhr rückwärts. Schäumend kochte die Gischt über das Achterdeck, als ihr breiter Heckspiegel gegen die heranrollenden Brecher geschoben wurde, und trommelte auf das dort aufgepallte Ersatzwalboot.

Mit einem rahgetakelten Schiff rückwärts zu fahren, war äußerst gefährlich. Die Segel klebten so am Mast, dass sie sich kaum auftuchen ließen. Durch den Druck lastete eine ungeheure Spannung auf Stagen, Spieren und Masten. Da das Rigg nicht für Belastungen aus dieser Richtung konstruiert war, konnten leicht alle drei Masten im Dominoeffekt aufs Deck herabstürzen. Jeden Moment drohten die Wassermassen die Heckfenster zu zerbersten und die Achterkajüte zu überfluten. Außerdem bestand die Gefahr, dass das lange, schmale, durch den Wasserdruck ohnehin außer Kraft gesetzte Schiffsruder brach.

Schließlich fiel der Bug der *Essex* nach Lee ab, ihre Segel füllten sich mit Wind, und sie machte wieder Vorwärtsfahrt. Jetzt konnte die Besatzung endlich das in Angriff nehmen, was sie besser schon vor dem Sturm getan hätte – die Segel reffen.

Noch während die Männer auf den Rahen mit den Segeln kämpften, drehte der Wind auf Nordwest, und der Himmel begann sich aufzuhellen. An Bord der *Essex* dagegen verdüsterte sich die Stimmung. Das Schiff war schwer beschädigt. Von etlichen Segeln, darunter Großbram- und Leesegel, waren nur unbrauchbare Fetzen übrig geblieben. Die Kombüse war zerstört. Die beiden an den Backbord-Davits hängenden Walboote waren aus ihren Halterungen gerissen und mitsamt ihrem Gerät weggespült worden. Das Ersatzboot am Heck hatten die Wellen zertrümmert. Damit blieben ihnen nur zwei einsatzbereite Boote, ein Walfänger brauchte aber mindestens drei, plus zwei Ersatzboote. Zwar ließ sich das Heckboot reparieren, aber sie besäßen kein einziges Ersatzboot. Nachdem Kapitän Pollard eine Weile auf den

Trümmerhaufen gestarrt hatte, erklärte er, sie würden zur Reparatur nach Nantucket zurückkehren.

Diesem Vorhaben widersetzte sich jedoch sein Obermaat. Chase drängte darauf, die Fahrt trotz der Schäden fortzusetzen. Sie hätten gute Chancen, so beharrte er, auf den Azoren, die sie zwecks Versorgung mit Frischproviant in Kürze anliefen, Ersatzwalboote zu bekommen. Matthew Joy schlug sich auf die Seite seines Kollegen. Normalerweise war der Wille des Kapitäns an Bord Gesetz, doch anstatt seine beiden jüngeren Maate einfach zu überhören, schwieg Pollard und dachte über ihre Einwände nach. Damit kehrte Kapitän Pollard nach nur vier Tagen seines ersten Kommandos die übliche Rangordnung um und ordnete sich unter. »Nach kurzer Bedenkzeit und Beratung mit seinen Offizieren«, erinnerte sich Nickerson, »hielt er es für das Klügste, unsere Fahrt fortzusetzen und darauf zu vertrauen, dass wir mit etwas Glück und Gottes Hilfe den Verlust schon wieder wettmachen würden.«

Vor der Besatzung redete sich die Schiffsführung damit heraus, dass die Rückfahrt nach Nantucket bei dem inzwischen auf Nordwest gedrehten Wind viel Zeit beanspruchen würde. Nickerson vermutete bei Chase und Joy allerdings andere Motive. Beiden musste bewusst sein, dass ihr Führungsstil bei der Besatzung nicht gerade Begeisterung hervorrief. Das Kentern als böses Omen deutend, waren viele Matrosen mürrisch und griesgrämig geworden. Falls sie nach Nantucket zurückkehrten, würden mit Sicherheit einige Besatzungsmitglieder von Bord gehen. Daher sprach in den Augen der beiden Maate trotz des schwer wiegenden Verlustes der Walboote alles gegen eine Rückkehr in den Heimathafen.

Da Chase der Hauptgrund für die an Bord herrschende Unzufriedenheit war, ist es nicht weiter verwunderlich, dass er in seiner Schilderung des Unfalls an keiner Stelle den ursprünglichen Rückkehrplan Pollards erwähnt. Chase zufolge war das Kentern lediglich eine unbedeutende Unannehmlichkeit: »Wir behoben den Schaden ohne größere Probleme und setzten die Fahrt fort.« Aber in den Erinnerungen des Kajütenjungen Thomas Nickerson liest sich das ganz anders. Ein großer Teil der *Essex*-Besatzung sei durch das Kentern schwer mitgenommen gewesen und habe das Schiff verlassen wollen. Jedes Mal, wenn sie einem heimwärts segelnden Schiff begegneten, hätten die Grünlinge ein Lamento angestimmt, das etwa so klang: »Oh, ich wünschte, ich wäre dort an Bord und könnte mit in die Heimat zurückkehren, so gründlich habe ich diese Walfangreisen satt!«; und dabei hatten sie bisher noch nicht einmal einen einzigen Wal zu Gesicht bekommen.

Drittes Kapitel

DAS ERSTE BLUT

Nach einem Versorgungsstopp auf den Azoren, der ihnen reichlich frisches Gemüse, aber keine Ersatzwalboote bescherte, segelte die *Essex* südwärts, Richtung Kapverdische Inseln. Zwei Wochen später sichteten sie Boa Vista. Im Gegensatz zu den saftig grünen Hügeln der Azoren waren die Berghänge der Kapverden braun und verdorrt und weit und breit ohne einen Baum, der Schutz vor der sengenden subtropischen Sonne geboten hätte. Auf der ein paar Meilen südwestlich gelegenen Insel Maio wollte Pollard Schweine beschaffen.

Als sie sich am nächsten Morgen der Insel näherten, fiel Nickerson auf, dass Pollard und seine Maate ungewöhnlich angeregter Stimmung waren. Aufgeregt tuschelnd ließen sie mit Verschwörermiene ein Fernglas kreisen, mit dem sie abwechselnd gespannt irgendetwas am Strand beobachteten. Was Nickerson als »Grund für ihre Freude« bezeichnete, blieb für den Rest der Besatzung ein Geheimnis, bis sie nah genug an die Insel herangekommen waren, um zu sehen, dass am Strand ein Walfänger auf Grund gelaufen war. Womöglich kamen sie hier an ein paar zusätzliche Walboote – und die brauchten die Männer der *Essex* weiß Gott dringender als Schweinefleisch.

Bevor Pollard eines seiner eigenen Boote zu dem Wrack schicken konnte, wurde am Strand ein Walboot ins Wasser geschoben, das zielstrebig auf die *Essex* zupullte. An Bord des Bootes befand sich der stellvertretende amerikanische Konsul Ferdinand Gardner. Wie er Pollard und seinen Leuten erklärte, handelte es sich bei dem gestrandeten Walfänger um die *Archimedes* aus New York. Bei der Annäherung an den Hafen war sie auf ein Unterwasserriff gelaufen, und um zu retten, was zu retten war, hatte sich der Kapitän gezwungen gesehen, sie auf den Strand zu setzen. Gardner hatte das Schiff übernommen, besaß aber nur noch ein einziges Walboot, um es ihnen zu verkaufen.

Ein Boot war zwar besser als nichts, dürfte sich Pollard gedacht haben, trotzdem war die *Essex* nach wie vor bedenklich knapp an Booten. Mit dem jüngsten Neuerwerb (einem alten, leckenden Kahn obendrein), verfügte die *Essex* über insgesamt vier Walboote, besaß also nur ein einziges Ersatzboot. In einem so gefährlichen Geschäft wie dem Walfang wurden die Boote bei ihren Kämpfen mit den Walen so oft beschädigt, dass viele Walfänger sogar mit mindestens drei Ersatzbooten ausgerüstet waren. Mit nur vier Booten dürfte sich die Crew der *Essex* kaum einen Fehler erlauben. Das war einigermaßen beunruhigend. Selbst die Grünlinge wussten, dass ihr Leben eines Tages vom Zustand dieser zerbrechlichen Nussschalen abhängen konnte.

Nachdem Pollard das Boot gekauft hatte, segelte die *Essex* in die Bucht, die Maio als Hafen diente. Kegelförmige Haufen von der Farbe ausgebleichter Knochen – Salz, das aus Teichen im Inselinnern gewonnen wurde – ließen die Landschaft noch trostloser aussehen. Die *Essex* ankerte neben einem anderen Walfänger aus Nantucket, der *Atlantic,* die gerade über dreihundert Fass Öl zur Verschiffung in ihren Heimathafen entlud. Während Kapitän Barzillai Coffin und seine Crew etwa sieben Wale vorweisen konnten, die sie seit ihrem Auslaufen am vierten Juli erlegt hatten, waren die Männer der *Essex* nach wie vor damit beschäftigt, die durch das Kentern im Golfstrom an ihrem Schiff verursachten Schäden auszubessern, und hatten überhaupt noch keinen Wal gesichtet.

Mit einem Fass weißer Bohnen, dem Zahlungsmittel auf Maio, fuhr Pollard in einem Walboot an Land, um Schweine zu besorgen. Nickerson saß am achteren Riemen. Im Hafen gab es weder Docks noch Piers, und mit dem Walboot durch die hohe Brandung zur Küste zu gelangen, erwies sich als äußerst heikel. Obwohl Pollard und seine Bootscrew die günstigste Uferstelle des Hafens ansteuerten, gerieten sie in Schwierigkeiten. »Ehe wir's uns versahen, kenterte unser Boot in der Brandung«, erinnerte sich Nickerson, »und wurde mit der Unterseite nach oben ans Ufer geworfen. Den jungen Burschen machte es nicht viel aus, denn niemand wurde verletzt, aber alle hatten ihren Spaß, weil der Kapitän bis auf die Haut nass war.«

Pollard tauschte anderthalb Fass Bohnen gegen dreißig Schweine, deren Quieken, Grunzen und Dreck das Deck der *Essex* in einen Schweinestall verwandelte. Angesichts der körperlichen Verfassung der Tiere war der leicht zu beeindruckende Nickerson entsetzt. Er beschrieb sie als »halbe Skelette«, deren Knochen beim Laufen durch die Haut zu stechen drohten.

Erst nachdem die *Essex* den Äquator überquert und den dreißigsten südlichen Breitengrad erreicht hatte – ungefähr auf halber Strecke zwischen Rio de Janeiro und Buenos Aires –, sichtete der Ausguck den ersten Wal ihrer Fahrt. Um einen Walblas zu entdecken, brauchte man scharfe Augen, denn die schwache weiße Atemwolke zeigte sich immer nur wenige Sekunden lang am fernen Horizont. Das reichte jedoch, um den Ausguck brüllen zu lassen: »Da bläst er!« oder auch nur: »Blääást!«

Nach über drei wallosen Monaten auf See brüllte der Decksoffizier aufgeregt zurück: »Welche Peilung?« Die anschließende Erklärung des Ausgucks wies nicht nur dem Rudergänger die Richtung zu den Walen, sondern stürzte die gesamte Besatzung in wachsende Aufregung. Wenn der Ausguck einen Wal springen sah, schrie er: »Da springt er!« Erhaschte er einen Blick von der waagerechten Schwanzflosse, brüllte er: »Da zeigt er die Fluke!« Das kleinste Anzeichen von Gischt oder Schaum entlockte ihm den Ausruf: »Da – weißes Wasser!« Und bei jedem weiteren Blas, den er entdeckte, erschallte aufs Neue der Schrei: »Blääást!«

Unter Anleitung von Kapitän und Maaten begannen die Männer unverzüglich die Walboote vorzubereiten, verstauten darin die Baljen mit Walleine, entfernten die Schutzhüllen von den Spitzen der Harpunen und schärften rasch ein letztes Mal die Eisen. »Alles war in Bewegung«, erinnerte sich ein ehemaliger Walfänger. Pollards Boot befand sich als einziges an der Steuerbordseite, Chases war achtern an Backbord aufgepallt, unmittelbar hinter dem so genannten Kuhlboot von Joy.

Sobald man sich der Walschule bis auf eine Meile genähert hatte, wurde das Großsegel backgestellt, um die Fahrt aus dem Schiff zu nehmen. Der Maat kletterte ins Heck seines Walbootes, und der Bootssteurer nahm seinen Platz im Bug ein, während die vier Rudergasten an Deck blieben und das Boot mit Hilfe des Läufers, einem Flaschenzug aus Blöcken und Taljen, aufs Wasser hinunterließen. Sobald das Boot auf dem Wasser schwamm, folgten die Rudergasten Maat und Bootssteurer nach, indem sie sich entweder einfach an den Läufern hinunterließen oder die Leiter am Schanzkleid hinabkletterten. Eine erfahrene Crew brauchte keine Minute, um ein aufgeriggtes Walboot von den Davits zu Wasser zu lassen. Wenn alle drei Boote ausgesetzt waren, oblag es den drei Schiffswächtern, sich um die *Essex* zu kümmern.

In dieser frühen Angriffsphase standen Maat oder Kapitän am Steuerriemen im Heck des Walbootes, während der Bootssteurer den vordersten Riemen, auch Harpunierriemen genannt, bemannte. Achtern vom Steuermann saß der Bugmann, in der Regel der erfahrenste Vorschiffsmatrose im Boot. Seine Aufgabe war es, dafür zu sorgen, dass die Bootscrew die Walleine richtig einholte, wenn der Wal harpuniert war. Als Nächstes kam der Mittschiffsmann, der den mit bis zu achtzehn Fuß Länge und fünfundvierzig Pfund Gewicht längsten und schwersten der seitlichen Riemen bediente. Hinter ihm saß der Baljenmann. Er war für die beiden Baljen mit Walleine zuständig, und sobald der Wal harpuniert war, musste er die ausrauschende Walleine mit einer Kelle benetzen. Dieses Benetzen verhinderte, dass sich die Leine durch die Reibung entzündete, wenn sie um den Poller, einen im Heck des Bootes angebrachten senkrechten Pfosten, zischte. Achtern vom Baljenmann saß der achtere Ruderer oder Schlagmann. Gewöhnlich war er der leichteste in der Bootscrew, und seine Aufgabe war es, sicherzustellen, dass sich die Walleine beim Einholen ins Boot nicht verhedderte.

Drei der Riemen waren auf der Steuerbordseite und zwei auf der Backbordseite angebracht. Wenn der Maat rief: »Drei Ruder an!«, begannen nur die Männer, deren Riemen auf der Steuerbordseite waren, zu rudern. »Zwei Ruder an!« war dagegen der Einsatzbefehl für Baljenmann und Bugmann, deren Riemen sich auf der Backbordseite befanden. Das Kommando »Fest!« bedeutete, mit dem Rudern aufzuhören, während »Alle Mann Fahrt übers Ruder!« die Männer anwies, rückwärts zu rudern, bis das Boot gleichmäßig Rückwärtsfahrt machte. Das die Jagd eröffnende »Ruder an!« befahl den Männern, vereint loszupullen, wobei der achtere Ruderer den Schlag vorgab, dem sich die anderen vier anpassten. Wenn sich alle fünf Mann in die Riemen legten und unter den Anfeuerungsrufen von Maat oder Kapitän pullten, was das Zeug hielt, schoss das Boot nur so über die Wellenkämme.

Unter den Bootscrews eines Walfängers herrschte ein lebhafter Wettbewerb. Wer sich rühmen konnte, zur schnellsten Crew zu gehören, stand in der Hackordnung der Schiffsbesatzung ganz oben.

Bei fast einer Meile Abstand zwischen Schiff und Walen blieb den drei Crews reichlich Raum, ihre Schnelligkeit zu erproben. »Kein anderer Wettkampf während unserer ganzen Fahrt«, erinnerte sich Nickerson, »sorgte für so viel Gesprächsstoff und Aufregung unter unseren Crews, denn schließlich wollte keine den anderen freiwillig die Siegespalme überlassen.«

Die nichts ahnenden Wale schwammen mit vier bis fünf Knoten durchs Wasser, als die drei Boote mit fünf bis sechs Knoten auf sie herabstießen. Obwohl alle am Erfolg eines einzelnen Bootes teilhatten, wollte keines von den anderen überholt werden, und Walbootcrews waren dafür bekannt, dass sie sich absichtlich gegenseitig foulten, wenn sie Seite an Seite hinter der riesigen Fluke eines Pottwals herjagten.

Pottwale bleiben meistens zehn bis zwanzig Minuten unter Wasser, auch wenn schon von Tieren berichtet wurde, die bis zu anderthalb Stunden tauchten. Die Faustregel des Walfängers besagte, dass der Wal vor dem Tauchen für jede Minute, die er unter Wasser verbringen würde, einmal blies. Darüber hinaus wussten Walfänger, dass der Wal unter Wasser im selben Tempo und derselben Richtung weiterschwamm wie vor dem Tauchen. Daher konnte ein erfahrener Walfänger verblüffend genau ausrechnen, an welcher Stelle ein untergetauchter Wal vermutlich wieder auftauchen würde.

Als achterer Rudergast in Chases Boot war Nickersons Platz unmittelbar vor dem am Steuerriemen stehenden Obermaat. Chase konnte als Einziger im Boot den Wal vor ihnen sehen. Zwar hatte jeder Maat oder Kapitän seinen eigenen Anfeuerungsstil, doch alle beschworen und umschmeichelten ihre Bootscrews mit Worten, die diese zu jener Grausamkeit und Erregung, ja zu jener geradezu sinnlichen Blutgier anstachelten, die man mit der Jagd auf das größte Säugetier der Erde verbindet. Die Notwendigkeit, möglichst ruhig zu bleiben, um den Wal nicht zu warnen oder gar zu reizen, erhöhte noch zusätzlich die Spannung. William Comstock notierte die im Flüsterton vorgetragene Beschwörungsformel eines Nantucketer Maats:

»Nun pullt doch, um Himmels willen! Das Boot kommt ja überhaupt nicht voran. Ach, ihr schlaft ja alle! Da liegt er! Pullt, Kinderchen, pullt! Ich liebe euch, meine braven Jungs, ja, wirklich, das tue ich. Ich werde alles für euch tun, ich werde euch mein Herzblut zu trinken geben, nur bringt mich dieses eine Mal zu diesem Wal und pullt. O heiliger Peter, heiliger Hieronymus, heiliger Stephan, heiliger Jakob, heiliger Johannes, Tod und Teufel! Gebt Fahrt und bringt mich hin zu ihm, damit ich ihn kitzeln und seine Rippen fühlen kann. Da, da, weiter, weiter, reißt am Riemen! Oh, oh, oh! Noch näher, noch näher. Steh auf, Starbuck [der Harpunier]. Nein, nein, halt das Eisen anders: Eine Hand über das Ende der Stange. Jetzt, jetzt, pass auf! Wirf! Wirf!«

Wie sich herausstellte, war Chases Crew an jenem Tag die schnellste. Schon hatte sie sich dem Wal auf Harpunenwurfweite genähert. Nun konzentrierte sich die Aufmerksamkeit auf den Bootssteurer, der gerade noch unter Aufbietung all seiner Kräfte über eine Meile gerudert war. Seine Hände waren wund, und seine Armmuskeln zitterten vor Erschöpfung. Die ganze Zeit über hatte er dem inzwischen höchstens noch wenige Fuß, wenn nicht gar nur wenige Zoll entfernten Tier, das die über zwölf Fuß breite Schwanzfluke in gefährlicher Nähe ein ums andere Mal aufs Wasser klatschen ließ, den Rücken zudrehen müssen. Ganz deutlich konnte er es nun hören – das dumpf und feucht hallende Grollen, mit dem die Lungen des Wales die Luft in den sechzig Tonnen schweren Körper hinein- und hinauspumpten.

Nicht weniger Furcht erregend als ein Wal war für den unerfahrenen Harpunier, den zwanzigjährigen Benjamin Lawrence, freilich der Obermaat selbst. Owen Chase, auf der letzten Fahrt der *Essex* selbst noch Bootssteurer, hatte ganz klare Vorstellungen davon, wie man einen Wal harpunierte, und erteilte seinem Harpunier unentwegt Ratschläge in einem mit Kraftausdrücken gespickten, kaum verständlichen Kauderwelsch. Lawrence verstaute das Ende seines Rudergriffs unter dem Dollbord, stemmte ein Bein gegen die Ruderbank und packte die Harpune. Da war er, der schwarze, im Sonnenlicht glänzende Körper des Wales. Das Spritzloch befand sich an der linken Vorderseite des Kopfes, und der herausschießende Strahl hüllte Lawrence in eine stinkende Dampfwolke, die ihm auf der Haut brannte.

Sowie er die Harpune schleuderte, würde sich diese riesige, träge Kreatur in ein wütendes, in Panik versetztes Ungeheuer verwandeln, das ihn ohne weiteres mit einem einzigen Schlag seines gewaltigen Schwanzes ins Jenseits befördern konnte. Oder aber – was noch schlimmer war – der Wal machte kehrt und kam, den mit Zähnen gespickten Unterkiefer drohend aufgerissen, auf sie zu. Wie man weiß, sind ungeübte Bootssteurer schon in Ohnmacht gefallen, als sie das erste Mal unmittelbar mit der Furcht erregenden Aussicht konfrontiert wurden, ihr Boot an einem blindwütigen Pottwal festzumachen.

Als Lawrence im schaukelnden Bug stand, ringsum brechende Wellen, war ihm bewusst, dass der Obermaat jede einzelne seiner Bewegungen mit Argusaugen verfolgte. Wenn er Chase jetzt enttäuschte, würde dieser ihm fortan die Hölle heiß machen.

»Gib's ihm!«, brüllte Chase. »Na los, gib's ihm!«

Noch ehe sich Lawrence rühren konnte, zerbarsten mit lautem Krachen und Knirschen die Zedernplanken des Walbootes, und im nächsten Moment wurden er und die anderen fünf Männer durch die Luft gewirbelt. Ein zweiter Wal war unter ihnen aufgetaucht und hatte ihrem Boot einen gewaltigen Schlag mit dem Schwanz versetzt, der sie gen Himmel schleuderte. Die Seite des Bootes war komplett eingeschlagen, und die Männer, von denen einige nicht schwimmen konnten, klammerten sich verzweifelt an das Wrack. »Ich nehme an, das Ungetüm war genauso erschrocken wie wir«, bemerkte Nickerson, »denn es verschwand fast im selben Moment nach einem leichten Schwenk seiner riesigen Fluke.« Zum allgemeinen Erstaunen war niemand verletzt worden.

Pollard und Joy gaben die Jagd auf und kehrten zurück, um Chases Crew aus dem Wasser zu fischen. So endete der Tag zutiefst entmutigend, insbesondere, weil sie abermals ein Walboot verloren hatten – ein Verlust, der in Nickersons Worten »das Ende unserer Reise zu bedeuten schien«.

Einige Tage, nachdem Chases Boot repariert worden war, sichtete der Ausguck erneut Wale. Die Boote wurden ausgesetzt, eine Harpune geschleudert – diesmal erfolgreich –, und zischend rauschte die Walleine aus, bis sie schließlich mit einem Ruck vom Poller gestoppt wurde und das Boot mitsamt Besatzung zur ersten so genannten »Nantucketer Schlittenfahrt« mitriss.

Zwar veranlasste das gemächliche Tempo der Walfangschiffe mit ihren klobigen Bugen Matrosen von Kauffahrern immer wieder zu abfälligen Bemerkungen, tatsächlich preschte jedoch kein anderer Seemann im frühen neunzehnten Jahrhundert auch nur annähernd so schnell übers Wasser wie die Nantucketer Walfänger. Wenn sie nämlich die sicheren Bordwände ihres großen dreimastigen Schiffes verließen und sich in die kleinen, fünfundzwanzig Fuß langen Boote setzten, die mit einem halben Dutzend Männern, Tauwerk und scharf geschliffenen Harpunen und Lanzen voll gestopft waren. Schaukelnd hüpfte das Boot über die Wellen, wenn der Wal es in einem Tempo, das selbst die schnellste Kriegsfregatte schlingernd in seinem Kielwasser zurückgelassen hätte, hinter sich herschleppte. Was die reine Geschwindigkeit betraf, war ein Nantucketer im Schlepptau eines Wales, der ihn Meile um Meile von seinem ohnehin schon Aberhunderte Meilen vom Land entfernten Schiff wegzog, mit fünfzehn, manche behaupteten sogar zwanzig, knochenzerrüttenden Knoten der schnellste Seemann der Welt.

Die Harpune tötete den Wal nicht. Sie war nur das Mittel, mit dem sich eine Walbootbesatzung an ihr Opfer heftete. Wenn das Tier völlig erschöpft war – durch Abtauchen in große Tiefen oder indem es knapp unter der Wasseroberfläche dahinschoss, zogen sich die Männer Zoll für Zoll bis auf Lanzenstichweite an den Wal heran. Inzwischen hatten Bootssteurer und Maat die Plätze getauscht, was an sich schon in einem so kleinen und wackligen Fahrzeug wie einem Walboot ein unglaubliches Kunststück darstellte. Denn die beiden Männer hatten nicht nur schwer zu kämpfen, weil das Boot bei seinem stürmischen Ritt über die Wellen teilweise so heftig aufs Wasser knallte, dass sich die Nägel aus den Bug- und Heckplanken lösten, sondern sie mussten dabei auch höllisch aufpassen, dass sie der Walleine, die zitternd wie eine Klaviersaite über die Mitschiffslinie des

Bootes surrte, nur ja nicht zu nahe kamen. Irgendwann jedoch hatte es der Bootssteurer nach achtern zum Steuerriemen geschafft (daher sein Name), und der Maat, dem stets die Ehre des Tötens gebührte, nahm seinen Platz im Bug ein.

Falls der Wal noch zu munter war, hackte der Maat mit einem Bootsspaten auf die Schwanzsehnen des Tieres ein, um es zu lähmen. Dann nahm er die elf bis zwölf Fuß lange Lanze, deren wie ein Blütenblatt geformte Klinge eigens dafür geschaffen war, die lebenswichtigen Organe des Wales zu durchbohren. Allerdings war es nicht leicht, in dem von einer dicken Speckschicht umhüllten Leib eines riesigen schwimmenden Säugetiers das »innerste Leben« zu finden. Manchmal musste der Maat seine Lanze fünfzehnmal in das Tier bohren und so heftig in den bei der Lunge zusammenlaufenden Arteriensträngen herumwühlen, dass nach kurzer Zeit das Walboot auf einem sprudelnden Strom hellroten Blutes schwamm.

Wenn die Lanze schließlich ihr Ziel fand, erstickte der Wal früher oder später an seinem eigenen Blut. Sein Blas verwandelte sich in einen fünfzehn bis zwanzig Fuß hohen Geysir aus Blut, der den Maat zu dem Ausruf: »Der Schornstein glüht!« veranlasste. Während das Blut auf sie herabregnete, nahmen die Männer die Riemen auf und zogen sich hastig pullend ein Stück zurück, um den Todeskampf des Wales aus gebührender Entfernung zu beobachten. Mit dem Schwanz das Wasser peitschend, begann das Tier in einem immer enger werdenden Kreis zu schwimmen, und selbst als es bereits brockenweise Fisch und Kalmar erbrach, schnappten seine gewaltigen Kiefer weiterhin wütend in die Luft. Und dann war auf einmal alles zu Ende, genauso abrupt, wie der Angriff mit dem ersten Harpunenwurf begonnen hatte. Der Wal regte sich nicht mehr und trieb stumm, ein riesiger, schwarzer Kadaver, Finne oben in einem Teppich aus dem eigenen Blut und Erbrochenen.

Womöglich war dies das erste Mal, dass sich Thomas Nickerson an der Tötung eines warmblütigen Tieres beteiligt hatte. Daheim in Nantucket, wo der größte wild lebende

Vierfüßler die Wanderratte war, gab es weder Hirsche noch Rehwild, ja nicht einmal Kaninchen zu jagen. Und wie jeder Jäger weiß, dauert es eine Weile, bis man sich an das Töten gewöhnt. Auch wenn dieses brutale und blutige Schauspiel angeblich der Traum jedes jungen Mannes von Nantucket war, so sind die Gefühle von Enoch Cloud, einem achtzehnjährigen Grünling, der während seiner Fahrt auf einem Walfänger Tagebuch führte, doch recht aufschlussreich: »Ist es schon schmerzhaft genug, den Tod des kleinsten von Gott erschaffenen Geschöpfes mit ansehen zu müssen, um wie viel schlimmer ist es erst bei einer riesigen Kreatur, die so verzweifelt um ihr Leben kämpft wie der Wal! Und als ich dieses größte und schrecklichste aller Lebewesen Gottes als Opfer menschlicher Tücke in seinem Todeskampf bluten und zucken sah, überkamen mich ausgesprochen sonderbare Gefühle!«

Gewöhnlich wurde der Wal mit dem Kopf voran zum Schiff zurückgeschleppt. Auch wenn alle fünf Mann pullten und hin und wieder sogar der Maat am Steuerriemen dem achteren Rudergast half, machte ein Ruderboot mit einem Wal im Schlepptau nicht mehr als eine Meile pro Stunde. Es war bereits dunkel, als Chase und seine Leute das Schiff erreichten.

Nun wurde es Zeit, den Körper zu zerlegen. Nachdem die Männer den Wal mit dem Kopf Richtung Heck an der Steuerbordseite der *Essex* festgemacht hatten, ließen sie außenbords eine Stelling herunter, eine schmale Planke, auf der die Maate beim Aufschneiden des Kadavers balancierten. Auch wenn das Ablösen des Walspecks häufig mit dem Schälen einer Orange verglichen wurde, ging es dabei in Wirklichkeit etwas derber zu.

Als Erstes hackten die Maate unmittelbar oberhalb der Seitenfinne ein Loch in die Flanke des Wales, in das ein riesiger, vom Masttopp herabhängender Haken gebohrt wurde. Dann schnitten sie um den Haken herum einen Halbkreis mit einem Radius von zwei bis drei Fuß in den Speck – das

Anfangsstück des Streifens. Nun kam die gewaltige Kraft des Spills zum Einsatz, und während das mit dem Haken verbundene System aus Taljen und Blöcken unter der Belastung ächzte und knarrte, legte sich das Schiff weit über. Von der am Spill befestigten Talje hochgezogen, wurde der Streifen nach und nach von dem sich langsam drehenden Walkadaver abgewickelt, bis ein zwanzig Fuß langer blut- und öltriefender Streifen vom Rigg herabhing. Er wurde abgeschnitten und in die unter Deck befindliche Specklast hinuntergelassen, wo er in handgerechte Stücke zerlegt wurde. In der Zwischenzeit ging am Kadaver das Abspecken weiter.

Sobald der Wal restlos abgespeckt war, wurde er geköpft. Der Kopf eines Pottwals macht fast ein Drittel seiner gesamten Größe aus. Im oberen Teil des Kopfes befindet sich der Pott, ein Hohlraum, der bis zu fünfhundert Gallonen Walrat – ein klares, hochwertiges Öl, das, sobald es mit Luft in Berührung kommt, teilweise erstarrt – fassen kann. Nachdem der Kopf mit Hilfe von Taljen an Deck gehievt war, schnitten die Männer in die Oberseite des Potts ein Loch und schöpften mit Eimern das Öl ab. Unter Umständen wurde am Schluss ein oder zwei Männern befohlen in den Pott hineinzuklettern, um sicherzustellen, dass kein Tropfen Walrat im Pott zurückblieb. Dass beim Schöpfen gelegentlich etwas verschüttet wurde, ließ sich nicht vermeiden, und binnen kurzem waren die Decks mit einer glitschigen Schicht aus Öl und Blut verschmiert. Bevor der verstümmelte Walkadaver losgeschnitten wurde, stocherten die Maate mit einer Lanze in den Walgedärmen nach einer opaken, grauen Substanz namens Ambra. Die auf Verdauungsstörungen (Verstopfung) beim Wal zurückgeführte Ambra ist eine fetthaltige Substanz, die zur Herstellung von Parfüm diente und mit Gold mehr als aufgewogen wurde.

Inzwischen waren die beiden gewaltigen, vier Fässer fassenden eisernen Trankessel bis zum Rand mit Speckstücken gefüllt. Um den Prozess des Tranauskochens zu beschleunigen, wurde der Speck zuerst in ein Fuß mal ein Fuß große Stücke und dann in ein Zoll dicke Scheiben geschnitten, die an aufgefächerte Buchseiten erinnerten und gemeinhin »Bibelblätter« hießen. Walspeck hat keinerlei Ähnlichkeit mit den Fettreserven von Landtieren. Statt weich und schwammig ist er fast undurchdringlich zäh, so dass die Walfänger pausenlos ihre Klingen nachschleifen mussten.

Holz wurde nur zum Anzünden der Feuer unter den Trankesseln benötigt, denn sobald die Kocherei einmal angelaufen war, wurden die knusprigen, an der Oberfläche schwimmenden Grieben, auch Kruste genannt, abgeschöpft und als Brennmaterial ins Feuer geworfen. Der Wal lieferte also selbst den Brennstoff für die Flammen, über denen sein Speck ausgebraten wurde. Dieser höchst rationelle Umgang mit den Rohstoffen erzeugte allerdings gleichzeitig eine dicke, schwarze Rauchwolke von unerträglichem Gestank. »Der widerliche, Übelkeit erregende Gestank der brennenden Grieben lässt sich nicht beschreiben«, erinnerte sich ein Walfänger. »Man könnte meinen, jemand hätte sämtliche schlechten Gerüche der Welt eingefangen und kräftig durchgeschüttelt.«

In der Nacht glich das Deck der *Essex* einer Szene aus Dantes *Inferno*. »Vom Trankochen geht etwas sonderbar Wildes und Barbarisches aus«, stellte ein Grünling aus Kentucky fest, »etwas unvorstellbar Rohes, das sich nicht genau beschreiben lässt. Die blutbespritzten Decks mit den sich überall auftürmenden Speck- und Fleischbergen verbreiten eine blutrünstige Stimmung, und in den Mienen der Männer spiegelt sich eine Grausamkeit, die der lodernde rot glühende Feuerschein noch verstärkt.« Eine Szenerie, die Melville mit der düster-unheimlichen Atmosphäre, die er in *Moby Dick* schuf, trefflich wiedergab. »Die Finsternis wurde aufgeleckt von den wilden Flammen«, erzählt uns Ismael, »die von Zeit zu Zeit aus den rußigen Rauchlöchern züngelten, und jedes Tau bis hoch hinauf war erleuchtet wie von dem berühmten griechischen Feuer. Brennend segelte das Schiff dahin, als sei es erbarmungslos zu irgendeinem Racheakt ausgesandt.«

Das Trankochen konnte bis zu drei Tagen dauern. Hierfür

wurden eigens Wachen eingerichtet, die zwischen fünf und sechs Stunden dauerten und den Männern nur wenig Zeit zum Schlafen ließen. Erfahrene Walfänger schliefen wohlweislich in ihren Kochkleidern (gewöhnlich ein altes kurzärmeliges Hemd und eine verschlissene wollene Unterhose) und verschoben jeden Versuch, sich vom Dreck zu befreien, so lange, bis die Ölfässer in der Last verstaut und das Schiff gründlich sauber geschrubbt war. Nickerson und seine Freunde waren jedoch so angewidert von dem stinkenden Gemisch aus Öl, Blut und Rauch, das sich in ihre Haut und ihre Kleider fraß, dass sie sich nach jeder Wache umzogen. Als der erste Wal ausgekocht war, hatten sie bereits so gut wie alle in ihren Seekisten verstauten Kleidungsstücke verdorben.

Dadurch waren sie gezwungen, sich zusätzliche Kleidung aus der Kleiderkammer des Schiffes – dem schwimmenden Äquivalent zum Laden der Schiffsgesellschaft – zu kaufen, und zwar zu horrenden Preisen. Nickerson schätzte, dass, wenn die *Essex* jemals wieder nach Nantucket zurückkehren würde, er und die anderen Grünlinge den Schiffseignern annähernd neunzig Prozent ihres gesamten Fahrtverdienstes schuldeten. Statt die Jugendlichen vor dem leichtsinnigen Griff in die Schiffskleiderkiste zu warnen, waren die Offiziere es zufrieden, wenn die Jungen die wirtschaftliche Realität des Walfängerlebens auf dem harten Weg lernten. Nickersons betretener Kommentar dazu: »Das hätte eigentlich nicht sein dürfen.«

Eines Nachts, nicht weit von den Falklandinseln entfernt, die Männer waren aufgeentert, um die Marssegel zu reffen, hörten sie plötzlich einen Schrei – einen lauten, schrillen Angstschrei von längsseits. Offenbar war jemand über Bord gegangen.

Der wachhabende Offizier wollte gerade den Befehl zum Beidrehen geben, als ein zweiter Schrei ertönte. Und da merkte jemand, vielleicht mit einem nervösen Auflachen, dass es gar kein Mensch war, sondern ein Pinguin, der neben dem Schiff auf den Wellen schaukelte und mit seinen allzu menschlich klingenden Schreien die nächtliche Stille zerriss. Pinguine! Demnach näherten sie sich der Antarktis.

Am nächsten Tag schlief der Wind ein und ließ die *Essex* in einer Totenflaute dümpeln. Robben tummelten sich ums Schiff herum, »tauchten und schwammen, als wollten sie unsere Aufmerksamkeit auf sich ziehen«, erinnerte sich Nickerson. Die unterschiedlichsten Pinguine schossen durchs Wasser, und am Himmel segelten Möwen und Tölpel – ein sicheres Zeichen dafür, dass sich die *Essex* Land näherte.

Auch wenn Robben und Vögel für eine gewisse Ablenkung gesorgt haben mochten, ließ sich nicht übersehen, dass die Stimmung an Bord auf dem Tiefpunkt angelangt war. Bisher war die Fahrt nach Kap Horn nichts als eine ermüdende und unrentable Schufterei gewesen. Seit der Kenterung, ein paar Tage nach ihrer Abfahrt von Nantucket, mit der die Fahrt von Anfang an unter einem unheilvollen Stern gestanden hatte, waren sie nun seit über vier Monaten auf See und hatten bis auf einen einzigen Wal nichts vorzuweisen. Wenn die Reise so weiterging, würde die *Essex* wesentlich länger als geplant auf See bleiben müssen, um mit einer vollen Ladung Öl nach Nantucket zurückzukehren. Während die Temperaturen sanken und die berüchtigten Gefahren Kap Horns bedrohlich näher rückten, erreichten die Spannungen an Bord den Zerreißpunkt.

Richard Henry Dana erlebte am eigenen Leib, wie sich die Stimmung einer Schiffsbesatzung so sehr verschlechtern kann, dass selbst der kleinste Zwischenfall als himmelschreiendes, unerträgliches Unrecht wahrgenommen wird:

> Tausenderlei nichtige Dinge, die täglich, ja beinahe stündlich passierten – Dinge, von denen sich niemand, der eine solch lange und langweilige Reise nicht selbst einmal erlebt hat, auch nur eine Vorstellung machen, geschweige denn sie richtig einschätzen kann – kleine Kriege und Kriegsgeschrei – Gerüchte über in der Achterkajüte gemachte Äußerungen – missdeutete Worte

und Blicke – angebliche Beleidigungen –, führten zu einer Situation, in der einfach alles schief zu laufen schien.

An Bord der *Essex* konzentrierte sich die Unzufriedenheit der Besatzung auf die Essensausgabe. Nirgendwo zeigten sich die Rangunterschiede zwischen den Offizieren und den gemeinen Matrosen krasser als bei den Mahlzeiten. In der Achterkajüte speiste die Schiffsführung mehr oder weniger wie zu Hause auf Nantucket: Man aß mit Messer, Gabel und Löffel von den Tellern, die mit viel Gemüse (solange es welches gab) und mit gepökeltem Rind- und Schweinefleisch üppig aufgefüllt waren. War Frischfleisch vorrätig – wie jene dreißig Schweine von der Insel Maio –, fiel der größte Teil davon an die Offiziere. Und als Alternative zum Schiffszwieback, der die Konsistenz von Gips hatte, versorgte der Steward die Achterkajüte regelmäßig mit frisch gebackenem Brot.

Die Mahlzeiten, in deren Genuss die Männer von Vor- und Zwischendeck kamen, sahen dagegen völlig anders aus. Statt am Tisch zu essen, saßen sie auf ihren Seekisten um einen großen Holzbottich, Bütte genannt, herum, der ein großes Stück Schweine- oder Rindfleisch enthielt. Das auch als Pferdefleisch oder Abfall bezeichnete Fleisch war so salzig, dass, wenn der Koch es einen Tag lang in ein Fass mit Salzwasser legte (sonst hätte man es überhaupt nicht kauen können), der Salzgehalt des Fleisches tatsächlich sank. Für ihre Essutensilien, zu denen gewöhnlich ein Fahrtenmesser und ein Löffel sowie ein Zinnbecher für Tee oder Kaffee gehörten, mussten die Seeleute selbst sorgen.

Statt der reichlichen Portionen, die den Offizieren vorgesetzt wurden, bekamen die Männer vor dem Mast nur eine unbedeutende Menge der alles andere als nahrhaften Schiffskost, die tagaus, tagein aus Schiffszwieback und Pökelfleisch bestand und gelegentlich durch etwas *duff,* wie der Mehlpudding oder die in einem Stoffsack gekochte Mehlpampe hieß, angereichert wurde. Schätzungen zufolge verzehrten

Seeleute gegen Ende des neunzehnten Jahrhunderts etwa 3800 Kalorien täglich. Allerdings ist es unwahrscheinlich, dass die Vorschiffsmatrosen eines Walfängers im Jahr 1819 auch nur annähernd so viel konsumierten. »Oh, wäre ich doch bloß niemals ein Walfänger geworden!«, seufzte ein Grünling auf einem Nantucketer Walfangschiff. »Denn was hat ein Mann schon davon, wenn er die ganze Welt verdient, aber in der Zwischenzeit verhungert?«

Eines Tages, kurz nachdem die *Essex* die Falklandinseln passiert hatte, gingen die Matrosen wie üblich zum Essen unter Deck und stellten fest, dass die Fleischration in der Bütte noch armseliger als gewöhnlich ausgefallen war. Spontan hielten die Männer eine Versammlung ab, auf der beschlossen wurde, dass niemand das Fleisch anrühren solle, bis man es Kapitän Pollard mit einer offiziellen Beschwerde präsentiert habe. Während alle anderen Matrosen ihre Stationen auf dem Vordeck besetzten, brachte ein Seemann den Fleischbottich auf der Schulter nach achtern zum Kabinendeck. Nickerson, der angewiesen worden war, das Tauwerk des Großstagsegels zu teeren, hatte von seiner erhöhten Position aus einen guten Blick auf die sich anbahnende Konfrontation.

Die Bütte war kaum abgesetzt, da stieg Kapitän Pollard aufs Achterdeck hinauf. Einen Moment lang starrte er auf den Fleischbottich, wobei sich sein Gesicht, wie Nickerson beobachtete, erst rot, dann violett und schließlich zu einem tiefdunklen Puterrot verfärbte. Die Verpflegung war ein schwieriges und äußerst heikles Problem für Kapitän Pollard. Besser als jeder andere an Bord wusste er, dass die *Essex* von ihren geizigen Besitzern geradezu sträflich unterversorgt worden war. Aber wenn der Proviant für die Männer noch für die kommenden Jahre reichen sollte, musste er ihre Verpflegung schon jetzt einschränken. Möglicherweise war ihm selbst nicht ganz wohl dabei zumute, aber er hatte keine andere Wahl.

Indem die Männer die Bütte nach achtern brachten, hatten sie es gewagt, in den geheiligten Bereich des normalerweise den Offizieren vorbehaltenen Achterdecks einzudringen. Selbst wenn der Zorn der Besatzung gerechtfertigt sein mochte, dieser Vorgang stellte eine Herausforderung der Schiffsautorität dar, die kein Kapitän, der etwas auf sich hielt, dulden konnte. Es war ein kritischer Moment für einen Kommandanten, der seine Besatzung dringend aus einer die Moral zersetzenden Verdrossenheit, die leicht verheerende Folgen haben konnte, aufrütteln musste.

Seine übliche Schweigsamkeit ablegend, donnerte Pollard los: »Wer hat diese Bütte nach achtern gebracht? Kommt her, ihr verfluchten Schufte, und sagt mir das gefälligst!«

Niemand wagte zu sprechen. Belämmert trotteten die Männer im Verein zum Achterdeck, jeder bemüht, sich hinter den anderen zu verstecken. Der Anblick dieses verschüchterten Haufens war genau das, was der frisch bestallte Kapitän brauchte.

Wutschnaubend auf einem Priem kauend, dessen Saft er auf die Decksplanken spie, schritt Pollard das Achterdeck ab, während er vor sich hin schimpfte: »Ihr wagt es also tatsächlich, mir eure Bütte vor die Nase zu setzen, ihr verdammten Schufte?«

Schließlich begab er sich zum vorderen Teil des Achterdecks, riss sich den Rock vom Körper und den Hut vom Kopf und trampelte darauf herum. »Ihr Schufte«, brüllte er, »hab ich euch nicht alles gegeben, was das Schiff zu bieten hat? Hab ich euch nicht wie Menschen behandelt? Habt ihr etwa nicht reichlich zu essen und zu trinken bekommen? Was zum Teufel wollt ihr denn noch alles? Soll ich euch auch noch zum Essen überreden? Oder am Ende noch vorkauen?«

Wie vom Donner gerührt standen die Männer da. Pollards Blick schweifte durchs Rigg und blieb an der Stelle hängen, wo Nickerson mit seiner Teerbürste saß. Mit dem Finger auf den Jungen zeigend, brüllte der Kapitän: »Komm runter, du Bengel! Euch werd ich's zeigen! Ich bring euch alle um, das gesamte Pack, und dann zack – nach Nordwesten und ab nach Hause!«

Nickerson, der nicht die geringste Ahnung hatte, was der Kapitän mit: »zack – nach Nordwesten« meinte, kletterte schuldbewusst die Wanten hinunter, felsenfest davon überzeugt, wenn nicht umgebracht, dann zumindest ausgepeitscht zu werden. Aber zu jedermanns großer Erleichterung entließ Pollard die Besatzung mit den Worten: »Wenn mir noch einmal Klagen über die Verpflegung zu Ohren kommen, werde ich euch allesamt zusammenbinden und sie euch mit der Peitsche austreiben!«

Als sich die Besatzung zerstreute, hörte man Pollard Worte vor sich hin grummeln, die später von den Männern gemeinhin sein »Selbstgespräch« genannt und in einer etwas holperigen Versform parodiert wurden, an die sich Nickerson auch nach siebenundfünfzig Jahren noch erinnerte:

Auf Maio gab's für die Crew dreißig Schweine
Pudding bekamt ihr jeden zweiten Tag,
Butter und Käse, so viel wie sonst keine,
Und jetzt wollt ihr mehr Fleisch, verdammtes Pack!

Pollards Benehmen war ziemlich typisch für die Kapitäne aus Nantucket, die bekanntlich zu heftigen Schwankungen zwischen wortkarger Verschlossenheit und ohnmächtigem Zorn neigten. Nickerson zufolge war Pollard »nach Möglichkeit im Allgemeinen sehr freundlich... Dieser Wutausbruch war nur eine seiner Launen und verrauchte mit der untergehenden Sonne. Am nächsten Morgen war er wieder so freundlich wie ehedem.«

Dennoch hatte dieser Vorfall auf der *Essex* einen entscheidenden Wandel bewirkt. Kapitän Pollard hatte Rückgrat gezeigt und die Männer in ihre Schranken verwiesen. Von diesem Tag an beschwerte sich nie wieder jemand über die Verpflegung.

Viertes Kapitel

SCHWELENDE GLUT

Um acht Uhr morgens am 25. November 1819 rief der Ausguck im Masttopp: »Land ho!« In der Ferne ragte ein verschwommener Schemen, offenbar eine Felsinsel, hoch aus dem Wasser. Ohne Zögern erklärte Kapitän Pollard ihn zu der vor der Ostspitze Kap Horns liegenden Staateninsel. Gebannt starrte die Besatzung auf die legendäre, sphinxähnliche Erscheinung, als diese sich plötzlich im Dunst auflöste. Das Ganze war nur eine Nebelbank gewesen, nichts weiter.

Die Gefahren des Horns waren geradezu sprichwörtlich. Im Jahr 1788 hatten Kapitän William Bligh und die Besatzung der *Bounty* versucht, dieses bedrohlich ins Meer ragende Vorgebirge zu umrunden. Nach einem ganzen Monat mit von Hagelschauern begleiteten Gegenwinden und Monsterseen, bei denen das Schiff auseinander zu brechen drohte, kam Bligh zu dem Schluss, dass der einzig vernünftige Weg in den Pazifik *andersherum* führte, also machte er mit der *Bounty* kehrt und nahm Kurs auf Afrikas Kap der Guten Hoffnung. Fünfundzwanzig Jahre später, während des Krieges von 1812, umrundete ein wesentlich größeres Schiff das Horn, und zwar eine von Kapitän David Porter kommandierte amerikanische Fregatte, ebenfalls mit Namen *Essex*. Porter und seine Männer sollten später auf Grund ihrer Heldentaten gegenüber einer überlegenen englischen Streitmacht im Pazifik Berühmtheit erlangen, aber Kap Horn flößte auch diesem sonst so unerschrockenen Seemann Furcht ein: »Unser Leid war (trotz der kurzen Passage) so groß, dass ich allen in den Pazifik bestimmten Schiffen vom Versuch einer Kap-Horn-

Umrundung nur abraten kann, wenn sie auch auf einer anderen Route dorthin segeln können.«

Die Walfänger von Nantucket hatten eine andere Einstellung zum Horn. Seitdem im Jahr 1791 Kapitän Paul Worth die *Beaver,* einen Walfänger von vergleichbarer Größe wie die *Essex,* um das gefürchtete Kap in den Pazifik gesteuert hatte, umrundeten sie es regelmäßig. Für Pollard und Chase war es bereits mindestens das dritte Mal; für Pollard vielleicht schon das vierte, wenn nicht sogar das fünfte Mal. Dennoch war es beileibe keine Selbstverständlichkeit für einen Kapitän, erst recht nicht für einen wie Pollard, der schon im relativ harmlosen Golfstrom um ein Haar sein Schiff verloren hätte.

Kurz nachdem sich die Fata Morgana vor ihren Augen in Nichts aufgelöst hatte, sahen die Männer etwas so Schreckliches, dass sie nur hoffen konnten, ihre Augen würden sie auch diesmal wieder täuschen. Aber leider war es nur zu wahr: Mit bedrohlicher Geschwindigkeit wälzte sich ihnen aus Südwesten eine pechschwarze Wolkenwand entgegen. Im nächsten Moment krachte die Bö mit der Wucht einer Kanonenkugel ins Schiff. In der Dunkelheit, während der Wind kreischend durchs Rigg heulte, mühte sich die Besatzung ab, die Segel zu kürzen. Unter dicht gerefftem Großmarssegel und Sturmstagsegeln hielt sich die *Essex* erstaunlich gut in den haushohen Wellen. »Schwungvoll wie eine Möwe ritt das Schiff die Seen ab«, schrieb Nickerson, »ohne dabei auch nur einen Eimer Wasser an Bord zu schaufeln.«

Bei Südwestwind bestand nun allerdings die Gefahr, gegen die zerklüfteten Felsen des Horns getrieben zu werden. Aus Tagen wurden Wochen, und noch immer kämpfte das Schiff bei Temperaturen nahe dem Gefrierpunkt gegen Wind und Wellen an. Zu dieser Jahreszeit wurde es in diesen hohen Breitengraden auch nachts nie völlig dunkel. Ohne den gewohnten Wechsel von Licht und Dunkelheit dehnte sich die Passage zu einer eintönigen, scheinbar endlosen Prüfung für den Verstand eines Walfängers.

Die *Essex* brauchte über einen Monat für die Umrundung von Kap Horn. Erst im Januar des neuen Jahres 1820 sichtete der Ausguck die Insel Santa Maria, eine Anlaufstelle für Walfänger vor der chilenischen Küste. Südlich der Insel, in der Bucht von Arauco, stießen sie auf etliche Schiffe aus Nantucket, unter ihnen auch die *Chili*, das Schiff, mit dem sie vor fünf Monaten zusammen die Insel verlassen hatten.

Die Neuigkeiten von der Westküste Südamerikas klangen nicht gut. Zum einen war sowohl in Chile als auch in Peru die politische Lage äußerst instabil. Die Städte entlang der Küste hatten in den letzten Jahren schwer gelitten unter den Kämpfen zwischen den Patrioten, die den Spaniern die Herrschaft über Südamerika entreißen wollten, und den Royalisten, deren Interessen nach wie vor eng mit dem Mutterland verknüpft waren. Obwohl inzwischen die vom englischen Seehelden Lord Cochrane unterstützten patriotischen Streitkräfte die Oberhand zu gewinnen schienen, tobten, vor allem in Peru, die Kämpfe weiter. *Vorsicht* lautete daher die Parole für alle, die sich an dieser Küste mit Proviant versorgen wollten.

Zum anderen war es für die meisten Schiffe eine miserable Fangsaison gewesen. Während der Rückgang der Walbestände zu Hause in Nantucket den Ölpreis hochhielt, herrschten im Pazifik ausgesprochen harte Zeiten für Walfänger. George Swain, Kapitän der *Independence*, der nicht eher lockergelassen hatte, als bis seine Besatzung das Schiff randvoll mit Öl beladen hatte, war im November nach Nantucket zurückgekehrt und hatte prophezeit: »Kein Schiff wird jemals wieder mit einer vollen Ladung Pottwalöl aus dem Südmeer zurückkehren.« Obed Macy befürchtete, dass Kapitän Swain damit Recht behalten könnte: »Es müssen dringend neue Fanggründe gefunden werden, wo es mehr Wale gibt«, schrieb er in sein Tagebuch, »sonst lohnt sich dieses Geschäft nicht mehr.« Die Besatzung der *Essex* konnte nur hoffen, diese düstere Vorhersage zu widerlegen.

Nach etlichen glücklosen Monaten vor der chilenischen Küste, unterbrochen durch einen Versorgungsstopp in Talcahuano, stellten sich vor der Küste Perus endlich die ersten Erfolge für die *Essex* ein. In nur zwei Monaten kochten Pollard und seine Leute 450 Fass Öl ein, was ungefähr elf Walen entsprach. Das bedeutete, dass sie im Durchschnitt alle fünf Tage einen Wal töteten, ein Arbeitstempo, das die Besatzung an den Rand der Erschöpfung trieb.

Das Wetter erschwerte die Arbeit noch zusätzlich. Starke Winde und eine aufgewühlte See machten den Walfang in jeder Hinsicht doppelt mühsam. Statt den Männern eine stabile Plattform zum Speckschneiden und Trankochen zu bieten, rollte die *Essex* in den Wellen hin und her. Der hohe Seegang machte es fast unmöglich, die Walboote sicher auszusetzen und wieder zu bergen. »Beim Hochhieven aus dem Wasser wurden unsere Boote jedes Mal erheblich beschädigt«, erinnerte sich Nickerson, »und mehr als einmal sogar vom starken Rollen des Schiffes regelrecht zu Kleinholz gemacht.« Als Folge dieser nicht gerade pfleglichen Behandlung mussten die Boote ständig repariert werden.

Mit der wachsenden Zahl gefüllter Ölfässer in der Last gewöhnten sich die Grünlinge immer mehr an die brutale Schlächterei des Walfangs. Die Monotonie der Arbeit – im Grunde war ein Walfangschiff eine schwimmende Fabrik – stumpfte die Männer zunehmend gegen das Ehrfurcht gebietende Wunderwesen Wal ab. Statt als sechzig Tonnen schweres Lebewesen, dessen Gehirn annähernd sechsmal so groß wie ihr eigenes war (und, was für die ausschließlich männlich besetzte Welt der Fischerei womöglich noch beeindruckender gewesen wäre, dessen Penislänge ihrer Körpergröße entsprach), betrachteten die Walfänger ihre Beute lieber als eine »höchst einträgliche Specktonne mit Selbstantrieb«. Wale wurden nach der erwarteten oder erbrachten Ölmenge (als Fünfzig-Fass-Wale zum Beispiel) bezeichnet, und obwohl die Walfänger über die Gewohnheiten dieses Meeressäugers genau Buch führten, kamen sie nicht auf die Idee, etwas anderes in ihm zu sehen als eine Ware mit ein paar für sie wertvollen Bestandteilen (Kopf, Speck, Ambra). Der Rest (Tonnen von Fleisch, Knochen und Eingeweiden) wurde einfach weggeworfen und verweste – Aasklumpen, die Vögel, Fische und natürlich Haie anlockten. So, wie wenig später die Prärien des amerikanischen Westens mit enthäuteten Büffelkadavern übersät waren, trieben Anfang des neunzehnten Jahrhunderts die kopflosen, grauen Überreste von Pottwalen auf dem Pazifischen Ozean.

Selbst die abstoßendsten Seiten des Walfangs wurden für die Grünlinge mit der Zeit erträglicher, sobald sie einsahen, dass jede dieser Tätigkeiten, genau wie Goldgraben oder Getreideanbau, Teil ein und desselben Prozesses war – dem des Geldverdienens. Deshalb hatten erfahrene Walfänger auch eine besondere Vorliebe für das Trankochen, den letzten Akt bei der Verwandlung eines lebenden, atmenden Pottwals in hartes, kaltes Geld. »Es ist schrecklich«, bekannte der Autor Charles Nordhoff. »Aber den alten Walfängern bereitet es das größte Vergnügen. Der stinkende Qualm ist Weihrauch für ihre Nase. Das schmierige Öl ist für sie allem Anschein nach die wunderbare Verkörperung künftiger Dollars und Wonnen.«

Aber es war mehr als nur das Geld. Jeder Wal, jedes Ölfass brachte die Nantucketer der Heimkehr zu ihren Lieben näher; daher bekamen die Walfänger beim Trankochen gewöhnlich am meisten Heimweh. »In solchen Momenten gedenken sie ihrer Frauen und Kinder mit neu erwachter Zuneigung«, meinte William H. Macy, »und immer wenn die kurzen Hammerschläge ertönen, mit denen ein neuer Zapfen ins Spundloch getrieben wird, gefolgt vom triumphierenden Ruf: ›Weg mit dem Fass!‹, fühlt sich ein jeder der Heimat und seinen Freunden wieder ein Stück näher. Von älteren Walfängern wurde sogar des Öfteren geäußert, der herrlichste Teil der Reise seien ›Kochen‹ und Heimkehr gewesen.«

Was der Besatzung der *Essex* während dieser emsigen und anstrengenden zweimonatigen Zeitspanne vor Peru freilich den größten Ansporn gab, war die Tatsache, dass sie Post aus der Heimat erhielt.

Ende Mai preite die *Essex* die *Aurora* an, das brandneue Schiff, das Gideon Folger und Söhne für Daniel Russell, den ehemaligen Kapitän der *Essex*, ausgerüstet hatten. Da die *Aurora* Nantucket einen Tag nach Weihnachten verlassen hatte, waren die Nachrichten, die sie mitbrachte, erst fünf Monate alt – ein kurzer Augenblick im Zeitrahmen eines Walfängers. Als die *Aurora* Nantucket verließ, hatte der Preis für Walöl Rekordhöhe erreicht; der Brand in Rhoda Harris' Schulzimmer in Neuguinea, dem Schwarzenviertel Nantuckets, war noch immer *das* Gesprächsthema; und vor der Küste des Nantucketer Ortes Siasconset fing man jetzt Kabeljau (zweihundert Fische pro Boot).

Aber am meisten interessierten sich die Männer für den Postsack, den Daniel Russell Kapitän Pollard zusammen mit einem Stapel Zeitungen übergab. Nachdem sich die Offiziere ihre Briefe herausgesucht hatten, wurde der Sack nach vorn zur Besatzung geschickt. »Es war lustig, diejenigen Kumpel zu beobachten, die zu ihrer großen Enttäuschung leer ausgegangen waren«, erinnerte sich Nickerson. »Sie hefteten sich an unsere Fersen und setzten sich neben uns, während wir unsere Post lasen, als versprächen sie sich irgendwas von unseren Briefen.« Im verzweifelten Bemühen, etwas über ihre eigenen Familien in Erfahrung zu bringen, suchten die Unglücklichen Trost in den, wie Nickerson es ausdrückte, »achtlos zusammengefalteten Zeitungen«. Nickerson für seinen Teil pflegte die Zeitungen so oft zu lesen, dass er sie nach kurzer Zeit in- und auswendig kannte.

Das Treffen zwischen *Essex* und *Aurora* bot Pollard die Gelegenheit, sich mit seinem ehemaligen Kommandanten, dem vierunddreißigjährigen Daniel Russell, zu unterhalten. Die *Aurora*, ein wesentlich größeres, hochmodernes Schiff, sollte zwei Jahre später voll beladen mit Öl nach Nantucket zurückkehren. Als Kapitän Russell die *Essex* verlassen hatte, um das Kommando über die *Aurora* zu übernehmen, hatte er wohl das Glück seines alten Schiffes mitgenommen.

Ein Gesprächsthema von Pollard und Russell bildeten die kürzlich neu entdeckten Walfanggründe. Wie um Kapitän Swains leidige Prophezeiung, wegen Überfischung gäbe es

Dieses Bild aus dem Russell Purrington Panorama – eine Reihe von Gemälden, auf denen die Arbeit der Walfänger dargestellt ist – zeigt den Angriff des Wales auf die *Essex. (Old Dartmouth Historical Society – New Bedford Whaling Museum.)*

Phantastische Berichte und Darstellungen vom Kannibalismus der Eingeborenen, wie dieses Bild aus Theodor de Brys *Historia Americae* (1634), trugen erheblich zur Angst der Walfänger vor den Bewohnern der Südseeinseln bei. *(Mit Genehmigung der British Library. G.6627, S. 179.)*

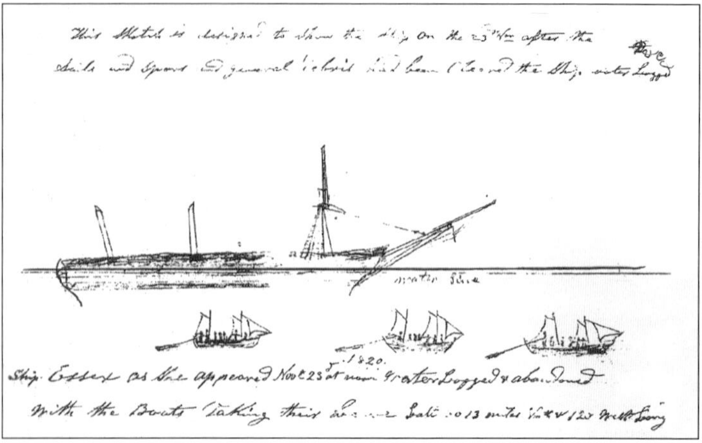

GEGENÜBERLIEGENDE SEITE OBEN: Nickersons Zeichnung vom Angriff des Wales auf die *Essex*. Chase und weitere Besatzungsmitglieder sind bereits dabei, das Ersatzwalboot vom Gestell auf dem Achterdeck loszubinden. *(Foto Terry Pommett. Mit freundlicher Genehmigung der Nantucket Historical Association.)*

GEGENÜBERLIEGENDE SEITE UNTEN: Nachdem die *Essex* voll gelaufen und gekentert war, kappten die Matrosen Wanten und Masten, wodurch sich das Schiff im Fünfundvierzig-Grad-Winkel wieder aufrichtete. *(Foto Terry Pommett. Mit freundlicher Genehmigung der Nantucket Historical Association.)*

OBEN: Nickersons letzte Zeichnung zeigt die drei Walboote – inzwischen als Schoner getakelt und mit um einen halben Fuß aufgestockten Bootswänden – beim Verlassen des Wracks. *(Mit freundlicher Genehmigung der Nantucket Historical Association.)*

RECHTS: Dieser 18 Fuß lange Unterkiefer eines Pottwals im Nantucket Whaling Museum stammt von einem Wal, der schätzungsweise etwa 80 Fuß lang war – etwas kleiner als der Wal, der die *Essex* angriff. *(Mit freundlicher Genehmigung der Nantucket Historical Association.)*

This Sketch Shows the Ship at the moment of attack with the
2 miles under the Ships lee
Ship Essex as She appeared On the morning of Nov 20th

This Sketch is designed to Show the Ship
when the Shrouds were Cut and the masts broken & falling with all Sails Set
the Ship at an angle of 45
Ship Essex as She appeared at 9.30 A.M Nov 20th

Dieser Kupferstich aus J. Ross Brownes *Etchings of a Whaling Cruise* (1846) zeigt hungrige Seeleute beim Kampf um ein Stück zähes Pökelfleisch aus der Bütte. *(General Research Division, The New York Public Library, Astor, Lenox and Tilden Foundations.)*

Walfangszene im Pazifik im Jahr 1834. Druck von William Huggins. *(The Kendall Whaling Museum, Sharon, Massachusetts.)*

Eine Besatzungsliste von der letzten Fahrt der *Essex*, die in einem alten Sammelordner eingeklebt war, enthüllte zum ersten Mal den Namen des schwarzen Seemanns, der sich in Südamerika abgesetzt hatte (Henry Dewitts Eintrag ist mit dem Zusatz »runaway« versehen). *(Foto Terry Pommett. Mit freundlicher Genehmigung der Nantucket Historical Association.)*

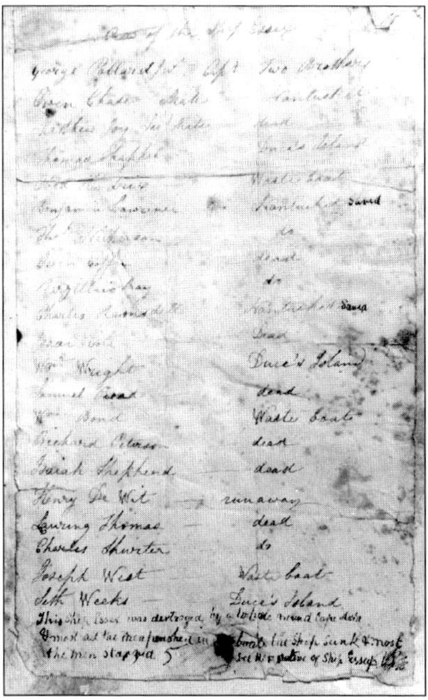

George Pollard Jun Capt — Two Brothers
Owen Chase Mate — Nantucket
Wm Wright — Duce's Island
Wm Bond — Waste boat
Henry De Wit — runaway
Charles Shorter — do
Joseph West — Waste boat
Seth Weeks — Duce's Island

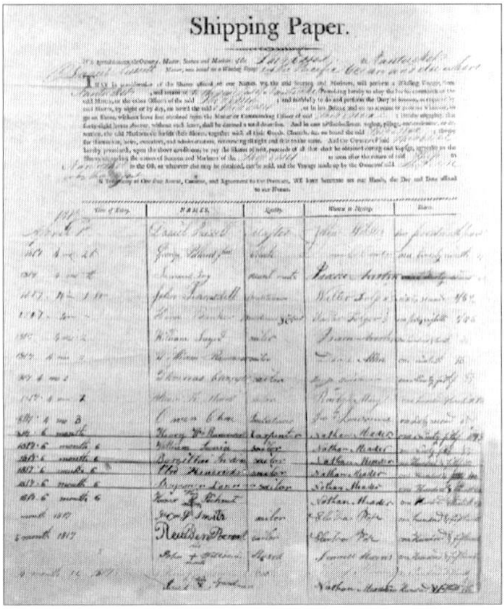
Shipping Paper.

Die Schiffspapiere der *Essex* aus dem Jahr 1817. Von den hier aufgeführten Besatzungsmitgliedern kehrten nur George Pollard, Thomas Chappel, Owen Chase, Obed Hendricks und Benjamin Lawrence zur letzten Fahrt der *Essex* im Jahr 1819 auf das Schiff zurück. *(Foto Terry Pommett. Mit freundlicher Genehmigung der Nantucket Historical Association.)*

Obed Macy, Quäker und Kaufmann, der in seinem Tagebuch »ungewöhnliche Ereignisse« der Inselgeschichte festhielt. Es war Macy, der im April 1819, am Ende der vorletzten Fahrt der *Essex*, die Besatzung ausbezahlte.

Ein Gemälde aus dem späten 20. Jahrhundert zeigt die *Essex* bei der Umrundung von Great Point, Nantucket, im August 1819. *(Gemalt von L. F. Tantillo, © 1999.)*

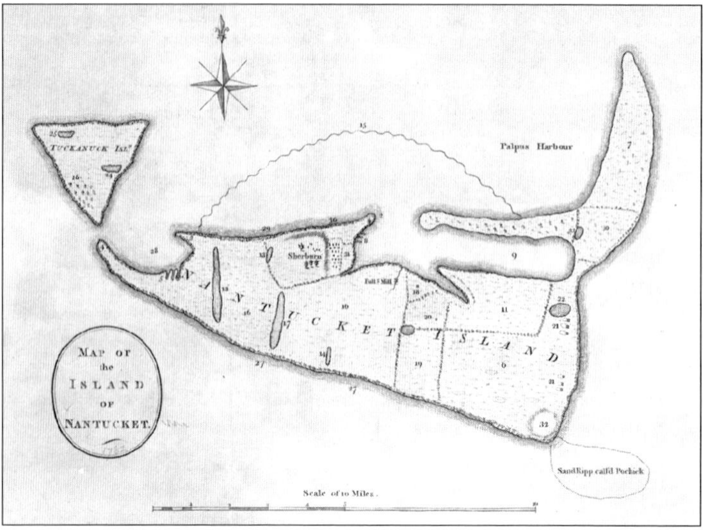

Diese vom Sheriff der Stadt gezeichnete Karte von Nantucket erschien in Hector St. John de Crèvecœurs *Letters from an American Farmer* (1782). Die eher phantasievolle als realistische Wiedergabe des Nantucketer Hafens verdeutlicht, wie sehr die Beschäftigung mit dem Pottwal die Vorstellung der Nantucketer von ihrer Insel beeinflusst hat. *(Abteilung für Geographie und Landkarten, Library of Congress, Washington, D.C.)*

Nantucket Anfang des 19. Jahrhunderts. Im Vordergrund ein zweirädriger Pferdekarren, auch Kalesche genannt. *(Mit freundlicher Genehmigung der Nantucket Historical Association.)*

im Pazifik keine Pottwale mehr, Lügen zu strafen, hatte sich Kapitän George Washington Gardner von der *Globe* im Jahr 1818 weiter auf die offene See hinausgewagt als jeder andere Nantucketer Walfänger vor ihm. Über tausend Meilen vor der Küste Perus war er auf die »Hauptader« gestoßen, eine riesige Fläche Ozean voller Pottwale. Im Mai des Jahres 1820 kehrte er mit über zweitausend Fass Öl nach Nantucket zurück.

Gardners Entdeckung wurde als Hochseefanggründe bekannt. Im Frühling und Sommer 1820 waren sie *das* Gesprächsthema in der Walfängerei. Nachdem Pollard erfahren hatte, dass die Wale im November in den Hochseefanggründen auftauchen würden, beschloss er, einen letzten Versorgungsstopp in Südamerika einzulegen und reichlich Obst, Gemüse und Wasser zu bunkern, und dann, nach kurzem Zwischenaufenthalt auf den Galapagosinseln, wo er eine Ladung Riesenschildkröten (die wegen ihres Fleisches überaus geschätzt wurden) an Bord nehmen wollte, Kurs auf diese ferne Region des Ozeans zu nehmen.

Irgendwann im September lief die *Essex* Atacames an, einen kleinen Ort in Ecuador mit etwa dreihundert spanischen und indianischen Einwohnern. Neben ihnen lag ein Geisterschiff vor Anker, der Walfänger *George* aus London, England. Mit Ausnahme von Kapitän Benneford und zwei anderen Männern war die gesamte Besatzung der *George* nach ausgedehntem Aufenthalt auf See an einer lebensgefährlichen Form von Skorbut erkrankt. Ihr Zustand war so ernst, dass Benneford an Land ein Haus gemietet und in ein Hospital für seine Männer verwandelt hatte. Hier wurden Kapitän Pollard und seinen Leuten die Risiken langer Aufenthalte auf hoher See noch einmal drastisch vor Augen geführt.

Trotz seiner Armut war Atacames (das von den Walfängern Tacames genannt wurde) eine schöne Stadt, die manchen Seeleuten sogar wie der Garten Eden vorkam. »Im gesamten Pflanzenreich wuchs und spross es so üppig, dass ich aus dem Staunen nicht mehr herauskam«, erinnerte sich Francis Olmstead, der mit seinem Schiff in den Dreißigerjahren des neunzehnten Jahrhunderts in den Hafen von Atacames einlief. »Vor uns erstreckten sich Plantagen mit den köstlichsten Ananasfrüchten, und anmutig wiegten Kokospalmen, Pisang und Bananenstauden ihre breiten Blätter im Wind. Orangen, Limonen und andere Früchte lagen unbeachtet in verschwenderischer Fülle auf dem Boden verstreut. Auch der Feigenbaum trug bereits Früchte, und die Indigopflanze wucherte überall wie Unkraut.«

In dem schier undurchdringlichen Dschungel, der die Stadt umgab, lauerten jedoch Furcht erregende Ungeheuer, unter anderem auch der Jaguar. Zum Schutz sowohl vor diesen Raubtieren als auch vor Moskitos und Sandflöhen lebten die Bewohner in reetgedeckten Bambushütten, die auf gut zwanzig Fuß hohen Pfählen ruhten.

Atacames war für sein Federwild bekannt. Kurz nachdem der Nantucketer Walfänger *Lucy Adams* Anker geworfen hatte, brach Pollard gemeinsam mit deren Kapitän, dem siebenunddreißigjährigen Shubael Hussey, zu einer, wie Nickerson es nannte, Truthahn-Expedition auf. In Vorbereitung für den geplanten Ganztagesausflug backten die Köche beider Schiffe für die Jagdgesellschaft Pasteten und andere Leckerbissen als Wegzehrung für die Wildnis.

Da die Jäger nichts zum Aufstöbern des Wildes hatten, »wurde ich, als Jüngster an Bord, dazu ausersehen, sie an Stelle eines Jagdhundes zu begleiten«, erinnerte sich Nickerson. Und so zogen sie los, »über die Wiesen und durch die Wälder, hin zu den Jagdgründen«.

Nach drei Stunden hörten sie plötzlich »das unheimlichste Heulen, das man sich vorstellen kann«. Die beiden Kapitäne gaben sich die größte Mühe, die Schreie zu überhören, und schritten unverzagt weiter, bis sie merkten, dass sie sich der beunruhigenden Lärmquelle ziemlich rasch näherten. Was das wohl sein könne, rätselte Nickerson, am Ende ein blutrünstiger Jaguar? Aber niemand gab ihm Auskunft. Schließlich blieben die zwei wackeren Waljäger stehen und »blickten sich ein paar Sekunden lang an, als hätten sie etwas auf dem Herzen, das jedoch keiner als Erster ansprechen wollte«. Wie auf Kommando drehten sich beide um und machten sich auf den Rückweg, wobei sie hin und wieder beiläufig bemerkten, dass der Nachmittag ohnehin viel zu heiß zum Jagen sei und sie an einem kühleren Tag zurückkehren wollten.

Ihren behelfsmäßigen Jagdhund konnten sie damit freilich nicht täuschen. »Sie hatten Angst, von einem Raubtier verschlungen zu werden«, schrieb Nickerson, »und glaubten wohl, ich wäre zu jung, um allein zurückzufinden und ihren besorgten Frauen zu erklären, was aus ihnen geworden ist.« Auf einer späteren Reise in diese Gegend sollte Nickerson dem Verursacher jenes schauerlichen Heulens, das die beiden Walfängerkapitäne in Angst und Schrecken versetzt hatte, auf die Spur kommen: Es handelte sich um einen harmlosen Vogel, kleiner als eine Meise.

In Atacames geschah etwas, das sich nachhaltig auf die Moral der Besatzung auswirkte: Henry Dewitt, einer der schwarzen Seeleute der *Essex,* setzte sich von der Crew ab.

Dewitts Entscheidung war keine besondere Überraschung. Ständig flohen Matrosen von Walfangschiffen. Sobald einem Grünling klar wurde, wie wenig Geld er voraussichtlich am Ende der Fahrt verdient hätte, und sich ihm eine bessere Möglichkeit bot, gab es für ihn keinerlei Anreiz mehr zu bleiben. Dennoch hätte Dewitts Flucht für Kapitän Pollard zu keinem ungünstigeren Zeitpunkt stattfinden können. Da für jedes Walboot eine sechsköpfige Crew benötigt wurde, könnten künftig bei jeder Waljagd nur noch zwei Wächter auf dem Schiff zurückbleiben. Ein rahgetakeltes Schiff von der Größe der *Essex* ließ sich aber unmöglich von zwei Mann sicher handhaben. Falls ein Sturm losbrach, würden sie schwerlich allein die Segel reffen können. Doch da Pollard unbedingt bis November die Hochseefanggründe erreichen wollte, hatte er keine andere Wahl, als unterbemannt in See zu stechen. Mit sowohl einem Besatzungsmitglied als auch einem Walboot unter Sollstärke wollte die *Essex* auf die offene See hinaushalten und sich weiter denn je zuvor von der Küste Südamerikas entfernen.

Am 2. Oktober nahm die *Essex* Kurs auf die ungefähr sechshundert Meilen vor der Küste Ecuadors gelegenen Galapagosinseln. Diese von einigen Seeleuten »Galleypaguses« (Galeerenflotte) genannten Inseln sind auch unter dem Namen Encantadas – Spanisch für »Verzauberte« oder »Verhexte« – bekannt. Und tatsächlich erzeugten die starken, unberechenbaren Strömungen, die um diese zum Teil schroff aus dem Wasser ragenden vulkanischen Inseln und Felsbrocken tosten, manchmal die Illusion, die Inseln würden sich bewegen.

Bereits vor der Entdeckung der Hochseefanggründe waren die Galapagosinseln bei Walfängern ein beliebter Versorgungsstopp. In sicherer Entfernung vom Festland boten sie eine willkommene Zuflucht vor dem politischen Aufruhr in Südamerika. Außerdem lagen sie in einem häufig von Pottwalen aufgesuchten Gebiet. Schon 1793, nur zwei Jahre nachdem die *Beaver* als erster Nantucketer Walfänger Kap Horn umrundet hatte, besuchte Kapitän James Colnett auf einer englischen Expedition zur Erforschung der Walfangmöglichkeiten im Pazifik die Galapagosinseln, wo er und seine Besatzung eine Mischung aus Pottwal-Boudoir und Pottwal-Kindergarten vorfanden und etwas beobachten konnten, das vor ihnen wahrscheinlich noch nie ein Mensch gesehen hatte: die Paarung von Pottwalen, bei der die Bullen mit nach oben gekehrtem Bauch unter die weiblichen Tiere schwimmen. Ferner entdeckten sie Unmengen an Walkälbern, »nicht größer als kleine Tümmler«. Und weiter schrieb Colnett: »Ich bin geneigt zu glauben, dass wir hier die Hauptsammelstelle der Pottwale gefunden haben, die von den Küsten Mexikos und Perus sowie aus dem Golf von Panama zum Kalben hierher kommen.« Seinen Aufzeichnungen nach befand sich unter allen von ihnen getöteten Walen nur ein einziger Bulle.

Colnetts Beobachtungen decken sich mit den Ergebnissen der jüngsten Forschungen über Pottwale bei den Galapagosinseln. Hal Whitehead, einer der anerkanntesten Pottwalexperten der Welt, begann in dieser Gegend im Jahr 1985 mit der Beobachtung von Walen. Von einem mit modernstem technologischen Gerät ausgerüsteten Segelboot aus überwachte Whitehead die Tiere in denselben Gewässern, durch die einhundertachtzig Jahre früher die *Essex* gekreuzt war. Wie er herausfand, gehören einer Walschule, deren Größe zwischen drei und zwanzig Tieren schwanken kann, normalerweise fast ausschließlich ausgewachsene weibliche Wale und Jungtiere an. Nur zwei Prozent der von ihm beobachteten Wale waren Bullen.

Die weiblichen Tiere kümmern sich gemeinsam um die Aufzucht der Jungen. Sie wechseln sich bei der Kälberbetreuung ab, so dass immer ein ausgewachsenes Tier Wache hält, wenn die Mutter auf der Suche nach Tintenfischen mehrere tausend Fuß in die Tiefe taucht. Sobald ein Muttertier vor einem längeren Tauchgang die Fluke hebt, schwimmt ihr Junges sofort zum nächsten Weibchen.

Die Jungbullen verlassen mit ungefähr sechs Jahren den Familienverband und machen sich auf den Weg zu den kälteren Gewässern der hohen Breitengrade, wo sie allein oder mit anderen Bullen leben und erst mit Ende zwanzig wieder in die warmen Gewässer ihrer Geburt zurückkehren. Allerdings stellt diese Rückkehr nicht mehr als eine kurze Stippvisite dar; der Wal verbringt nur ungefähr acht Stunden bei einer einzelnen Gruppe, wobei er sich hin und wieder paart, allerdings ohne sich dadurch enger an das Rudel zu binden; dann kehrt er wieder in die hohen Breiten zurück. Er kann sechzig bis siebzig Jahre alt werden.

Das aus weiblich dominierten Familienverbänden geknüpfte Netz der Pottwale ähnelte in auffälliger Weise der Gemeinschaft, die die Nantucketer Walfänger in der Heimat zurückgelassen hatten. In beiden Gesellschaften führten die männlichen Vertreter ein Nomadendasein. Indem sie die Pottwaljagd zu ihrem Lebenserwerb machten, hatten die Nantucketer ein System gesellschaftlicher Beziehungen entwickelt, das faktisch dem ihrer Beute entsprach.

Während der sechstägigen Überfahrt zu den Galapagosinseln töteten die Männer der *Essex* zwei Wale, wodurch sich die Gesamtmenge an Öl in ihrer Last auf siebenhundert Fass erhöhte, was etwa der Hälfte der Ladung entsprach. Sie waren nun seit knapp über einem Jahr unterwegs, und mit etwas Glück in den Hochseefanggründen bestand durchaus eine Chance, innerhalb der nächsten anderthalb Jahre nach Nantucket zurückzukehren. Doch als sie Hood, die östlichste Insel des Galapagosarchipels, erreichten, galt ihre Hauptsorge nicht mehr dem Töten von Walen, sondern vielmehr der Frage, wie sie ihr Schiff über Wasser hielten. Denn die *Essex* hatte ein Leck bekommen.

Umgeben von den blendend weißen Stränden in Stephen's Bay, die selbst nachts noch zu leuchten schienen, überwachten die Offiziere die Reparaturarbeiten an der *Essex*. An dem geschützten Ankerplatz hatte man das Schiff kielgeholt, das heißt, so weit übergeholt, dass die kritische Stelle frei lag. Sechs Jahre später bediente sich Kapitän Seth Coffin derselben Methode, um ein Leck im Rumpf der *Aurora* zu reparieren, jenem Schiff, das unter dem Kommando von Daniel Russell zu seiner Jungfernfahrt in See gestochen war. Dabei stellte Coffin einigermaßen entgeistert fest, dass der Rumpf seines alles andere als alten Schiffes »durchlöchert wie eine Bienenwabe« war, worauf er versuchte, das Leck mit einer Mischung aus Kalk und Stengenschmiere abzudichten. Gut möglich, dass die wesentlich ältere *Essex* ähnliche Probleme unter der Wasserlinie hatte.

Schon bald richtete sich Nickersons Aufmerksamkeit auf die Insel Hood. »Die Felsen sahen ziemlich verbrannt aus«, erinnerte er sich, »und das bisschen Erde, das es hier und da gibt, scheint größtenteils karg und verdorrt zu sein.« Da die Oberfläche der Insel von Geröll und Felsbrocken bedeckt war, gestaltete sich bereits einfaches Herumlaufen ziemlich schwierig, und jeder Schritt rief einen metallischen Klang auf dem vulkanischen Gestein hervor.

Welch nachhaltigen Eindruck die Galapagosinseln in den Vierzigerjahren des neunzehnten Jahrhunderts bei Herman Melville hinterließen, zeigen die später von ihm verfassten Skizzen mit dem Titel »Die verzauberten Inseln oder Encantadas«. Für Melville umgab diese Inseln etwas erschreckend Menschenfeindliches. Er bezeichnete sie als Orte, »die nie eine Abwechslung ... heimsucht«, und sprach von ihrer »Unbewohnbarkeit«:

> Vom Äquator durchschnitten, kennen sie keinen Herbst und keinen Frühling, und da sie bereits bis zur Asche ausgeglüht sind, vermag selbst der Verfall wenig auf ihnen auszurichten. Die Wüste erfrischen Schauer, aber auf diesen Eilanden fällt niemals Regen. Wie geborstene syrische Kürbisse, die zum Trocknen in der Sonne liegen, sind sie zerrissen von einer immer währenden Dürre unter einem sengenden Himmel. »Erbarm dich meiner«, scheint der klagende Geist der Encantadas zu rufen, »und sende Lazarus, dass er das Äußerste seines Fingers ins Wasser tauche und kühle meine Zunge, denn ich leide Pein in dieser Flamme.«

Eine große Attraktion der Galapagosinseln für Seereisende waren die Schildkröten. Wie der Naturforscher Charles Darwin, der im Jahr 1835 an Bord der *Beagle* die Inseln besuchte, notierte, unterschieden sich – ähnlich wie seine berühmten Finken – die Schildkröten der einzelnen Inseln deutlich voneinander, und zwar in Färbung und Form ihrer Panzer. Kapitän David Porter von der amerikanischen Navy wiederum interessierte sich aus einem ganz anderen Grund für diese Tiere. Als er im Jahr 1813 auf der Fahrt zu den Marquesas mit seiner Fregatte *Essex* die Inseln anlief, nahm er Unmengen an Schildkröten – insgesamt schätzungsweise vier Tonnen – zur Verpflegung der Schiffsbesatzung mit.

Als sich sieben Jahre später der Walfänger *Essex* zu den Inseln wagte, machte sich die Besatzung bei der Schildkrötenjagd die von ihren Vorgängern ersonnene »Huckepack«-Methode zunutze. Ausgerüstet mit Segeltuchgurten streiften die Seeleute über die Insel. Oft folgten sie einfach den glatt geschliffenen, sich kreuz und quer über den felsigen Boden ziehenden Schildkrötenpfaden, in der Hoffnung, auf diesem

Weg direkt zu ihrer Beute geführt zu werden. Im Durchschnitt brachten es die Schildkröten auf achtzig Pfund, aber auch vierhundert Pfund schwere Exemplare waren durchaus keine Seltenheit. Stieß ein Seemann auf eine Schildkröte, die für eine Person zu schwer war, rief er um Hilfe, indem er *Townho!* brüllte – eine Verballhornung des aus der Walfangsprache der Wampanoag stammenden Wortes *towno*. In den meisten Fällen reichte jedoch ein Mann pro Schildkröte. Nachdem der Walfänger die Schildkröte auf den Rücken gelegt und mit einem großen Felsbrocken beschwert hatte, um zu verhindern, dass sie die Füße einzog, band er die Enden seines Segeltuchgurts um die Beine des Tieres und wuchtete es sich anschließend mit Schwung auf den Rücken. Mit einer achtzig Pfund schweren Schildkröte auf dem Rücken meilenweit bei vierzig Grad im Schatten über den holperigen Boden der Hood-Insel zu stapfen, war alles andere als ein Kinderspiel, insbesondere wenn man bedenkt, dass von jedem Mann erwartet wurde, täglich drei Schildkröten auf dem Schiff abzuliefern. Nickerson für seinen Teil hielt die Huckepack-Schlepperei sogar für die schwierigste und anstrengendste Arbeit, die er jemals verrichtet hatte, vor allem in Anbetracht der »ständigen Unruhe«, die von der auf den schweißnassen Rücken ihres Trägers gebundenen Schildkröte ausging.

Während ihres Aufenthalts auf der Insel Hood geriet Owen Chases Bootssteurer Benjamin Lawrence in Schwierigkeiten. Er hatte eine Schildkröte gefunden und sich mit ihr auf den Weg Richtung Schiff gemacht. Nach einiger Zeit merkte er jedoch, dass er genau in die Gegenrichtung lief. Zu guter Letzt setzte er die Schildkröte ab und stieg hinunter zum glühenden Sandstrand, der ihn früher oder später zum Schiff zurückführen musste.

Nachmittags war die *Essex* noch immer nicht in Sicht und Lawrence wurde von schrecklichem Durst gequält. Er stieß auf eine weitere Schildkröte, und diesmal schlug er dem Reptil den schlangenähnlichen Kopf ab. Das aus dem Hals spritzende, knapp siebzehn Grad warme Blut wirkte bei vierundvierzig Grad Hitze verblüffend erfrischend. Nachdem Lawrence seinen Durst gelöscht hatte, ließ er die Schildkröte am Strand liegen und setzte seine Suche nach dem Schiff fort. In der Dämmerung fand er es endlich, aber aus Angst davor, sich, wie Nickerson es ausdrückte, »zum Gespött seiner Bordgenossen zu machen, wenn er mit leeren Händen zum Schiff zurückkäme«, kehrte er erneut ins Inselinnere zurück und machte sich auf die Suche nach einer Schildkröte. Es war bereits stockfinster, als der mit seiner Schildkröte beladene Lawrence schließlich erschöpft zum Strand hinabtaumelte und von seinen Bordgenossen empfangen wurde, die bereits nach ihm gesucht hatten.

In den nächsten vier Tagen fing die Besatzung einhundertachtzig Schildkröten auf Hood. Anschließend nahm die *Essex* Kurs auf die Nachbarinsel Charles. Die kurze Überfahrt gab Nickerson die Gelegenheit, die Tiere zu beobachten, die zum größten Teil wie Steinblöcke in der Last übereinander gestapelt waren, wiewohl ein paar wenige an Deck herumlaufen durften.

Einer der Gründe, weshalb Galapagos-Schildkröten von Walfängern so geschätzt wurden, war die Tatsache, dass sie über ein Jahr ohne Nahrung oder Wasser auskamen. Selbst nach dieser langen Zeit war das Fleisch der Schildkröte nicht nur immer noch saftig und wohlschmeckend, sondern enthielt auch jeweils acht bis zehn Pfund Fett, das Nickerson als »hell und rein wie beste gelbe Butter und von köstlichem Geschmack« beschrieb.

Zwar behaupteten einige Seeleute, die Schildkröten würden während ihrer nahrungslosen Zeit an Bord eines Walfängers keinen Hunger leiden, aber Nickerson war sich da nicht so sicher. Während des weiteren Verlaufs der Reise fiel ihm auf, dass die Tiere an allem leckten, was ihnen an Deck in die Quere kam. Das fortschreitende Aushungern der Schildkröten hatte erst ein Ende, wenn sie geschlachtet wurden.

Auf der Insel Charles hatten die Seeleute ein primitives Postamt eingerichtet – ein einfaches Fass mit dem Panzer einer Riesenschildkröte als Deckel, in dem die für den Rücktransport nach Nantucket bestimmte Post deponiert werden konnte. Kapitän David Porter, der sich während des Krieges von 1812 auf Charles aufhielt, verschaffte sich etliche taktische Vorteile dank der aus den hinterlegten Briefen englischer Walfängerkapitäne gewonnenen Informationen. Den Männern der *Essex* bot die »Post« die Gelegenheit, die ihnen mit der *Aurora* geschickten Briefe zu beantworten. Daneben fingen sie auf Charles weitere hundert Schildkröten. Diese Schildkröten, von denen es leider nur wenige gab, waren Nickerson zufolge die schmackhaftesten des gesamten Archipels.

Auf der Insel Charles gelang ihnen auch der Fang einer sechshundert Pfund schweren Riesenschildkröte – ein wahres Ungetüm. Sechs Männer waren nötig, um sie an überkreuzten Stangen zum Strand zu tragen. Zwar wusste niemand, wie alt eine Schildkröte dieser Größe sein mochte, aber auf der Nachbarinsel Albemarle gab es einen »Port Royal Tom«, eine Riesenschildkröte, in deren Panzer unzählige Namen und Daten geritzt waren, von denen das älteste Datum aus dem Jahr 1791 stammte. (Berichten zufolge lebte Tom auch im Jahre 1881 noch.)

Nickerson, der ein geradezu darwinsches Interesse an der Natur zeigte, notierte gewissenhaft die vielen anderen Tiere, die auf Charles lebten, unter anderem Suppenschildkröten, Pelikane und zwei Leguanarten. Am letzten Tag ihres Aufenthalts auf der Insel wurde Nickerson jedoch von einem Ereignis erschüttert, das eher Melvilles Bild von den Galapagosinseln entsprach als dem Darwins.

Am Morgen des 22. Oktober heckte Thomas Chappel, ein Bootssteurer aus Plymouth in England, einen Streich aus. Ohne irgendeinen seiner Bordgenossen in den Plan einzuweihen, brachte der übermütige Chappel (der laut Nickerson »stets zu den dümmsten Streichen aufgelegt« war) ein Pulverfässchen mit an Land. Während alle anderen auf die Suche nach Schildkröten gingen, legte Chappel im Gestrüpp heimlich Feuer. Wegen der seit Monaten herrschenden Trockenzeit griff das Feuer rasch um sich und geriet binnen kurzem außer Kontrolle. Vom Feuer eingeschlossen, war den Schildkrötenjägern der Rückweg zum Schiff abgeschnitten, so dass ihnen nichts anderes übrig blieb, als zu versuchen, sich mit einem Spießrutenlauf durch die Flammen zu retten. Trotz versengter Kleider und Haare kamen sie ohne ernste Verletzungen davon – jedenfalls die Männer der *Essex*.

Als sie aufs Schiff zurückkehrten, stand fast die gesamte Insel in Flammen. Die Männer waren empört, dass einer aus ihren Reihen eine so törichte und leichtsinnige Tat begehen konnte. Doch am wütendsten von allen war Pollard. »Der Zorn des Kapitäns kannte keine Grenzen«, erinnerte sich Nickerson, »und er schwor dem Brandstifter furchtbare Rache, wenn er ihn erwischen würde.« Aus Angst davor, ausgepeitscht zu werden, enthüllte Chappel seine Rolle bei dem Brand erst sehr viel später. Nickerson schätzte, dass das Feuer Abertausende von Schildkröten, Vögeln, Echsen und Schlangen tötete.

Die *Essex* hatte einen bleibenden Eindruck auf der Insel hinterlassen. Als Nickerson Jahre später nach Charles zurückkehrte, war die Insel noch immer verkohltes Ödland. »Überall wo das Feuer gewütet hatte, war seither kein Baum, kein Busch und kein Gras mehr gewachsen«, berichtete er. Damit dürfte Charles als eine der ersten Inseln im Galapagosarchipel ihren gesamten Schildkrötenbestand eingebüßt haben. Hatte sich die *Essex*-Besatzung bereits an der Dezimierung des weltweiten Pottwalbestands beteiligt, so trug sie hier, auf dieser winzigen vulkanischen Insel, zur Ausrottung einer ganzen Spezies bei.

Als sie am nächsten Morgen den Anker lichteten, ließen sie Charles als Inferno zurück. Und in der folgenden Nacht, nachdem sie den ganzen Tag am Äquator entlang Richtung Westen gesegelt waren, sahen sie die Insel immer noch am Horizont brennen. Den rot glühenden Feuerschein im Rücken, wagten sich die zwanzig Männer der *Essex* auf der Suche nach dem nächsten Walopfer nun in die entlegensten Regionen des Pazifiks.

Fünftes Kapitel

DER ANGRIFF

Selbst heute noch, in einer Zeit modernster Kommunikationstechnologien und Hochgeschwindigkeitstransportmittel, ist die Gesamtausdehnung des Pazifiks kaum vorstellbar. Fährt man mit dem Schiff von Panama aus auf direktem Kurs nach Westen, sind es 17700 Kilometer bis zur Malaiischen Halbinsel, was fast der vierfachen Strecke entspricht, die Kolumbus auf seiner Fahrt in die Neue Welt zurücklegte; und die Entfernung von der Beringstraße zur Antarktis beträgt 15500 Kilometer. Außerdem ist der Pazifik tief. Unter seiner blauen Oberfläche verbergen sich einige der grandiosesten Gebirgszüge der Erde, deren Schluchten zum Teil über 11000 Meter in die nachtschwarze Meerestiefe hinabstürzen. Geologisch gesehen, ist der von Vulkanen gesäumte Pazifik der aktivste Teil der Erde. Neue Inseln tauchen auf, während andere verschwinden. Herman Melville nannte den 165 Millionen Quadratkilometer großen Ozean »das Herz der Erde, das in seinen Gezeiten schlägt«.

Am 16. November 1820 befand sich die *Essex* über tausend Meilen westlich der Galapagosinseln. Seit sie die Inseln verlassen hatte, war sie dem Äquator gefolgt wie einem unsichtbaren Strecktau, an dem sich das Schiff immer weiter hinaus auf das größte Meer der Welt hangelte. Zumindest ein Teil des Pazifiks war den Walfängern aus Nantucket vertraut. Die Küste Südamerikas war in den letzten dreißig Jahren praktisch zu ihrem Hinterhof geworden, und auch am westlichen Rand des Pazifiks kannten sie sich recht gut aus, denn seit Beginn des Jahrhunderts umrundeten regelmäßig vornehmlich von Nantucketer Kapitänen befehligte englische Walfangschiffe das Kap der Guten Hoffnung, um vor Australien und Neuseeland Wale zu fangen. Im Jahr 1815 war Hezekiah Coffin, der Vater von Pollards jungem Vetter Owen, während eines Versorgungsstopps auf den vom Fieber heimgesuchten Inseln vor Timor gestorben.

Zwischen der Insel Timor und der Westküste Südamerikas liegt das Zentralpazifische Becken, das Owen Chase als »ein so gut wie unbefahrenes Meer« bezeichnete. Mag sein, dass von Inseln wie Ohevahoa, Marokinee, Owyhee, Mowee die Längen- und Breitengrade in Kapitän Pollards Navigationsführer verzeichnet waren, aber ansonsten stellten sie – von haarsträubenden Schauergeschichten über meuchelnde Eingeborene und Kannibalismus abgesehen – weiße Flecken dar.

All das sollte sich jedoch ändern. Ohne dass Kapitän Pollard es wusste, hatten nur wenige Wochen zuvor, am 29. September, die Walfänger *Equator* und *Balaena* als erste Nantucketer Schiffe die Hawaii-Insel Oahu angelaufen. Im Jahr 1823 verproviantierte Richard Macy als erster Nantucketer sein Schiff bei den Gesellschaftsinseln, heute Französisch-Polynesien. Alles, was Pollard und seine Männer im November 1820 wussten, war, dass sie sich am Rand einer unbekannten Welt voller unvorstellbarer Gefahren befanden. Und wenn sie nicht dasselbe Schicksal erleiden wollten wie das Schiff, neben dem sie in Atacames gelegen hatten, blieb für ausgedehnte Erforschungen keine Zeit. Sie hatten über einen Monat gebraucht, um überhaupt so weit in den Pazifik vorzustoßen, und für den Rückweg würden sie mindestens ebenso lange brauchen. Höchstens ein paar Monate blieben ihnen noch für den Walfang, bevor sie an die Rückfahrt nach Südamerika und schließlich nach Nantucket denken mussten.

Zu ihrer Enttäuschung hatten sich bisher sämtliche Wale, die sie in der Weite dieser fernen Region des Ozeans gesichtet hatten, als äußerst schwer zu fangen erwiesen. »Abgesehen von gelegentlichen Verfolgungsjagden auf schreckhafte Walschulen, die allerdings erfolglos blieben, passierte während unserer Fahrt nichts, was sich festzuhalten gelohnt hätte«, erinnerte sich Nickerson. Die Offiziere der *Essex* begannen nervös zu werden, was schließlich dazu führte, dass Owen Chase eine Veränderung an Bord seines Walbootes vornahm. Als er sich am 16. November endlich mit seiner Bootscrew einem Wal näherte, war es, wie Chase berichtete, nicht sein Steuermann Benjamin Lawrence, sondern er selbst, der die Harpune hielt.

Das war ein einschneidender und für Lawrence zutiefst demütigender Vorgang, denn ein Maat übernahm nur dann die Harpune, wenn er jedes Vertrauen in den Wurf seines Bootssteurers verloren hatte. William Comstock berichtet von zwei Fällen, in denen Maate über die erfolglosen Harpunierversuche ihrer Bootssteurer so aufgebracht waren, dass sie diese nach achtern beorderten und selbst zum Eisen griffen, wobei einer der Maate, wie Comstock schrieb, brüllte: »Wer bist du überhaupt? Wozu bist du eigentlich hier? Elender Scheißkerl, Abschaum von Nantucket, winselndes Schoßhündchen von der Ofenbank! Bei Neptun – hast wohl Angst vor den Walen!« Als der Bootssteurer schließlich in Tränen ausbrach, riss ihm der Maat die Harpune aus den Händen und befahl ihm, den Steuerriemen zu übernehmen.

Mit Chase im Bug und dem ins Heck verbannten Lawrence am Steuerriemen näherte sich das Boot des Obermaats einer Stelle, an der, wie Chase prophezeite, ein Wal auftauchen würde. Laut eigenen Worten stand Chase »sicher abgestützt vorn im Boot, die Harpune wurfbereit in der Hand, und rechnete jeden Moment damit, ein Tier aus der Schule, inmitten der wir uns befanden, zu sehen und ihm mein Eisen zu verpassen«. Unglücklicherweise tauchte jedoch genau unter ihrem Boot ein Wal auf und schleuderte den Maat und seine Crew in die Luft. Und genau wie bei ihrem ersten Versuch, einen Wal vor den Falklandinseln zu töten, fanden sich die Männer auch diesmal an ein auf dem Wasser treibendes Bootswrack geklammert wieder.

Angesichts des Mangels an Ersatzbooten hätte man vielleicht etwas mehr Vorsicht von den Offizieren der *Essex* erwartet, aber Vorsicht widersprach der Natur des Obermaats, zumindest wenn es um die Verfolgung von Walen ging. Getreu dem alten Sprichwort: »Ein toter Wal oder ein zertrümmertes Boot!« schwelgte Chase in den Risiken und Wagnissen der Jagd. »Für diesen Beruf, der mit einer anständigen Portion Aufregung verbunden ist, braucht man Ehrgeiz und starke Nerven«, betonte er in seinem Bericht. »Schlappschwänze haben hier nichts zu suchen.«

Vier Tage später, am 20. November, über 510 Seemeilen westlich der Galapagosinseln und knapp 40 Meilen südlich des Äquators, sichtete der Ausguck mehrere Walfontänen. Es war gegen acht Uhr an einem strahlend klaren Morgen, nur eine leichte Brise wehte – ein idealer Tag, um Wale zu töten.

Als sie bis auf eine halbe Meile an die Schule herangesegelt waren, drehten die beiden Schiffswächter die *Essex* bei backgestelltem Großmarssegel mit der Nase in den Wind, und die drei Boote wurden ausgesetzt. Die nichts von ihrer Verfolgung ahnenden Wale tauchten.

Chase befahl seinen Männern, zu einer bestimmten Stelle zu rudern, wo sie »in gespannter Erwartung« die Wasseroberfläche nach dem dunklen Schatten eines auftauchenden Wales absuchten. Wieder war es Chase, so erfahren wir von ihm, der die Harpune hielt, und tatsächlich tauchte auch genau vor ihnen ein kleiner Wal auf und blies. Der Obermaat ging in Stellung, um die Harpune zu schleudern, und geriet zum zweiten Mal innerhalb weniger Tage in Schwierigkeiten.

Chase hatte Lawrence, den ehemaligen Harpunier, angewiesen, das Boot so dicht wie möglich neben den Wal zu steuern. Lawrence gehorchte und fuhr so dicht heran, dass in dem Moment, als sich die Harpune in die Walflanke bohrte, das Tier in seiner Panik mit dem Schwanz gegen das bereits havarierte Walboot drosch und ein Leck in die Bootswand schlug. Angesichts des hereinströmenden Wassers durchtrennte Chase die Harpunenleine mit einer Axt und befahl seinen Männern, ihre Jacken und Hemden in die tief eingekerbte Öffnung zu stopfen. Während ein Mann Wasser schöpfte, pullten sie zur *Essex* zurück, wo sie das Boot an Deck hievten.

In der Zwischenzeit hatte sowohl die Crew von Pollard als auch die von Joy an Walen angehakt. Erbost, abermals bei der Jagd ausgeschieden zu sein, stürzte sich Chase mit Feuereifer auf die Reparatur seines beschädigten Bootes, in der Hoffnung, es wieder flottgemacht zu haben, solange noch Wale da waren. Zwar hätte Chase auch das (auf den Kapverden erworbene und jetzt an dem Gestell über dem Achterdeck festgelaschte) Ersatzboot klar zur Jagd machen können, aber er glaubte, es würde schneller gehen, wenn er das Leck des havarierten Bootes provisorisch mit Segeltuch abdichtete. Während er die Leinwand rings um das Leck festnagelte, übernahm sein achterer Rudergast Thomas Nickerson das Ruder der *Essex* und steuerte mit dem Schiff auf Pollard und Joy zu, die von den Walen etliche Meilen nach Lee geschleppt worden waren, als ihm plötzlich an Backbord voraus etwas auffiel.

Es war ein Wal – ein riesiger Pottwal, mit Abstand der größte, den sie bisher gesehen hatten –, ein Bulle von schätzungsweise fünfundachtzig Fuß Länge und annähernd achtzig Tonnen Gewicht. Er war keine hundert Meter von ihnen entfernt, nah genug, um zu erkennen, dass sein plumper Kopf von unzähligen Narben übersät war – und genau in Richtung Schiff zeigte. Aber nicht nur die Größe dieses Wales war auffällig, sondern auch sein Verhalten. Statt in Panik zu fliehen, schwamm er ruhig an der Wasseroberfläche, wobei er hin und wieder durch sein Spritzloch schnaufte, ganz so, als ob er *sie* beobachtete. Nachdem er zwei- oder dreimal seinen Atemstrahl in die Luft geblasen hatte, verschwand er unter Wasser und tauchte wenig später knapp dreißig Meter vom Schiff entfernt wieder auf.

Nicht einmal jetzt, wo der Wal nur noch einen Steinwurf von der *Essex* entfernt war, hielt Chase ihn für eine Bedrohung. »Am Anfang beunruhigte uns weder sein Aussehen noch sein Verhalten«, schrieb er. Aber plötzlich kam Bewegung in den Wal. Kraftvoll peitschte seine zwanzig Fuß breite Schwanzflosse das Wasser, und mit leichtem Hin- und Herschlingern steuerte er, erst langsam, dann immer schneller, bis er einen breiten Gischtkamm vor seinem plumpen, fassähnlichen Kopf herschob, genau auf die Backbordseite der *Essex* zu. Schon trennten den Wal nur noch wenige Meter vom Schiff. In Chases Erinnerung »jagte er mit hoher Geschwindigkeit auf uns zu«.

In der verzweifelten Hoffnung, einen direkten Aufprall noch abwenden zu können, brüllte Chase Nickerson zu: »Ruder hart über!«, während mehrere andere Besatzungsmitglieder Warnschreie ausstießen. »Kaum hatte ich die Stimmen gehört«, erinnerte sich Nickerson, »als es auch schon einen gewaltigen Knall gab.« Der Wal rammte das Schiff unmittelbar vor den Fockrüsten.

Durch den Aufprall wurde die *Essex* erschüttert, als wäre sie in voller Fahrt auf ein Riff gelaufen. Alle Mann wurden zu Boden geschleudert. Galapagosschildkröten schlitterten übers Deck. »Wir sahen uns völlig perplex an«, meinte Chase rückblickend, »waren regelrecht sprachlos.«

Kopfschüttelnd kamen die Männer wieder auf die Beine. Dass sie erstaunt waren, hatte gute Gründe. Nie zuvor in der Geschichte der Nantucketer Walfängerei hatte man gehört, dass ein Wal ein Schiff angegriffen hätte. Im Jahr 1807 hatte der Walfänger *Union* bei Nacht versehentlich einen Pottwal gerammt und war gesunken; was hier passierte, war jedoch etwas völlig anderes.

Nach dem Zusammenprall tauchte der Wal unter dem Schiff hindurch. Dabei stieß er so heftig gegen den Loskiel – immerhin eine stattliche sechs mal zwölf Zoll dicke Planke –, dass er ihn abriss. Neben dem Steuerbord-Achterschiff der *Essex* tauchte der Wal wieder auf und trieb »betäubt von der Wucht des Aufpralls«, wie sich Chase erinnerte, neben dem Schiff auf dem Wasser, sein Schwanz nur wenige Fuß vom Heck entfernt.

Instinktiv griff Chase zur Lanze. Es bedurfte lediglich eines genau gezielten Wurfes, um den Wal zu töten, der es gewagt hatte, ein Schiff anzugreifen. Dieses Ungetüm würde mehr Öl erbringen als zwei, wenn nicht sogar drei durchschnittlich große Wale. Wenn Pollard und Joy an diesem Tag ebenso erfolgreich wären, würden sie nächste Woche mindestens einhundertfünfzig Fass Öl einkochen – mehr als zehn Prozent des gesamten Fassungsvermögens der *Essex*. Statt erst in etlichen Monaten könnten sie womöglich schon in ein paar Wochen die Rückfahrt nach Nantucket antreten.

Chase hob den Arm, um dem Bullen, der immer noch längsseits der *Essex* lag, die Lanze in den Leib zu schleudern. Doch dann zögerte er. Die Fluke des Wales, stellte er fest, befand sich in gefährlicher Nähe des Ruderblattes. In seiner Wut zerschmetterte der Wal womöglich mit seinem Schwanz diese empfindliche Steuervorrichtung. Der Obermaat gelangte zu dem Schluss, dass sie zu weit vom Land entfernt waren, um eine Beschädigung des Ruders riskieren zu können, und legte damit eine für ihn ganz untypische Vorsicht an den Tag. »Wenn Chase allerdings vorhergesehen hätte, was kurz darauf geschah«, schrieb Nickerson, »hätte er vermutlich das kleinere Übel gewählt und, selbst um den Preis des Ruders, den Wal getötet, um das Schiff zu retten.«

Die Natur hat den Pottwal in einzigartiger Weise dafür ausgerüstet, einen Frontalzusammenstoß mit einem Schiff zu überleben. Das vordere Drittel dieses Tieres, zwischen seiner rammbockartigen Stirn und den lebenswichtigen Organen, besteht aus einem mit Öl gefüllten Hohlraum, der wie geschaffen dafür ist, den Aufprall bei einer Kollision zu dämpfen. Nach nicht einmal einer Minute erwachte der Achtzig-Tonnen-Bulle wieder zum Leben.

Seine Benommenheit abschüttelnd, drehte er nach Lee ab und schwamm knapp sechshundert Meter vom Boot weg. Dort begann er die Kiefer zusammenzuschlagen und mit dem Schwanz aufs Wasser einzudreschen, laut Chase »wie rasend vor Wut und Zorn«. Dann schwamm der Wal nach Luv, wobei er den Bug der *Essex* mit hohem Tempo kreuzte. Ein paar hundert Meter vor dem Schiff stoppte er und drehte sich zur *Essex* um. Inzwischen hatte Chase, aus Sorge wegen eines möglichen Lecks, den Männern befohlen, die Pumpen aufzuriggen. »Während meine Aufmerksamkeit auf diese Weise in Anspruch genommen war«, erinnerte sich der Obermaat, »wurde ich plötzlich vom Schrei eines Mannes am Niedergang aufgeschreckt: ›Da kommt er – er will uns wieder rammen!‹« Als Chase sich umdrehte, bot sich ihm ein Anblick von »Zorn und Vergeltung«, der ihn an den langen Tagen, die vor ihm lagen, nicht mehr loslassen sollte.

Den riesigen vernarbten Kopf halb aus den Fluten gehoben, während der hin und her peitschende Schwanz das Meer im Umkreis von mehr als vierzig Fuß zu einer kochenden Gischtfläche aufwühlte, schoss der Wal doppelt so schnell wie beim ersten Mal – mit mindestens sechs Knoten – auf das Schiff zu. In der Hoffnung, »die Anlaufbahn des Wales zu kreuzen, bevor er uns erreichte, und auf diese Weise zu verhindern, dass er uns ein zweites Mal rammte, was, wie ich wusste, unweigerlich unser Ende bedeuten würde«, schrie Chase Nickerson zu: »Hart über!« Aber es war zu spät für einen Kurswechsel. Mit ohrenbetäubendem Krachen und Splittern von Eichenholz rammte der Wal das Schiff genau unterhalb des am Backbord-Bugkranbalken gesicherten Ankers. Obwohl die Männer diesmal auf den Stoß vorbereitet waren, ließ die Wucht der Kollision ihre Köpfe hin und her schlackern, als das Schiff mit einem Ruck an der mit einer Bramme vergleichbaren Stirn des Pottwals zum Stehen kam. Weiter mit dem Schwanz aufs Wasser schlagend, schob das Ungetüm das 238-Tonnen-Schiff immer schneller zurück, bis – wie nach ihrem Kentern im Golfstrom – das Wasser über den Heckspiegel strömte.

Einer der Männer, der unter Deck nach dem Rechten gesehen hatte, kam schreiend die Leiter hochgestürzt: »Das Schiff läuft voll Wasser!« Ein kurzer Blick hinab in den Niedergang zeigte, dass das Wasser bereits das Unterdeck überflutet hatte, wo Öl und Vorräte gelagert waren.

Sobald die *Essex* nicht mehr rückwärts fuhr, begann sie zu sinken. Nachdem der Wal den fremden Gegner gedemütigt hatte, ließ er von den zertrümmerten Planken des mit Kupfer verkleideten Schiffsrumpfes ab und schwamm auf Nimmerwiedersehen nach Lee davon.

Das Schiff sank mit dem Bug voran. Die Back mit den Unterkünften der schwarzen Seeleute wurde als Erstes überschwemmt; die steigende Flut riss Seekisten und Matratzen mit. Als Nächstes drang das Wasser nach achtern in die Specklast und dann ins Zwischendeck, wo sich die Kojen von Nickerson und den anderen Nantucketern befanden. Und wenig später standen auch die Kabinen von Kapitän und Maaten unter Wasser.

Während es unter Deck knarrte und gluckerte, begab sich der schwarze Steward William Bond aus eigenem Antrieb wiederholt in die sich rasch mit Wasser füllenden achteren Kabinen, um die Kisten von Pollard und Chase und – in weiser Voraussicht – die Navigationsgeräte zu retten. Unterdessen kappten Chase und der Rest der Crew die Lasching des Ersatzwalbootes und brachten es zur Kuhl.

Die *Essex* bekam allmählich gefährliche Schlagseite nach Backbord. Bond stürzte ein letztes Mal unter Deck, während Chase gemeinsam mit den andern das Walboot zur Reling trug. Mittlerweile ragte das Deck nur noch wenige Zoll aus dem Wasser. Als die Kisten und die restliche Ausrüstung eingeladen waren, kletterten alle Mann ins Boot, hoch über ihren Köpfen die bedrohlich schwankenden Masten und Rahen der *Essex*. Sie waren kaum zwei Bootslängen weggepullt, als hinter ihnen der ächzende Walfänger unter gewaltigem Spritzen und Gurgeln kenterte.

Genau in diesem Moment warf zwei Meilen leewärts Pollards Bootssteurer Obed Hendricks zufällig einen Blick über die Schulter – und traute seinen Augen nicht. Aus dieser Entfernung sah es so aus, als sei die *Essex* von einer plötzlichen Bö erfasst worden, denn die Segel flatterten in alle Richtungen, als sich das Schiff über die Kante auf die Seite legte.

»Da! Seht nur!«, schrie er. »Was ist denn mit dem Schiff los? Es kentert!«

Doch als die Männer in dem Walboot sich umdrehten, war nichts zu sehen. »Ein kollektiver Schrei des Entsetzens entfuhr den Männern«, schrieb Chase, »als sie mit verzweifelten Blicken das Meer vergeblich nach dem Schiff absuchten.« Die *Essex* war hinterm Horizont verschwunden.

Sofort kappten beide Bootscrews ihre Walleinen, und während sie auf die Stelle zupullten, an der die *Essex* eigentlich hätte liegen müssen, stellten sie wilde Spekulationen darüber an, was in aller Welt mit dem Schiff passiert sein konnte. Dass, wie Nickerson es ausdrückte, »ein Wal der Übeltäter« war, kam freilich niemandem in den Sinn. Nur zu bald erblickten sie jedoch den Schiffsrumpf, »der auf der Seite lag und wie ein Felsen aussah«.

Als sich Pollard und Joy der Unglücksstelle näherten, starrten die acht Männer in Chases voll gestopftem Boot noch immer schweigend auf das Schiff. »Auf jedem Gesicht spiegelte sich nackte Verzweiflung«, erinnerte sich Chase. »Einige Minuten lang herrschte absolutes Schweigen; alle schienen wie gelähmt vor Entsetzen.«

Zwischen dem ersten Angriff des Wales und der Flucht von dem kenternden Schiff waren höchstens zehn Minuten verstrichen. Und in nicht mehr als einem Bruchteil dieser Zeit hatten acht von ihnen, von Panik gehetzt, ein nicht aufgeriggtes, am Rack über dem Achterdeck festgelaschtes Walboot ausgesetzt – ein Vorgang, der allein gewöhnlich schon mindestens zehn Minuten gedauert und den Einsatz der gesamten Schiffsbesatzung erfordert hätte. Da kauerten sie nun zusammengedrängt im Walboot, mit nichts als ihren Kleidern auf dem Leib. Es war noch nicht zehn Uhr morgens.

Erst jetzt erkannte Chase, welch wertvollen Dienst William Bond ihnen geleistet hatte. Er hatte zwei Kompasse, zwei Ausgaben von Nathaniel Bowditchs Navigationshandbuch *New American Practical Navigator* und zwei Quadranten gerettet. Chase bezeichnete diese Ausrüstung später als »Instrumente, die uns wahrscheinlich das Leben gerettet haben. Ohne sie«, fügte er hinzu, »hätte alles düster und hoffnungslos ausgesehen.«

Thomas Nickerson für seinen Teil überkam ein Gefühl der Trauer; nicht für sich selbst, sondern für das Schiff. Der riesige schwarze Walfänger, der ihm so vertraut geworden war, hatte den Todesstoß empfangen. »Da lag unser herrliches Schiff – vor wenigen Minuten noch ein prachtvoller Anblick, der ganze Stolz von Kapitän und Offizieren und geradezu vergöttert von der Besatzung, trieb es jetzt als trauriges Wrack auf dem Wasser«, klagte er.

Wenig später hatten sich die beiden anderen Walboote auf Rufweite genähert. Aber niemand sagte ein Wort. Pollards Boot erreichte den Unglücksort zuerst. Als es noch ungefähr dreißig Fuß entfernt war, hörten die Männer auf zu rudern. Pollard stand am Steuerriemen und starrte sprachlos auf die gekenterte Hulk, deren Kommando ihm so ungeheuer viel bedeutet hatte. Er ließ sich auf die Ruderbank seines Walbootes fallen, so heftig von Erstaunen, Furcht und Bestürzung übermannt, dass Chase »sein Gesicht fast nicht wiedererkannte«. Aber schließlich fragte Pollard: »Mein Gott, Mr. Chase, was ist denn passiert?«

»Wir wurden von einem Wal gerammt«, antwortete der Obermaat.

Selbst für die enormen Pottwalmaßstäbe ist ein fünfundachtzig Fuß langer Bulle riesig. Männliche Pottwale, die im Durchschnitt drei- bis viermal massiger als die weiblichen Tiere sind, erreichen heutzutage höchstens noch eine Länge von fünfundsechzig Fuß. Der Pottwalexperte Hal Whitehead bezweifelt allerdings, dass der Wal, der die *Essex* versenkte, so groß gewesen sein kann, wie Chase und Nickerson behaupteten.

Die Logbücher von Nantucketer Walfängern enthalten jedoch zahllose Hinweise auf Bullen, die angesichts der erbrachten Ölmenge in der Größenordnung des *Essex*-Wales gewesen sein müssten. Es ist eine unbestrittene Tatsache, dass Walfänger sowohl im neunzehnten als auch im zwanzigsten Jahrhundert überproportional viele männliche Pottwale getötet haben, und zwar nicht nur, weil sie länger als die weiblichen Tiere waren, sondern weil die größere Länge der Männchen zu einem nicht geringen Teil auf ihre reicheren Walratreservoire zurückzuführen war. Im Jahr 1820, bevor das anderthalb Jahrhunderte lange Töten die großen Bullen weltweit so gut wie ausrottete, war es nicht ausgeschlossen, dass ein Walfänger auf einen Pottwal von fünfundachtzig Fuß Länge stieß. Der vielleicht überzeugendste Beweis hierfür findet sich in den heiligen Hallen des Nantucketer Walfangmuseums. Dort steht, an eine Wand gelehnt, ein achtzehn Fuß langer Pottwalunterkiefer, der Bulle, von dem er stammt, wird auf mindestens achtzig Fuß Länge geschätzt.

Der Pottwal hat das größte Gehirn von allen Tieren, die jemals auf der Erde gelebt haben; dagegen erscheint selbst das des riesigen Blauwals klein. Möglicherweise hängt die Größe des Pottwalgehirns mit der hoch entwickelten Fähigkeit dieser Tiere zusammen, Töne zu erzeugen und zu verarbeiten. Direkt unterhalb des Spritzlochs befindet sich die so genannte Melone, ein knorpelartiges Klöppelsystem, von dem die Wissenschaft glaubt, dass es die Klick-Laute des Echopeilsystems aussendet, mit dem die Wale die Welt »sehen«. Zudem verständigen sich die Wale mit diesen Klick-Lauten in einem Umkreis bis zu fünf Meilen, wobei sich die Weibchen meistens einer dem Morsealphabet ähnelnden Reihe von Klicks, *coda* genannt, bedienen, während die Männchen langsamere und lautere Klicks, so genannte *clangs*, erzeugen. Walforscher vermuten, dass die Bullen mit den *clangs* in Frage kommende Walkühe auf sich aufmerksam machen und männliche Konkurrenten abschrecken wollen.

Häufig konnten Walfänger Pottwale durch die Schiffswand hören. Das Geräusch – regelmäßige, ungefähr im Halbsekundenabstand erfolgende Klicks – ähnelte auf so verblüffende Weise dem Klopfen eines Hammers, dass die Walfänger dem Pottwal den Beinamen »Zimmermannsfisch« gaben. Am Morgen des 20. Novembers 1820 waren es nicht nur Pottwale, die Klick-Laute in den Ozean aussandten.

Ohne es zu wissen, tat Owen Chase dasselbe, als er mit emsigen Hammerschlägen ein Stück Segeltuch über das Leck des umgedrehten Walbootes nagelte. Mit jedem Hammerschlag gegen die Planken des havarierten Bootes sandte Chase gänzlich unbeabsichtigt Signale durch die hölzerne Bordwand der *Essex* ins Meer hinaus. Ob nun der Wal diese Signale als Töne eines anderen Wales wahrnahm oder nicht, auf jeden Fall dürfte Chases Hämmern seine Aufmerksamkeit erregt haben.

Chase zufolge machte das Schiff, als der Wal es rammte, drei Knoten, was der Geschwindigkeit eines Wales bei normalem Schwimmtempo entspricht. Whitehead, dessen Forschungsschiff einmal mit einer schwangeren Walkuh zusammenstieß, vermutete, womöglich könnte der Wal sogar beim ersten Mal die *Essex* aus Versehen gerammt haben. Was auch immer den Zusammenstoß herbeiführte, der Wal hatte mit Sicherheit nicht mit etwas so Solidem und Starkem wie einem Walfänger gerechnet, der mit 238 Tonnen etwa dreimal so schwer wie er selbst war. Mochte die *Essex* auch ein alter, abgenutzter Walfänger sein, dank ihrer stabilen Bauweise hielt sie einiges aus. Ihr Rumpf bestand fast komplett aus Weißeiche, einem der härtesten und robustesten Hölzer überhaupt. Ihre Spanten waren aus massivem Schnittholz von mindestens einem Quadratfuß Dicke geschlagen. Vor- und Achtersteven waren zusätzlich mit vier Zoll dicken Eichenplanken verkleidet. Die Planken waren mit einem halbzoll dicken Belag aus Gelbkiefer überzogen, und das Unterwasserschiff (gegen das, Nickersons Aussage zufolge, der Wal geprallt war) trug einen Kupferbeschlag. Folglich war der Wal gegen eine solide Holzwand geknallt. Und was als Probestoß, wenn nicht sogar gänzlich unbeabsichtigt begann, eskalierte unversehens zum Totalangriff.

Wie Elefantenbullen sind auch männliche Pottwale oft Einzelgänger, die von einer aus Walkühen und Jungtieren bestehenden Gruppe zur nächsten ziehen und unterwegs jeden Bullen herausfordern, der ihnen begegnet. Die Gewalttätigkeit dieser Begegnungen ist geradezu legendär. Ein Walfänger beschrieb, was sich abspielte, als ein Pottwalbulle in das Rudel eines anderen einzudringen versuchte:

> Als der fremde Bulle versuchte, sich dem Rudel anzuschließen, wurde er von einem der Leitbullen angegriffen, der sich auf den Rücken drehte und mit den Kiefern nach dem Eindringling schnappte … Dabei bissen sich die Tiere gegenseitig große Stücke Speck und Fleisch aus dem Leib. Dann zogen sich beide Bullen zurück und stürmten mit voller Wucht wieder aufeinander zu. Sie kämpften mit ineinander verbissenen Kiefern, wobei jeder offenbar versuchte, den Kiefer des Gegners zu brechen. Abermals rissen sie sich gegenseitig große Fleischbrocken aus den Köpfen. Darauf zogen sie sich entweder wieder zurück oder lockerten ihre Umklammerung und gingen erneut aufeinander los. Im letzteren Fall wurde der Kampf dann noch erbitterter, und man konnte kaum etwas sehen, so schäumte das Wasser. Angriff und Rückzug wurden zwei- oder dreimal wiederholt, und als sich das aufgewühlte Wasser beruhigte, sah man ein paar Sekunden lang beide Kopf an Kopf liegen. Dann schwamm der kleinere Bulle langsam weg, ohne einen weiteren Annäherungsversuch bei den Walkühen zu unternehmen … Wir setzten ein Walboot aus und fingen den großen Bullen. Sein Unterkiefer war gebrochen und hing aufgeklappt nach unten. Etliche Zähne waren abgebrochen, und der Kopf wies schwere Verletzungen auf.

Statt mit Maul und Schwanz anzugreifen – die übliche Methode von Walen, aus Walbooten Kleinholz zu machen –, rammte der *Essex*-Wal das Schiff mit dem Schädel, ein, wie Chase betonte, »selbst für alte, erfahrene Walfänger beispielloser Vorgang«. Was den Obermaat jedoch am allermeisten beeindruckte, war die bemerkenswerte Schläue, mit der der Bulle seinen von Gott geschenkten Rammbock einsetzte. Beide Male hatte sich der Wal dem Schiff aus einer Richtung genähert, »die darauf angelegt war, uns den größten Schaden zuzufügen. Er kam nämlich direkt von vorne, wodurch sich die beiderseitigen Geschwindigkeiten addierten.« Aber obwohl der Wal von vorn gekommen war, hatte er einen direkten Frontalangriff, bei dem er sich womöglich an dem massiv verstärkten Vorsteven, dem senkrechten Balken an der Spitze des Bugs, eine tödliche Verletzung zugezogen hätte, wohlweislich vermieden.

Chase schätzte, dass der Wal bei seinem zweiten Stoß sechs Knoten und die *Essex* drei Knoten machte. Um das Schiff, das etwa die dreifache Masse des Wales verkörperte, zum völligen Stillstand zu bringen, hätte der Wal allerdings mehr als dreimal so schnell wie sein Opfer schwimmen müssen, also mindestens neun Knoten. Wäre die *Essex* ein neues Schiff gewesen, hätten ihre Eichenplanken nach Berechnungen eines Schiffbauers selbst diesem gewaltigen Stoß widerstanden. Da der Wal ein Leck in den Bug schlug, müssen die einundzwanzig Jahre alten Planken der *Essex* durch Fäulnis oder Unterwasserbewuchs schon sehr morsch gewesen sein.

Chase war davon überzeugt, dass die *Essex* und ihre Besatzung Opfer »entschlossener, berechnender Bosheit« seitens des Wales geworden waren. Für Nantucketer war das ein erschreckender Gedanke. Wenn noch andere Pottwale auf die Idee kämen, Schiffe zu rammen, wäre es nur eine Frage der Zeit, bis die Walfangflotte der Insel lediglich aus Treibgut bestünde.

Der Obermaat begann sich zu fragen, welche »unerklärliche Vorsehung oder Absicht« hier am Werk gewesen sein mochte. Fast schien es, als wäre etwas – am Ende gar Gott? – in das Untier gefahren, um es seinen seltsamen und unergründlichen Zwecken dienstbar zu machen. Aber was oder wer auch immer hinter all dem steckte, Chase war überzeugt davon, dass die *Essex* »keinesfalls zufällig« versenkt worden war.

Nachdem sich Pollard den Bericht seines Obermaats angehört hatte, versuchte er, Herr der katastrophalen Lage zu werden. Vordringlichste Aufgabe sei es, so erklärte er, so viel Proviant und Wasser wie möglich aus dem Wrack zu holen. Dazu müssten sie freilich zunächst die Masten abschlagen, damit sich der zum Teil noch schwimmende Rumpf wieder aufrichten könne. Sofort kletterten die Männer aufs Schiff und begannen Spieren und Rigg mit Beilen aus den Walbooten abzuhauen. Kurz vor Mittag legte Pollards Boot ab, denn der Kapitän wollte mit Hilfe des Quadranten die Schiffsposition bestimmen. Sie befanden sich auf 0°40′ südlicher Breite und 119°0′ westlicher Länge, also ungefähr so weit vom Land entfernt, wie es auf unserem Planeten überhaupt möglich ist.

Eine Dreiviertelstunde später waren Stengen und Rahen abgeschlagen und die Masten auf zwanzig Fuß kurze Stummel gestutzt, und die *Essex* lag halb aufrecht im Fünfundvierzig-Grad-Winkel auf dem Wasser. Zwar waren die meisten Vorräte unerreichbar in der untersten Last verstaut, aber immerhin fanden sich mittschiffs zwischen den Decks zwei große Fässer mit Schiffszwieback, und da sie auf der dem Wasser abgewandten Schiffsseite lagen, bestand durchaus die Hoffnung, dass sie trocken geblieben waren.

Durch Löcher, die die Männer ins Deck hackten, gelang es ihnen, sechshundert Pfund Schiffszwieback herauszuholen; und an einer anderen Stelle brachen sie durch die Planken und stießen auf Fässer mit Trinkwasser – sogar mehr, als sie in den Walbooten unterbringen konnten. Außerdem ergatterten sie Werkzeug und anderes nützliches Zubehör, unter anderem zwei Pfund Bootsnägel, eine Muskete, zwei Pistolen und eine Büchse mit Pulver. Mehrere Galapagosschildkröten schwammen vom Wrack zu den Walbooten, zwei klapperdürre Schweine folgten ihnen. Und dann begann der Wind den Männern heftig ins Gesicht blasen.

Da sie einerseits Schutz vor dem stetig auffrischenden Wind und den immer höher werdenden Wellen brauchten, andererseits jedoch die *Essex* jeden Moment auseinander brechen und wie ein Stein sinken konnte, befahl Pollard, die Boote zwar am Schiff festzumachen, aber einen Mindestabstand von hundert Metern zur *Essex* einzuhalten. Wie ein Schwarm Entenküken im Schlepptau ihrer Mutter verbrachten sie die Nacht im Windschatten des Schiffes.

Bei jeder Welle erbebte das Schiff. Schlaflos lag Chase in seinem Boot, und während er zum Wrack hinüberstarrte, spulte sich vor seinem geistigen Auge wieder und wieder die Katastrophe ab. Ein Teil der Männer schlief, andere »vertaten die Nacht mit sinnlosem Gebrabbel«, schrieb Chase. Einmal, so gestand er, ertappte er sich dabei, dass er weinte.

Zum Teil quälten ihn Schuldgefühle, weil er wusste, dass alles ganz anders hätte ausgehen können, wenn er nur die Lanze geschleudert hätte. (Als Chase später seinen Bericht über den Angriff schrieb, erwähnte er nicht, dass er immerhin die Chance gehabt hätte, dem Wal die Lanze in den Leib zu bohren – ein Versäumnis, das erst durch Nickersons Bericht bekannt wurde.) Aber je länger Chase darüber nachgrübelte, umso klarer wurde ihm, dass niemand damit hatte rechnen können, dass der Wal ihr Schiff angriff, noch dazu gleich zweimal. Statt sich so zu verhalten, wie man es normalerweise von einem Wal erwartete – als Tier, das man nie zuvor vorsätzlicher Gewaltanwendung verdächtigt hatte und dessen Gutartigkeit geradezu sprichwörtlich war –, musste dieser Bulle von einer, wie Chase zuletzt annahm, sehr menschlichen Sorge um die anderen Wale beherrscht worden sein. »Er kam mitten aus dem Rudel, das wir kurz vorher angegriffen und in dem wir drei seiner Gefährten angeworfen hatten, als sei er von Rachegefühlen für ihre Schmerzen beseelt«, schrieb der Obermaat.

Den Männern der *Essex* stand in ihren kleinen Booten, die in Lee des Wracks auf den Wellen tanzten, allerdings nicht der Sinn danach, die Motive des Wales zu erörtern. Die einzige Frage, die sie unablässig beschäftigte, war, wie sich zwanzig Mann in drei Booten lebend aus einer derartigen Notlage retten sollten.

Sechstes Kapitel

DER PLAN

Die ganze Nacht über blies der Wind aus Südost. Wellen schlugen gegen den angeschlagenen Schiffsrumpf und spülten Spieren, Fässer und splitternde Planken heraus. Da jederzeit spitze oder scharfkantige Trümmer die dünnen Bordwände der in Lee der *Essex* festgemachten Walboote durchbohren konnten, hatte jeder Offizier einen Mann im Bug seines Bootes postiert und diesen angewiesen, Ausschau nach Treibgut zu halten und alles, was auf sie zuschwamm, zur Seite zu schieben, ehe es womöglich Schaden anrichtete. Eine fürchterliche Aufgabe, dieses pausenlose angestrengte Nachvornstarren, um rechtzeitig zu erkennen, welche Gefahr als Nächstes aus der Dunkelheit auftauchen würde.

Als die Sonne den östlichen Horizont erleuchtete, richteten sich die Männer blinzelnd vom Boden der Boote auf, wo die meisten doch noch ein wenig Schlaf gefunden hatten. »Langsam wurde uns klar, dass etwas geschehen musste«, erinnerte sich Chase. »Allerdings wussten wir nicht, was.«

Die drei Bootsbesatzungen kehrten zum Wrack zurück, und den größten Teil des Vormittags trieben sich die Männer »in einer Art dumpfer Untätigkeit« auf dem überspülten Deck herum. Die Offiziere wiesen sie an, nach zusätzlichen Vorräten zu suchen, die möglicherweise während der Nacht aus den Tiefen des Laderaums nach oben geschwemmt worden waren. Aber bis auf weitere Galapagosschildkröten, von denen sie jedoch beim besten Willen keine zusätzlichen mehr in den Booten unterbringen konnten, fanden sie nichts Brauchbares.

Es war klar, dass sie als Nächstes Vorbereitungen zum Verlassen des Wracks treffen mussten – eine Aussicht, die freilich keiner der Männer in Erwägung ziehen wollte, ganz egal, wie »trostlos und verzweifelt« ihre gegenwärtige Situation auch sein mochte. »Unsere Gedanken ... drehten sich ausschließlich um das Schiff, obwohl es nur noch ein voll gelaufenes Wrack war«, meinte Chase rückblickend, »und es war schwer, sich mit der Vorstellung abzufinden, nichts mehr dafür tun zu können.«

Schließlich begannen einige der Männer die Segel des Wracks zu bergen, um daraus Segel für die drei Walboote zu schneidern. Glücklicherweise enthielt Chases Kiste Nadel und Faden, so dass die Männer sich sofort an die Arbeit machen konnten. Andere wurden unterdessen damit beauftragt, aus den Spieren der *Essex* Masten für die Boote zu zimmern. Sobald der Besatzung bestimmte Aufgaben zugewiesen waren, schlug die Stimmung schlagartig um. Nickerson erwähnte in seinem Tagebuch »überraschend viele fröhliche Gesichter«.

Während die Männer arbeiteten – jedes Boot wurde mit zwei Masten, zwei Sprietsegeln und einer kleinen Stagfock, auch Klüver genannt, ausgestattet –, blieb ein Ausguck auf dem Fockmast der *Essex* postiert, der den Ozean nach einem Schiff absuchte. Mittags nahm Chase eine weitere Standortbestimmung vor, bei der er feststellte, dass die vorherrschenden Winde aus Südost und die westliche Strömung die *Essex* und ihre Besatzung seit dem Vortag fast fünfzig Meilen nach Nordwesten getrieben hatten – *weg* von der fernen Küste Südamerikas. Diese Besorgnis erregende Erkenntnis führte dem Obermaat »die Notwendigkeit vor Augen, nicht länger unsere Zeit zu verschwenden und auf ein Wunder zu hoffen, sondern unser Schicksal in die Hand zu nehmen und nach einem Ausweg zu suchen, wo immer Gott uns auch hinführen mochte«.

Der Wind frischte im Laufe des Tages immer mehr auf, was die Arbeit in den Walbooten erschwerte, insbesondere, wenn sich Wellen über ihnen brachen und die Männer durchnässten. Die Offiziere erkannten rasch, dass weitere Änderungen nötig waren, um die Seetüchtigkeit der Boote zu erhöhen. Mit groben Zedernplanken aus dem Wrack stockten die Männer die Bootswände um mehr als einen halben Fuß auf. Diese simple Veränderung, sozusagen nachträglich durchgeführt, sollte sich später als entscheidend erweisen. »Andernfalls wäre mit Sicherheit so viel Wasser in die Boote gelaufen«, schrieb Chase, »dass auch das angestrengteste Pumpen von zwanzig so geschwächten und ausgehungerten Männern, wie wir es später sein sollten, auf die Dauer nichts genützt hätte.«

Gleichzeitig war klar, dass sie sich etwas einfallen lassen mussten, um die Zwiebackvorräte vor der salzigen Gischt zu schützen. An beiden Enden der Walboote befand sich jeweils ein schrankähnlicher Hohlraum, eine kleine Kombüse, *cuddy* genannt. Nachdem sie den Schiffszwieback mehrfach in Segeltuch eingeschlagen hatten, verstaute jede Bootsbesatzung ihren Teil in der achteren Kombüse ihres Bootes, wo er von den sich am Bug brechenden Wellen am weitesten entfernt war. Gleichzeitig erleichterte dieser Aufbewahrungsort dem Offizier am Steuerriemen die Überwachung der Zwiebackverteilung an den Rest der Besatzung.

Bei Einbruch der Dunkelheit legten sie, wenn auch nur ungern, Hammer, Nagel, Nadel und Faden aus der Hand und machten abermals die Boote in Lee des Wracks fest. Nach wie vor wehte ein starker Wind, und alle zwanzig Mann sahen mit Bangen den, wie Chase es nannte, »Schrecken einer weiteren stürmischen Nacht« entgegen. Denn abgesehen davon, dass es schwierig und höchst unbequem war, in einem winzigen, schaukelnden Boot einzuschlafen, war auch die Aussicht auf eine lange Nacht, in der einen nichts von seinen Ängsten ablenkte, alles andere als verlockend.

Dieselben Männer, die eben noch so frohgemut an den Walbooten herumgebaut hatten, waren schlagartig niedergeschmettert. »Das ganze Elend ihrer Situation überkam sie mit einer solcher Wucht«, erinnerte sich Chase, »dass sie auf einmal völlig kraftlos, ja geradezu wie gelähmt wirkten.« Obwohl seit ihrer letzten Mahlzeit fast zwei Tage vergangen waren, konnten sie nichts essen, denn ihre Kehlen waren ausgedörrt vor Angst. Stattdessen gönnten sie sich reichlich Wasser.

Chase legte sich auf den Boden seines Bootes und begann zu beten. Doch sein Flehen spendete ihm kaum Trost: »Manchmal … keimte eine vage Hoffnung in mir auf, aber bei dem Gedanken, dass Hilfe und Rettung allein vom Zufall abhingen, verflog sie sofort wieder.« Statt sich mögliche Wege zu ihrer Rettung zu überlegen, schweiften Chases Gedanken immer wieder ab, und er durchlebte ein weiteres Mal die Umstände, die sie in die gegenwärtige Lage gebracht hatten, vor allem »den unerklärlichen, erbitterten Angriff des Tieres«.

Gegen sieben Uhr am nächsten Morgen war das Deck des Schiffes fast völlig vom Rumpf gebrochen. Unter dem Ansturm der Wellen rissen die Plankenstöße immer weiter auf, und der grausame und erschreckende Anblick, den die sich in ihre Einzelteile auflösende *Essex* bot, glich dem in Zeitlupe stattfindenden Todeskampf eines Wales. Sie blutete aus den in ihrem Rumpf geborstenen Fässern, deren Inhalt die Männer mit einem stinkenden Teppich aus Walöl umgab – gelblicher Schleim, der die Bordwände überzog und mit den Wellen übers Dollbord in die Boote schwappte, so dass es auf den Planken gefährlich glitschig wurde. Die Flüssigkeit, die noch wenige Tage zuvor ihr Vermögen, ihr Glück, ihre ganze Leidenschaft gewesen war, wurde ihnen nun zur Qual.

Chase begriff, dass etwas geschehen müsse. Er ruderte zu Pollard und erklärte, man solle »das nächstgelegene Land« ansteuern. Der Kapitän machte Ausflüchte und bestand darauf, das Wrack noch ein letztes Mal nach Vorräten zu durchsuchen, die sie womöglich übersehen hatten. Im Übrigen würde er ihr weiteres Vorgehen erst nach einer neuen Standortbestimmung am Mittag erörtern.

Pollards mittägliches Besteck ergab, dass sie im Lauf der Nacht neunzehn Meilen nach Norden getrieben waren und den Äquator überquert hatten. Nun, da ihre Boote bereit und Pollards Navigationsberechnungen abgeschlossen waren, wurde es Zeit, »Rat zu halten«, wie Chase es ausdrückte. Pollard breitete vor seinen beiden Maaten, die zu ihm ins Boot gekommen waren, die beiden Exemplare von Bowditchs Navigationshandbuch sowie die dazugehörige Liste mit den Längen- und Breitengraden der »Freundschafts- und anderen Inseln im Pazifischen Ozean« aus und eröffnete die Diskussion über ihr weiteres Vorgehen.

Da ihre mit Segeln ausgerüsteten Walboote nur mit dem Wind segeln konnten, waren ihre Möglichkeiten sehr beschränkt. Denselben Weg zurückzufahren, über die Galapagosinseln nach Südamerika – eine Strecke von über zweitausend Meilen –, hieße, dass sie sich sowohl gegen den Südostpassat als auch gegen eine starke Weströmung stemmen müssten. Pollard hielt das für ausgeschlossen. Nach Westen zu segeln, schien dagegen verlockender. Die nächsten Inseln in dieser Richtung waren die rund zwölfhundert Meilen entfernten Marquesas. Allerdings war den Männern der *Essex* zu Ohren gekommen, dass deren Einwohner Kannibalen seien. Etliche Marquesas-Reisende, darunter auch Kapitän David Porter von der U.S. Fregatte *Essex,* der die Inseln während des Krieges von 1812 besuchte, hatten nach ihrer Rückkehr Berichte über die häufigen Kriege zwischen Eingeborenen verbreitet. »Wenn Hungersnöte herrschen«, hatte ein anderer Besucher steif und fest behauptet, »schlachten die Männer ihre Frauen, Kinder und betagten Eltern.« Georg von Langsdorff, dessen Schiff im Jahr 1804 die Marquesas anlief, erklärte, die Eingeborenen fänden menschliches Fleisch so delikat, dass jeder, der es einmal gekostet hätte, nur schwer darauf verzichten könnte. In diesem Zusammenhang wies Langsdorff, und mit ihm noch etliche andere, auf die enorme Körpergröße und Kraft der männlichen Inselbewohner hin. Ferner kursierten Berichte über die homosexuellen Gepflogenheiten der Eingeborenen, die, im Unterschied zu den Gerüchten über Kannibalismus, von modernen Anthropologen bestätigt wurden. Die Offiziere waren einer

Meinung mit Pollard, dass die Marquesas unbedingt zu meiden seien.

Mehrere hundert Meilen südlich der Marquesas lagen die Inseln des Tuamotu-Archipels. Auch deren Bewohner waren unter amerikanischen Seeleuten als gefährlich und unheimlich verrufen. Westlich der Tuamotuinseln befanden sich die Gesellschaftsinseln, ungefähr zweitausend Meilen vom Wrack der *Essex* entfernt. Obwohl Pollard über keine verlässlichen Informationen verfügte, nahm er an, dass die Gesellschaftsinseln sicherer als die Marquesas wären. Mit ein wenig Glück könnten sie die Inseln in weniger als dreißig Tagen erreichen. Ferner gebe es noch die Hawaii-Inseln, über zweieinhalbtausend Meilen weit im Nordwesten; allerdings habe er ziemliche Bedenken wegen der Stürme, die diese Gegend des Pazifiks im Spätherbst häufig heimsuchten. Er sei daher zu dem Schluss gelangt, Kurs auf die Gesellschaftsinseln zu nehmen.

Chase und Joy waren anderer Meinung. Sie verwiesen darauf, dass sie, abgesehen von vagen Gerüchten, »nicht die geringste Ahnung« von den Gesellschaftsinseln hätten. »Falls die Inseln bewohnt wären«, schrieb der Obermaat, »müssten wir davon ausgehen, dass die Einwohner Wilde wären, von denen wir nicht weniger zu fürchten hätten als von den Elementen oder gar dem Tod selbst.« Die Natur hätte sie bereits einmal verraten – mit dem bösartigen Angriff des normalerweise gutartigen Pottwals, der rechtmäßig ihre Beute gewesen wäre. In Ermangelung überzeugender Gegenbeweise neigten Chase und Joy zu der Ansicht, dass die Einwohner der Gesellschaftsinseln, genau wie die der Marquesas, eine noch viel schrecklichere Verkehrung der natürlichen Ordnung betrieben, indem sie nämlich der Menschenfresserei frönten.

Chase und Joy schlugen daher einen anderen Kurs vor. Zwar verhindere der aus schräg östlicher Richtung wehende Passat ein direktes Ansteuern der südamerikanischen Küste, aber es gebe noch eine andere Möglichkeit: Wenn sie etwa 1500 Meilen nach Süden segelten, bis auf 26° Süd, kämen sie in einen Gürtel veränderlicher Winde, von denen sie sich nach Chile oder Peru treiben lassen könnten. Sie glaubten, die Boote könnten pro Tag einen Breitengrad – 60 Seemeilen – zurücklegen. Folglich würden sie die Zone der veränderlichen Winde in 26 Tagen erreichen, und weitere 30 Tage später wären sie an der Küste Südamerikas. Da sie genügend Schiffszwieback und Wasser für etwa 60 Tage hätten, erscheine – zumindest ihnen beiden – die ganze Sache durchaus machbar. Und außerdem bestehe die Möglichkeit, dass sie unterwegs von einem anderen Walfänger gesichtet würden. »Die Küste hochfahren«, nannten die beiden Maate ihren Vorschlag leichthin.

Und wie schon zu Beginn ihrer Reise, als ihr Schiff im Golfstrom gekentert war und eigentlich hätte repariert werden müssen, beugte sich Pollard auch diesmal dem Willen seiner Offiziere. »Um nicht allein gegen zwei zu stehen, unterwarf sich der Kapitän, wenn auch widerstrebend, ihren Argumenten«, erinnerte sich Nickerson. »Wie viele Menschen«, so fragte er später, als er über diesen »verhängnisvollen Irrtum« schrieb, »mussten deswegen ihr Leben lassen?«

Heute erscheinen die mangelhaften Kenntnisse der Nantucketer über den Pazifischen Ozean, den sie immerhin schon seit Jahrzehnten befuhren, schier unglaublich. Bereits vor der Jahrhundertwende hatten Chinakauffahrer aus den nahe gelegenen Häfen von New York, Boston und Salem auf ihrem Weg nach Kanton nicht nur bei den Marquesas, sondern auch bei den Hawaii-Inseln häufig Zwischenstopps eingelegt. Gerüchte über Kannibalismus auf den Marquesas waren zwar weit verbreitet, doch es gab auch genügend leicht zugängliche Informationen, die das Gegenteil besagten.

Mehrere Monate bevor die *Essex* im Jahr 1819 Nantucket verließ, als sich sowohl Pollard wie auch Chase auf der Insel aufhielten, erschien in der Ausgabe des *New Bedford Mercury* vom 28. April ein Artikel mit den neuesten Nachrichten von den Marquesas. Laut Kapitän Townsend von der *Lion*, der kurz zuvor mit drei Einwohnern der Insel Nuku Hiva aus Kanton zurückgekehrt war, herrschten auf den Inseln seit dem Besuch von Kapitän David Porter während des Krieges von 1812 friedliche Zustände. »Nach wie vor übt sein Name günstigen Einfluss auf die Bewohner aus, die in Eintracht und Freundschaft zusammenleben«, berichtete der *Mercury*. »Die ehemals verfeindeten Stämme üben sich nicht mehr im Kriegshandwerk; und während die *Lion* vor der Insel lag, waren die Typees (früher für ihren Kannibalismus berüchtigt) häufig an Bord zu Gast.« Leider scheinen Pollard und seine Offiziere diesen Bericht nicht gelesen zu haben.

Noch erstaunlicher ist ihre völlige Ahnungslosigkeit, was die Gesellschaftsinseln, vor allem Tahiti, betrifft. Seit dem Jahr 1797 wurde auf der Insel mit großem Erfolg eine englische Missionsstation betrieben. Tahitis riesige königliche Missionskirche war mit etwa 200 Meter Länge und 16 Meter Breite größer als jedes quäkerische Versammlungshaus auf Nantucket. Folgende Notiz machte sich Melville in seiner Ausgabe von Chases Bericht:

> Nach menschlichem Ermessen hätte alles Leid dieser unglücklichen Männer von der *Essex* verhindert werden können, wenn sie sofort nach Verlassen des Wracks direkten Kurs auf Tahiti genommen hätten, von dem sie damals nicht sehr weit entfernt waren & wohin sie ein anständiger Passatwind geblasen hätte. Aber sie fürchteten sich vor Kannibalen & wussten merkwürdigerweise nicht, dass … Tahiti bedenkenlos von Seeleuten angelaufen werden konnte. – Stattdessen zogen sie es vor, sich dem Gegenwind entgegenzustemmen & eine Fahrt von mehreren tausend Meilen zu unternehmen (die noch dazu einen unvermeidlichen Umweg bedeutete), um einen zivilisierten Hafen an der Küste Südamerikas anzusteuern.

Die Männer der *Essex* wurden Opfer ihrer Zeit, das heißt, eines ganz bestimmten Augenblicks in der Geschichte der Walfängerei. Erst im Jahr zuvor waren die Hochseefanggründe entdeckt worden, doch einige Jahre später sollten bereits etliche Walfänger so weit von der südamerikanischen Küste in den Pazifik vorstoßen, dass sie gezwungen waren, Versorgungsstopps bei den Inseln im Zentralpazifischen Becken einzulegen, was die Öffnung der Marquesas und der Gesellschaftsinseln für den Westen zur vollendeten Tatsache machte. Im November 1820 jedoch lagen diese Inseln für die Schiffsführung der *Essex* jenseits verlässlicher Kenntnisse.

Nantucketer misstrauten grundsätzlich allem, was über ihren persönlichen Erfahrungshorizont hinausging. Ihr im wahrsten Sinne des Wortes weit reichender Erfolg im Walfang gründete weder auf radikalen technologischen Fortschritten noch auf möglichem Mut zum Risiko, sondern auf einem tief verwurzelten Hang zum Althergebrachten. Fleißig und zielstrebig hatten sie, auf den Leistungen früherer Generationen aufbauend, ihr Walfangimperium schrittweise ausgeweitet. Jede Neuigkeit, die sie nicht aus dem Mund eines anderen Nantucketers erfuhren, war ihnen suspekt.

Mit dem Entschluss, die Gesellschaftsinseln zu meiden und stattdessen Richtung Südamerika zu segeln, entschieden sich die Offiziere der *Essex* dafür, es mit einem Element aufzunehmen, das sie kannten – die See. »Der Walfang spielt sich ausschließlich auf dem Meer ab«, schrieb Obed Macy. »Für gewohnliche Seeleute ist die See nichts als eine Straße, die sie zu fremden Märkten führt; für den Walfänger dagegen ist sie sein Beruf, sein Arbeitsplatz, sein Geschäft.« Oder, wie es Melville im »Nantucket«-Kapitel von *Moby Dick* beschrieb: »Der Nantucketer allein wohnt und wirkt auf der See, er allein, um mit den Worten der Heiligen Schrift zu reden, fährt mit Schiffen in großen Wassern, hin und her pflügend wie auf seiner eigenen Pflanzung. Da ist seine Heimat, da liegt sein Geschäft, das eine Flut Noahs nicht stören könnte, selbst wenn sie alle die Millionen in China überwältigt.«

Für diese Insulaner war die Aussicht, in knapp acht Meter langen Booten einen halben Ozean zu durchqueren, zwar ohne Frage erschreckend, aber auf solche Herausforderungen waren sie vorbereitet. Schließlich waren ihre Walboote keine plumpen, mittelmäßigen Rettungsboote, sondern hochseetüchtige Hochleistungsfahrzeuge. Aus leichten, halbzolldicken Zedernplanken gebaut, besaß ein Walboot den nötigen Auftrieb, um über statt durch die Wellen zu gleiten. »So alt und morsch [mein Boot] auch war«, bekannte Chase, »ich hätte es nicht einmal gegen eine Barkasse eingetauscht«, jenen stabilen Bootstyp, in dem drei Jahrzehnte zuvor Kapitän Bligh nach der Meuterei auf der *Bounty* über viertausend Meilen zurückgelegt hatte.

Infolge der Risiken des Walfangs waren die Nantucketer an Gefahren und Leid gewöhnt. Sie waren von Walfluken in die Luft geschleudert worden; sie hatten sich stundenlang in einer eisigen, kabbeligen See an die Trümmer eines gekenterten Walbootes geklammert. »Wir sind so sehr an diese sich ständig wiederholenden Vorfälle gewöhnt«, schrieb Chase, »dass sie uns richtig vertraut geworden sind, weshalb uns jene Zuversicht und Selbstbeherrschung innewohnt, die uns aus jeder Gefahr hilft und sowohl Körper als auch Geist in oftmals unvorstellbarem Ausmaß gegenüber Erschöpfung, Entbehrung und Gefahren abhärtet.« Nur ein Nantucketer des Novembers 1820 konnte jene Mischung aus Überheblichkeit, Unwissenheit und Fremdenfeindlichkeit aufweisen, die zur Folge hatte, dass die Schiffbrüchigen eine rettende (wenngleich unbekannte) Insel mieden und sich stattdessen für eine mehrere tausend Meilen weite Fahrt übers offene Meer entschieden.

Pollard hatte es zwar besser gewusst, aber anstatt auf seine Stellung als Vorgesetzter zu pochen und darauf zu bestehen, dass seine Offiziere seinen Vorschlag ausführten, machte er sich einen eher demokratischen Befehlsstil zu Eigen. Moderne Überlebenspsychologen haben festgestellt, dass dieser »soziale« – im Unterschied zum »autoritären« – Führungsstil in den ersten Phasen einer Katastrophe, wenn rasches und entschlossenes Entscheiden gefordert ist, kontraproduktiv wirkt. Erst später, wenn sich die Tortur hinzieht und es darauf ankommt, die Moral aufrechtzuerhalten, sind soziale Führungskompetenzen gefragt.

Hinsichtlich dieser beiden Haltungen hatten die Walfänger des neunzehnten Jahrhunderts ganz klare Vorstellungen. Ein Kapitän musste autoritär sein – *fishy,* wie die Nantucketer es nannten. Ein Mann, der *fishy* war, tötete mit Begeisterung Wale und neigte nicht zu Eigenschaften wie Selbstzweifeln oder Selbstkritik, die schnellen Entscheidungen hinderlich gewesen wären. Jemanden als »durch und durch *fishy*« zu bezeichnen, war das größte Kompliment, das man einem Nantucketer machen konnte, und bedeutete nicht weniger, als dass er dazu bestimmt war, Kapitän zu werden, falls er es nicht bereits war.

Von Maaten wurde dagegen erwartet, dass sie ihr Selbstbewusstsein durch eine gewisse Umgänglichkeit, ja Aufgeschlossenheit mäßigten. Nach dem Einarbeiten der Grünlinge zu Beginn der Fahrt – bei dem sie sich ihren Ruf als »Drachen« erwarben – versuchten die Maate, den Männern etwas Gemeinschaftsgeist einzutrichtern. Das konnten sie freilich nur, wenn sie sensibel für die Launen der wankelmütigen Seeleute blieben und mit der Besatzung Tuchfühlung hielten.

Die Nantucketer erkannten, dass die Positionen von Kapitän und Obermaat gegensätzliche Persönlichkeiten verlangten. Nicht jeder Maat besaß die nötige Schärfe, um Kapitän zu werden, und viele spätere Kapitäne waren als Maate gescheitert, weil sie nicht die erforderliche Geduld aufgebracht hatten. Ein auf der Insel oft zitierter Ausspruch lautete: »Es ist eine Schande, einen guten Maat zu verderben, indem man ihn zum Kapitän macht.«

Pollards Verhalten sowohl nach dem Kentern als auch nach dem Walangriff deutet darauf hin, dass es ihm an Entschlusskraft fehlte, um seine beiden jüngeren und unerfahreneren Offiziere zu überstimmen. Mit seiner Nachgiebigkeit gegenüber seinen Mitmenschen verhielt Pollard sich weniger wie ein Kapitän, sondern viel eher wie der von dem Nantucketer William H. Macy beschriebene altgediente Maat: »Er hatte keine Stimme mehr, um sein eigenes Loblied zu singen, und misstraute gelegentlich den eigenen Kräften, obwohl er im Großen und Ganzen allen auftretenden Schwierigkeiten gewachsen war. Dieser Mangel an Selbstvertrauen ließ ihn manchmal zögern, wo ein impulsiverer oder weniger nachdenklicher Mann sofort gehandelt hätte. Im Laufe seiner Karriere musste er oft genug miterleben, wie junge Männer, die *fishy* waren, über seinen Kopf hinweg befördert wurden.«

Schiffseigentümer hofften stets, einen seiner Besatzung alles abfordernden autoritären Kapitän mit einem umgänglichen und zuverlässigen Maat zusammenzubringen. Aber in der Hektik und Aufregung, die im Jahr 1819 auf dem unter Arbeitskräftemangel leidenden Nantucket herrschte, war die *Essex* schließlich mit einem Kapitän, der die Begabung und das Gemüt eines Maates besaß, und mit einem Maat, in dem der Ehrgeiz und das Feuer eines Kapitäns brannten, in See gestochen. Anstatt einen Befehl zu erteilen und auf dessen Ausführung zu bestehen, gab Pollard seiner maathaften Neigung, anderen zuzuhören, nach und ließ sich auf Diskussionen ein, wodurch Chase, der keine Skrupel hatte, ihm offen zu widersprechen, die Chance bekam, seinen Willen durchzusetzen. Ob es für die Männer der *Essex* nun besser oder schlechter war, auf jeden Fall segelten sie einem Schicksal entgegen, das zum großen Teil nicht von ihrem nachgiebigen Kapitän, sondern von ihrem energischen und *fishy* Maat bestimmt wurde.

Nachdem ihr Plan nun feststand, galt es als Nächstes, die Besatzung auf die drei Walboote zu verteilen. Da Chases Boot im schlechtesten Zustand war, blieb seine Crew auf sechs Mann beschränkt, während die anderen beiden Boote jeweils sieben aufnehmen mussten.

Als die Offiziere bei Fahrtbeginn ihre Besatzungen auswählten, wurde ihre Entscheidung in erster Linie von der Frage bestimmt, ob jemand Nantucketer war oder nicht. Nach dem Unglück machten sich Familienbande und

Freundschaft noch stärker als zuvor bemerkbar, und es ist offensichtlich, dass der enge Zusammenhalt der Nantucketer die Zusammensetzung der drei Crews wesentlich beeinflusste. Von ebenso ausschlaggebender Bedeutung war der Rang. Von den zwanzig Besatzungsmitgliedern waren neun Nantucketer, fünf Nichtinsulaner und sechs Schwarze. Als Kapitän bekam Pollard die meisten Nantucketer – insgesamt fünf Mann seiner siebenköpfigen Besatzung. Chase ergatterte immerhin noch zwei, neben zwei weißen Kap Coddern und einem Schwarzen. Für Matthew Joy jedoch, dem Zweiten Maat und rangniedrigsten Offizier der *Essex*, blieb kein einziger Nantucketer übrig; stattdessen wurden ihm vier der sechs Schwarzen zugeteilt.

Pollard, der sich vor allem für das Wohlergehen der jungen Nantucketer an Bord der *Essex* persönlich verantwortlich fühlte, sorgte dafür, dass sein achtzehnjähriger Neffe Owen Coffin sowie dessen zwei Kindheitsfreunde, Charles Ramsdell und Barzillai Ray, einen Platz in seinem Boot erhielten. Thomas Nickerson gehörte auf Grund seiner Funktion als Chases achterer Rudergast nicht zu dieser Gruppe, sondern musste zusehen, dass er, so gut es ging, im undichtesten der drei Boote zurechtkam. Aus der Sicht eines Nantucketers war Chases Boot dem von Joy allerdings immer noch eindeutig vorzuziehen.

Joys Familie stammte zwar ursprünglich aus Nantucket, war jedoch in den unlängst eingeweihten Walfanghafen von Hudson, New York, gezogen. Chases Bericht zufolge litt Joy bereits eine ganze Weile vor dem Untergang der *Essex* an einer unbestimmten Krankheit, womöglich Tuberkulose. Mittlerweile schwer krank und überdies kein waschechter Nantucketer, bekam Joy nur Tölpel in sein Boot. Wenn der Überlebenserfolg einer Gruppe in einer Katastrophensituation von starker, tatkräftiger Führung abhängt, waren Joys sechs Crewmitglieder von Anfang an benachteiligt. Die Nantucketer hatten erst einmal so gut es ging für sich selbst gesorgt.

Offiziell blieben alle zwanzig Mann Kapitän Pollards

Kommando unterstellt, gleichzeitig bildete aber jede Bootsbesatzung eine selbstständige Einheit, die im Fall einer unvorhergesehenen Trennung von den anderen allein zurechtkommen musste. Jedes Boot erhielt zweihundert Pfund Schiffszwieback, fünfundsechzig Gallonen Wasser und zwei Galapagosschildkröten. Um sicherzustellen, dass auch unter schwierigsten Bedingungen Disziplin gewahrt wurde, gab Pollard jedem Maat eine Pistole und etwas Pulver, während er selber eine Muskete behielt.

Um halb eins – keine halbe Stunde, nachdem die Offiziere ihren Rat einberufen hatten – machten sich die als Schoner getakelten Walboote bei steifer Brise auf den Weg, ein, laut Nickerson, »imponierender Anblick bei diesem unserem Neuanfang«. Aber die Stimmung war auf dem Tiefpunkt, und die Männer schienen verzagter denn je. Während die *Essex* immer weiter hinter ihnen zurückblieb, wurde ihnen langsam klar, so Nickerson, »an welch dünnem Faden unser Leben hing«.

Das Aufgeben des Schiffes ging allen sehr nahe. Selbst der stoische Chase kam nicht umhin, sich zu wundern, mit »welcher Zärtlichkeit und welchem Bedauern wir unserem zertrümmerten, sinkenden Schiff nachblickten ... Es schien, als gäben wir mit ihm auch alle Hoffnung auf.« Während die Männer angstvolle Blicke wechselten, hielten sie immer wieder Ausschau nach dem verschwindenden Wrack, »als könnte es uns noch irgendwie vor dem Untergang retten, dem wir geweiht schienen«.

Um vier Uhr an jenem Nachmittag verloren sie die *Essex* endgültig aus den Augen. Fast auf der Stelle begann sich die Stimmung der Männer zu heben. Sobald sie der Anblick des seeuntüchtigen Schiffes nicht länger verfolgte, hatte Nickerson das Gefühl, »als sei der Bann, unter dem wir gestanden hatten, aufgehoben«. Er verstieg sich sogar zu der Behauptung, dass »nun, da wir auf das Schlimmste vorbereitet waren, der Kampf schon halb vorbei war«. Weil es für sie jetzt kein Zurück mehr gab, blieb ihnen nur noch eines übrig – an ihrem Plan festzuhalten, koste es, was es wolle.

Siebtes Kapitel

AUF SEE

Bei Einbruch der Dunkelheit am Ende des ersten Tages nahm der Wind stetig zu und warf tückisch steile Wellen auf. Die Walboote der *Essex* hatten sich in Zwitter verwandelt – ursprünglich Ruderboote, aber jetzt zu Segelschiffen umgebaut –, deren Handhabung die Männer erst noch lernen mussten. Statt mit einem Ruder war jedes Boot mit einem Steuerriemen ausgerüstet. Dieser achtzehn Fuß lange Hebel ermöglichte einem geruderten Walboot zwar, sich um seine eigene Achse zu drehen, war jedoch weniger geeignet, ein Segelboot zu steuern; überdies ließ sich der unhandliche Riemen vom Rudergänger nur im Stehen bedienen.

In diesem frühen Stadium der Reise waren die Walboote gefährlich überladen. Statt der üblichen 500 Pfund an Walausrüstung waren in jedem Boot annähernd 1000 Pfund an Schiffszwieback, Wasser und Schildkröten untergebracht, und trotz der erhöhten Bootswände peitschten die Wellen ins Innere der Boote, so dass die Männer standig nass waren. Da die Boote außerdem weder Schwerter noch Skegs zur Stabilisierung der Fahrt und Verminderung der Abdrift besaßen, waren die Rudergänger gezwungen, die Steuerriemen ständig hin und her zu reißen, während ihre kleinen, voll beladenen Boote über die stürmische See schlingerten.

Jede Bootsbesatzung war in zwei Wachen aufgeteilt. Zusammengekauert mit den Galapagosschildkröten auf dem Boden oder unbequem gegen die harten Ruderbänke gelehnt, versuchte eine Hälfte der Männer sich auszuruhen, während die anderen steuerten, die Segel bedienten und Wasser ausschöpften. Gleichzeitig bemühten sie sich, die anderen Boote im Auge zu behalten, die sich beim Abtauchen in die Wellentäler bisweilen völlig ihren Blicken entzogen.

Am Anfang hatten sie beschlossen, alles dranzusetzen, dass die drei Boote zusammenblieben. Solange sie zusammenblieben, konnten sie einander beistehen, falls einer in Schwierigkeiten geriet, und sich gegenseitig Mut machen. »Ohne gegenseitige Hilfe und Zuspruch«, stellte Chase fest, »hätte es, da bin ich überzeugt, etliche unter uns gegeben, die angesichts ihrer ohnehin schon labilen Geistesverfassung bei der bedrückenden Erinnerung an das vergangene Unglück völlig verzagt wären und weder genügend Verstand noch innere Stärke besessen hätten, um ohne Aufmunterung durch diejenigen ihrer Kameraden, die sich mehr zusammenrissen, mutig unserem Schicksal entgegenzusehen.«

Abgesehen davon gab es aber auch einen eher praktischen Grund, auf Sichtweite zueinander zu bleiben: Das Navigationsgerät reichte nicht für alle. Pollard und Chase besaßen zwar jeder einen Kompass, einen Quadranten und ein Exemplar von Bowditchs Navigationshandbuch, aber Joy hatte nichts. Falls seine Bootsbesatzung von den anderen beiden abgeschnitten würde, wäre sie nicht in der Lage, allein ihren Weg über den Ozean zu finden.

Die Nacht brach herein. Obwohl Mond und Sterne so hell schienen, dass die Männer die geisterhaft bleichen Segel der Walboote immer wieder ausmachen konnten, schrumpfte ihr Blickfeld in der Dunkelheit drastisch zusammen, während gleichzeitig ihre Geräuschwahrnehmung schärfer wurde. Durch ihre Klinkerbauweise (sich dachziegelförmig überlappende Planken) waren die Walboote wesentlich lauter als Glattrumpfboote, und das Plätschern und Rinnen des Wassers, das an den sich überlappenden Planken der Bootswände leckte, sollte sie bis zum Ende der Reise begleiten.

Selbst nachts verstummten die von Boot zu Boot gebrüllten Unterhaltungen nicht. Das Thema, das alle am meisten beschäftigte, waren natürlich die »Möglichkeiten und Aussichten unserer Rettung«. Einhellig war man der Meinung, dass ihre größte Überlebenschance in der zufälligen Begegnung mit einem Walfänger bestünde. Die *Essex* war ungefähr dreihundert Meilen nördlich der Hochseefanggründe gesunken. Damit lägen noch etwa fünf Tage Segeln vor ihnen, bevor sie die Fanggründe erreichten, wo sie, wie sie verzweifelt hofften, vielleicht auf einen Walfänger stoßen würden.

Zu ihren Gunsten sprach der Umstand, dass auf Walfängern, im Unterschied zu Kauffahrern, fast immer ein Ausguck im Masttopp postiert war. Das erhöhte natürlich ihre Chance, gesichtet zu werden. Gegen sie sprach die ungeheure Ausdehnung der Hochseefanggründe. Sie umfassten eine schier unendliche Fläche Ozean – ein Rechteck, das mit einer Nord-Süd-Ausdehnung von rund dreihundert Meilen und einer Ost-West-Ausdehnung von annähernd zweitausend Meilen mehr als doppelt so groß wie der amerikanische Bundesstaat Texas war. Zur selben Zeit waren mindestens sieben Walfänger in den Hochseefanggründen unterwegs, aber auch wenn es doppelt so viele gewesen wären, schienen die Chancen gering, dass die drei Walboote, die auf direktem (vielleicht nur vier bis fünf Tage dauerndem) Weg durch die Gründe segelten, von einem Schiff entdeckt wurden.

Gewiss hatten sie die Möglichkeit, länger in den Hochseefanggründen zu bleiben und aktiv nach Walfängern zu suchen. Aber das wäre ein Glücksspiel. Wenn sie die Gegend absuchten und auf kein Schiff stießen, würden sie ihre ohnehin bescheidenen Chancen verringern, Südamerika zu erreichen, bevor ihre Vorräte aufgebraucht waren. Und da sie vom westlichen Ende in die Fanggründe vorstießen, müssten sie sich auf der langen Fahrt nach Osten mühsam gegen den Südostpassat vorwärts kämpfen.

Noch ein weiterer Faktor beeinflusste ihre Entscheidung, am ursprünglichen Plan festzuhalten. Nachdem die Männer Opfer eines scheinbar so zufälligen und unerklärlichen Angriffs geworden waren, verspürten sie das unwiderstehliche Bedürfnis, ihr Schicksal, zumindest teilweise, wieder selbst in die Hand zu nehmen. Von einem Walfänger gesichtet zu werden, hinge, Chase zufolge, »nicht von unserem persönlichen Einsatz, sondern allein vom Zufall ab«. Südamerika dagegen könnten sie nur aus »eigener Kraft« erreichen. Dieser aus Chases Sicht entscheidende Unterschied bedingte jedoch, dass sie »keine Sekunde lang die durchaus begründete Aussicht, mit Gottes Hilfe auf der vorgegebenen Route Land zu erreichen, aus den Augen verloren«.

Der Plan war allerdings an eine strikte Bedingung gebunden: Ihre Vorräte mussten zwei Monate reichen. Pro Tag bekäme jeder 170 Gramm Schiffszwieback und knapp einen Viertelliter Wasser. Schiffszwieback war getrocknetes Brot aus Mehl und Wasser. Wollte man sich an dem steinharten, durch Backen haltbar gemachten, trockenen Zwieback nicht die Zähne ausbeißen, musste man ihn vor dem Verzehr zerkrümeln oder in Wasser tunken.

Die tägliche Ration entsprach sechs Scheiben Schiffszwieback und enthielt ungefähr 500 Kalorien, was Chase auf etwas weniger als ein Drittel des Tagesbedarfs eines »normalen Mannes« schätzte. Der modernen Ernährungswissenschaft zufolge entspricht diese Verpflegung jedoch nur etwa einem Viertel des täglichen Energiebedarfs einer 1,72 Meter großen und 65 Kilogramm schweren Person. Gewiss, außer Schiffszwieback hatten die Männer auch Schildkröten, und jede Schildkröte war ein Frischfleisch-, Fett- und Blutdepot mit 4500 Kalorien pro Mann, was neun Tagen Schiffszwieback entsprach. Aber auch mit den Schildkröten blieben ihre täglichen Rationen Hungerkost. Falls sie es tatsächlich in sechzig Tagen nach Südamerika schaffen sollten, wäre jeder von ihnen, das konnten sie sich selbst ausrechnen, nicht viel mehr als ein lebendes Skelett.

Aber wie sie schon bald merken sollten, war das größte Problem nicht das Essen, sondern vielmehr das Wasser. Der menschliche Körper, der zu siebzig Prozent aus Wasser besteht, benötigt allein schon einen halben Liter täglich, um die Abfallprodukte des Stoffwechsels auszuscheiden. Die Männer der *Essex* würden sich mit der Hälfte dieser Menge begnügen müssen. Falls sie irgendwann unter Hitze litten, würde sich dieses Defizit noch erhöhen.

An jenem ersten Abend ihrer Reise verteilten Chase, Pollard und Joy die entsprechenden Schiffszwieback- und Wasserrationen an ihre Bootscrews. Zwei Tage waren nun seit ihrem Schiffbruch vergangen, und inzwischen hatten die Männer wieder Appetit; rasch war der Schiffszwieback verschlungen. Es gab aber noch etwas, wonach sie sich sehnten: Tabak. Ein Walfänger hatte fast immer ein Stück Kautabak im Mund und verbrauchte auf einer einzigen Fahrt gut und gerne seine siebzig Pfund. Zu allem Übel musste die Besatzung der *Essex* nun auch noch mit den nervösen Entzugserscheinungen der Nikotinsucht fertig werden.

Nach dem frugalen Mahl legten sich die Männer, die keine Wache hatten, schlafen. »Alle waren so erschöpft von den beiden vorangegangenen, teilweise sorgenvoll durchwachten Nächten«, erinnerte sich Chase, »dass uns allmählich der Schlaf überkam.« Doch während seine Leute in eine, wie er es nannte, traumlose, geistig-körperliche Erstarrung fielen, suchte ihn abermals wie ein Albtraum die Erinnerung heim und hielt ihn wach.

In seiner dritten schlaflosen Nacht in Folge zermarterte er sich erneut wie besessen das Hirn über die Umstände des Schiffbruchs. Das Tier wollte ihm einfach nicht aus dem Kopf gehen: »Das schreckliche Bild des rachedurstigen Wales verfolgte mich bis zum Morgengrauen.« Bei seinen verzweifelten Versuchen, irgendeine Erklärung für die urplötzliche Verwandlung eines für gewöhnlich passiven Tieres in eine Bestie zu finden, litt Chase unter einem Phänomen, das Psychologen »quälende Erinnerung« nennen – eine normale Reaktion auf Unglücksfälle. In dem Zwang, das Trauma wieder und wieder zu durchleben, macht der Überlebende schließlich mächtigere, im Verborgenen wirkende Kräfte für das Unglück verantwortlich. Der Philosoph William James sollte dies etliche Jahre später am eigenen Leib erfahren. Nach dem Erdbeben in San Francisco von 1906 schrieb er: »Jetzt begreife ich, wie natürlich die frühen mythologischen Katastrophendeutungen der Menschen sind, und wie gekünstelt und unserer spontanen Wahrnehmung zuwiderlaufend die späteren Denkweisen, zu denen uns die Wissenschaft erzieht.«

Für die meisten Unglücksopfer sind die wiederholten Rückblenden einer quälenden Erinnerung therapeutisch hilfreich, da sie die Leidenden nach und nach von Ängsten befreien, die andernfalls ihre Fähigkeit weiterzuleben beeinträchtigen könnten. Manche werden die Erinnerung allerdings nie los. Gestützt auf Chases Bericht, schuf Herman Melville mit seinem Kapitän Ahab einen Mann, der aus den seelischen Abgründen, in denen sich Chase in jenen drei schlaflosen Nächten wand, nie auftauchte. Genau wie Chase glaubte, dass der Wal, der die *Essex* angegriffen hatte, mit »entschlossener, berechnender Bosheit« vorgegangen war, wurde Ahab von der Vorstellung verfolgt, der weiße Wal sei ein Wesen, bei dem sich »grenzenlose Kraft mit unerforschlicher Arglist« paarte. Eingesperrt in sein privates Horrorkabinett, war Ahab der festen Überzeugung, sein einziger Ausweg bestehe darin, Moby Dick zur Strecke zu bringen. »Wie kann der Gefangene nach draußen kommen, wenn nicht durch die Mauer? Für mich ist der weiße Wal diese Mauer, die dicht vor mir steht.« Chase, in einem winzigen Boot Tausende Meilen vom Land entfernt, hatte keine Möglichkeit, sich zu rächen. Ahab kämpfte gegen ein Symbol; Chase und seine Bordgenossen kämpften ums nackte Überleben.

Am nächsten Morgen stellten die Männer zu ihrer großen Erleichterung fest, dass die drei Boote trotz der stürmischen Nacht noch zusammen waren. Im Laufe des Tages frischte der Wind noch weiter auf und zwang sie, die Segel zu kürzen. Die Schonertakelung der Boote ließ sich mühelos den veränderten Bedingungen anpassen, und nachdem die Segel gerefft waren, »sahen die Männer«, wie Chase berichtete, »in dem inzwischen starken Wind keine sehr große Gefahr mehr«. Dafür machten ihnen nach wie vor die hohen Wellen zu schaffen. Da sie ständig von der salzigen Gischt durchnässt wurden, hatten sich bereits schmerzhafte wunde Stellen auf ihrer Haut gebildet, die sich noch dadurch verschlimmerten, dass die Boote nach jeder Welle mit hartem Aufprall aufs Wasser schlugen.

Chase fand in seiner Seekiste einen Haufen nützlicher Dinge: ein Taschenmesser, einen Schleifstein, drei kleine Angelhaken, ein Stück Seife, eine Garnitur Kleider, einen Bleistift und zehn Bögen Schreibpapier. Als Obermaat hatte Chase auf der *Essex* das Logbuch geführt, und nun versuchte er, ungeachtet der fürchterlichen Bedingungen, mit Stift und Papier »eine Art Seejournal« zu schreiben. »Bei dem ständigen Geschaukel des Bootes und den peitschenden Gischtschauern, denen wir die ganze Zeit ausgesetzt waren, schaffte ich es nur mit großer Mühe ... überhaupt etwas zu Papier zu bringen.«

Indem er gewissenhaft Tagebuch führte, kam Chase nicht nur einer offiziellen Verpflichtung nach, sondern er befriedigte gleichzeitig ein persönliches Bedürfnis. Der Akt der Selbstdarstellung – das Schreiben eines Tagebuchs oder von Briefen – hilft einem Überlebenden oftmals, sich von seinen Ängsten zu distanzieren. Seit Chase begonnen hatte, ein inoffizielles Logbuch zu führen, litt er nicht mehr unter Schlaflosigkeit und quälenden Erinnerungen an den Wal.

Es gab noch andere tägliche Rituale. Jeden Morgen rasierten sich die Männer mit dem Messer, das der Obermaat zum Anspitzen seines Stiftes benutzte. Benjamin Lawrence verbrachte einen Teil des Tages damit, lose Tauwerksfasern zu einem immer länger werdenden Garnfaden zu drehen. Falls er das Walboot jemals lebend verlassen sollte, so schwor der Bootssteuermann, wolle er diesen Faden als Erinnerung an sein Martyrium aufheben.

Am Mittag unterbrachen sie die Fahrt, um eine Standortbestimmung vorzunehmen. Von einem winzigen, auf den Wellen tanzenden Boot aus mit einem Quadranten die Sonnenhöhe zu messen, erwies sich als schwierig. Ihrer besten Schätzung nach befanden sie sich auf 0°58′ südlicher Breite. Das war ein ermutigendes Ergebnis. Sie hatten nicht nur den Äquator wieder überquert, sondern seit Verlassen des Wracks am Vortag auch ungefähr einundsiebzig Seemeilen zurückgelegt und damit ihr angepeiltes Ziel von sechzig Meilen täglich deutlich übertroffen. Am Nachmittag flaute der Wind etwas ab, so dass sie die Reffs aus den Segeln schütteln und ihre nassen Kleider in der Sonne trocknen konnten.

Am selben Tag gab Pollard endgültig den Plan auf, »zuverlässige Längenmessungen durchzuführen«. Um die genaue Position eines Schiffes zu ermitteln, muss man sowohl seine Nord-Südposition oder geographische Breite als auch seine Ost-Westposition oder Länge kennen. Die Mittagshöhenmessung mit einem Quadranten ergibt aber nur die Breite. Sofern ein Navigator im Jahr 1820 über einen Chronometer verfügte – ein außergewöhnlich präziser Zeitmesser, der den Unbilden eines Schiffs auf hoher See angepasst war –, konnte er die Zeit seines Mittagsbestecks mit der Greenwicher Zeit vergleichen und so seine Länge berechnen. Aber zur damaligen Zeit waren Chronometer kostspielige Instrumente und fanden nur selten Verwendung auf Nantucketer Walfängern.

Ein alternatives Verfahren war die Bestimmung der lunaren Standlinien, auch einfach nur Mondhöhe genannt, ein äußerst komplizierter Vorgang, der gut dreistündige Berechnungen voraussetzte, ehe sich die geographische Länge feststellen ließ – auf einem Walboot ein Ding der Unmöglichkeit. Abgesehen davon hatte Pollard laut Nickerson bisher noch nie Mondhöhen bestimmt.

Blieb also nur die Koppelrechnung übrig. Auf jedem Schiff führten die Offiziere penibel Buch über den Steuerkurs, der sich anhand von Kompass und Geschwindigkeit berechnen ließ. Die Geschwindigkeit wurde gemessen, indem man eine mit Knoten markierte und am Ende mit einem Holzstück versehene Leine – die Logleine – ins Wasser warf und zählte, wie viel davon (das heißt, wie viele »Knoten«) innerhalb einer bestimmten Zeit auslief. Zur Zeitmessung diente das Glas, eine Sanduhr. Schiffsgeschwindigkeit und -richtung wurden notiert und auf eine Karte übertragen, in die der Kapitän den angenommenen Schiffsort, gegisster Ort genannt, eintrug.

Mittels Koppelrechnung gelang es Überlebenden anderer

Unglücksfälle – allen voran Kapitän Bligh von der *Bounty* –, in vergleichbaren Situationen erfolgreich zu navigieren. Kurz nachdem Kapitän Bligh mitten auf dem Pazifik in der Barkasse der *Bounty* ausgesetzt worden war, fertigte er sich eine Logleine an und brachte seinen Leuten bei, die Sekunden während des Ausrauschens der Leine zu zählen. Blighs Breiten- und Längenschätzungen erwiesen sich als verblüffend genau und ermöglichten es ihm, die ferne Insel Timor zu finden, eine der größten navigatorischen Glanzleistungen der Geschichte.

Aber ohne Glas und ohne Logleine mussten die Schiffbrüchigen der *Essex* sehen, dass die Bestimmung ihrer Länge zwecklos war. Und Pollards Unfähigkeit, die Mondhöhe zu bestimmen, lässt den Schluss zu, dass er kein besonders kundiger, aber auch kein ungewöhnlich dilettantischer Navigator war. Viele andere Kapitäne navigierten wie Pollard ebenfalls mit Koppelrechnung, weil sie gar nicht damit rechneten, jemals in eine solche Situation zu geraten. Mit dem Verzicht auf jegliche Längenbestimmung segelten Pollard und seine Männer nun faktisch blind, ohne die geringste Möglichkeit, ihre Entfernung nach Südamerika zu ermitteln.

Am Nachmittag umkreiste eine Schule Tümmler die drei Boote und folgte ihnen bis lang nach Sonnenuntergang. In der Nacht erreichten die Windböen fast die Heftigkeit eines Sturms. Entsetzt beobachteten Chase und seine Crew, wie sich die Planken ihres alten Kahns in den Wellen bogen und verzogen. Das Boot war laut Nickerson in einem so fürchterlichen Zustand, dass er normalerweise höchst ungern auch nur zehn Meilen damit gesegelt wäre, ganz zu schweigen von den Tausenden, die vor ihnen lagen.

Am Freitagmorgen, dem 24. November, ihrem dritten Tag in den Booten, waren Chase zufolge die Wellen »sehr hoch, wodurch sich unsere äußerst ernste Lage, sofern überhaupt möglich, noch zuspitzte«. Nickerson äußerte, dass ihnen an Bord der *Essex* der Wind keineswegs besonders stark erschienen wäre, jetzt jedoch, »in unserem angeschlagenen

Zustand traf er uns mit der Wucht eines Sturms, so dass wir ständig nass und durchgefroren waren«. An jenem Tag brach sich eine gewaltige Welle genau über Chases Boot und füllte es fast bis zum Dollbord mit Wasser. Das überflutete Boot drohte zu kentern, als Fässer, Schildkröten und Chases Seekiste vom Bootsboden emportrieben und unsanft gegen die Männer stießen. In wilder Verzweiflung schöpften sie das Wasser aus dem Boot, denn sie waren sich bewusst, dass die nächste Welle sie versenken konnte.

Als sie das Boot wieder seetüchtig gemacht hatten, stellten sie fest, dass sich ein Teil des Schiffszwiebacks – den sie vorsorglich in Segeltuch gewickelt hatten – mit Salzwasser voll gesaugt hatte. Sie gaben sich alle erdenkliche Mühe, um so viel wie möglich von dem verdorbenen Zwieback zu retten. Im Lauf der nächsten Tage nutzten sie jede Gelegenheit, um die sich auflösenden Klumpen in der Sonne zu trocknen. Während sie auf diese Weise zwar die Vorräte vor dem, wie Nickerson es ausdrückte, »völligen Verderben« retten konnten, blieb der Schiffszwieback salzig, was für ihre bereits unter Wasserentzug leidenden Körper das Schlimmste überhaupt war. »Da wir total auf den Schiffszwieback angewiesen waren«, erinnerte sich Nickerson, »sah es jetzt alles in allem ziemlich düster für uns aus« – und ihre Aussichten sollten sich noch weiter verdüstern, als sie erfuhren, dass auch in Pollards Boot ein Teil des Schiffszwiebacks verdorben war. Wenige Tage zuvor hatten die Offiziere noch gedämpftes Vertrauen in »unsere menschlichen Fähigkeiten« gesetzt; jetzt erkannten sie »unsere völlige Abhängigkeit von jener göttlichen Hilfe, auf die wir nun um so viel mehr angewiesen waren«.

Am nächsten Morgen um acht Uhr stellte der zum Wasserschöpfen eingeteilte Mann mit Schrecken fest, dass er trotz äußerster Anstrengungen nicht verhindern konnte, dass das Wasser im Boot immer höher stieg. Ihr Boot sinke, alarmierte er die anderen. Sofort begannen alle fieberhaft nach dem neuen Leck zu suchen, tasteten verzweifelt mit den Händen den schwappenden Boden und die Bootswände nach der undichten Stelle ab. Aber erst, als sie den Boden aufrissen, entdeckten sie das Problem: Eine Planke im Bug hatte sich gelöst, so dass dort Wasser eindrang. Das Leck befand sich ungefähr sechs Zoll unterhalb der Wasserlinie, und um es abzudichten, mussten sie sich eine Methode einfallen lassen, mit der sie von außen an diese Stelle herankamen.

Da sich die lose Planke auf der Steuerbord- oder Leeseite befand, schwang Chase unverzüglich das Boot mit Hilfe des Steuerriemens herum, so dass der Wind nun von Backbord einkam. Dadurch war das Leck auf der luvwärtigen oder »hohen« Seite, und Chase hoffte, das Boot so weit überlegen zu können, dass das Loch über der Wasserlinie lag.

Als Pollard merkte, dass Chase plötzlich abgedreht war, wendete auch er und hielt auf das Boot des Obermaats zu. Mit backgestellten Segeln kam er längsseits und fragte, was los sei.

Sobald das Boot des Kapitäns neben ihnen lag, schickte Chase seine Crew auf die Steuerbordseite, und zwar so weit wie möglich nach achtern, wodurch sich der Backbordbug aus dem Wasser hob. Von Pollards Boot aus versuchten nun Obermaat und Kapitän, den Bug zu stabilisieren, die Planke wieder in den Rumpf einzupassen und festzuhämmern. Fehler durften sie sich dabei nicht erlauben, denn das Plankenende war von früheren Nägeln bereits ziemlich durchlöchert, so dass jeder neue Nagel sitzen musste. Trotz des heftigen Schaukelns der Boote gelang es Chase und Pollard, »ein paar Nägel einzuschlagen und die Planke sicherer zu befestigen, als wir uns je hätten träumen lassen«. Bald darauf segelten die drei Boote wieder Richtung Süden.

»Dieser kleine Vorfall, so unbedeutend er auch scheinen mag«, erinnerte sich Nickerson, »jagte uns einen Riesenschrecken ein.« Nun, da den Männern in aller Deutlichkeit vor Augen geführt worden war, dass ihre Boote jederzeit auseinander fallen konnten, sahen sie »alle realistischen Chancen auf Rettung dahinschwinden«. Sie wussten, je länger diese Tortur dauern würde, desto stärker müssten die Boote unter »der ständigen heftigen Erschütterung durch die Dünung« leiden. Schon »ein einziger loser Nagel« konnte das Ende für eins ihrer Boote bedeuten.

Für die Männer in Chases Crew war es ein besonders anstrengender Tag gewesen. Auf Betreiben Richard Petersons, des einzigen Schwarzen in ihrem Boot, beteten sie an diesem Abend und sangen ein paar Kirchenlieder. Nickerson erinnerte sich, wie die Worte und Lieder des »frommen alten Farbigen ... uns von unserem damaligen Elend ablenkten und eine höhere Macht um Errettung ersuchen ließen«. Ungeachtet dieses Trostes war der gedämpfte Optimismus, mit dem die Männer die Bootsfahrt begonnen hatten, am Morgen des 26. November in Verzweiflung umgeschlagen.

Während der vergangenen vier Tage hatten sie wegen des stürmischen und bedeckten Wetters keine Standortbestimmung vornehmen können. Dem Kompasskurs nach zu urteilen, den sie hoch am Südostpassat hatten steuern müssen, waren sie statt in Richtung der südamerikanischen Küste parallel zu ihr gesegelt. Außerdem wussten sie, dass ihre schwertlosen Boote die Tendenz hatten, nach Lee abzudriften. Infolge dieser Abdrift mussten sie sich inzwischen ein ganzes Stück weiter westlich als eigentlich vorgesehen befinden. Trotz der beachtlichen Strecke, die sie nach Süden zurückgelegt hatten, waren sie ihrem Endziel noch kein Stück näher gekommen. Die hoffnungsvollen Unterhaltungen, in denen sie sich ausmalten, von einem vorbeifahrenden Walfänger gerettet zu werden, waren verstummt. »Mit Angst und Grauen sahen wir unserer düsteren und zutiefst entmutigenden Zukunft entgegen«, schrieb Chase.

An jenem Nachmittag flaute der Wind auf einigermaßen erträgliche Stärke ab, so dass sie den nass gewordenen Schiffszwieback zum Trocknen ausbreiten konnten. Dann drehte der Wind und krimpte allmählich auf Nord. Zum ersten Mal, seitdem sie die *Essex* verlassen hatten, konnten sie Südamerika ansteuern. Vorsichtige Schätzungen wurden angestellt, um wie viele Meilen sie ihrem Plan voraus wären, wenn der Wind durchstehen würde.

Aber er stand nicht durch. Schon am nächsten Tag drehte

er zurück auf Ost und »machte all unsere Hoffnungen auf flottes Vorankommen zunichte«. Wie zum Hohn drehte der Wind am folgenden Tag noch weiter, auf Ostsüdost. Und dann begann es zu stürmen.

In der Nacht kürzten sie die Segel, und unter den Bootscrews »verbreitete sich die Angst, wir könnten uns in der Dunkelheit verlieren«. Um einer solchen Trennung vorzubeugen, hatte beispielsweise die Besatzung der *Union*, dem Nantucketer Schiff, das im Jahr 1807 versehentlich einen Wal rammte, ihre Boote über Nacht aneinander gebunden. Das beeinträchtigte jedoch die Segelfähigkeit der Boote, und die Offiziere der *Essex* waren so erpicht darauf, die ferne Küste Südamerikas zu erreichen, dass sie nur ungern die Fahrt verlangsamten. Anstatt die Boote aneinander zu binden, formierten sie sich in Kiellinie, mit Chase an der Spitze, Pollard in der Mitte und Joy am Schluss. Solange sie jeweils hundert Fuß Abstand zueinander hielten, würde jeder die hellen Segel der anderen beiden Walboote in der Dunkelheit sehen können.

Gegen elf Uhr legte sich Chase auf den Boden seines Bootes, um zu schlafen. Er war gerade eingenickt, als ihn der Ruf eines seiner Männer aufschreckte. Kapitän Pollard preie sie an, meldete der Mann. Chase setzte sich auf und lauschte. Über das Heulen des Windes und das Brechen der Wellen hörte er, wie Kapitän Pollard den Zweiten Maat Joy, dessen Boot ihm am nächsten war, etwas zubrüllte. Chase wendete und segelte zu den anderen beiden Booten, die in der mondlosen Finsternis nur schwach zu erkennen waren, und fragte, was los sei. Angesichts dessen, was der *Essex* erst eine Woche zuvor zugestoßen war, klang die Antwort wie ein makaberer Witz.

Pollard berichtete ihnen, dass sein Boot von einem Wal angegriffen worden war.

Diesmal hatte es sich bei dem Angreifer allerdings nicht um einen Pottwal, sondern um den kleineren, aber aggressiveren Killerwal gehandelt. Diese acht bis zwölf Tonnen schweren Zahnwale ernähren sich von warmblütigen Tieren wie Delphinen und Robben. Sie jagen in Rudeln und greifen, wie man weiß, sogar Pottwale an und töten sie. Nachweislich haben Killerwale, auch Orcas genannt, wiederholt Holzsegelboote gerammt und versenkt.

Wie Pollard erklärte, war der Wal, ohne im Geringsten provoziert worden zu sein, mit dem Schädel gegen das Boot angerannt und hatte ein beträchtliches Stück herausgebissen. Anschließend hatte er das Boot wie einen Spielball mit Kopf und Schwanz hin und her geschlagen – ähnlich, wie eine Katze mit einer Maus spielt –, bevor er abermals angriff und dabei den Steven spaltete. Als der Wal das Wasser um sie herum aufwühlte, schnappten sich die Männer die beiden Spieren, an denen die Enden der Sprietsegel befestigt waren (Sprietsegelpiek genannt), und stießen dem Tier mehrmals damit in die Flanken. Als Chase kam, war es Pollard und seinen Männern gerade gelungen, den Wal abzuwehren und in die Flucht zu schlagen.

Da sich Pollards Boot mit Wasser füllte, befahl der Kapitän seiner Crew, ihre Vorräte in die anderen Boote zu verfrachten. Die ganze Nacht über drängten sich die Boote, von der Dünung gewiegt, aneinander. In der fast undurchdringlichen, pechschwarzen Finsternis ringsum konnten sich die Angstphantasien der Männer ungehindert entfalten. Während der letzten Woche hatten sie mit starkem Gegenwind, verdorbenen Vorräten und leckenden Booten fertig werden müssen. Aber schon wieder von einem Wal angegriffen zu werden, das schlug dem Fass den Boden aus! »Wir hatten den Eindruck, als hätte das Schicksal keinerlei Erbarmen mit uns, dass es uns mit einer derart mörderischen Verkettung von Katastrophen heimsuchte.« Unablässig suchten sie in ihrem kleinen Sichtkreis die schwarze Wasseroberfläche ab, überzeugt, der Wal würde wieder auftauchen. »Die ganze Zeit über hatten wir Angst, irgendwann in der Nacht könnte der Wal einen neuen Angriff auf eines der Boote unternehmen und uns unvermutet vernichten.« Ohne schützendes Schiff waren die Jäger nun selbst zur Beute geworden.

Am nächsten Morgen reparierten sie notdürftig Pollards Boot, indem sie an die lädierte Stelle von innen dünne Holzleisten nagelten. Dann machten sie sich wieder auf den Weg, diesmal bei starkem Südostwind. An diesem Tag begannen die Männer in Chases Boot unter ungeheurem Durst zu leiden – sie konnten an nichts anderes mehr als an Wasser denken. Trotz ihrer trockenen Münder sprachen sie zwanghaft von ihrem Verlangen. Erst allmählich dämmerte ihnen der Grund für ihre Qualen.

Am Vortag hatten sie zum ersten Mal von dem mit Salzwasser getränkten Schiffszwieback gegessen. Der sorgfältig in der Sonne getrocknete Zwieback enthielt sämtliches Salz aus dem Meerwasser, aber natürlich ohne das Wasser. Bereits stark dehydriert, gossen die Männer faktisch Öl auf das Feuer ihres Durstes, denn um das Salz auszuscheiden, mussten die Nieren den Körpern zusätzlich Flüssigkeit entziehen. Die Männer begannen unter Hypernatriämie zu leiden, einem Zustand, der infolge übermäßiger Erhöhung der Natriumkonzentration zu Krämpfen führen kann.

»Wasserentzug gilt zu Recht als eine der qualvollsten Torturen unseres Lebens«, schrieb Chase. »Unter allen menschlichen Nöten ist nichts auch nur annähernd so qualvoll wie brennender Durst.« An jenem 28. November – dem sechsten Tag seit Verlassen des Wracks – begann Chase zufolge »unser unsägliches Leiden«.

Obwohl den Männern im Boot des Obermaats klar geworden war, dass die Ursache ihrer Qualen der Schiffszwieback war, beschlossen sie, die verdorbenen Vorräte aufzuessen. Der Schiffszwieback würde verschimmeln, wenn er nicht bald verzehrt würde, und das Gelingen ihres Plans hing davon ab, dass die Vorräte für volle sechzig Tage reichten. »Wir beschlossen, unser Leid so lange zu ertragen, wie menschliche Geduld und Ausdauer es irgend vermochten«, schrieb Chase, »einzig mit der Aussicht auf den Trost, der uns vergönnt wäre, wenn die nass gewordenen Vorräte irgendwann erschöpft wären.«

Am nächsten Tag wurde klar, dass die Boote der übermäßigen Belastung Tribut zollen mussten, die das nun schon seit über einer Woche Tag und Nacht andauernde Hochseesegeln darstellte. Nach und nach gingen die Plankenstöße auf, und in allen drei Booten musste ständig Wasser geschöpft werden. Am schlimmsten stand es um Chases Boot, aber der Obermaat dachte nicht daran aufzugeben. Mit dem Hammer in der Hand kümmerte er sich noch um geringfügigste Reparaturen. »Tatkräftig und einfallsreich wie er war«, erinnerte sich Nickerson, ließ der Obermaat »keine Gelegenheit aus, einen zusätzlichen Nagel einzuschlagen, wenn dadurch irgendwelche Spanten und Planken verstärkt werden konnten.« Außerdem trug die unaufhörliche Beschäftigung dazu bei, Chases Leute von ihrer aussichtslosen Situation abzulenken. Sie saßen in dem Boot, das die meisten Schäden aufwies, aber sie hatten einen Führer, der sich in den Kopf gesetzt hatte, den Verfall des Bootes so lange hinauszuzögern, bis es beim besten Willen nicht mehr ging.

An jenem Morgen tauchte rings um die Boote eine Schule Delphine auf, die ihnen fast den ganzen Tag folgten. Mit weißen Stofffetzen an einem von Chases Angelhaken versuchten die Männer, wie Nickerson es ausdrückte, »all unsere Überzeugungskraft aufzubieten, ... um sie an Bord zu locken«. Doch die Fische hingen »genauso zäh an ihrem Leben wie wir an unserem« und weigerten sich anzubeißen.

Am folgenden Tag war der Hunger der Männer fast ebenso unerträglich geworden wie ihr Durst. Das Wetter war besser als je zuvor, seitdem sie die *Essex* vor acht Tagen verlassen hatten, und Chase schlug vor zu versuchen, »das schmerzhafte Bohren unserer ausgehungerten Mägen« durch den Verzehr einer der Schildkröten zu mildern. Nur zu bereitwillig stimmten alle zu, und um ein Uhr mittags begann der Obermaat mit dem Zerlegen der Schildkröte. Zuerst drehten sie das Tier auf den Rücken. Während die anderen Männer Schnabel und Klauen fest hielten, schnitt Chase dem Tier die Kehle durch, wobei er die Arterien und Venen auf beiden Seiten der Halswirbelsäule durchtrennte. Nickerson zufolge »schienen alle gierig auf die Gelegenheit zu warten, das aus der Wunde des geopferten Tieres sprudelnde Blut zu trinken«, solange es noch nicht geronnen war.

Sie fingen das Blut in demselben Zinnbecher auf, aus dem sie ihre Wasserrationen tranken. Einige Männer konnten sich jedoch trotz ihres quälenden Durstes nicht überwinden, das Blut zu trinken. Chase für seinen Teil »schluckte es wie Medizin, um die extreme Ausgedörrtheit meines Gaumens zu lindern«.

Essen freilich wollten sie alle. Chase stach mit dem Messer in die ledrige Haut unterm Hals und schnitt sägend um den Panzer herum, bis er ihn abheben und Fleisch und Innereien herausnehmen konnte. Mit Hilfe des Pulverfässchens, das in dem kleinen Fass mit der Notfallausrüstung des Walbootes verstaut war, entzündeten sie in dem Schildkrötenpanzer ein Feuer und brieten das Tier »mitsamt Innereien und allem«.

Nachdem die Männer zehn Tage lang nur Schiffszwieback gegessen hatten, fielen sie nun gierig über die Schildkröte her und schlugen ihre Zähne in das saftige Fleisch, dass der warme Saft ihnen über die salzverkrusteten Gesichter rann. Vom Ernährungsinstinkt ihrer ausgehungerten Körper geleitet, verschlangen sie als Erstes das vitaminreiche Herz und die Leber der Schildkröte. »Ein unbeschreiblich köstliches Mahl«, nannte Chase es.

Ihr Hunger war so unersättlich, dass es ihnen, sobald sie einmal zu essen begonnen hatten, schwer fiel, wieder aufzuhören. Bei einer durchschnittlich großen Schildkröte dürften pro Kopf rund drei Pfund Fleisch, ein Pfund Fett und mindestens eine halbe Tasse Blut abgefallen sein, was insgesamt über 4500 Kalorien, und damit einem üppigen Erntedank-Dinner, entsprach. Das wäre eine gewaltige Menge für den eingeschrumpften Magen eines Menschen, der während der letzten zehn Tage insgesamt nur vier Pfund Schiffszwieback gegessen hatte. Auch hätten die Mägen in den dehydrierten Körpern der Männer schwerlich genügend Verdauungssäfte zur Bewältigung dieses Fleischberges produzieren können. Aber weder bei Chase noch bei Nickerson findet sich irgendein Hinweis darauf, dass die Besatzung Reste von der gekochten Schildkröte für später aufgehoben hätte. Für diese ausgehungerten Männer war das Fleisch ein Genuss, den niemand hinausschieben wollte. »Wir fühlten uns fast wie neugeboren«, schrieb Chase, »und ich stellte fest, dass meine Stimmung besser war als je zuvor.« Statt in jedem Walboot nur zwei Schildkröten mitzunehmen, hätten sie, so wurde ihnen nun klar, jedes Tier, das sie auf dem Wrack gefunden hatten, schlachten und braten sollen.

Zum ersten Mal seit Tagen war der Himmel klar genug für eine Positionsbestimmung. Pollards Messung ergab, dass sie sich dem achten südlichen Breitengrad näherten. Seitdem sie am 22. November das Wrack verlassen hatten, waren sie fast fünfhundert Meilen gesegelt und damit ihrem Plan leicht voraus – zumindest was die auf dem Wasser zurückgelegte Strecke betraf. An diesem Abend, mit den verstreut auf dem Boden herumliegenden Knochen und dem verkohlten Schildkrötenpanzer in ihrer Mitte, veranlasste Richard Peterson die Männer abermals zum Beten.

Die nächsten drei Tage blieb das Wetter mild und klar. Der Wind drehte auf Nord, so dass sie Kurs auf Peru nehmen konnten. Mit angenehm gefüllten Bäuchen bildeten sie sich sogar ein, dass »unsere Lage in jenem Moment … gar nicht so trostlos war, wie wir zuerst gedacht hatten«. Nickerson registrierte »ein Maß an Gelassenheit und Sorglosigkeit, wie man es von Menschen in unserer verzweifelten und hoffnungslosen Situation wohl kaum erwartet hätte«.

Einzig der Durst, ein unerträglich brennender Durst, verhinderte, dass sie ihre tatsächliche Lage auch nur für einen Moment vergaßen. Wie Chase berichtete, lechzten sie auch nach dem Verzehr der Schildkröte und ihres Blutes weiterhin nach einem langen, kalten Schluck Wasser: »Hätte uns der Durst nicht so furchtbar gepeinigt, hätten wir während dieser Schönwetterperiode sogar so etwas wie Vergnügen empfunden.«

Am Sonntag, dem 3. Dezember, aßen sie den Rest ihres versalzenen Schiffszwiebacks. Für die Männer in Chases

Boot war es ein Wendepunkt. Zuerst fiel ihnen die Veränderung gar nicht weiter auf, aber mit jedem der folgenden Tage, an dem sie *unverdorbenen* Schiffszwieback aßen, »sammelte sich mehr Feuchtigkeit in ihrem Mund, und das ausdörrende Brennen ihres Gaumens klang unmerklich ab«. Nach wie vor litten sie stark unter Wasserentzug, ja, sie dehydrierten immer mehr, aber wenigstens führten sie ihren Körpern jetzt keine übermäßigen Mengen an Salz mehr zu.

Nachdem die Männer an jenem Abend ihre »gewohnte Andacht«, wie Nickerson es nannte, abgehalten hatten, zogen am Himmel Wolken auf und schoben sich vor die Sterne. Gegen zehn Uhr verloren Chase und Pollard das Boot des Zweiten Maats aus den Augen. Es verschwand so plötzlich, dass Nickerson schon befürchtete, es wäre gesunken. Nur Augenblicke später drehte Chase bei und brachte oben am Masttopp eine Laterne an, während der Rest der Besatzung die Dunkelheit nach einem Lebenszeichen von Joys Boot absuchte. Ungefähr eine Viertelmeile in Lee entdeckten sie ein kleines flackerndes Licht in der Finsternis. Es sollte sich als Joys Antwortsignal erweisen. Und somit waren alle drei Boote wieder vereint.

Zwei Nächte später war es Chase, der die anderen verlor. Anstatt eine Laterne anzuzünden, feuerte der Obermaat seine Pistole ab. Kurz darauf tauchten Pollard und Joy in Luv aus der Finsternis auf. In jener Nacht vereinbarten die Offiziere, im Falle einer abermaligen Trennung künftig nichts mehr zu unternehmen, um den Konvoi wieder zu versammeln. Beim Versuch, die Boote zusammenzuhalten, verlören sie zu viel Zeit. Abgesehen davon könnten die anderen Besatzungen ohnehin wenig tun, falls eines der Boote kentern oder nicht zu reparierende Schäden davontragen sollte. Bereits jetzt wären alle drei Boote überladen, und weitere Männer aufzunehmen, würde letzten Endes nur zum Tode aller führen. Die Vorstellung, notfalls mit den Ruderriemen die hilflose Besatzung eines anderen Bootes abzuwehren, war furchtbar, auch wenn alle einsahen, dass jedes Boot es allein schaffen musste.

Allerdings war das Chase zufolge »außerordentliche Interesse, das wir an unserer gegenseitigen Gesellschaft hatten«, so stark, dass niemand freiwillig eine Trennung erwogen hätte. Dieser »verzweifelte Instinkt« war so stark, dass sie sich selbst unter Bedingungen, unter denen es nur noch darum ging, sich irgendwie über Wasser zu halten, »weiterhin aus einem starken, unwillkürlichen Antrieb heraus aneinander klammerten«.

Am 8. Dezember, dem siebzehnten Tag, wuchs sich der Wind zum Sturm aus. Regenböen mit einer Geschwindigkeit von vierzig bis fünfundvierzig Knoten peitschten die Männer. Einen solchen Sturm hatten sie bisher noch nicht erlebt, und nachdem sie im Lauf der Nacht die Segelfläche immer mehr verkleinert hatten, hielt es jede Bootscrew für geraten, auch die Masten zu streichen. Riesige Brecher, deren gigantische Gischtkämme im kreischenden Wind zu Schaum zerstoben, rollten auf sie zu. Trotz der fürchterlichen Bedingungen versuchten die Männer, in den Falten der Segel Regenwasser aufzufangen. Sie mussten jedoch rasch feststellen, dass das Segeltuch noch stärker vom Salz durchdrungen war als ihre verdorbenen Vorräte: Das Wasser in den Segeln war genauso salzig wie das Meerwasser.

In den gewaltigen Rollern ließen sich die Boote nicht mehr steuern. »Die Seen türmten sich zu Furcht erregender Höhe auf«, erinnerte sich Chase, »und jede Welle, die auf uns zukam, sah aus, als würde sie uns endgültig den Rest geben.« Die Männer konnten nichts tun, als sich auf den Boden ihrer zerbrechlichen Boote zu legen und »gefasst und ergeben auf das nahende Ende zu warten«.

Wind mit Sturmstärke kann auf offenem Meer bis zu vierzig Fuß hohe Wellen aufwerfen. Tatsächlich wirkte sich die ungeheure Höhe der Wellenberge aber sogar günstig für die Männer aus. Die Boote schossen über die Wellenkämme und sackten dann in die Wellentäler, wo sie vorübergehend vor dem Wind geschützt waren. Die senkrechten Wasserwände, die ringsum drohend emporragten, waren zwar ein Grauen erregender Anblick, aber nicht ein einziges Mal krachte eine Welle über den Booten zusammen und überflutete sie.

Die tiefe Schwärze der Nacht war Nickerson zufolge »für alle, die so etwas noch nie erlebt haben, einfach unvorstellbar«. Flackernde Blitze, die die Boote mit einer knisternden Feuerschicht zu überziehen schienen, machten die Dunkelheit noch unheimlicher.

Gegen Mittag des folgenden Tages hatte sich der Wind immerhin so weit gemäßigt, dass die Männer es wagten, die Köpfe über die erhöhten Bootswände zu recken. Sie trauten kaum ihren Augen: Alle Boote waren noch in Sicht. »Unsere Rettung von den Schrecken jener furchtbaren Nacht ist einzig und allein auf göttliche Fügung zurückzuführen«, schrieb Chase. »Anders lässt sich nicht erklären, wie ein paar winzige Wesen wie wir der tobenden Gewalt des Sturmes heil entrinnen konnten.«

Keiner der Männer hatte geschlafen. Alle hatten mit dem Tod gerechnet. Als Chase seiner Crew befahl, die Masten zu stellen und die Segel zu setzen, weigerten sie sich. »Meine Kameraden ... waren dermaßen entmutigt und erschöpft«, erinnerte sich der Obermaat, »dass die Angst vor dem Tod offenbar kein ausreichender Anreiz mehr für sie war, ihre Pflicht zu erfüllen.«

Aber Chase war unerbittlich. Noch ehe es dämmerte, brachte er sie »unter großen Anstrengungen« dazu, die Masten wieder zu stellen und ein doppelt gerefftes Großsegel sowie den Klüver zu setzen. Alle drei Boote liefen wieder unter Segeln, als »die Sonne aufging und uns ein weiteres Mal die verzweifelten Gesichter unserer Kameraden zeigte«.

Während sie nach Süden segelten, rollten die letzten Wellen, die der Sturm aufgepeitscht hatte, donnernd gegen die Boote und sprengten die Plankenstöße noch weiter auf. Das ständige Wasserschöpfen war für die ausgehungerten und dehydrierten Männer zu »einer äußerst beschwerlichen Mühsal« geworden. Nach dem Mittagsbesteck am Samstag, dem 9. Dezember, befanden sie sich auf 17°40′ südlicher Breite. Folglich hatten sie in den 17 Tagen auf See annähernd 1100 Seemeilen zurückgelegt und damit ihr gestecktes Ziel von einem Breitengrad pro Tag ganz knapp übertroffen.

Wegen der östlichen Windrichtung waren sie mittlerweile jedoch weiter von Südamerika entfernt als am Anfang.

Um ihr Fahrtziel zu erreichen, mussten sie noch fast dreitausend Meilen segeln. Sie waren halb verhungert und verdurstet. Ihre Boote konnten jeden Moment auseinander fallen. Und doch hätte es einen Ausweg gegeben.

Am 9. Dezember, in der dritten Woche, die sie in den offenen Booten verbrachten, bewegten sie sich auf Höhe der Gesellschaftsinseln. Wenn sie auf dem 17. südlichen Breitengrad immer nach Westen gesegelt wären, hätten sie in etwa einer Woche Tahiti erreicht. Andere Inseln des Tuamotu-Archipels hätten sie bereits in knapp der Hälfte dieser Zeit sichten können. Überdies wären sie *mit* dem Wind und den Wellen gesegelt, was die Boote weniger belastet hätte.

Doch trotz der vielen Rückschläge, die sie bereits hatten einstecken müssen, trotz ihres unsäglichen Leidens, hielten Pollard, Chase und Joy am ursprünglichen Plan fest. Nickerson konnte nicht begreifen, warum. »Ich kann nur sagen, dass es irgendwo eine ungeheuerliche Dummheit oder ein großes Versehen war, das viele ... gute Seeleute das Leben kostete.« Durch die Leiden der Männer verengte sich ihr Blickwinkel, und sie versteiften sich umso mehr auf ihren Plan. »Die Küste hoch« – etwas anderes kam für sie nicht in Frage.

Achtes Kapitel

SELBSTBESINNUNG

Vier Jahre zuvor, im Jahr 1816, war die französische Fregatte *Medusa* ein gutes Stück vor der Küste Westafrikas auf eine Sandbank gelaufen und hatte Schiffbruch erlitten. Die *Medusa* transportierte damals Siedler zur Kolonie Senegal, und wie sich sehr bald herausstellte, reichten die Boote längst nicht für alle Passagiere. Also zimmerte die Besatzung aus den Schiffsplanken ein notdürftiges Floß. Am Anfang nahmen der Kapitän und jene Offiziere, die sich in die Boote geflüchtet hatten, das Floß ins Schlepptau. Kurze Zeit später beschlossen sie jedoch, die Taue zu kappen und die Passagiere ihrem Schicksal zu überlassen. Mit nichts als ein paar Fässern Wein für insgesamt 150 Menschen verwandelte sich das Floß in kurzer Zeit in das reinste Höllenschiff. Zwischen einer Gruppe vor Trunkenheit halb wahnsinniger Soldaten und einigen vernünftigeren, aber nicht weniger verzweifelten Siedlern brachen erbitterte Kämpfe aus. Als die Brigg *Argus* das Floß zwei Wochen später sichtete, lebten nur noch fünfzehn Menschen.

Die Geschichte der *Medusa* erregte weltweit Aufsehen. Zwei der Überlebenden verfassten einen Bericht, der Théodore Géricault zu einem Monumentalgemälde inspirierte. Im Jahr 1818 wurde der Bericht ins Englische übersetzt und zu einem Bestseller. Ob die Männer von der *Essex* das Schicksal der *Medusa* kannten oder nicht, ihnen dürfte zumindest durchaus bewusst gewesen sein, wohin es führen konnte, wenn die nötige Disziplin nicht gewahrt wurde.

Um elf Uhr in der Nacht auf den 9. Dezember, der siebzehnten, seit sie das Wrack verlassen hatten, verschwand Pollards Boot plötzlich in der Dunkelheit. So sehr die Männer in den beiden anderen Booten auch nach ihren verlorenen Kameraden riefen, sie bekamen keine Antwort. Chase und Joy berieten, was als Nächstes zu tun sei. Was sie tun *sollten*, war beiden durchaus klar. Wie beim letzten Mal, als eines der Boote außer Sichtweite getrieben war, unzweideutig vereinbart, sollten sie weitersegeln und nicht versuchen, die vermisste Besatzung wiederzufinden. »Wir beschlossen aber trotzdem, dieses Mal noch einen kleinen Versuch zu unternehmen«, erinnerte sich Chase, »den wir allerdings, wenn er sich nicht sofort als erfolgreich erwies, abbrechen wollten.«

Also fierten Chase und Joy ihre Segel und warteten. Die Minuten zogen sich hin, und irgendwann lud Chase seine Pistole und feuerte einen Schuss ab. Nichts geschah. Nachdem sie eine geschlagene Stunde in der Dunkelheit auf dem Wasser geschaukelt hatten, setzten beide Bootscrews zögernd die Segel, überzeugt, ihren Kapitän und seine Leute nie wiederzusehen.

Früh am nächsten Morgen entdeckte jemand zwei Meilen in Lee ein Segel. Sofort änderten Chase und Joy den Kurs, und kurz darauf waren alle drei Besatzungen wieder vereint. Ein weiteres Mal wurden ihre Schicksale, wie Chase es ausdrückte, »ungewollt miteinander verknüpft«.

Am selben Tag, dem achtzehnten, seit die Männer das Wrack verlassen hatten, erreichten ihr Hunger und ihr Durst ein neues qualvolles Stadium. Selbst der stoische Chase war versucht, »gegen unseren Beschluss zu verstoßen und ausnahmsweise einmal unser heftiges Verlangen zu befriedigen«. Die Vorräte zu plündern, hätte freilich ihr Todesurteil bedeutet: »Nach kurzem Nachdenken sahen wir ein, wie unklug und unmännlich derartiges Handeln wäre, und mit so etwas wie schmerzlicher Genugtuung verwarfen wir es wieder.«

Um sicherzugehen, dass niemand in Versuchung geriet, sich am Schiffszwieback zu vergreifen, packte Chase die Vorräte in seine Seekiste. Wenn er sich schlafen legte, sorgte er dafür, dass immer ein Arm oder Bein von ihm über der Kiste lag. Außerdem behielt er die geladene Pistole stets griffbereit an seiner Seite, was für einen Mann von der Quäkerinsel Nantucket eine ungewöhnliche Demonstration von Macht darstellte. Nach Nickersons Eindruck hätte den Obermaat »nur Gewalt gegen seine Person« dazu gebracht, die Vorräte herauszurücken. Bei Chase dagegen liest es sich so, dass er beschloss, beim kleinsten Einspruch gegen seine Form der Rationierung »auf der Stelle unsere Verpflegung in gleich große Portionen zu teilen und jedem seinen Anteil zur eigenen Aufbewahrung zu geben«. Sollte man jedoch versuchen, ihn zur Herausgabe seiner eigenen Vorräte zu zwingen, war er »entschlossen, kurzen Prozess zu machen«.

An jenem Nachmittag gerieten die drei Boote plötzlich in einen Schwarm fliegender Fische. Vier von ihnen prallten gegen die Segel in Chases Boot. Einer fiel dem Obermaat vor die Füße, der den Fisch ohne zu überlegen im Ganzen verschlang, samt Schuppen, Gräten und so weiter. Als sich der Rest der Besatzung um die anderen drei Fische raufte, war Chase zum ersten Mal seit dem Untergang der *Essex* zum Lachen zumute angesichts der »lächerlichen und fast verzweifelten Versuche meiner fünf Bordgenossen, einen Fisch zu ergattern«. Mochte der Obermaat auch auf der disziplinierten Verteilung von Schiffszwieback und Wasser bestehen, wenn es zu unverhofften Geschenken, wie den fliegenden Fischen, kam, galten andere Regeln – dann war jeder auf sich selbst gestellt.

Am nächsten Tag legte sich der Wind fast völlig, und Chase schlug vor, die zweite Schildkröte zu essen. Genau wie elf Tage zuvor »stärkte die reichhaltige Mahlzeit unsere Körper und belebte die Stimmung«. Während der nächsten drei Tage wehte der Wind weiterhin nur schwach. Die Temperatur stieg, und unter der von einem wolkenlosen Himmel brennenden Sonne wurden die Männer immer apathischer. »Da wir keine Möglichkeit hatten, uns vor den stechenden Strahlen der Sonne abzuschirmen«, schrieb Nickerson, »und unsere knappe Wasserration kaum zum Überleben reichte, litten wir unerträgliche Qualen.«

Am Mittwoch, dem 13. Dezember 1820, sprang der Wind überraschend um – auf Nord –, was ihnen »unerwartet eine höchst willkommene Erleichterung« verschaffte. Nun konnten sie direkten Kurs auf Südamerika nehmen. Wie ihre Standortbestimmung am Mittag ergab, hatten sie 21° Süd noch nicht erreicht, womit noch mindestens fünf Grad (oder dreihundert Seemeilen) bis zu dem Kalmengürtel vor ihnen lagen, jener Zone leichter, veränderlicher Winde, die sie, so ihre Hoffnung, nach Osten schieben würden. Die Offiziere wiegten sich jedoch in dem Glauben, sie hätten »den Südostpassat nun endgültig hinter sich gelassen, und wir befänden uns bereits in den windschwachen Rossbreiten, so dass wir aller Wahrscheinlichkeit nach etliche Tage früher als erwartet Land erreichen würden«.

Als am nächsten Tag der Nordwind wieder erstarb, waren sie am Boden zerstört: »Doch, ach! Leider waren unsere Hoffnungen nichts als ein Traum, aus dem es schon bald ein böses Erwachen gab.« Die trübsinnigen Gedanken, denen die Männer nachhingen, wurden noch düsterer, als die Flaute drei weitere Tage anhielt und sie in der grellen, gnadenlosen Sonne brieten: »Die brütende Hitze, die plötzliche und unerwartete Enttäuschung unserer Hoffnungen und unsere daraus resultierende Niedergeschlagenheit veranlassten uns erneut zum Grübeln und erfüllten uns mit bangen und schwermütigen Vorahnungen.«

Am 14. Dezember, dem 23. Tag seit ihrem Verlassen der *Essex* – der Termin, an dem sie den Kalmengürtel erreichen wollten, rückte unerbittlich näher, aber noch hatten sie Hunderte von Meilen Richtung Süden vor sich –, dümpelten sie in einer Totenflaute. Wollten sie die Hoffnung, die Küste lebend zu erreichen, noch nicht völlig aufgeben, mussten ihre Vorräte beträchtlich länger als sechzig Tage reichen. Chase eröffnete seinen Männern, er müsse ihre Zwiebackrationen auf knapp 90 Gramm pro Tag halbieren. Während seiner Erklärung musterte er die Männer kritisch auf mögliche Anzeichen von Widerstand. »Niemand erhob Einspruch gegen diese Regelung«, schrieb Chase in seinem Bericht.

»Alle fügten sich mit bewundernswerter innerer Stärke und Ergebenheit, oder zumindest schien es so.«

Obwohl ihnen das Wasser noch früher auszugehen drohte, hatte Chase keine andere Wahl, als die tägliche Ration von knapp einem Viertelliter pro Kopf beizubehalten. »Unser Durst war inzwischen viel unerträglicher geworden als unser Hunger«, schrieb er, »und diese Menge reichte schon kaum aus, um den Mund wenigstens für etwa ein Drittel der Zeit nicht völlig austrocknen zu lassen.«

Im Jahr 1906 veröffentlichte W. J. McGee, der Direktor des St. Louis Public Museum, eine der ausführlichsten und anschaulichsten Beschreibungen der verheerenden Auswirkungen extremer Dehydratation, die jemals verfasst wurden. McGees Bericht basierte auf den Erfahrungen von Pablo Valencia, einem vierzigjährigen Goldsucher und ehemaligen Seemann, der fast sieben Tage ohne Wasser in der Wüste Arizonas überlebt hatte. Die einzige Flüssigkeit, die Valencia während seines Martyriums trank, waren die wenigen Tropfen, die er aus einem Skorpion pressen konnte, und sein Urin, den er jeden Tag in seiner Feldflasche auffing.

Die Männer der *Essex* waren zu ähnlichen Notmaßnahmen gezwungen. »Nichts half gegen das höllische Brennen unserer Kehlen«, erinnerte sich Chase. Sie wussten, dass das Trinken von Salzwasser ihren Zustand nur verschlimmern würde, was einige trotzdem nicht davon abhielt, kleine Schlucke in den Mund zu nehmen, in der Hoffnung, ein wenig von der Flüssigkeit zu absorbieren. Dadurch wurde ihr Durst allerdings nur noch größer. Wie Valencia tranken sie ihren Urin. »Die Qualen, die wir während dieser Flautentage litten«, schrieb Chase, »waren schier unvorstellbar.«

Inzwischen waren die Schiffbrüchigen der *Essex* in ein Durststadium getreten, das McGee als »Baumwollmund«-Phase bezeichnete. In diesem Stadium wird der Speichel dick und schmeckt widerlich; die Zunge klebt unangenehm an Zähnen und Gaumen. Obwohl das Sprechen schwer fällt, ergehen sich die Leidenden häufig in endlosem Gejammer über ihren Durst, bis ihre Stimmen so rau und heiser werden, dass sie keinen Ton mehr herausbringen. In der Kehle scheint sich ein Kloß zu bilden, der die Durstenden in dem vergeblichen Bemühen, diesen zu beseitigen, zu ständigem Schlucken veranlasst. Kopf und Hals beginnen stark zu schmerzen, die Gesichtshaut verschrumpelt. Das Hörvermögen wird beeinträchtigt, und viele Menschen beginnen zu halluzinieren.

Die Qualen eines Mundes, der aufgehört hat, Speichel zu produzieren, standen der *Essex*-Besatzung freilich erst noch bevor. Dabei verhärtet sich die Zunge zu »einem gefühllosen Gewicht, das, an der noch weichen Wurzel pendelnd, wie ein Fremdkörper gegen die Zähne schlägt«. Sprechen wird zwar unmöglich, aber wie man weiß, stöhnen und brüllen Verdurstende. Als Nächstes folgt die »Blutschweiß«-Phase, die mit »fortschreitender Mumifikation des anfänglich noch lebenden Körpers verbunden ist«. Die Zunge schwillt zu einer solchen Größe an, dass sie sich bis hinter die Kiefer zwängt. Die Augenlider werden hart und rissig, und aus den Augen quellen Bluttränen. Die Kehle ist so geschwollen, dass das Atmen schwer fällt, wodurch das gegensätzliche, aber nicht weniger schreckliche Gefühl des Ertrinkens entsteht. Wenn schließlich die Sonnenhitze dem Körper unerbittlich die letzte Flüssigkeit entzieht, tritt die Phase des »lebendigen Todes« ein, jenes Stadium, in dem sich Pablo Valencia befand, als McGee ihn, auf Händen und Knien kriechend, auf einem Wüstenpfad entdeckte:

> Seine Lippen waren verschwunden, als wären sie herausgeschnitten. An ihrer Stelle befanden sich eingesunkene Ränder mit schwarz gewordenem Gewebe; Zähne und Zahnfleisch waren gebleckt wie bei einem gehäuteten Tier, aber das Zahnfleisch war trocken und schwarz wie ein Streifen Trockenfleisch; seine Nase war ausgetrocknet und auf die Hälfte ihrer ursprünglichen Größe eingeschrumpft, die Nasenlöcher innen schwarz; die Augen waren starr aufgerissen, wobei sich die Haut ringsum so zusammengezogen hatte, dass die Bindehaut freigelegt wurde, letztere ebenso schwarz wie das

Zahnfleisch ... seine Haut hatte einen schrecklichen, zwischen leicht violett und aschgrau schwankenden Farbton angenommen und war mit großen blauen Flecken und Striemen übersät; Unterschenkel und Füße sowie Unterarme und Hände waren aufgerissen und zerkratzt von Dornen und scharfen Steinen, aber selbst die frischesten Schnittwunden waren wie Kratzer in trockenem Leder, ohne jede Spur von Blut.

Da sie täglich einen Viertelliter Wasser zu sich nahmen, hatten die Männer der *Essex* diesen Punkt noch nicht erreicht – aber ihr Zustand verschlechterte sich rapide. Als die Sonne vom wolkenlos blauen Himmel herabbrannte, wurde die Hitze dermaßen unerträglich, dass drei der Männer in Chases Boot beschlossen, sich übers Dollbord zu hängen und ihre mit Blasen bedeckten Körper im Meer zu kühlen. Kaum hatte sich der erste Mann ins Wasser fallen lassen, begann er aufgeregt zu schreien: Der Rumpf ihres Bootes sei mit lauter kleinen Muscheln übersät. Hastig riss er eine ab, und nachdem er sie verspeist hatte, erklärte er sie zu einer »köstlichen Delikatesse«.

Tatsächlich handelte es sich nicht um gewöhnliche Muscheln, sondern um die zu den Rankenfüßern gehörenden Entenmuscheln. Anders als die weißlichen, kegelförmigen Seepocken, die man gewöhnlich am Pfahlwerk von Hafenbecken oder an Schiffen sieht, besitzen Entenmuscheln einen deutlich sichtbaren Stiel. Der von einer dunkelbraunen Schale geschützte fleischige, rosa-weißliche Hals der Entenmuscheln lässt, wie der englische Name (*gooseneck barnacles,* wobei sich *barnacles* von den Bernikelgänsen ableitet) schon sagt, eher an Gänse als an Enten denken. Einer mittelalterlichen Legende zufolge verwandelten sich diese Entenmuscheln ab einer bestimmten Größe in Gänse und flogen davon. Heutzutage erkennt die Küstenwache an der Größe der am Rumpf eines treibenden Wracks wachsenden Entenmuscheln, wie lange das Schiff im Wasser ist. Entenmuscheln können bis zu einem halben Fuß groß werden, aber die

Exemplare an Chases Walboot dürften kaum viel länger als ein paar Zoll gewesen sein.

Kurz darauf pflückte die gesamte Besatzung die Krustentiere vom Bootsrumpf und stopfte sich »wie eine Horde Vielfraße« damit den Mund voll. Entenmuscheln galten lange Zeit in Marokko, Portugal und Spanien als Delikatesse und werden heute im amerikanischen Bundesstaat Washington zu kommerziellen Zwecken gezüchtet. Feinschmecker, die den röhrenförmigen Hals erst nach dem Entfernen der äußeren Haut verzehren, vergleichen den Geschmack von Entenmuscheln mit dem von Hummer- oder Krabbenfleisch. Die Männer von der *Essex* waren da freilich weniger wählerisch und vertilgten alles bis auf die Schalen.

»Nachdem unser erster Heißhunger gestillt war«, schrieb Chase, »sammelten wir noch jede Menge und legten sie ins Boot.« Aber wieder an Bord zu kommen, erwies sich für die Männer als Problem. Sie waren zu schwach, um sich aus eigener Kraft über den Bootsrand zu ziehen. Glücklicherweise hatten die drei Crewmitglieder, die nicht schwimmen konnten, es vorgezogen, an Bord zu bleiben, und konnten nun die anderen ins Boot ziehen. Ursprünglich hatten die Männer beabsichtigt, einen Teil der Entenmuscheln für einen anderen Tag aufzuheben. Doch nachdem sie knapp eine halbe Stunde auf die Leckerbissen gestarrt hatten, erlagen sie der Versuchung und aßen alle auf.

Abgesehen von fliegenden Fischen blieben Entenmuscheln vermutlich die einzigen Lebewesen, die die *Essex*-Besatzung aus dem Meer erbeutete. Tatsächlich hatten die zwanzig Walfänger beim Fischfang erstaunlich wenig Glück, wenn man bedenkt, dass davon gewöhnlich das Überleben Schiffbrüchiger abhängt. Zum Teil war dieses Problem dadurch bedingt, dass sie auf ihrer Suche nach dem Kalmengürtel in eine Region des Pazifiks geraten waren, die für ihre Unfruchtbarkeit geradezu berüchtigt war.

Bedingung für das Leben im Meer ist das Vorhandensein der für die Bildung von Phytoplankton, dem ersten Glied in der Nahrungskette des Meeres, erforderlichen Nährstoffe.

Das Gebiet, in das die *Essex*-Besatzung nun vorgestoßen war, lag jedoch so weit von Südamerika entfernt, dass die einzige Nährstoffquelle der Meeresboden war.

Kaltes Wasser hat bekanntlich eine größere Dichte als warmes Wasser. Die in den Wintermonaten abkühlenden Oberflächenwasser des Meeres werden daher durch die unteren Schichten wärmeren Wassers ersetzt, es findet ein Austauschprozess statt, der das nährstoffreiche Wasser vom Meeresboden zur Oberfläche emporbringt. In den Subtropen sind die Temperaturen jedoch während des ganzen Jahres ziemlich konstant. Als Folge hiervon bleibt das Meer dauerhaft in eine warme obere und eine kalte untere Schicht geteilt, was faktisch verhindert, dass die Nährstoffe vom Meeresgrund zur Wasseroberfläche gelangen.

In den folgenden Jahrzehnten erkannten die Seefahrer, dass die Gewässer in diesem Teil des Pazifiks quasi fisch- und vogellos waren. Mitte des 19. Jahrhunderts stellte Matthew Fontaine Maury einen verbindlichen Satz von Wind- und Strömungskarten zusammen, die größtenteils auf Informationen von Walfängern basierten. Auf der Pazifikkarte ist eine riesige ovale Fläche eingezeichnet, die sich von den Hochseefanggründen bis zur Südspitze Chiles erstreckt und die Bezeichnung »Ödnis« trägt. Hier, so Maury, »finden sich den Berichten von Seeleuten zufolge kaum Anzeichen für Leben im Wasser oder in der Luft«. Die drei Walboote der *Essex* befanden sich inzwischen mitten in dieser großen Öde. Ähnlich wie Pablo Valencia hatten sie sich in ihr eigenes Tal des Todes begeben.

Auch am 15. Dezember, dem 24. Tag ihrer Odyssee, herrschte unverändert Flaute. Trotz der Windstille drang noch mehr Wasser als sonst in Chases Boot ein. Wieder zwang die Suche nach dem Leck sie, die Bodenplanken im Bug zu entfernen. Diesmal stellten sie fest, dass sich eine Planke direkt neben dem Kiel, also am tiefsten Punkt des Bootsrumpfes, gelockert hatte. An Bord der *Essex* hätten sie das Boot einfach umdrehen und die Planke festnageln können. Aber wie sollten sie hier, mitten auf dem Ozean, an die Unterseite des Bootes herankommen. Selbst Chase, den Nickerson als ihren »Bootsdoktor« beschrieb, war ratlos.

Nach kurzem Überlegen machte der einundzwanzigjährige Bootssteurer Benjamin Lawrence einen Vorschlag. Er wolle sich ein Seil um den Bauch knoten und mit der Axt unter das Boot tauchen. Während Chase von innen einen Nagel in die Planke schlüge, würde er die Axt von außen dagegen halten. Sobald die Spitze des Nagels auf die Stahlseite der Axt träfe, würde sich der Nagel wie ein Angelhaken krümmen und zurück ins Boot getrieben werden. Bei den letzten Hammerschlägen, mit denen Chase den Nagel versenken würde, zögen sich dadurch die Planken automatisch fest zusammen. Dieses Nagelkrümmen sei eine verbreitete Methode und würde gewöhnlich mit einem eigens dafür vorgesehenen Eisen zur Rückseitenverstärkung durchgeführt. Aber für dieses Mal müsse es eben eine Axt tun.

Ausgerechnet von Lawrence, dessen Befähigung als Bootssteurer auf der *Essex* in Frage gestellt worden war und der auf so schmachvolle Weise die Harpune an seinen anspruchsvollen Obermaat hatte abtreten müssen, erhofften sich Chase und der Rest der Bootsbesatzung in ihrer Ratlosigkeit nun Hilfe. Chase stimmte dem Plan sofort zu, und kurz darauf war Lawrence im Wasser und presste die Axt gegen den Bootsboden. Genau wie er es vorausgesagt hatte, wurde die lose Planke tadellos eingepasst und festgezogen. Selbst Chase musste zugeben, »dass es wesentlich besser funktionierte, als wir uns je hätten träumen lassen«.

Die brütende Hitze hielt sich auch den nächsten Tag und »drückte mit ungeahnter Kraft und Schwere auf unsere Gesundheit und Stimmung«. Bei einigen Männer begann der Durst Wahnvorstellungen auszulösen. »Sie wurden von unerträglichen Anfällen geschüttelt«, schrieb Chase, »flehten laut um Gnade – nach irgendeiner Linderung unseres nicht enden wollenden Leidens –, was die Trostlosigkeit der tagelangen, frustrierenden Flaute noch verschlimmerte.« Als sich bei der Standortbestimmung herausstellte, dass sie in den letzten vierundzwanzig Stunden zehn Meilen zurückgetrieben waren, wurde ihnen klar, dass etwas geschehen musste.

Ringsum, so weit das Auge reichte, erstreckte sich der von keiner Brise gekräuselte Ozean wie der Boden einer glänzenden, blauen Schale bis zur Krümmung des Horizonts. Mit ihren ausgedörrten Mündern fiel den Männern das Sprechen immer schwerer, vom Singen ganz zu schweigen, und mit der Fortdauer der Fahrt fanden die Andachten mit ihren Gebeten und Liedern immer seltener und schließlich gar nicht mehr statt. An diesem Sonntag, als sie stumm in ihren Booten hockten und verzweifelt auf Erlösung hofften, stellten sie sich vor, wie zu Hause auf Nantucket Tausende von Menschen auf den Holzbänken des nördlichen und des südlichen Versammlungshauses saßen und darauf warteten, dass sich ihnen Gottes Wille offenbarte.

Während der Andacht war ein Quäker stets bestrebt, sich zu sammeln und auf sich selbst zu besinnen und alle weltlichen Belange zu vergessen, um so den göttlichen Geist, auch als »Inneres Licht« bezeichnet, zu empfangen. Wenn jemand das Verlangen verspürte zu sprechen, tat er das, indem er einen eigentümlichen Singsang anstimmte – halb singend, halb schluchzend, der früher oder später in normales Reden umschlagen konnte. Obwohl nur wenige Mitglieder der *Essex*-Besatzung aktive Quäker waren, hatten alle Nantucketer dann und wann schon einmal an einer Versammlung teilgenommen. Ablauf und Riten bei den Versammlungen der *Freunde* gehörten gewissermaßen zu ihrem gemeinsamen kulturellen Erbe.

Bisher waren es stets die Schwarzen gewesen, allen voran der sechzigjährige Richard Peterson, die die Andachten geleitet hatten. Das war keineswegs ungewöhnlich auf See. Weiße Seeleute sahen Schwarze und deren methodistische Form des Gottesdienstes als religiöse Kraftquellen an, besonders in gefährlichen Zeiten. So flehte während eines Sturms im Jahr 1818 auf dem Nordatlantik der Kapitän eines bereits dem Untergang geweihten Schiffes den schwarzen Schiffskoch, der der New Bedforder Baptistenkirche angehörte, an, Gott um Hilfe für die Besatzung zu ersuchen. Der Koch kniete auf dem schwankenden Deck nieder und »betete inbrünstig zu Gott, er möge uns vor dem schrecklichen, tobenden Sturm schützen und erretten«. Das Schiff überlebte den Sturm.

An jenem Nachmittag war es jedoch Pollard, der sich schließlich veranlasst sah, unter einer erbarmungslosen Sonne das Wort zu ergreifen. Mit schleppender, vom Wasserentzug krächzender Stimme schlug er vor zu versuchen, aus der Flaute hinauszurudern. Jeder Mann solle die doppelte Tagesration erhalten, und in der nächsten Nacht würden sie rudern, »bis wir von irgendwoher einen Zipfel Wind erwischen«.

Bereitwillig stimmten alle dem Vorschlag zu. Nachdem sie tagelang wie angenagelt auf einer Stelle im Ozean gelegen hatten, ohne die kleinste Ablenkung hoffnungslos ihrem Hunger und Durst ausgeliefert, hatten sie nun etwas, worauf sie sich vorbereiten konnten. Sie aßen ihr Brot und genossen jeden einzelnen Tropfen des köstlich erfrischenden Wassers, der in ihre aufgesprungenen und ausgedörrten Münder sickerte. In freudiger Erwartung sahen sie der kommenden Nacht entgegen.

Unter normalen Umständen war Rudern eine Aufgabe, die mit dazu beitrug, den Wert der Seeleute auf einem Walfänger zu beurteilen. Jede Walbootsbesatzung war stolz auf ihre Fähigkeit, mühelos Stunde um Stunde zu rudern, und über nichts freuten sich die Männer mehr, als wenn sie ein anderes Boot überholten. Doch in jener Nacht war das Aufflammen ihres Wetteifers rasch erloschen. Obwohl noch längst keine dreißig, ja zum Teil nicht einmal zwanzig Jahre alt, ruderten sie wie Greise und stöhnten bei jedem Schlag laut auf. Seit drei Wochen zehrten sich ihre Körper selbst auf, und ohne Fleisch- oder Fettpolster um die Knochen wurde den Männern schon das Sitzen zur Qual. Die erschlafften Muskeln hatten ihre Arme zu knochendürren Stöcken einschrumpfen lassen, mit denen die Männer die Riemen kaum halten, geschweige denn durchziehen konnten. Als ein Mann nach dem anderen entkräftet zusammensackte, mussten sie ihren Plan aufgeben.

»Wir waren nur ein jämmerliches Stück vorangekommen«, erinnerte sich Chase. »Hunger und Durst und die lange Untätigkeit hatten uns dermaßen geschwächt, dass innerhalb von drei Stunden bei allen die Kräfte versagten und wir auf die weitere Durchführung des Plans verzichteten.« Keuchend lagen die Männer im Boot, die Luft rasselte in ihren ausgetrockneten Kehlen und Lungen. Trotz der glühenden Hitze ihrer Körper trat nicht der kleinste Schweißtropfen auf ihre dünne, pergamentene Haut. Allmählich wurde das Atmen leiser, und dann senkte sich wieder dumpf und schwer die grauenhafte Stille eines windlosen und leeren Ozeans auf sie herab.

Am nächsten Morgen spürten sie eine Veränderung – das Wasser lief plätschernd an der Bordwand ab, und über ihre Gesichter strich ein Luftzug. Zum ersten Mal seit fünf Tagen kräuselte eine leichte Brise die See. Obwohl sie genau aus der falschen Richtung kam (Südost), wurde sie von den Männern »mit überschwänglicher Freude und Dankbarkeit« begrüßt.

Mittags stürmte es bereits. Der Wind hatte auf Ostsüdost gedreht, was sie abermals zwang, sämtliche Segel einzuholen und die Masten abzutieren. Am nächsten Tag flaute der Wind jedoch etwas ab, und wenig später zogen die Segel sie wieder vorwärts. Trotz der Wetterbesserung erwies sich die folgende Nacht als »eine der schlimmsten überhaupt«, wie Chase sich später erinnerte.

Sie wussten nun, dass, selbst wenn der Wind wie durch ein Wunder auf West umspränge, sie nicht mehr genug Wasser für die dreißig Tage hätten, die sie mindestens noch bis zur Küste Chiles bräuchten. Ihre physischen Qualen hatten inzwischen ein furchtbares Ausmaß angenommen. Die kombinierte Wirkung von Durst und Hunger schien ihre Körper regelrecht zu vergiften. In ihren Mündern sammelte sich ein »unbeschreiblich widerlicher« klebriger, bitterer Speichel. Das Haar fiel ihnen büschelweise aus. Ihre Haut war so verbrannt und wund, dass schon ein Spritzer Salzwasser wie Säure auf ihrem Fleisch brannte. Und das Seltsamste war, mit ihren in den Höhlen einsinkenden Augen und ihren hervortretenden Wangenknochen begannen sie einander immer ähnlicher zu sehen: Verdursten und Verhungern tilgten langsam, aber sicher sämtliche Spuren von Individualität.

Während dieser langen und trostlosen Woche hatten die Männer sich mit einer Art Mantra aufrechtzuerhalten versucht: »›Geduld‹ und immer wieder ›Geduld‹ hieß die Beschwörungsformel, die unsere Lippen unablässig formten«, erinnerte sich Chase, »und eine aus tiefster Seele kommende Entschlossenheit, uns bis zum letzten Atemzug ans Leben zu klammern, solange uns noch ein Funken Hoffnung blieb.« Doch in der Nacht des 19. Dezember, fast auf den Tag genau einen Monat nach dem Untergang der *Essex*, hatten einige der Männer aufgegeben, wie Chase ihren »verzögerten Reaktionen und ausgemergelten Gesichtern« ansah – »eine totale Gleichgültigkeit gegenüber ihrem Schicksal«. Noch ein oder zwei Tage, dann würden die Ersten sterben.

Der nächste Morgen begann wie so viele andere. Nickerson erinnerte sich, wie sie gegen sieben Uhr »ziemlich stumm und niedergeschlagen auf dem Boden unseres Bootes saßen«. Plötzlich stand William Wright, ein neunzehnjähriger Kap Codder, auf, um seine Beine auszustrecken. Er warf kurz einen Blick nach Lee und blickte sogleich noch einmal hin.

»Da ist Land!«, brüllte er.

Neuntes Kapitel

DIE INSEL

Wie gebannt starrten die Männer in Chases Boot nach vorn. Von Hunger und Durst schwer gezeichnet und halb erblindet von der gleißenden See und dem grellen Himmel, waren sie schon mehrmals einer blassen Fata Morgana aufgesessen, und sie fürchteten, auch dieser Anblick könne sich als Trugbild entpuppen. Aber sie alle sahen ganz deutlich den weißen Sandstrand in der Ferne. »Es war keine Einbildung«, schrieb Nickerson, »sondern wirklich und wahrhaftig ›Land ho!‹«

Schlagartig erwachte selbst der hinfälligste von Chases Männern wieder zum Leben. »Wie elektrisiert, waren wir alle augenblicklich hellwach«, erinnerte sich der Obermaat. »Ein neuer, ganz außerordentlicher Antrieb packte uns. Wir schüttelten unsere Lethargie ab und fühlten uns wie neugeboren, voller Energie, als sei uns das Leben zum zweiten Mal geschenkt worden.«

Auf den ersten Blick wies die Insel, eine relativ niedrige, von Grün gekrönte sandige Erhebung, eine geradezu unheimliche Ähnlichkeit mit ihrer Heimat Nantucket auf. »Für unsere sehnsüchtigen Augen«, so Chase, war sie das »Paradies unter der Sonne«. Nickerson nahm sofort an, damit wäre »das endgültige Ende unseres langen Darbens und Leidens« gekommen, und fügte hinzu: »Nie sah ich etwas Herrlicheres.«

Wenig später entdeckten auch die Männer in den anderen beiden Booten die Insel. Spontaner Jubel drang über ihre aufgesprungenen und geschwollenen Lippen. »Es sprengt den

Rahmen menschlichen Ermessens«, schrieb Chase, »auch nur annähernd zu erahnen, was in jenem Moment in uns vorging. Abwechselnd befielen uns Erwartung, Angst, Dankbarkeit; Überraschung und Jubel beflügelten unseren Eifer.«

Um elf Uhr hatten sie sich der Insel bis auf eine Viertelmeile genähert. Nun erkannten sie, dass sie nicht aus Sand, sondern größtenteils aus Fels bestand. Dreißig Fuß hohe senkrecht abfallende Klippen säumten das Ufer. Das Inselinnere jenseits der Klippen war erstaunlich flach, wies aber »frische, grüne Vegetation« auf, was, davon waren sie überzeugt, auf große Wasservorkommen hoffen ließ.

Pollard und Chase studierten aufmerksam ihre Navigationshandbücher. Aus der Standortbestimmung vom Vortag schlossen sie, dass es sich nur um die Insel Ducie auf 24°20′ südlicher Breite und 124°40′ westlicher Länge handeln könnte. Nach einem Monat auf See, nach einer Fahrt von annähernd 1500 Seemeilen, waren sie weiter von Südamerika entfernt denn je.

Die erste Sorge der Männer war, die Insel könnte bewohnt sein. »In unserer damaligen Verfassung«, schrieb Nickerson, »hätten wir einem Angriff durch Eingeborene kaum etwas entgegensetzen können.« Im Abstand von ungefähr hundert Metern zur Küste segelten sie langsam um die Insel. »Immer wieder feuerten wir einen Schuss aus der Pistole ab«, erinnerte sich Nickerson, »wenn wir an einem Tal oder einer nicht einsehbaren Stelle im Wald vorbeiglitten, um die Aufmerksamkeit von sich möglicherweise in Hörweite aufhaltenden Bewohnern zu erregen. Aber es zeigte sich weder Freund noch Feind.«

Die Insel bildete ein unregelmäßiges Rechteck von rund sechs Meilen Länge und drei Meilen Breite und war von einem zerklüfteten Riff aus Felsen und Korallen umsäumt. Langsam segelten die drei Bootscrews zum nördlichen Ende der Insel, wo sie in Lee des Südostpassats gerieten. Hinter einer Biegung entdeckten sie den größten Strand der Insel. »Dies schien uns die günstigste Stelle«, schrieb Nickerson, »um mit den Booten zu landen.« Zunächst wollte jedoch

Chase mit einer Vorhut die Gegend erkunden, während die drei Boote sich vom Ufer fern hielten, nur für den Fall, dass ihnen »unerwartet Wilde in einem Hinterhalt auflauerten«.

Chase, mit einer Muskete bewaffnet, und zwei andere Männer wurden an einem großen Felsen abgesetzt. Schon das kurze Stück durchs Wasser an den Strand zu waten, erschöpfte sie völlig. »Als wir den Strand erreichten«, erinnerte sich der Obermaat, »mussten wir erst einmal verschnaufen, und so ließen wir uns in den Sand fallen, um unsere geschwächten Körper ein paar Minuten auszuruhen.« Während sie auf dem grobkörnigen Korallensand saßen, nahmen sie begierig die Eindrücke einer überwältigend schönen Inselwelt in sich auf. Die Klippen hinter ihnen waren von Blumen, Büschen, Gräsern und Kletterpflanzen bewachsen. Vögel umschwirrten die Männer, offenbar völlig unbekümmert über deren Anwesenheit. Nach einem Monat voller Entbehrungen und Leid winkte ihnen nun, davon war Chase überzeugt, »ein üppiges Festmahl«. Aber als Erstes mussten sie eine Quelle finden.

Sie teilten sich auf, und jeder humpelte in eine andere Richtung über den Strand. In einer schmalen Bucht gelang es Chase, mit dem Ladestock seiner Muskete einen Fisch von etwa einem halben Meter Länge aufzuspießen. Er schleppte ihn ans Ufer und ließ sich sofort nieder, um zu essen. Seine beiden Kameraden gesellten sich zu ihm und in weniger als zehn Minuten war der Fisch verspeist – »mitsamt Gräten, Haut, Schuppen und so weiter«.

Jetzt hielten sie sich für ausreichend gestärkt, um die Besteigung der Klippen, wo sie am ehesten eine Quelle vermuteten, in Angriff zu nehmen. Aber statt feucht glänzenden Gesteins fand Chase eine trockene, von Gestrüpp überwucherte Wand aus abgestorbenen Korallen vor sich. Da die Büsche und Kletterpflanzen nicht stark genug waren, um sein Gewicht zu halten, war er gezwungen, sich an den scharfkantigen Korallen festzuklammern. Übersät mit Schnittwunden und Prellungen musste er schließlich einsehen, dass er nicht die Kraft hatte, bis nach oben zu klettern.

Die noch vor wenigen Stunden herrschende Begeisterung wich der Erkenntnis, dass es auf diesem unfruchtbaren Höcker aus versteinerten Seeorganismen möglicherweise überhaupt kein Trinkwasser gab. Falls dies zutraf, würde jede Sekunde, die sie auf der Insel blieben, ihre ohnehin nur geringen Überlebenschancen noch weiter verringern. So verlockend es auch war, wenigstens eine Nacht auf festem Boden zu verbringen, Chases erster Impuls war es, unverzüglich Kurs auf Südamerika zu nehmen: »Ich verlor nie auch nur einen Moment lang unsere Hauptchance aus den Augen, die ich uns durchaus noch einräumte, nämlich entweder die Küste zu erreichen oder auf See auf ein Schiff zu stoßen.«

Als er zum Strand zurückkehrte, wartete einer der Männer mit einer viel versprechenden Nachricht auf. Er habe eine Felsspalte entdeckt, die ein paar Wassertropfen absondere – gerade genug, um die Lippen anzufeuchten, mehr nicht. Vielleicht sei es ratsam, die Nacht auf der Insel zu verbringen und den nächsten Tag der Suche nach Wasser zu widmen. Chase und seine Begleiter wateten zu den Booten hinaus, wo Chase dem Kapitän seine Meinung unterbreitete. Sie beschlossen zu landen.

Nachdem sie die Boote auf eine grasbewachsene Stelle unterhalb einer Baumgruppe gezogen hatten, »drehten wir sie zum Schutz vor dem nächtlichen Tau mit der offenen Seite nach unten«, erinnerte sich Nickerson. Sogleich schwärmten die Männer am Strand aus, und nachdem sie einige Krebse und Fische gefangen hatten, ließen sie sich bei den Booten nieder, verzehrten ihren Fang und streckten schließlich zum ersten Mal seit einem Monat ihre knochendürren Glieder aus. Kurze Zeit später waren sie eingeschlafen. »Von allen Sorgen ständiger Wachsamkeit und Mühsal befreit«, schrieb Chase, »überließen wir uns völliger Achtlosigkeit und unserem Seelenfrieden.«

Rasch kam der Morgen, und mit ihm kehrten die Qualen von Hunger und Durst zurück. Inzwischen litten sie so schwer unter Wasserentzug, dass sie allmählich kaum noch sprechen konnten. »Wenn wir nicht bald Linderung fänden«, so Chase, »wäre es aus mit uns.« Wie zerlumpte Gerippe wankten sie über den Strand, immer wieder mussten sie, gegen Bäume oder Felsen gelehnt, verschnaufen. Sie begannen die grünen, wachsartigen Blätter der auf den Klippen wachsenden Büsche zu kauen, doch sie schmeckten ungenießbar bitter. Sie fanden Vögel, die sich arglos aus ihren Nestern nehmen ließen. In den Felsspalten sprossen Gräser, die beim Kauen vorübergehend ihre Mundhöhlen befeuchteten. Aber nirgends entdeckten sie Süßwasser.

Beim Umherstreifen jenseits des Strandes stellten sie fest, dass die Insel nichts als ein Haufen aus zerklüfteten Korallen war, scharf und spitz wie zerbrochenes Glas. Etliche Männer besaßen keine Schuhe mehr, was sie davon abhielt, mehr als die unmittelbare Umgebung des Lagers zu erforschen. Die Angst, sie hätten nicht genügend Kondition, um vor Einbruch der Dunkelheit zurückzukehren, und wären dann schutzlos den Angriffen von möglicherweise auf der Insel beheimateten wilden Tieren ausgeliefert, ließ sie ebenfalls vor größeren Erkundungen zurückschrecken. An jenem Abend kehrten sie, so Nickerson, »betrübt und niedergeschlagen ins Tal zu unserem kleinen Dorf aus Booten zurück«.

Aber Pollard empfing sie mit einer Überraschung. Der Kapitän und sein Steward William Bond hatten den ganzen Tag über Krebse und Vogel gefangen, und als die Männer von ihrer Suche zurückkehrten, waren die beiden gerade dabei, ein, wie Nickerson es nannte, »wunderbares Festmahl« zu braten. Vor dem Untergang der *Essex* war es wegen des Essens des Öfteren zu Auseinandersetzungen zwischen Pollard und seinen Männern gekommen. Nun hingegen brachte das Essen sie zusammen, und diesmal war es der Kapitän, der seine Besatzung bediente. »Jeder nahm auf dem herrlichen grünen Gras Platz«, erinnerte sich Nickerson, »und vielleicht wurde nie ein Bankett so sehr genossen oder verbreitete derart große Befriedigung.«

Pollard hatte sein Möglichstes getan, um Wohlbefinden und Moral seiner Männer zu stärken. Chase dagegen konzentrierte sich weiterhin auf das »Hauptziel«: das rettende

Südamerika zu erreichen. Rastlos und ungeduldig wie immer, war er mittlerweile davon überzeugt, dass sie auf dieser wasserlosen Insel nur ihre Zeit verschwendeten. »Unter diesen Umständen konnten wir nicht einfach dableiben«, schrieb er. »Schon ein Tag, den wir unnötig hier verloren, konnte uns die Rettung kosten.« Noch am selben Abend brachte der Obermaat Pollard gegenüber seine Sorge zum Ausdruck: »Ich teilte meine Bedenken dem Kapitän mit, der mir zustimmte, dass angesichts unseres Dilemmas entschlossenes Vorgehen dringend geboten war.«

Zwar stimmte der Kapitän Chase im Prinzip zu, doch er versuchte, dessen Ungestüm etwas zu bremsen. Er verwies darauf, dass ihre Überlebenschancen ohne neue Wasservorräte sozusagen gleich null wären. Blindlings die Sache voranzutreiben, ohne zuvor jede Möglichkeit, doch noch eine Quelle zu finden, ausgeschöpft zu haben, wäre ein tragischer Fehler. »Nach einer längeren Unterhaltung über dieses Thema«, schrieb Chase, »wurde schließlich beschlossen, den kommenden Tag noch mit der weiteren Suche nach Wasser zu verbringen, und falls keins gefunden würde, am darauf folgenden Morgen die Insel zu verlassen.«

Die Männer der *Essex* ahnten nicht, dass nur wenige hundert Meilen von ihnen entfernt Rettung winkte. Denn was ihren Aufenthaltsort betraf, waren Pollard und Chase im Irrtum. Sie befanden sich nämlich nicht auf der Insel Ducie, sondern auf Henderson, das zwar auf demselben Breitengrad, aber siebzig Meilen weiter westlich lag. Beide Eilande gehören zu einer Gruppe, die nach ihrer berühmtesten Insel, Pitcairn, benannt ist, eine Insel, deren Geschichte unauflösbar mit Nantucket verknüpft war. Im Jahr 1808 war der Kapitän eines Robbenfängers aus Nantucket, Mayhew Folger, zufällig auf Pitcairn (dessen Lage in allen Navigationshandbüchern falsch angegeben war) gestoßen und hatte damit ein neunzehn Jahre altes Geheimnis gelüftet: was mit Fletcher Christian und der *Bounty* passiert war.

Nachdem die Meuterer der *Bounty* 1789 Kapitän Bligh in

der Barkasse ausgesetzt hatten, waren sie eine Zeit lang durch den Pazifik gekreuzt. Auf Tahiti hatten sie einige einheimische Frauen und ein paar Männer an Bord genommen, anschließend segelten sie zu einer unbewohnten Insel am südöstlichen Ende Polynesiens. Im Jahr 1820 lebte auf Pitcairn eine kleine Gemeinde von *Bounty*-Nachfahren. Nur vierhundert Meilen weiter im Südwesten, nur wenige Segeltage von Henderson entfernt, hätten diese Menschen die *Essex*-Besatzung mit allem nötigen Proviant und Wasser versorgt. Doch Pitcairn war in Bowditchs Navigationshandbuch nicht aufgeführt. Aber selbst wenn es das gewesen wäre, ist fraglich, ob sie es gefunden hätten, da sie sich schon bei ihrer gegenwärtigen Standortbestimmung um fast hundert Meilen vertan hatten.

Die Insel Henderson entstand vor etwa 370 000 Jahren als Korallenatoll. 20 000 Jahre später hob sich infolge unterseeischer vulkanischer Eruptionen bei Pitcairn das Land unter dem Atoll. Heute sind die Klippen von Henderson zwischen 20 und 30 Fuß hoch und schließen eine ausgetrocknete, versteinerte Lagune ein. Umgeben von einem endlos weiten Ozean macht dieser winzige, unbewohnte Korallenpunkt eher den Eindruck einer trostlosen als einer rettenden Insel.

Die jährliche Niederschlagsmenge auf Henderson liegt bei rund 1695 Millimetern. Diese Wassermenge läuft nicht restlos ins Meer und sie verdunstet auch nicht. Ein großer Teil sickert vielmehr durch die dünnen Böden und abgelagerten Korallenschichten in eine Tiefe von etwa einem Fuß über der Meereshöhe. Hier fließt es in einer horizontalen Süßwasserschicht weiter und durchtränkt Felsen und Sand. Da Süßwasser leichter als Salzwasser ist, treibt es in einer kuppel- oder linsenförmigen Blase zur Wasseroberfläche. Aber solange die Männer der *Essex* keine Quelle fanden, nützte ihnen alles Grundwasser nichts.

Sie waren nicht die Ersten, die von Henderson angelockt und dann getäuscht wurden. Zwar wussten sie es nicht, doch in den Klippen hinter ihnen befand sich eine Höhle, in der acht menschliche Skelette lagen.

Eine medizinische Untersuchung, die im Jahr 1966 an den Skeletten vorgenommen wurde, ergab, dass sie von Weißen stammten, woraus sich schließen lässt, dass es sich bei diesen unbekannten Menschen, genau wie bei der *Essex*-Besatzung, um Überlebende eines Schiffbruchs gehandelt haben muss. Wie sich bei der Untersuchung ebenfalls herausstellte, stammte eines der Skelette von einem drei- bis fünfjährigen Kind. Alle acht Menschen waren an Wassermangel gestorben.

Am nächsten Morgen, dem 22. Dezember 1820 und einunddreißigsten Tag seit Verlassen des Wracks, nahmen die Männer die Wassersuche wieder auf. Einige – wie Nickerson – kletterten zwischen den Klippen herum, andere untersuchten die Felsen am Strand. Chase kehrte zu der Stelle zurück, wo sie zwei Tage zuvor Spuren von Süßwasser entdeckt hatten. Der Felsen war ungefähr eine Viertelmeile von ihrem Lager entfernt, und mit einer Axt und einem alten, rostigen Meißel ausgerüstet machte er sich zusammen mit zwei anderen auf den Weg durch den Sand.

»Das Gestein erwies sich als ziemlich weich«, schrieb Chase, »und innerhalb kürzester Zeit hatte ich ein stattliches Loch hineingehauen, doch leider ohne den geringsten erwünschten Effekt.« Während die Sonne immer höher stieg, hackte Chase unermüdlich weiter, in der Hoffnung, durch ein Vertiefen des Loches doch noch Wasser zutage fördern zu können. »Doch all meine Hoffnungen und Anstrengungen waren vergebens«, erinnerte er sich, »und schließlich gab ich die Plackerei auf und hockte mich voller Verzweiflung daneben.«

Da fiel ihm plötzlich etwas Seltsames auf. Am Strand, in Richtung Boote, schleppten zwei Männer irgendeinen Behälter über den Sand. Zu seinem Erstaunen fingen sie auf einmal an zu rennen. »Sofort schoss mir die Idee durch den Kopf«, schrieb Chase, »dass sie Wasser entdeckt hatten und nun ein Fass zum Füllen holten.« Auch Nickerson hatte von den Klippen aus bemerkt, dass unterhalb von ihm plötzlich »ungewöhnlich lebhaftes Treiben« einsetzte, und kurz darauf stürzte er wie alle anderen zum Strand.

Die Männer hatten tatsächlich eine Quelle entdeckt, die aus einem Loch in einem großen, flachen Felsen sprudelte. »Was damals in mir vorging, war weiß Gott seltsam – so seltsam, dass ich es nie vergessen werde«, erinnerte sich Chase. »In einem Moment überkam mich eine so überschwängliche Freude, dass es mir fast die Kehle zuschnürte, und im nächsten Moment wäre ich am liebsten in Tränen ausgebrochen.«

Als Chase die Quelle erreichte, tranken die Männer bereits. Gierig füllten sie ihre Münder mit der köstlichen Flüssigkeit. Da es in ihrem dehydrierten Zustand gefährlich war, in kurzer Zeit viel Wasser zu trinken, ermahnte Chase die Männer, immer nur schlückchenweise und mit längeren Pausen dazwischen zu trinken. Aber ihr Durst war zu groß, und einige der Männer mussten sogar mit Gewalt zurückgehalten werden. Ungeachtet aller Überzeugungsversuche der Offiziere hatten etliche Besatzungsmitglieder »gedankenlos große Mengen Wasser hinuntergestürzt, bis sie nichts mehr trinken konnten«. Die qualvollen Krämpfe, vor denen Chase gewarnt hatte, blieben allerdings aus. »Es machte sie lediglich für den Rest des Tages etwas träge und rammdösig.«

Als jeder seinen Durst gestillt hatte, erkannten sie staunend, welch einem Glücksfall sie ihre Entdeckung verdankten. Die Quelle befand sich so weit unterhalb der Hochwasserlinie, dass sie überhaupt nur eine halbe Stunde bei absolut ruhigem Niedrigwasser zu sehen war; beim Höchststand der Flut lag sie sogar sechs Fuß unter der Wasseroberfläche. Damit blieb ihnen gerade genug Zeit, um zwei kleine Fässer zu füllen, ehe der Felsen wieder in der Brandung verschwand.

Nachdem sie weitere Fische und Vögel gefangen hatten, setzten sie sich zum Abendessen. Mit einer zuverlässig sprudelnden Quelle und einem scheinbar üppigen Nahrungsangebot hielten sie es durchaus für möglich, auf unbestimmte Zeit auf der Insel auszuharren. Zumindest aber konnten sie so lange auf Henderson bleiben, bis sie wieder zu Kräften gekommen waren und ihre morschen Walboote repariert hatten, um einen letzten Versuch zu wagen, Südamerika zu erreichen. An jenem Abend vereinbarten sie, auf alle Fälle noch vier oder fünf Tage auf der Insel zu bleiben, ehe sie entscheiden würden, »ob es ratsam wäre, Vorkehrungen für einen längeren Aufenthalt zu treffen«. Mit vollen Bäuchen und gelöschtem Durst fielen sie rasch in einen, wie Chase es ausdrückte, »zutiefst erquickenden und köstlichen Schlaf«.

Am nächsten Morgen um elf Uhr kehrten die Männer zur Quelle zurück. Sie erreichten den Felsen genau zu dem Zeitpunkt, als er wieder aus den Fluten auftauchte. Am Anfang war das Wasser noch etwas brackig, und sie befürchteten schon, die Quelle wäre doch kein so zuverlässiger Trinkwasserlieferant, wie sie zuerst gedacht hatten. Doch als sich die Tide zurückzog, besserte sich die Wasserqualität stetig. Nachdem sie etwa zwanzig Gallonen – also um die 75 Liter – in ihre Fässer gefüllt hatten, machten sie sich auf die Nahrungssuche.

Laut Chase verbrachten sie jede freie Minute damit, auf der Suche nach Essbarem über die Insel zu streifen. Dabei erwiesen sich die Abendstunden als die ergiebigsten, denn dann kehrten die fleischigen weißen, hühnergroßen Tropikvögel ans Ufer zurück, um ihre Jungen zu füttern. Vorsichtig schlichen sich die Männer an, »stürzten sich mit einem Stock auf die Vögel und bekamen sie ohne Probleme zu fassen«.

Allerdings waren sie nicht die Einzigen, die jeden Abend den Tropikvögeln auflauerten. Die Fregattvögel taten dasselbe. Doch statt die Tropikvögel zu töten, unterhielten die Fregattvögel zu ihnen, was Wissenschaftler eine kleptoparasitische Beziehung nennen. Sie pickten den zurückkehrenden Tropikvögeln so lange auf dem Rücken herum und schlugen mit den Flügeln auf sie ein, bis diese den für ihre Jungen bestimmten Fisch ausspieen. Mit dem erbrochenen Futter im Schnabel flogen die Fregattvögel davon und ließen, wie Nickerson beobachtete, »die jungen Tropikvögel hungrig zurück«.

Am folgenden Tag, dem 24. Dezember, machten sie eine

alarmierende Entdeckung. Wie Nickerson festhielt, begannen die Vögel »infolge der ständigen Belästigung die Insel zu verlassen«. Am selben Abend jammerten einige Besatzungsmitglieder bei ihrer Rückkehr zum Lager, sie hätten nicht genügend Essbares gefunden. In nur fünf Tagen hatten die zwanzig ausgehungerten Männer die Insel regelrecht leer gefressen. »Jede zugängliche oder für uns, in unserer schlappen Verfassung erreichbare Stelle«, schrieb Chase, »war bereits nach Vogeleiern durchstöbert und bis auf den letzten Grashalm geplündert.«

Die inmitten der großen »Ödnis« des Pazifiks gelegene Insel Henderson war nie reich an Naturschätzen gewesen. Wissenschaftlern zufolge breitete sich die heutige Flora und Fauna der Pazifikinseln ursprünglich von den mit üppiger Vegetation bewachsenen Rändern Südostasiens aus, von denen Henderson über neuntausend Meilen entfernt liegt. Die vorherrschende Wind- und Strömungsrichtung erschwerte es jeder Form von Leben zusätzlich, dieses einsame Atoll zu erreichen. Wie die Männer von der *Essex* mussten auch Vögel und Pflanzenspezies sich gegen Wind und Strömung nach Henderson vorkämpfen. Überdies liegt die Insel südlich des Wendekreises des Steinbocks, einem relativ kalten Wassergürtel, der wie eine Barriere gegen die Verbreitung tropischer Spezies wirkt. Infolgedessen herrschten auf Henderson seit jeher ungünstige Lebensbedingungen für den Menschen.

Die Besiedelung der Pazifikinseln durch den Menschen scheint sich nach ähnlichem Muster vollzogen zu haben wie die Verbreitung von Pflanzen und Vögeln: Die Inseln als Zwischenstation nutzend, stießen sie immer weiter nach Osten und Süden vor. Wie archäologische Grabungen auf Henderson ergaben, kamen die ersten Menschen zwischen dem Jahr 800 und 1050 auf die Insel. Diese ersten Bewohner gründeten auf demselben Strand, auf den die *Essex*-Besatzung ihre Walboote gezogen hatte, eine Siedlung. An den wenigen Stellen, wo der Boden es zuließ, pflanzten sie Süßkartoffeln an. Sie fischten mit Haken aus mitgebrachten Perlmuscheln. Ihre Toten bestatteten sie in mit Brettern ausgelegten Gräbern. Aber im Jahr 1450 waren sie wieder verschwunden, nicht länger im Stande, ihren Lebensunterhalt aus dieser heute als »letzte unberührte Kalksteinerhebung im Meer« geltenden Insel herauszukratzen.

Für die *Essex*-Besatzung fiel das Weihnachtsfest aus. An jenem Abend stellten sie fest, »dass der karge Lohn eines ganzen mühevollen Tages in einer erfolglosen Nahrungssuche bestand«. Gras war das Einzige, was die Männer noch fanden, und das war, wie Chase schrieb, »ohne andere Kost ziemlich ungenießbar«. Allmählich »hegten sie immer ernsthafter die Befürchtung, dass wir hier nicht mehr lange leben konnten«.

In weniger als einer Woche schaffte die *Essex*-Besatzung, wozu ihre polynesischen Vorgänger mindestens vier Jahrhunderte gebraucht hatten. Daher trafen sie am 26. Dezember, ihrem siebten Tag auf Henderson und ihrem 35. seit Aufgabe des Wracks, die Entscheidung, die geplünderte Insel zu verlassen. Chase zufolge war ihre Lage »schlimmer, als sie es in unseren Booten auf See gewesen wäre, denn in letzterem Fall würden wir uns wenigstens mit unseren Vorräten auf Land zubewegen«.

In Vorbereitung ihrer Abfahrt hatten sie bereits damit begonnen, die Walboote zu reparieren. »Wir nagelten unsere Boote so gut es ging mit den wenigen Bootsnägeln, die wir noch besaßen, zusammen«, schrieb Nickerson, »um sie für den Kampf mit den tobenden Elementen zu wappnen, der uns abermals … bevorstehen sollte.«

Die Entfernung zur chilenischen Küste betrug rund dreitausend Meilen – ungefähr die doppelte Strecke dessen, was sie bisher gesegelt waren. Als sie in ihren Ausgaben von Bowditchs Navigationshandbuch nachschlugen, stellten sie fest, dass die Entfernung zur Osterinsel auf 27°9′ südlicher Breite und 109°35′ westlicher Länge nicht mal ein Drittel dessen betrug. Obwohl sie auch von dieser Insel nicht das

Geringste wussten, beschlossen sie, dorthin zu segeln, denn jetzt endlich sahen sie ein, dass die möglichen Schrecken einer unbekannten Insel nichts im Vergleich zu den bekannten Schrecken eines offenen Bootes auf dem offenen Meer waren.

Früh am Morgen »wurden alle Mann zu einer letzten Besprechung vor der endgültigen Abfahrt versammelt«, erinnerte sich Nickerson. Pollard kündigte an, dass sie am nächsten Tag aufbrächen und die Bootscrews dieselbe Zusammensetzung beibehielten wie vor ihrer Ankunft auf Henderson. In diesem Moment traten drei Männer vor – Joys Bootssteurer Thomas Chappel und zwei Jugendliche aus Kap Cod, Seth Weeks und William Wright, aus Pollards beziehungsweise Chases Boot. Es war nicht unbemerkt geblieben, dass die drei nicht aus Nantucket stammenden Weißen während der letzten Tage mehrfach »die Wahrscheinlichkeit ihrer Rettung erörtert hatten«. Und je mehr sie darüber sprachen, umso mehr schreckte sie die Aussicht, wieder in die Walboote zu steigen.

Chappel, der einst so lebhafte und stets zu dummen Streichen aufgelegte Engländer, der das Feuer auf der Insel Charles gelegt hatte, erkannte, dass der Zweite Maat Matthew Joy nicht mehr lange zu leben hatte. Während der Rest der Besatzung im Laufe der Woche auf Henderson allmählich wieder zu Kräften gekommen war und zugenommen hatte, war Joy, der sich schon vor dem Untergang der *Essex* in einer »schwachen und kränklichen Verfassung« befunden hatte, erschreckend dünn geblieben. Chappel wusste, dass er im Falle von Joys Tod automatisch dessen Nachfolger als Bootsführer werden würde – eine Aussicht, die angesichts dessen, was noch vor ihnen liegen mochte, einem vernünftigen Menschen schwerlich behagen konnte.

Mit ihren Vorbereitungen auf eine Seefahrt, die womöglich zum Tod einiger, wenn nicht aller am Strand Versammelten führte, spielte die *Essex*-Besatzung ein Szenario nach, das sich schon unzählige Male zuvor auf den Inseln des Pazifiks ereignet hatte, ja, im Grunde genommen überhaupt erst zur

Besiedlung der polynesischen Inseln geführt hat. Doch im Unterschied zu den Schiffbrüchigen, die einen letzten, verzweifelten Versuch unternahmen, zurück in eine bekannte Welt zu gelangen, waren die frühen Südseeinsulaner zu Entdeckungsreisen aufgebrochen und nach Osten und Süden in die unermessliche, blaue Leere des Pazifiks vorgestoßen. Während dieser langen und ungewissen Reisen forderte der Hunger zwangsläufig seinen Tribut. Der Anthropologe Stephen McGarvey nimmt an, dass die Menschen, die diese Fahrten überlebten, vor Reiseantritt einen höheren Anteil an Körperfett und/oder einen effizienteren Stoffwechsel aufwiesen, was ihnen ermöglichte, länger mit weniger Nahrung auszukommen als ihre dünneren Kameraden. (McGarvey stellt die Theorie auf, dies sei der Grund für die heutzutage unter Polynesiern stark verbreitete Fettleibigkeit.)

Dieselben Faktoren, die übergewichtige und mit effizientem Stoffwechsel gesegnete Polynesier begünstigten, wirkten sich nun auch bei der *Essex*-Besatzung aus. Zwar hatten während der einmonatigen Bootsfahrt alle von denselben Rationen gelebt, vor dem Untergang ihres Schiffes war dies jedoch nicht der Fall gewesen. Wie auf Walfängern üblich, war das Essen im Vorschiff (wo die Schwarzen lebten) noch schlechter als die ohnehin schon erbärmliche Kost für die Bootssteurer und jungen Nantucketer im Zwischendeck. Außerdem dürften sich die Schwarzen höchstwahrscheinlich schon vor ihrer Fahrt auf der *Essex* keiner annähernd so robusten Gesundheit wie die Weißen erfreut haben. (Die Lebenserwartung eines schwarzen Kindes lag im Jahr 1900 – als solche Erhebungen zum ersten Mal durchgeführt wurden – bei 33 Jahren und damit mehr als 14 Jahre unter der eines weißen Kindes.) Jetzt, 38 Tage nach dem Walangriff, konnte jedermann sehen, dass es den Schwarzen zwar nicht ganz so schlecht wie Joy, aber doch deutlich schlechter als dem Rest der Besatzung ging.

Genau das Gegenteil traf auf die Nantucketer zu. Abgesehen davon, dass sie auf der *Essex* besseres Essen bekommen hatten, konnten sie aus einer zusätzlichen Kraftquelle schöpfen: Sie gehörten alle zur selben verschworenen Gemeinschaft. Die jüngeren Nantucketer waren seit der Kindheit miteinander befreundet, und die Offiziere, insbesondere Kapitän Pollard, waren mit geradezu väterlicher Sorge auf das Wohl der Jugendlichen bedacht. Ob es darum ging, in den Booten die Qualen von Hunger und Durst zu ertragen oder auf Henderson auf Nahrungssuche zu gehen, die Nantucketer ließen sich ein Maß an gegenseitiger Hilfe und Unterstützung zuteil werden, das sie ihren restlichen Bordgenossen nicht entgegenbrachten.

Sie alle hatten beobachtet, wie die Fregattvögel den Tropikvögeln das Futter geraubt hatten. Sobald sich die Situation in den Booten abermals zuspitzte, würde sich die Frage stellen, wer von den neun Nantucketern, fünf weißen Nichtinsulanern und sechs Schwarzen zu den Fregattvögeln und wer zu den Tropikvögeln gehören würde. Chappel, Wright und Weeks waren zu dem Schluss gekommen, dass sie die Antwort nicht wissen wollten.

»Da sich hierdurch das Gewicht unserer Boote verringerte und uns der Anteil ihrer Vorräte zufiel, konnte der Rest von uns nichts gegen ihr Vorhaben einwenden«, schrieb Chase. Selbst der Obermaat musste zugeben, dass »ihre Aussichten, sich auf der Insel durchzuschlagen, wesentlich höher waren als unsere, das Festland zu erreichen«. Pollard versicherte den drei Männern, falls er jemals lebend nach Südamerika gelangen sollte, alles in seinen Kräften Stehende zu unternehmen, damit auch sie gerettet würden.

Mit gesenktem Blick und zitternden Lippen entfernten sich die drei Männer vom Rest der Besatzung. Sie hatten sich bereits einen Platz ausgesucht, ein gutes Stück vom ursprünglichen Lager entfernt, wo sie sich aus Ästen und Zweigen einen provisorischen Unterschlupf bauen wollten. Es wurde Zeit, mit der Arbeit zu beginnen. Ihre siebzehn ehemaligen Bordgenossen ließen sie jedoch nur ungern von dannen ziehen und boten ihnen »alle möglichen kleinen, entbehrlichen Dinge aus den Booten an«. Nachdem Chappel und seine beiden Kameraden die Geschenke in Empfang genommen hatten, drehten sie sich um und machten sich auf den Weg den Strand entlang.

Am selben Abend schrieb Pollard seinen, wie er annahm, letzten Brief nach Hause. Er war an seine Frau Mary adressiert, die zwanzigjährige Reepschlägertochter, mit der er insgesamt 57 Ehetage verbracht hatte. Außerdem schrieb er noch einen anderen, weniger privaten Brief:

> Insel Ducie, 20. Dezember 1820
>
> Bericht über den Verlust des von Kapitän Pollard jr. kommandierten Schiffes *Essex* aus Nantucket in Nordamerika, das am 20. November 1820 am Äquator auf 120° westlicher Länge Schiffbruch erlitt, verursacht durch einen großen Wal, der den Bug rammte, worauf das Schiff innerhalb von zehn Minuten voll Wasser lief. Wir packten so viele Vorräte und Wasser in die Boote, wie diese tragen konnten, verließen das Wrack am 22. November und trafen an o. g. Tag mit der gesamten Besatzung hier ein, bis auf einen Schwarzen, der das Schiff in Ticamus verließ. Wir haben vor, morgen, am 26. Dezember [in Wirklichkeit der 27. Dezember] 1820, Richtung Kontinent aufzubrechen. Diesem Schreiben lege ich einen Brief an meine Frau bei, und wer ihn findet und die Güte hat, ihn weiterzuleiten, erweist einem unglücklichen Menschen einen Gefallen und sei aufrichtig von diesem bedankt.
>
> George Pollard jr.

Westlich ihres Lagers hatten sie einen großen Baum entdeckt, in den der Name eines Schiffes – *Elizabeth* – geritzt war. Sie verwandelten den Baum nach dem Vorbild der Galapagosinseln in eine Post, indem sie eine kleine Holzkiste mit ihren Briefen an den Stamm nagelten.

Am 27. Dezember um zehn Uhr morgens, als die Flut eine Höhe erreicht hatte, bei der die Boote gefahrlos über das die Insel umgebende Riff gleiten konnten, begannen die Männer mit dem Beladen der Boote. Zu Pollards Boot gehörten sein Bootssteurer Obed Hendricks zusammen mit den ebenfalls aus Nantucket stammenden Barzillai Ray, Owen Coffin und Charles Ramsdell sowie dem Schwarzen Samuel Reed. Owen Chases Crew bestand nur noch aus fünf Mann: den beiden Nantucketern Benjamin Lawrence und Thomas Nickerson sowie Richard Peterson, dem schon älteren Schwarzen aus New York, und Isaac Cole, einem jungen, weißen Nichtinsulaner. Joys Crew gehörten der weiße ebenfalls nicht aus Nantucket stammende Joseph West sowie vier Schwarze – Lawson Thomas, Charles Shorter, Isaiah Sheppard und der Steward William Bond – an. Als wäre es nicht schon schlimm genug, dass diese Männer von einem schwer kranken Zweiten Maat befehligt wurden, hatten sie durch Chappels Entscheidung, auf der Insel zu bleiben, nun auch ihren Bootssteurer, der gleichzeitig Joys rechte Hand bei der Crewführung war, verloren. Aber weder Pollard noch Chase waren bereit, auf einen ihrer in Nantucket geborenen Bootssteuermänner zu verzichten.

Bald wurde es Zeit für sie, die Insel zu verlassen. Doch Chappel, Wright und Weeks waren nirgends aufzutreiben. »Sie waren weder gekommen, um uns beim Seeklarmachen zu helfen, noch um sich zu verabschieden«, schrieb Chase. Daraufhin ging der Obermaat den Strand entlang bis zu ihrer Behausung und teilte ihnen mit, sie würden nun in See stechen. Laut Chase waren die Männer »zutiefst betroffen«; einer fing sogar an zu weinen. »Außer dass sie uns baten, ihren Verwandten zu schreiben, falls Gott uns jemals wieder sicher zurück in die Heimat führen würde, sagten sie wenig.« Da Chase merkte, »wie schwer ihnen der Abschied von uns fiel«, sagte er ihnen hastig Lebewohl und kehrte zu den Booten zurück. »Ihre Blicke folgten mir, bis ich außer Sicht war«, schrieb er, »und ich sah nie wieder etwas von ihnen.«

Bevor die Männer mit den Booten die Insel endgültig verließen, beschlossen sie, ein Stück zurückzusegeln, zu einem Strand, der ihnen am Anfang bei ihrer Inselumrundung aufgefallen war. Diese Stelle hatte ganz viel versprechend ausgesehen, und sie hofften, dort noch etwas Frischproviant für ihre Reise zu finden. Nachdem ein halbes Dutzend Männer zur Nahrungssuche am Ufer abgesetzt worden war, verbrachte der Rest den Tag mit Fischen. Sie sahen mehrere Haie, konnten jedoch bis auf ein paar makrelengroße Fische nichts fangen. Als gegen sechs Uhr abends der Landgangstrupp mit ein paar Vögeln zurückkehrte, trafen sie endgültige Vorbereitungen zur Abfahrt.

Auch wenn sich Henderson eher als Reinfall denn als Rettung entpuppt hatte – immerhin hatten sie nun eine reelle Chance. Noch am 20. Dezember hatte laut Chase »die Fratze des Todes uns angestarrt«. Jetzt hingegen, nach über einer Woche Essen und Trinken, waren ihre Fässer mit Trinkwasser gefüllt. Ihre Boote leckten nicht mehr. Außer Schiffszwieback besaß jede Besatzung einige Fische und Vögel. Außerdem mussten drei Männer weniger ernährt werden. »Wir setzten wieder Segel«, schrieb Nickerson, »und verließen endgültig dieses Stück Land, das uns eine glückliche Fügung des Schicksals in den Weg geworfen hatte.«

Zehntes Kapitel

DAS FLÜSTERN DES TODES

Bevor sie Henderson verließen, lud Chase einen großen, flachen Stein und Feuerholz in jedes Boot. Nachdem sowohl die Insel als auch die Sonne am westlichen Horizont hinter ihnen verschwunden waren, zündeten sie Feuer auf den Steinen an. Es war ihr erster Abend wieder auf See. »Wir sorgten dafür, dass die Feuer nicht ausgingen«, schrieb Chase, »brieten uns Fische und Vögel und fühlten uns so wohl, wie man es in unserer Situation nur verlangen konnte.«

Nachdem sie einen Monat lang nach Süden und sogar nach Westen gefahren waren, hofften sie nun, auf annähernd direktem östlichen Kurs zur Osterinsel zu segeln. Dafür bräuchten sie freilich zwei Wochen Westwind. Auf 24° südlicher Breite befanden sie sich jedoch immer noch im Gebiet des Südostpassats, wo der Wind über siebzig Prozent des Jahres aus Südost weht. In jener Nacht aber kam, als wären ihre Gebete erhört worden, ein starker Nordwestwind auf, mit dem sie genau auf die Osterinsel zuhielten.

Um ihr Vorrücken nach Osten verfolgen zu können, mussten sie eine Möglichkeit zur Bestimmung ihrer geographischen Länge finden – was sie während der ersten Etappe der Fahrt versäumt hatten. Einmonatiges Segeln ohne Kenntnis ihrer Ostwestposition hatte ihnen die Notwendigkeit vor Augen geführt, wenigstens den Versuch einer Längenbestimmung zu unternehmen. Bevor sie Henderson verließen, beschlossen sie Chase zufolge, regelmäßig eine »Koppelrechnung« durchzuführen. Anhand des Mittagsbestecks erhielten sie ihre Breite und indem sie, wie schon Kapitän Bligh vor ihnen, mit einer improvisierten Logleine ihre Geschwindigkeit maßen und mit einem Kompass ihren Kurs bestimmten, konnten sie ihre Länge berechnen. Damit segelten die *Essex*-Boote nicht länger blind über den Ozean.

Drei Tage lang stand der Nordwestwind durch. Dann, am 30. Dezember, drehte er auf Ostsüdost, so dass sie die nächsten beiden Tage einen Kurs weit südlich der Osterinsel steuern mussten. Doch am ersten Tag des neuen Jahres 1821 sprang er auf Nord um und sie kehrten auf ihren alten Kurs zurück.

Am 3. Januar gerieten sie laut Nickerson in ein »schweres Unwetter«. Sturmböen fegten aus Südwest übers Wasser. »Wir bekamen so rauen Seegang«, erinnerte sich Nickerson, »dass wir jedes Mal befürchteten, beim nächsten Windstoß würden unsere Boote überflutet ... Jede Bö wurde von grellen Blitzen und ohrenbetäubenden Donnerschlägen begleitet, die den tiefsten Meeresboden zu erschüttern schienen und die Oberfläche des Ozeans noch bedrohlicher aussehen ließen.«

Am nächsten Tag sprang der launische Wind auf Ostnordost. Mit dichtgeholten Steuerbordschoten segelten sie so hoch am Wind wie möglich, konnten aber trotzdem den Kurs auf die Osterinsel nicht halten. Unabhängig voneinander gelangten Pollard und Chase zu demselben Besorgnis erregenden Schluss: Inzwischen waren sie so weit im Süden, dass keinerlei Hoffnung mehr bestand, die Insel noch zu erreichen. Sie suchten in ihren beiden Exemplaren von Bowditchs Navigationshandbuch nach der am nächsten gelegenen Insel, »die wir bei diesem Wind ansteuern konnten«. Ungefähr achthundert Meilen vor der chilenischen Küste lagen die Inseln Juan Fernandez und Masafuera. Unglücklicherweise betrug jedoch die Entfernung dorthin über zweieinhalbtausend Meilen – mehr, als sie seit dem Verlassen der *Essex* vor vierundvierzig Tagen zurückgelegt hatten.

Am selben Tag, an dem sie alle Hoffnung aufgaben, die Osterinsel zu erreichen, aßen sie ihre restlichen Fische und Vögel. Von nun an waren sie wieder auf eine Tagesration von einem Becher Wasser und knapp neunzig Gramm Schiffszwieback pro Mann gesetzt.

Die beiden nächsten Tage ließ der Wind sie ganz im Stich. Die Sonne brannte mit derselben vernichtenden Kraft, unter der sie schon vor der Ankunft auf Henderson so gelitten hatten. Am schlimmsten machte die Hitze Matthew Joy zu schaffen, dessen Verdauungsorgane versagten. Sein Befinden hatte sich seit Verlassen der Insel immer weiter verschlechtert, und seine glasigen, fiebrigen Augen waren unübersehbar vom Tod gezeichnet.

Am 7. Januar kam Wind aus Nord auf. Bei der Standortbestimmung am Mittag stellten sie fest, dass sie fast sechs Breitengrade oder dreihundertsechzig Seemeilen nach Süden abgedriftet waren. Am meisten Sorgen machte ihnen jedoch ihr schleppendes Vorankommen Richtung Osten. Sie schätzten, dass sie sich seit ihrer Abfahrt von Henderson vor elf Tagen dem Festland um höchstens sechshundert Meilen genähert hatten.

Am nächsten Tag äußerte Matthew Joy einen Wunsch. Der siebenundzwanzigjährige Zweite Maat bat darum, ins Boot des Kapitäns wechseln zu dürfen. Sein Wunsch wurde erfüllt, schrieb Chase, »in der Annahme, dass er sich dort wohler fühlen und aufmerksamere und aufopferndere Pflege und Anteilnahme erfahren würde«. Aber im Grunde kannten alle den wahren Grund für Joys Bootswechsel. Nun, da es mit ihm zu Ende ging, wollte Joy, der mit fünf »Tölpeln« im Boot saß, bei seinen Leuten sterben.

Joy stammte aus einer alten Quäkerfamilie. Sein Großvater hatte ein stattliches Haus direkt neben dem Rathaus von Nantucket besessen, von dem nach wie vor alle als der Heimstätte Reuben Joys sprachen. Im Jahr 1800, als Matthew gerade sieben Jahre alt war, zogen seine Eltern mit der ganzen Familie nach Hudson, New York, wo einige Nantucketer kurz nach dem Unabhängigkeitskrieg einen Walfanghafen gegründet hatten. Matthew blieb ein *Freund*, bis er im Jahr 1817 auf seine Heimatinsel zurückkehrte und die neunzehnjährige Nancy Slade, eine Kongregationalistin, heiratete.

Wie in solchen Fällen üblich, schloss ihn die Nantucketer Monatsversammlung noch im selben Jahr aus, weil er »außerhalb« der *Gesellschaft der Freunde* geheiratet hatte.

Wenn also Joy auch kein *Freund* mehr war, so bewies er doch am 10. Januar 1821, einem heißen, windstillen Tag im Pazifik, die typischen Quäkertugenden: Verantwortungsgefühl und Aufopferungsbereitschaft. Nachdem seine Bootscrew die letzten beiden Tage sich selbst überlassen gewesen war, bat er nun darum, zu ihr zurückgebracht zu werden. Die Loyalität gegenüber seiner Besatzung siegte letzten Endes über sein Bedürfnis nach tröstlichem Zuspruch durch seine Freunde aus Nantucket. Seiner Bitte wurde entsprochen, und um vier Uhr desselben Nachmittags war Matthew Joy gestorben.

Auf dem Quäkerfriedhof von Nantucket standen keinerlei Grabsteine, und seine glatte, makellose Fläche wurde oft mit der namenlosen Oberfläche der See verglichen. Wie jener tausende von Meilen entfernte Friedhof lag die See an diesem Morgen glatt und ruhig da – nicht der geringste Lufthauch riffelte die gleichmäßige Oberfläche des Pazifiks. Die drei Boote kamen zusammen, und nachdem Joy in seine Kleider genäht worden war, banden seine Kameraden ihm einen Stein an die Füße und »übergaben ihn auf feierliche Weise dem Meer«.

Obwohl sie seit geraumer Zeit von Joys Krankheit gewusst hatten, traf sie sein Verlust hart. »Dieser Vorfall«, schrieb Chase, »warf für viele Tage lang einen Schatten auf unsere Stimmung.« Die letzten beiden Wochen waren für die Männer im Boot des Zweiten Maates sehr schwer gewesen. Statt Kraft und Aufmunterung aus dem Beispiel ihres Bootsführers zu schöpfen, hatten sie wertvolle Energie aufwenden müssen, ihn zu pflegen. Die Abwesenheit von Joys Bootssteurer Thomas Chappel erschwerte die Sache zusätzlich. Um die Lücke zu füllen, befahl Pollard seinem Bootssteurer, dem 21 Jahre alten Obed Hendricks, das Kommando über die erschütterte und entmutigte Crew des Zweiten Maates zu übernehmen.

Kurz nachdem Hendricks den Steuerriemen übernommen hatte, machte er eine alarmierende Entdeckung. Infolge Joys krankheitsbedingter Abwesenheit hatte offenbar niemand die Verteilung der Vorräte in seinem Boot überwacht. Der Schiffszwieback in der Plicht reichte Hendricks zufolge allerhöchstens noch für zwei oder drei Tage.

Im Laufe des folgenden Tages – dem 52., seit die Männer die *Essex* verlassen hatten – baute sich aus Nordwest ein immer stärkerer Wind auf, der sich bis zum Einbruch der Nacht zu einem heftigen Sturm auswuchs. Die Männer holten die Segel ein und legten die Boote vor den Wind. Selbst ohne jeden Fetzen Tuch schossen sie in wildem Tempo über die Wellenkämme. »Ringsum zuckten pausenlos grelle Blitze«, schrieb Chase, »und der Regen ergoss sich in Sturzbächen über uns.« Aber statt in Angst und Schrecken versetzte der Sturm die Männer geradezu in Hochstimmung, wussten sie doch, dass jede der Fünfzig-Knoten-Böen sie ihrem Ziel entgegenblies. »Obwohl die Gefahr sehr groß war«, erinnerte sich Nickerson, »schien niemand sie so zu fürchten wie den Tod durch Verhungern, und ich glaube, keiner von uns hätte diesen fürchterlichen Sturm gegen einen gemäßigteren Gegenwind oder eine Flaute eingetauscht.«

Die Sicht bei dem peitschenden Regen in jener Nacht war schlecht. Für den Fall, dass sie sich verlieren würden, hatten sie vereinbart, Ostsüdostkurs zu steuern, in der Hoffnung, sich bei Tagesanbruch gegenseitig in Sicht zu haben. Wie üblich fuhr Chase an der Spitze. Ungefähr jede Minute drehte er sich um und vergewisserte sich, dass er die anderen zwei Boote noch sah. Doch als er gegen elf Uhr zurückschaute, sah er nichts mehr. »Zu diesem Zeitpunkt stürmte und schüttete es, als wollte der Himmel auseinander brechen«, schrieb er, »und ich wusste im ersten Moment nicht recht, was ich tun sollte.« Er beschloss, anzuluven und beizuliegen. Nachdem sie so etwa eine Stunde dahingetrieben waren, »jeden Moment damit rechnend, dass die anderen aufkamen«, gingen Chase und seine Männer wieder auf den vereinbarten Kurs, in der Hoffnung, die beiden Boote am nächsten Morgen zu sichten.

»Beim ersten Tageslicht«, schrieb Nickerson, »erhoben sich alle im Boot und suchten das Wasser ab.« Sie stützten sich an die Masten oder hielten einander fest, während sie auf den Ruderbänken standen und die Hälse reckten, um irgendwo am wellenzerfransten Horizont einen Blick von ihren verlorenen Kameraden zu erhaschen. Aber die waren spurlos verschwunden. »Natürlich war es Unsinn, mit dem Schicksal zu hadern«, so Chase. »Es war nicht zu ändern, und Jammern würde sie auch nicht zurückbringen. Trotzdem konnten wir nicht verhindern, dass uns jene abgrundtiefe Verbitterung befiel, die sich wohl zwangsläufig einstellt, wenn Menschen, die lange gemeinsam gelitten haben und deren Gefühle und Schicksal so eng miteinander verknüpft waren, plötzlich auseinander gerissen werden.«

Sie befanden sich jetzt auf 32°16′ südlicher Breite und 112°20′ westlicher Länge, rund sechshundert Meilen südlich der Osterinsel. Neunzehn Tage, nachdem sie Henderson verlassen hatten, und noch über tausend Meilen von ihrem Ziel entfernt, waren Chase und seine Männer nun ganz allein auf sich gestellt. »Noch lange nach diesem Unglücksfall wurde unsere Fahrt von trübsinnigen, schwermütigen Gedanken überschattet«, schrieb der Obermaat. »Aus unseren Mienen schwand jede Spur von Zuversicht und gegenseitiger Aufmunterung, die wir doch, so seltsam es auch klingen mag, sowohl in unserem seelischen als auch in unserem körperlichen Leid so bitter nötig hatten.«

Sturmböen und Regenschauer hielten auch den ganzen nächsten Tag hindurch an. Chase beschloss, eine Bestandsaufnahme ihres restlichen Proviants durchzuführen. Dank seiner strengen Beaufsichtigung besaßen sie noch einen beträchtlichen Vorrat an Schiffszwieback. Doch sie waren nun seit vierundfünfzig Tagen auf See, und von der Insel Juan Fernandez trennten sie noch über zwölfhundert Meilen. »Langsam begann uns zu dämmern«, schrieb Chase, »dass eine weitere Reduzierung unserer täglichen Zuteilung unumgänglich war, wollten wir nicht alle Hoffnungen, Land zu erreichen, aufgeben und uns ausschließlich darauf verlassen, von einem anderen Schiff gerettet zu werden.«

Mit knapp neunzig Gramm Schiffszwieback pro Kopf waren sie bereits auf halbe Ration gesetzt. »Die entscheidende Frage war, wie man die tägliche Nahrungsmenge reduzieren konnte, ohne dabei zu verhungern.« Neunzig Gramm Schiffszwieback pro Tag enthielten lediglich zweihundertfünfzig Kalorien, was nicht einmal fünfzehn Prozent des Tagesbedarfs der Männer entsprach. Chase erklärte seinen Leuten, dass ihnen nichts anderes übrig blieb, als diese halben Rationen abermals zu halbieren – auf knapp fünfundvierzig Gramm Schiffszwieback pro Tag. Ihm war klar, dass sie dadurch »binnen kurzem zu Skeletten abmagern würden«.

Es war ein schreckliches Dilemma, und Chase fiel die Entscheidung nicht leicht. »Es kostete mich große Überwindung«, schrieb er, »die Leute vor die furchtbare Wahl zu stellen: entweder ... unsere Körper und Hoffnungen noch etwas länger zu nähren oder uns, vom Hunger gepeinigt, auf unseren Proviant zu stürzen, ihn zu verschlingen und dann ruhig dem Tod entgegenzusehen.« Irgendwo nördlich von ihnen waren ihre Kameraden kurz davor, die Konsequenzen aus der letztgenannten Alternative zu erkennen.

Die Männer in Pollards und Hendricks' Booten hatte die Trennung genauso erschüttert. Dennoch setzten sie ihre Fahrt fort, ziemlich zuversichtlich, Chases Boot schon wiederzufinden. An jenem Tag, dem 14. Januar, ging Obed Hendricks' Boot der Proviant aus. Für Hendricks und seine fünf Crewmitglieder – Joseph West, Lawson Thomas, Charles Shorter, Isaiah Sheppard und William Bond – stellte sich die Frage, ob Pollard bereit wäre, seine Vorräte mit ihnen zu teilen.

Da Pollard seinem Bootssteurer erst drei Tage zuvor den Befehl über das Boot des Zweiten Maats übertragen hatte, konnte er Hendricks schlecht den ihm zustehenden Anteil am Proviant verweigern. Aber wenn er Hendricks mit durchfütterte, musste er mit den fünf anderen dasselbe tun. Also teilten Pollard und seine Männer das bisschen Schiffszwieback, das sie noch hatten, mit den anderen, im vollen Bewusstsein, dass in wenigen Tagen für niemanden mehr etwas übrig wäre.

Chases Trennung von Pollard und Hendricks bewahrte den Obermaat vor dieser Zwangslage. Von Anfang an hatte Chase die Verteilung der Rationen an Bord seines Bootes mit eiserner Strenge, ja mit wahrer Besessenheit überwacht. Aus seiner Sicht wäre es ein Akt kollektiven Selbstmords gewesen, wenn er Hendricks' Männer – allesamt Nichtinsulaner, denen zu Beginn des Martyriums dieselbe Menge Schiffszwieback zugeteilt worden war wie seiner Crew – an seine Seekiste mit Vorräten gelassen hätte. Zu einem früheren Zeitpunkt ihrer Tortur hatten die Männer die Möglichkeit erörtert, den Proviant teilen zu müssen, falls eine der Crews ihrer Vorräte verlustig ging, und waren zu dem Schluss gekommen, dass dieser Weg, so Chase, »die Chancen einiger von uns, doch noch gerettet zu werden, nur schwächen und einzig und allein dazu führen würde, ausnahmslos jeden von uns einem qualvollen Hungertod preiszugeben«. So gesehen hätte für Chase, der entschlossen war, sich und seine Bootsbesatzung in Sicherheit zu bringen, die Trennung von Pollards und Hendricks' Booten zu gar keinem besseren Zeitpunkt kommen können.

Am selben Tag, als Chase die Tagesration seiner Crew an Schiffszwieback halbierte, flaute der Wind immer mehr ab, bis er schließlich ganz einschlief. Die Wolken lösten sich auf, bis die Strahlen der Sonne von neuem sengend auf den Männern lasteten. In ihrer Verzweiflung zogen Chase und seine Männer die Segel von den Spieren und verbargen sich unter der salzverkrusteten Leinwand. In die Segel gewickelt, lagen sie auf den Bodenplanken und »lieferten ihr Boot«, wie der Obermaat schrieb, »auf Gedeih und Verderb den Wellen aus«.

Trotz der glühenden Sonne klagten die Männer nicht über Durst. Nachdem sie sich eine Woche lang auf Henderson hatten satt trinken können, hatte sich ihr Wasserhaushalt wieder so weit reguliert, dass anstelle von Wasser nun Essen zu ihrem dringendsten Bedürfnis geworden war. Ein Teil der Männer litt sogar an Durchfall – ein verbreitetes Symptom bei Hungernden –, was Chase auf die »abführende Wirkung des Wassers« zurückführte. »Wir siechten zusehends dahin«, wie er es ausdrückte.

Während sich der Körper von Wasserentzug relativ schnell regeneriert, braucht er unangenehm lang, um sich von den Folgen des Hungerns zu erholen. Am Ende des Zweiten Weltkriegs führte das Forschungslabor für physiologische Hygiene der Universität Minnesota eine Untersuchung über das Hungern durch, die auch heute noch sowohl unter Wissenschaftlern als auch unter Mitarbeitern von Hilfs- und Wohlfahrtsorganisationen als bahnbrechend gilt. Die zum Teil von religiösen Gruppen, unter anderem der *Gesellschaft der Freunde,* finanzierte Untersuchung sollte den Alliierten Hilfestellung beim Umgang mit befreiten KZ-Häftlingen, Kriegsgefangenen und Flüchtlingen geben. Die Teilnehmer waren ausschließlich Kriegsdienstverweigerer, die sich freiwillig dazu verpflichteten, innerhalb von sechs Monaten ein Viertel ihres Körpergewichts zu verlieren.

Der Versuchsleiter war Dr. Ancel Keys (nach dem die *K-ration* benannt ist). Die Freiwilligen fristeten ein karges, aber dennoch halbwegs komfortables Dasein in einem Stadion auf dem Campus der Universität Minnesota. Sie magerten zwar ab, doch ihre täglichen, genau bemessenen Rationen an Kartoffeln, Steck- und Kohlrüben, Schwarzbrot und Makkaroni (ähnlich den Lebensmitteln, von denen sich Flüchtlinge während des Krieges ernähren) enthielten die unterschiedlichsten Vitamine und Mineralien. Dennoch litten die Versuchsteilnehmer schon bald unter schwerer physiologischer und psychologischer Erschöpfung.

Je mehr die Männer an Gewicht verloren, desto träger und teilnahmsloser wurden sie. Außerdem litten sie zunehmend unter Gereiztheit, und es fiel ihnen immer schwerer, sich zu konzentrieren. Sie waren entsetzt über das Schwinden ihrer Kräfte und ihr mangelndes Koordinationsvermögen, und etliche wurden ohnmächtig, wenn sie zu rasch aufstanden. Ihre Gliedmaßen schwollen an; sie verspürten keinerlei sexuelles Verlangen mehr, sondern schwelgten stattdessen in einer Art »Magenmasturbation«, indem sie sich gegenseitig ihre Lieblingsgerichte aufzählten und sich stundenlang in Kochbücher vertieften. Sie klagten über den totalen Verlust von Unternehmungsgeist und Kreativität. »Viele der so genannten typisch amerikanischen Eigenschaften«, schrieb ein Chronist des Versuchs, »– überschäumende Energie, Großzügigkeit, Optimismus – erklären sich nun als mehr oder weniger folgerechte Verhaltensweisen eines wohlgenährten Volkes.«

Die anschließende Erholungsphase erwies sich für viele der Männer als schwierigster Teil des Experiments. Noch Wochen, nachdem sie die Nahrungsaufnahme wieder erhöht hatten, litten sie unter Anfällen von Heißhunger. Einige nahmen sogar in der ersten Woche nach Beendigung der Hungerkur noch weiter ab. Wenn die Ergebnisse der Minnesota-Studie zutreffen, trug die Woche, die die Männer der *Essex* auf Henderson verbrachten, nur wenig zur Wiederherstellung der Fett- und Muskelreserven ihrer Körper bei. Und inzwischen, drei Wochen später, waren die Seeleute dem Hungertod wieder genauso nahe wie ehedem.

Die Symptome, unter denen die Männer litten, als ihre Boote am 14. Januar 1821 in einer Flaute auf dem Wasser dümpelten, ähnelten jenen, die sich im Jahr 1945 bei den Kriegsdienstverweigerern zeigten. Wie Chase berichtete, hatten sie kaum die Kraft, sich »von der Stelle zu rühren und die nötigsten Handgriffe auszuführen«. Als sie sich an jenem Abend in ihrem Boot aufsetzten, hatten sie mit den gleichen Kreislaufproblemen zu kämpfen, unter denen die Probanden der Universität Minnesota gelitten hatten. »Beim Versuch, erneut aufzustehen«, schrieb Chase, »schoss uns das Blut in den Kopf, und uns wurde schwarz vor Augen, so dass wir fast sofort wieder umgefallen wären.«

Chases Zustand war so ernst, dass er vergaß, seine Seekiste zu verschließen, bevor er auf den Bodenplanken einschlief. In derselben Nacht weckte einer aus der Crew den Obermaat und meldete ihm, dass Richard Peterson, der alte Schwarze aus New York und Leiter ihrer Andachten, Schiffszwieback gestohlen hatte.

Wütend sprang Chase auf. »In dem Moment war ich so empört und verärgert«, schrieb er, »dass ich zur Pistole griff und ihn aufforderte, alles, was er genommen hatte, unverzüglich herauszurücken, sonst würde ich ihn auf der Stelle erschießen!« Peterson gab den entwendeten Zwieback sofort zurück und »entschuldigte sich damit«, so Chase, »dass der Hunger ihn dazu getrieben hätte«. Fast dreimal so alt wie die anderen Bootsinsassen, hatte Peterson die Grenze seiner Belastbarkeit erreicht, und ohne zusätzliches Brot, das wusste er, würde er in Kürze sterben.

Trotzdem hielt es der Obermaat für geboten, ein Exempel zu statuieren. »Dies war die erste Übertretung«, schrieb er, »und zum Schutz unseres Lebens und unserer Hoffnungen auf Erlösung von unseren Qualen war eine prompte und exemplarische Bestrafung vonnöten.« Doch Peterson war, wie Nickerson bemerkte, »ein guter, alter Kerl, und einzig unerträglicher Heißhunger konnte ihn zu diesem unbesonnenen Raubüberfall getrieben haben«. Und so beschloss Chase zu guter Letzt, Gnade vor Recht ergehen zu lassen. »Ich brachte es einfach nicht übers Herz, ihm gegenüber deswegen auch nur die geringste Härte walten zu lassen«, schrieb er, »egal wie nötig es angesichts seiner Rücksichtslosigkeit uns gegenüber auch gewesen wäre.« Chase warnte Peterson allerdings, dass der nächste Versuch zu stehlen ihn das Leben kosten würde.

Am nächsten Tag kam eine leichte Brise auf, die bis in die Nacht hinein anhielt. Die Spannungen zwischen den Männern in Chases Boot ließen allmählich nach, doch ihr individuelles Leid hielt unvermindert an. Der Hunger, der ihre Körper quälte, war so stark, dass die tägliche Ration von knapp fünfundvierzig Gramm Schiffszwieback kaum Linderung brachte. Trotzdem blieb die Verteilung des Proviants der Höhepunkt des Tages. Einige Männer versuchten mit ihren Portionen möglichst lange auszukommen und knabberten mit geradezu anmutig kleinen Bissen an dem Zwieback, ließen dabei jeden einzelnen Krümel in dem bisschen Speichel zergehen, den ihre Münder noch erzeugten. Andere wiederum verschlangen ihre Rationen faktisch mit einem Bissen, in der Hoffnung, auf diese Weise wenigstens ein leichtes Völlegefühl im Magen zu spüren. Anschließend leckten sich alle äußerst penibel die Finger ab.

In jener Nacht wallte auf einmal das ruhige Wasser um Chases Boot hell schäumend auf, als irgendetwas Riesiges ihr Heck rammte. Ans Dollbord geklammert, richteten sich die Männer auf und als sie über den Bootsrand spähten, sahen sie einen Hai, beinahe so groß wie der Killerwal, der Pollards Boot attackiert hatte. Der Hai »umkreiste uns auf höchst raubgierige Weise und griff mal von dieser, mal von jener Seite das Boot an, gerade so, als wollte er auch das Holz verschlingen«. Das Monstrum schnappte nach dem Steuerriemen und versuchte dann, seinen gewaltigen Rachen um den Achtersteven zu schließen, als wäre es von demselben nagenden Hunger besessen, der die Menschen an Bord mehr und mehr aufzehrte.

Auf dem Boden des Bootes lag eine Lanze, die jener entsprach, bei der Chase damals einen Moment lang überlegt hatte, den Wal zu töten, der anschließend die *Essex* versenkt hatte. Wenn es ihnen gelänge, diesen riesigen Hai zu töten, hätten sie für mehrere Wochen genügend zu essen. Doch als Chase versuchte, dem Tier die Lanze in den Leib zu stoßen, musste er feststellen, dass er noch nicht einmal genügend Kraft hatte, die sandpapierartige Haut auch nur einzudellen. »Er war wesentlich größer als ein normaler Hai«, schrieb Chase, »und legte eine unerschrockene Bösartigkeit an den Tag, die uns Angst machte; und unsere verzweifelten Versuche, die zunächst darauf gerichtet waren, ihn als Beute zu töten, verwandelten sich schließlich in reine Selbstverteidigung.« Faktisch mussten die Männer jedoch mehr oder weniger hilflos mit ansehen, wie der Hai immer wieder mit dem Kopf oder Schwanz gegen die dünnen Wände ihres Walbootes schlug. Aber irgendwann wurde es dem Hai zu dumm mit ihnen. »Als er merkte, dass er trotz seiner hungrigen Attacken nichts ausrichten konnte«, so Chase, »schwamm er schließlich davon.«

Am nächsten Tag leistete ihnen eine Gruppe Tümmler Gesellschaft. Fast eine ganze Stunde lang bemühten sich Chases Männer verzweifelt, eines der zum Spielen aufgelegten Tiere zu fangen. Jedes Mal, wenn ein Tümmler neben dem Boot auftauchte, versuchten sie ihn mit der Lanze zu durchbohren. Doch genau wie beim Hai brachten sie, so Nickerson, »nicht genügend Kraft auf, um durch die harte Haut der Tiere zu stechen«. Im Unterschied zum Hai, der eine primitive Tötungsmaschine ist, gehören Tümmler zu den am höchsten entwickelten Säugetieren der Erde. Mit schmerzlicher Deutlichkeit wurde der Bootsladung voll hungernder Landlubber vor Augen geführt, wer hier die Oberhand hatte. »Bald darauf verließen sie uns«, schrieb Nickerson, »in offenbar bester Laune immer wieder hoch aus dem Wasser springend ... Ausdruck reinster Lebensfreude. Arme Teufel, wie überlegen sie uns in dem Moment waren und ... wussten es nicht einmal!«

An den nächsten beiden Tagen, dem 17. und dem 18. Januar, herrschte wieder Flaute. »Abermals senkten sich dumpfe Hoffnungslosigkeit und eine glühende Sonne auf unsere dem Untergang geweihten Häupter«, schrieb Chase. Fast sechzig Tage waren seit ihrer Aufgabe der *Essex* vergangen und inzwischen glaubte selbst Chase, dass es ihr Schicksal war zu sterben. »Langsam, aber sicher gewannen wir die Überzeugung, dass Gott uns am Ende doch verlassen hätte«, schrieb der Obermaat, »und dass es sich nicht lohnte, dieses öde, stumpfsinnige Dahinsiechen noch zu verlängern.« Immer wieder suchte sie die Frage heim, *wie* sie wohl sterben würden. »Entsetzliche Gefühle überkamen uns! – Die Vorstellung von einem quälenden Todeskampf, den wir uns in den schwärzesten Farben ausmalten, war sowohl körperlich als auch seelisch absolut niederschmetternd.«

Die Nacht vom 18. auf den 19. Januar nannte Chase »eine verzweifelte Station auf unserem Leidensweg«. Zwei Monate der Entbehrung und der Angst erreichten einen neuen, unerträglichen Höhepunkt, als sich die Männer vorstellten, welch grauenvolle Zukunft vor ihnen lag. »Wir steigerten uns in die schlimmsten Ängste und Befürchtungen um unser Schicksal«, schrieb Chase, »und unser ganzes Denken war hoffnungslos düster und konfus.«

Gegen acht Uhr erwachte die Dunkelheit mit einem vertrauten Klang zum Leben: dem Atmen von Pottwalen. Es war stockfinster, und das Geräusch, das einst bei ihnen prickelndes Jagdfieber ausgelöst hatte, versetzte sie jetzt in Angst und Schrecken. »Wir hörten deutlich das laute Klatschen, mit dem ihre Schwanzflossen aufs Wasser schlugen«, erinnerte sich Chase, »und malten uns in unseren kranken Hirnen ihr grässliches, Furcht erregendes Aussehen aus.«

Als die Wale rings um das Boot auf- und abtauchten, »packte Richard Peterson die Angst«, und er flehte seine Kameraden an, sie in Sicherheit zu rudern. Aber niemand hatte die Kraft, auch nur einen Riemen anzuheben. Nachdem drei Wale kurz nacheinander dicht am Heck vorbeigeschwommen waren, wobei »sie in erschreckend kurzen Abständen ihre Fontänen ausstießen«, verschwand die Herde wieder im Dunkeln.

Als Petersons Panik abgeklungen war, sprach er mit Chase über seinen Glauben. Obwohl er wusste, dass sein Tod bevorstand, hielt er unvermindert am Glauben an Gott fest. »Er redete sehr vernünftig und gefasst«, schrieb Chase. Peterson hatte eine Frau in New York City und bat Chase, sich mit ihr in Verbindung zu setzen, falls der Obermaat jemals lebend nach Hause zurückkehren sollte.

Am nächsten Tag, dem 19. Januar, stürmte es so heftig, dass sie die Segel einholen und beiliegen mussten. Blitze zuckten und es goss wie aus Kübeln, als der Wind »rund um den Kompass drehte«. Während ihr kleines Boot von den durcheinander laufenden Seen hin und her geworfen wurde, lag Peterson »zutiefst entmutigt und verzagt« zwischen den

Ruderbänken. Gegen Abend wehte sich der Wind schließlich auf Ostnordost ein.

Am 20. Januar, auf den Tag genau zwei Monate nach dem Untergang der *Essex*, erklärte Richard Peterson, seine Zeit zu sterben sei gekommen. Als Chase ihm seine Tagesration Schiffszwieback anbot, lehnte der alte Matrose mit der Begründung ab: »Einem anderen kann er vielleicht noch helfen, mir nicht mehr.« Wenig später versagte sein Sprachvermögen.

Seit langem bestätigen moderne Euthanasiebefürworter, dass die kombinierte Wirkung von Verhungern und Verdursten unheilbar Kranken ein schmerzloses und würdiges Sterben ermöglicht. Im Endstadium hören sowohl der nagende Hunger als auch das Durstgefühl auf. Der Patient verliert das Bewusstsein und stirbt einen friedlichen Tod an Versagen der inneren Organe. Offenbar ist Richard Peterson auf diese Weise gestorben. »So ruhig, wie er atmete, schien er nicht den geringsten Schmerz zu verspüren«, berichtete Chase, »und um vier Uhr war er für immer eingeschlafen.«

Am nächsten Tag, auf 35°07′ südlicher Breite und 105°46′ westlicher Länge, tausend Meilen von Juan Fernandez entfernt, folgte der Leichnam von Peterson dem Joys in den unermesslichen Friedhof der See hinab.

Elftes Kapitel

DAS LOS ENTSCHEIDET

Am 20. Januar 1821, acht Tage nachdem sie Chase aus den Augen verloren hatten, gingen die Vorräte in Pollards und Hendricks' Booten zur Neige. Am selben Tag starb Lawson Thomas, einer der Schwarzen in Hendricks' Boot. Vor dem Hintergrund, dass für zehn Mann nur noch knapp ein Pfund Schiffszwieback zur Verfügung stand, brachten Hendricks und seine Crew ein Thema zur Sprache, das alle schon beschäftigt, aber niemand anzusprechen gewagt hatte – ob sie den Leichnam, statt ihn der See zu übergeben, nicht lieber essen sollten.

Seit der Mensch begann, die Weltmeere zu befahren, ist es immer wieder geschehen, dass sich ausgehungerte Seeleute von den sterblichen Überresten ihrer Bordgenossen ernährt haben. Im frühen neunzehnten Jahrhundert war Kannibalismus auf See so verbreitet, dass sich viele Überlebende bei ihrer Rettung zu der Beteuerung genötigt sahen, *nicht* Zuflucht zu dieser Praxis genommen zu haben, die einem Historiker zufolge »jedem halb verhungerten Schiffbrüchigen automatisch unterstellt wurde«. Einer der am ausführlichsten dokumentierten Fälle von Kannibalismus unter Seeleuten ereignete sich im Winter 1710, als die *Nottingham Galley,* ein englisches Handelsschiff unter dem Kommando von Kapitän John Dean, auf die Felsen der winzigen Insel Boon vor der Küste von Maine lief und Schiffbruch erlitt. Obwohl das Festland in Sichtweite lag, war die Besatzung von der Außenwelt abgeschnitten, ohne Vorräte und ohne jede Aussicht auf Hilfe. Als in der dritten Woche der Schiffszimmermann starb, schlug einer aus der Crew vor, die Leiche ihres ehemaligen Bordgenossen zu essen. Kapitän Dean fand den Vorschlag zunächst »äußerst schrecklich und schockierend«. Während sie auf den Leichnam des Zimmermanns starrten, entbrannte eine hitzige Diskussion. »Nach langer, reiflicher Überlegung und Beratung über die Zulässigkeit oder Sündhaftigkeit solchen Handelns auf der einen und die absolute Notwendigkeit auf der anderen Seite«, schrieb Dean, »mussten sich Glauben, Gewissen und so weiter den unwiderlegbaren Argumenten unserer hungrigen Mägen beugen.«

111 Jahre später gelangten mitten auf dem Pazifik zehn Besatzungsmitglieder der *Essex* zu einem ähnlichen Schluss. Zwei Monate nachdem sie, so Pollard, »aus Angst davor, von Kannibalen verschlungen zu werden«, beschlossen hatten, die Gesellschaftsinseln zu meiden, standen sie im Begriff, einen ihrer Bordgenossen zu essen.

Zuerst mussten sie den Leichnam freilich schlachten. Am Ende des Alten Nordkais auf Nantucket stand ein Schlachthaus, wo jeder Inseljunge zuschauen konnte, wie eine Kuh oder ein Schaf in verkaufsgerechte Fleischstücke gehackt wurde. Auf Walfängern oblag Zubereitung und Kochen der Mahlzeiten den schwarzen Besatzungsmitgliedern. Im Fall der *Essex* hatten sie vor dem Walangriff über dreißig Schweine und Dutzende von Schildkröten geschlachtet. Und selbstredend hatten sich alle zwanzig Besatzungsmitglieder am Zerschneiden mehrerer Dutzend Pottwale beteiligt. Aber diesmal handelte es sich weder um einen Pottwal noch um ein Schwein, auch nicht um eine Schildkröte, sondern um Lawson Thomas, einen Bordgenossen, mit dem sie zwei höllische Monate in einem offenen Boot verbracht hatten. Und wer auch immer von ihnen Thomas' Leichnam zerlegen würde, hätte nicht nur mit der Enge eines gerade einmal 25 Fuß langen Bootes, sondern auch mit dem Aufruhr der eigenen Gefühle zu kämpfen.

Kehren wir noch einmal zum Beispiel der vor Maine gestrandeten *Nottingham Galley* zurück. Da die Besatzung sich 1710 nicht dazu überwinden mochte, den Leichnam des Zimmermanns zu zerschneiden, flehte sie den widerstrebenden Kapitän Dean an, er möge die grausige Arbeit für sie übernehmen. »Schließlich gab ich mich ihrem unaufhörlichen Bitten und Flehen geschlagen«, schrieb Dean, »und erledigte die Arbeit in der Nacht.« Wie die meisten Seeleute, die gezwungenermaßen zu Kannibalen werden, trennte auch Dean zunächst die am auffälligsten an den Menschen erinnernden Körperteile – Kopf, Hände, Füße und Haut – ab und übergab sie der See.

Falls Hendricks und seine Männer Deans Beispiel gefolgt sind, dürften sie als Nächstes Herz, Leber und Nieren aus Thomas' blutigem Brustkorb entfernt haben. Anschließend haben sie vermutlich das Fleisch von Wirbelsäule, Rippen und Becken gehackt. Jedenfalls berichtete Pollard, sie hätten, nachdem sie auf dem flachen Stein unten im Bootsrumpf ein Feuer entfacht hatten, Innereien und Fleisch gebraten und zu essen begonnen.

Doch anstatt den nagenden Hunger der Männer zu stillen, verstärkten die ersten Bissen noch ihre atavistische Essgier. Speichel strömte in ihre Münder, während in ihren seit langer Zeit untätigen Mägen die Verdauungssäfte arbeiteten. Und je mehr sie aßen, desto hungriger wurden sie.

Nach Schätzungen von Anthropologen und Archäologen, die sich mit dem Phänomen des Kannibalismus befassen, liefert ein durchschnittlich großer Erwachsener etwa sechzig Pfund an genießbarem Fleisch. Der Körper von Lawson Thomas entsprach jedoch mitnichten dem Durchschnitt. Bei Autopsien von verhungerten Menschen stellte man einen dramatischen Schwund an Muskelgewebe und einen totalen Fettmangel fest, wobei in einigen Fällen das Fett durch eine lichtdurchlässige gallertartige Substanz ersetzt war. Auch Thomas' innere Organe, einschließlich Herz und Leber, waren durch Nahrungsmangel und Wasserentzug geschrumpft. Alles in allem ergab sein Körper vielleicht 27 bis 28 Pfund mageres, faseriges Fleisch. Als am folgenden Tag auch die Zwiebackvorräte des Kapitäns aufgezehrt waren, nahmen Pollard und seine Leute »dankbar an dem schrecklichen Mahl der anderen Crew teil«.

Zwei Tage später, am 23. Januar – dem 63. Tag seit Verlassen des Wracks – starb ein weiteres Mitglied aus Hendricks' Crew und wurde ebenfalls gegessen. Und genau wie Lawson Thomas war auch Charles Shorter ein Schwarzer.

Vermutlich hatten die Schwarzen bereits vor dem Schiffsuntergang unter den Folgen minderwertiger Kost gelitten. Darüber hinaus kann sich allerdings noch ein anderer Faktor ausgewirkt haben. Einer kürzlich veröffentlichten wissenschaftlichen Untersuchung über den Anteil von Körperfett bei Angehörigen unterschiedlicher ethnischer Gruppen zufolge, liegt dieser bei Schwarzen in der Regel unter dem ihrer hellhäutigen Mitmenschen. Sobald ein hungernder Körper seine Fettreserven verbraucht hat, fängt er an, von den Muskeln zu zehren, was früher oder später zum Versagen der inneren Organe und zum Tod führt. Der von Anfang an geringere Körperfettanteil der Schwarzen hatte zur Folge, dass sie vor den Weißen vom Muskelgewebe zu zehren begannen.

Die entscheidende Bedeutung des Körperfetts für langfristiges Überleben unter Hungerbedingungen zeigte sich bei den Mitgliedern der *Donnerparty*, einer Gruppe Siedler, die im Winter 1847 im Vorgebirge der kalifornischen Sierra Nevada eingeschneit wurde. Die meisten Frauen, Vertreter des vermeintlich schwachen Geschlechts also, überlebten, nicht zuletzt dank ihres höheren Anteils an Körperfett (annähernd zehn Prozent mehr), die Männer. Es war also kein Zufall, dass die ersten Besatzungsmitglieder der *Essex*, die starben, Schwarze waren. Abgesehen natürlich vom Zweiten Maat Matthew Joy, der Chase zufolge aber »im Grunde nicht an Hunger gestorben war«, sondern an den Folgen einer schon vorher aufgetretenen inneren Erkrankung.

Bei den Weißen war der neunundzwanzigjährige Kapitän der *Essex* in der vorteilhaftesten Situation. Er war klein, neigte – vor ihrer Odyssee – zu Korpulenz, und weil er älter war, verbrauchte sein Stoffwechselprozess weniger Energie. Von den zwanzig Seeleuten hatte Pollard die besten Chancen, diese Hungertortur zu überleben. Angesichts der vielen komplizierten Faktoren – sowohl psychische als auch physische –, die die Gesundheit jedes Menschen beeinflussen, ließ sich jedoch unmöglich genau vorhersagen, wer sterben und wer überleben würde.

Über hundert Meilen weiter südlich der Stelle, wo ihre Bordgenossen gerade die zweite Leiche innerhalb von vier Tagen verzehrten, trieben Owen Chase und seine Männer mit ihrem Boot auf einer windstillen See. Nachdem sie sich eine Woche lang von nur knapp fünfundvierzig Gramm Schiffszwieback pro Tag ernährt hatten, waren sie »kaum noch in der Lage, durchs Boot zu kriechen, und besaßen gerade noch so viel Kraft, um die paar spärlichen Bissen zum Mund zu führen«. Täglich eiterten mehr Geschwüre auf ihrer Haut. Am Morgen des 24. Januar, mit einem weiteren Tag Flaute unter einer glühend heißen Sonne vor Augen, war sich Chase sicher, dass ein Teil der Crew den Einbruch der Nacht nicht mehr erleben würde. »Was mich trotz des ganzen Schreckens, der uns umgab, letzten Endes aufrecht erhielt«, schrieb Chase, »weiß nur Gott allein.«

In jener Nacht hatte Chase einen lebhaften Traum. Er hatte sich gerade zu einem »opulenten Mahl niedergelassen, das selbst dem wählerischsten Appetit nichts zu wünschen übrig gelassen hätte«. Doch genau in dem Moment, als er die Hand nach dem ersten Bissen ausstreckte, »erwachte ich und sah der nackten Wirklichkeit meiner elenden Lage ins Auge«. Durch den Traum halb zum Wahnsinn getrieben, begann Chase an der Lederverkleidung eines Ruderriemens zu nagen, aber er musste feststellen, dass ihm die Kraft in den Kiefern fehlte, um die verkrustete Salzschicht durchzubeißen, die sich darauf gebildet hatte.

Durch Petersons Tod war Chases Crew auf nur mehr drei Mann geschrumpft – die Nantucketer Benjamin Lawrence und Thomas Nickerson sowie Isaac Cole aus Rochester,

Massachusetts. Je unerträglicher das Leid der Männer wurde, umso stärker verließen sie sich auf Chase. Wie der Obermaat schrieb, »bedrängten sie mich pausenlos mit Fragen zu unseren Aussichten, jemals wieder Land zu erreichen, und ich musste ständig meine ganze Energie zusammennehmen, um ihnen Mut zuzusprechen«.

Chase hatte sich seit Beginn des Martyriums verändert. Statt wie früher den barschen Zuchtmeister herauszukehren, der mit griffbereiter Pistole die spärlichen Rationen verteilte, sprach er nun in einem Ton mit seinen Leuten, den Nickerson als beinahe freundlich bezeichnete. Als ihre Qualen einen neuen Höhepunkt erreichten, erkannte Chase, dass seine Männer nicht Disziplin, sondern vielmehr aufmunternden Zuspruch brauchten. Denn wie sie bei Peterson erlebt hatten, war Hoffnung das Einzige, was ihren Tod aufhalten konnte.

Angesichts von Chases Fähigkeit, seinen Führungsstil den Bedürfnissen seiner Männer anzupassen, drängt sich einem der Vergleich mit Sir Ernest Shackleton auf, einem der größten und berühmtesten Expeditionsleiter. Shackletons heldenhafter Einsatz zur Rettung aller 27 Mann seiner Antarktis-Expedition wurde als »höchst heroisches Beispiel von Führerschaft unter unerträglichsten Bedingungen« bezeichnet. Shackletons Überlebenskampf im Jahr 1916 währte 16 Monate, die voller unvorstellbarer Strapazen waren: ein aufreibender Fußmarsch übers Packeis, zwei Fahrten in winzigen, walbootgroßen Schiffen über einen sturmgepeitschten Südatlantik und eine mörderische Wanderung über die zerklüfteten Berge South Georgias. Als Shackleton all dies überstanden hatte und schließlich eine Walfangstation erreichte, kehrte er wieder zur Elephant-Insel zurück, um all jene zu retten, die er dort zurückgelassen hatte.

Shackletons Verantwortungsbewusstsein für seine Männer, sein Gespür für ihre Nöte, waren geradezu legendär. »Seine Sorge um seine Leute war so groß«, schrieb sein Gefährte Frank Worsley, »dass sie rauere Gemüter gelegentlich etwas übertrieben, um nicht zu sagen weibisch dünkte.«

Andererseits konnte Shackleton jedoch auch kompromisslos auf Blighscher Disziplin bestehen. Als bei einer früheren Expedition einer der Männer seine Freiheitsrechte verletzt glaubte, machte Shackleton dem Aufstand ein Ende, indem er den Mann einfach niederschlug. Diese Kombination von entschlossenem, gebieterischem Handeln und Einfühlungsvermögen zeichnet die wenigsten Führer aus. Aber Chase, der mit seinen 23 Jahren nicht viel mehr als halb so alt wie Shackleton war, hatte rasch gelernt, die rücksichtslose Härte eines als *fishy* geltenden Mannes zu überwinden und alles in seiner Macht Stehende zu tun, um seine Männer aus ihrer abgrundtiefen Verzweiflung zu reißen.

Nickerson nannte den Obermaat einen »bemerkenswerten Mann« und lobte dessen Talent, auch in vermeintlich hoffnungslosen Situationen noch einen Funken Hoffnung zu entfachen. Nachdem sie bereits so viel durchgemacht hätten, seien sie es sich gegenseitig schuldig, sich mit aller Macht ans Leben zu klammern, versuchte Chase ihnen klarzumachen. »Ich redete auf sie ein und versuchte sie davon zu überzeugen, dass wir nicht eher sterben würden, als bis wir die Hoffnung aufgäben.« Aber es war nicht nur eine Frage gegenseitiger Loyalität. Soweit es Chase betraf, hatte auch Gott mit ihrem Überlebenskampf zu tun. »Die furchtbaren Opfer und Entbehrungen, die wir ertragen hatten«, so versicherte er ihnen, »würden uns vor dem Tod bewahren und nicht annähernd so viel zählen wie unser Leben.« Abgesehen davon, wie »unmännlich es wäre zu jammern, dass Gott uns weder Linderung noch Trost gewähre«, hielt er ihnen vor, dass »es unsere heilige Pflicht sei, in unserem Elend den Willen des Allmächtigen zu erkennen, dessen Gnade uns jederzeit der Gefahr entreißen könne, und allein ihm, ›der den Wind für das frisch geschorene Lamm mäßigt‹, zu vertrauen«. Obwohl die letzten zwei Monate kaum Zeichen für die Gnade des Herrn geliefert hatten, beschwor Chase seine Männer, »tapfer alles Übel zu ertragen ... und nicht kleingläubig an der Gnade des Allmächtigen zu zweifeln, indem wir uns der Verzweiflung überließen«.

Die nächsten drei Tage blies der Wind beständig aus Ost, was sie zwang, weiter und weiter nach Süden zu fahren. »Es war unmöglich, das unzufriedene Murren über unser Schicksal zum Verstummen zu bringen«, gestand Chase. »Offenbar war es unser grausames Los, dass sich nicht eine einzige unserer leuchtenden Hoffnungen, nicht ein einziger Wunsch unserer dürstenden Seelen erfüllte.«

Am 26. Januar, dem 66. Tag seit Verlassen des Wracks, ergab ihre Standortbestimmung, dass es sie tief in den Süden verschlagen hatte, hinunter auf 36° südliche Breite, über 600 Seemeilen südlich der Insel Henderson und genau 1800 Meilen westlich der chilenischen Hafenstadt Valparaíso. Noch am selben Tag wich die sengende Sonne bitterkaltem Regen. Da das Hungern die Körpertemperatur der Männer um einige Grad gesenkt hatte und die wenigen Kleidungsstücke ihre dürren Körper kaum wärmten, drohte ihnen in diesen Breiten der Tod durch Unterkühlung. Folglich hatten sie keine andere Wahl als zu versuchen auf Nordkurs zu gehen, zurück in Richtung Äquator.

Sie mussten also wenden, was beim herrschenden Ostwind hieß, das Boot so weit mit dem Steuerriemen zu drehen, bis der Wind von Steuerbord einkam. Vor ihrem Aufenthalt auf Henderson hatten sie dieses Manöver mühelos ausgeführt. Nun jedoch reichten ihre Kräfte trotz des nur schwach wehenden Windes kaum mehr aus, den Steuerriemen zu bedienen oder die Segel zu trimmen. »Nach schwerer Mühe hatten wir es schließlich geschafft, das Boot zu wenden«, erinnerte sich Chase, »doch unsere Erschöpfung nach dieser normalerweise geringen Kraftanstrengung war so groß, dass wir einen Moment lang alle Hoffnung aufgaben und es seinem Kurs überließen.«

Da niemand steuerte oder die Segel trimmte, trieb das Boot ziellos auf dem Wasser. Hilflos zitternd lagen die Männer auf den Planken, und, wie Chase schrieb, »angesichts unserer grauenhaften Situation überkam uns die nackte Verzweiflung«. Erst nach zwei Stunden brachten sie endlich genügend Kraft auf, um die Segel so zum Wind zu trimmen, dass das Boot wieder vorwärts fuhr. Aber jetzt segelten sie nach Norden – nicht in Richtung südamerikanischer Küste, sondern parallel zu ihr. Und wie Hiob lange vor ihm, konnte Chase nicht umhin zu fragen: »Soll da für uns noch eine Hoffnung sein?«

Während Chases Männer, vom Hunger entkräftet, bewegungsunfähig in ihrem Boot lagen, starb ein weiteres Mitglied aus Hendricks' Crew. Diesmal traf es Isaiah Sheppard. Er war der dritte Schwarze, der innerhalb von nur sieben Tagen sterben und gegessen werden sollte. Am nächsten Tag, dem 28. Januar, dem 68. Tag seit Verlassen des Wracks, starb Samuel Reed, das einzige schwarze Besatzungsmitglied in Pollards Boot, und wurde ebenfalls verspeist. Nun war der zu Hendricks' Boot gehörende William Bond der letzte überlebende Schwarze der *Essex*-Besatzung. Es hatte sich also sehr deutlich gezeigt, wer zu den Tropikvögeln und wer zu den Fregattvögeln gehörte.

Seeleute sehen im Allgemeinen ein, dass sich jeder, der Menschenfleisch isst, moralisch auf dieselbe Stufe hinabbegibt wie jene »unzivilisierten Wilden«, die freiwillig dem Kannibalismus frönen. Auch Kapitän Dean auf der Insel Boon war im Jahr 1710 eine erschreckende Verwandlung an seiner Besatzung aufgefallen, nachdem die Männer begonnen hatten, das Fleisch des toten Zimmermanns zu essen. »Ich stellte fest, dass sich ihr Charakter (innerhalb weniger Tage) veränderte und sie ihr bis dahin so herzliches, gutmütiges Wesen völlig ablegten«, schrieb Dean. »Ihre Blicke waren auf einmal starr und wild, ihre Mienen grimmig und barbarisch.«

Aber es war nicht der Akt des Kannibalismus, der die moralische oder zivilisatorische Hemmschwelle der Schiffbrüchigen senkte, sondern vielmehr ihr unerbittlicher Hunger. Während der ersten Etappe ihrer Fahrt hatte Chase registriert, dass ihr Leiden es ihnen zunehmend erschwerte, »Eigenschaften wie Großmut oder Opferbereitschaft« aufrechtzuerhalten.

Selbst bei dem unter Beaufsichtigung durchgeführten Hungerexperiment von Minnesota im Jahr 1945 stellten die Teilnehmer Besorgnis erregende Veränderungen in ihrem Verhalten fest. Die meisten Freiwilligen waren Mitglieder der Tunker, einer protestantischen Sekte, und viele hatten sich von der Zeit der Entbehrung geistige Läuterung versprochen. Aber sie stellten genau das Gegenteil fest. »Die meisten waren der Meinung, durch ihr Hungern nicht etwa geläutert worden, sondern eindeutig verroht zu sein«, hieß es, »und staunten darüber, wie dünn ihre moralische und soziale Fassade offenbar war.«

Ein anderer berüchtigter Fall von Kannibalismus als Überlebensstrategie trug sich im Jahr 1765 auf dem sturmgepeitschten Atlantik zu, als die Matrosen der schwer beschädigten *Peggy* kurz vor dem Hungertod standen. Zwar verfügten sie noch über mehr als genug Wein und Brandy aus der Schiffsladung, aber seit siebzehn Tagen hatten sie nichts mehr gegessen. Durch Alkohol ermutigt, verkündete der Erste Offizier dem Kapitän, dass er und der Rest der Besatzung die Absicht hätten, einen schwarzen Sklaven zu töten und aufzuessen. Der Kapitän lehnte es ab, sich an dem Vorhaben zu beteiligen, war aber zu schwach, es zu verhindern, und wurde Ohrenzeuge sowohl der Exekution als auch des anschließenden Festmahls in der Kajüte. Wenige Tage später erschien die Besatzung beim Kapitän wegen eines weiteren Mannes, der getötet werden sollte. »Ich... erklärte ihnen, dass der Tod des armen Negers ihnen doch überhaupt nichts genützt hätte«, schrieb Kapitän Harrison, »da sie noch genauso gierig und ausgemergelt seien wie vorher ... worauf sie mir jedoch zur Antwort gaben, dass sie jetzt hungrig seien und etwas zum Essen bräuchten.«

Wie die Besatzung der *Peggy* handelten auch die Schiffbrüchigen der *Essex* nicht mehr nach den Normen, die ihr Leben vor der Hungertortur bestimmt hatten; vielmehr waren sie nun Mitglieder einer »modernen barbarischen Gemeinschaft«, wie es Psychologen genannt haben, die die Auswirkungen nationalsozialistischer Konzentrationslager untersucht haben: eine Gruppe von Menschen, die auf »einen animalischen Zustand mehr oder weniger dumpfer Instinkthaftigkeit« reduziert waren. So wie die Insassen von Konzentrationslagern einem Psychologen zufolge »Hunger…in extremem Stresszustand« durchmachten, lebten die Männer der *Essex* von Tag zu Tag in der Ungewissheit, wer von ihnen als Nächster sterben würde.

Unter solchen Bedingungen machen die meisten Überlebenden einen Abstumpfungsprozess durch, den ein ehemaliger KZ-Häftling von Auschwitz als Drang, »jedes Gefühl in mir abzutöten«, beschrieb. Eine andere Insassin bezeichnete diesen Vorgang als Ausdruck eines amoralischen Lebenswillens: »Nichts anderes zählte mehr, außer dass ich leben wollte. Dafür hätte ich sogar meine nächsten Angehörigen, Ehemann, Kind, Eltern oder Freunde bestohlen. Deshalb zwang ich mich jeden Tag aufs Neue mit schonungsloser List und Tücke, all meine Anstrengungen, jede Faser meines Körpers darauf zu konzentrieren, solche Dinge zu tun, die mir das Überleben ermöglichten.« Was die Männer der *Essex* demgegenüber auszeichnete, waren die ungeheure Disziplin und die moralischen Skrupel, die sie während ihres gesamten Martyriums bewahrten. Wenn sie gezwungen waren, sich wie Tiere zu benehmen, taten sie es zumindest mit dem tiefsten Bedauern.

Innerhalb einer barbarischen Gemeinschaft entstehen nicht selten Untergruppen als kollektive Verteidigungsform gegen den erbarmungslosen Fortgang des Grauens, und in diesem Punkt verschafften die familiären und religiösen Bande den Nantucketern einen enormen Vorteil. Es war kein Zufall, dass William Bond aus Hendricks' Boot der letzte lebende Schwarze war. Dank seiner Stellung als Steward der Offiziersmesse war Bond in den Genuss einer wesentlich ausgewogeneren und reichhaltigeren Kost als seine Bordgenossen im Vorschiff gekommen. Nun aber, da er der einzige Schwarze unter sechs Weißen war, musste er sich zwangsläufig fragen, was die Zukunft ihm wohl bringen würde.

Nach der grausamen Rechnung des reinen Überlebenskannibalismus lieferte jeder Tote den übrigen Männern nicht nur Fleisch, sondern reduzierte gleichzeitig die Zahl derer, die es sich teilen mussten. Als Samuel Reed am 28. Januar starb, bekam jeder der sieben Überlebenden Fleisch mit einem Gehalt von annähernd 3000 Kalorien (fast ein Drittel mehr als noch beim Tod von Lawson Thomas). Zwar entsprach diese Portion ungefähr dem Pro-Kopf-Anteil an einer Galapagosschildkröte, doch bedauerlicherweise fehlte ihr das Fett, das der menschliche Körper zur Verdauung von Fleisch braucht. Egal, wie viel Fleisch ihnen jetzt zur Verfügung stand, ohne Fett war es nur von begrenztem Nährwert.

Die Nacht auf den 29. Januar war dunkler als gewöhnlich. Für die beiden Bootscrews wurde es immer schwieriger, sich nicht aus den Augen zu verlieren, abgesehen davon, dass sie nicht genügend Kraft hatten, Steuerriemen und Segel vernünftig zu handhaben. Irgendwann in jener Nacht stellten Pollard und seine Männer fest, dass das Walboot mit Obed Hendricks, William Bond und Joseph West verschwunden war. Pollards Leute waren zu schwach, um einen Versuch zu unternehmen, durch Hochhalten einer Laterne oder Abfeuern der Pistole das verschollene Boot wiederzufinden. Damit waren George Pollard, Owen Coffin, Charles Ramsdell und Barzillai Ray – allesamt Nantucketer – zum ersten Mal seit dem Untergang der *Essex* allein. Zu diesem Zeitpunkt befanden sie sich auf 35° südlicher Breite und 100° westlicher Länge, 1500 Meilen von der Küste Südamerikas entfernt. Ihr einziger Proviant: jene Hälfte des Leichnams von Samuel Reed, die sie noch nicht verspeist hatten.

Aber wie düster ihnen ihre Aussichten auch immer vorgekommen sein mochten, sie waren besser dran als Hendricks' Bootscrew. Ohne Kompass oder Quadrant waren Hendricks und seine Männer in der leeren, grenzenlosen See verloren.

Am 6. Februar, als »der letzte Bissen« von Samuel Reed vertilgt war, begannen sich die vier Männer in Pollards Boot einem der Überlebenden zufolge »gegenseitig mit grässlichen Hintergedanken anzusehen, aber noch hielten wir den

Mund«. Doch schließlich sprach der jüngste von ihnen, der sechzehnjährige Charles Ramsdell, das Unaussprechliche aus. Sie sollten auslosen, schlug er vor, wer getötet werde, damit der Rest überleben könne.

In Situationen, in denen es nur noch ums nackte Überleben ging, das Los entscheiden zu lassen, war ein seit langem auf See üblicher Brauch. Der älteste dokumentierte Fall stammt aus der ersten Hälfte des 17. Jahrhunderts, als sieben Engländer, die von der Karibikinsel St. Kitts aus losgesegelt waren, in einem Sturm aufs Meer hinausgetrieben wurden. Nach 17 Tagen schlug einer aus der Crew vor, zu losen. Wie sich herausstellte, fiel das Los ausgerechnet auf den Mann, der den Vorschlag gemacht hatte, und nachdem ein weiteres Mal gelost wurde, diesmal, um seinen Henker zu bestimmen, wurde er getötet und gegessen.

Im Jahr 1765, mehrere Tage, nachdem die Besatzung der seeuntüchtigen *Peggy* die sterblichen Überreste des schwarzen Sklaven verzehrt hatte, wurde ausgelost, wer als Nächster den anderen als Nahrung dienen sollte. Das Los fiel auf David Flatt, einen Vorschiffsmatrosen und einen der beliebtesten Seeleute in der Besatzung. »Alle waren zutiefst schockiert über diese Entscheidung«, schrieb Kapitän Harrison, »und die Tötungsvorbereitungen waren furchtbar.« Flatt bat darum, dass man ihm noch etwas Zeit gewähre, um sich auf seinen Tod vorzubereiten, und die Besatzung willigte ein, die Exekution auf elf Uhr am nächsten Morgen zu verschieben. Die Angst vor seinem Todesurteil war zu viel für Flatt. Um Mitternacht war er taub, am nächsten Morgen wahnsinnig. Und dann geschah das Unglaubliche: Um acht Uhr morgens kam ein Rettungsschiff in Sicht. Aber für David Flatt kam die Hilfe zu spät. Auch nachdem die Crew der *Peggy* nach England gebracht worden war, so berichtete Harrison, »war der arme Flatt nach wie vor von Sinnen«.

Eigentlich konnte kein quäkerischer Walfänger guten Gewissens einem Verfahren wie dem Losentscheid zustimmen. Die *Freunde* hatten nicht nur ein Gelöbnis gegen das Töten von Menschen abgelegt, sondern sie duldeten auch keine Glücksspiele. Charles Ramsdell, der Sohn eines Tischlers, war freilich Kongregationalist. Doch sowohl Owen Coffin als auch Barzillai Ray waren Mitglieder der *Gesellschaft der Freunde*. Und auch wenn Pollard kein Quäker war, seine Großeltern waren es gewesen, und seine Urgroßmutter, Mehitable Pollard, hatte es immerhin zur Geistlichen gebracht.

Andere Seeleute trafen in vergleichbaren Situationen andere Entscheidungen. Im Jahr 1811 wurde die 139-Tonnen-Brigg *Polly* auf der Fahrt von Boston in die Karibik in einem Sturm entmastet, und ihre Besatzung trieb 191 Tage lang auf dem voll Wasser gelaufenen Schiffsrumpf auf dem Atlantik. Obwohl einige der Männer verhungerten und an Unterkühlung starben, wurde keiner der Toten gegessen. Stattdessen benutzten die Überlebenden sie als Köder. Mit den an einer Angelschnur befestigten Leichenstücken ihrer Bordgenossen gelang es ihnen, genügend Haie zu fangen, um bis zu ihrer Rettung durchzuhalten. Wenn sich die *Essex*-Besatzung beim Tod von Matthew Joy diese Methode zu Eigen gemacht hätte, wer weiß, ob sie dann jemals in diese Extremsituation geraten wäre?

Zuerst wollte Kapitän Pollard von Ramsdells Vorschlag »nichts hören«, wie Nickerson aus dem Bericht eines Überlebenden zitiert, sondern »sagte zu den anderen: ›Nein, aber falls ich als Erster sterbe, könnt ihr euch gerne von meinen sterblichen Überresten ernähren.‹« Dann schloss sich Owen Coffin, Pollards Vetter ersten Grades, Ramsdells Forderung nach einem Losentscheid an.

Nachdenklich musterte Pollard seine drei jungen Bordgenossen. Der Hunger hatte dunkle, schmutzfarbene Ringe um ihre eingesunkenen Augen gezeichnet. Keine Frage, lange hätten sie nicht mehr zu leben. Und es war klar, dass sie alle, auch Barzillai Ray, der verwaiste Sohn eines bekannten Inselböttchers, für Ramsdells Vorschlag waren. Wie bereits zweimal zuvor – nach dem Kentern im Golfstrom und nach dem Untergang der *Essex* – beugte sich Pollard schließlich dem Willen der Mehrheit und stimmte dem Losverfahren zu. Hatte sich Chase durch sein Leiden in einen mitfühlenden, aber dennoch energischen Führer verwandelt, so war Pollards Selbstvertrauen durch Ereignisse, die ihn in die äußerste Verzweiflung gestürzt hatten, die ein Mensch erleben kann, noch weiter untergraben worden.

Sie zerschnitten einen Fetzen Papier und warfen die einzelnen Stücke in einen Hut. Owen Coffin zog das kleinste Papierstück. »O mein Junge! Mein Junge!«, rief Pollard entsetzt. »Wenn du dein Los nicht akzeptierst, werde ich jeden erschießen, der dich anrührt.« Dann erbot sich der Kapitän, das Los für seinen Neffen zu übernehmen. »Wer könnte daran zweifeln, dass Pollard lieber tausendmal gestorben wäre«, schrieb Nickerson. »Niemand, der ihn kannte, wird das je bezweifeln.«

Aber Coffin hatte sich bereits mit seinem Schicksal abgefunden. »Ich akzeptiere es wie jeder andere auch«, sagte er leise.

Ein weiteres Mal wurde gelost, um zu entscheiden, wer den Jungen erschießen sollte. Diesmal fiel das Los auf Coffins Freund Charles Ramsdell.

Obwohl die Lotterie ursprünglich seine Idee gewesen war, weigerte er sich nun, die Sache zu Ende zu bringen. »Lange Zeit erklärte er, das könne er niemals tun«, schrieb Nickerson, »aber schließlich musste er sich fügen.« Bevor Coffin starb, sprach er ein paar Abschiedsworte für seine Mutter, die Pollard ihr auszurichten versprach, sollte er je nach Nantucket zurückkehren. Dann bat Coffin um einen Moment des Schweigens. Nachdem er den anderen versichert hatte, dass »beim Loseziehen alles mit rechten Dingen zugegangen sei«, legte er den Kopf aufs Dollbord. »Kurz danach«, erinnerte sich Pollard später, »war nichts mehr von ihm übrig.«

Zwölftes Kapitel

IM SCHATTEN DES ADLERS

Chase und seine Männer lagen im kalten Nieselregen auf den Planken des Bootes. Ihr einziger Schutz vor dem Regen war ein zerfetztes und durchweichtes Stück Segeltuch. »Selbst wenn es nicht geregnet hätte«, schrieb Nickerson, »wäre dies nur ein kläglicher Ersatz für eine Decke gewesen.«

Am 28. Januar endlich drehte der Wind nach Westen. Doch war dies nur ein schwacher Trost. »Uns war es inzwischen fast gleichgültig, wie der Wind stand«, schrieb Chase. Mit dem schrumpfenden Proviant konnten sie wohl kaum noch das Festland erreichen. Ihre einzige Hoffnung war, von einem Schiff gesichtet zu werden. »Allein dieser winzige Hoffnungsfunke«, erinnerte sich Chase, »bewahrte mich davor, meine Glieder auszustrecken und auf der Stelle zu sterben.«

Noch hatten sie Schiffszwieback für vierzehn Tage, vorausgesetzt jedoch, sie konnten weitere zwei Wochen von knapp fünfzig Gramm leben. »Wir waren so schwach«, schrieb Nickerson, »dass wir nur noch mit letzter Kraft auf allen Vieren im Boot umherkriechen konnten.« Wenn er die tägliche Brotration nicht erhöhte, erkannte Chase, würden sie vielleicht schon in fünf Tagen tot sein. Es war an der Zeit, die strenge Rationierung aufzugeben und die Männer essen zu lassen, »wie es die quälende Notwendigkeit verlangte«.

Das langfristige Überleben in einer Notlage verlangt eine variable »Aktiv-Passiv«-Haltung gegenüber dem immer bedrohlicheren Gang der Dinge. »Der entscheidende Faktor ist die Erkenntnis, dass die Passivität selbst eine zielgerichtete und ›aktive‹ Handlung ist«, schreibt der Survival-Psychologe John Leach. »In der Passivität liegt Stärke.« Nachdem Chase über zwei Monate lang jede Lebensregung seiner Männer reglementiert hatte, begriff er intuitiv, dass es nun an der Zeit war, »uns ganz und gar der Führung und Fügung unseres Schöpfers zu überlassen«. Sie aßen von nun an so viel Brot, wie sie brauchten, um sich den Tod vom Leib zu halten und abzuwarten, wohin der Westwind sie trug.

Am 6. Februar lebten sie immer noch, wenn auch an der Klippe zum Tod. »Unsere Leiden gingen nun dem Ende zu«, schrieb der Obermaat. »Es schien, als erwartete uns in Bälde ein schrecklicher Tod.« Da sie nun etwas mehr Nahrung zu sich nahmen, waren ihre Hungerschmerzen zurückgekehrt, diesmal »übermächtig und unerträglich«. Klar zu reden und zu denken fiel ihnen schwer. Immer wieder wurden sie von Ess- und Trinkträumen heimgesucht. »Unsere fiebrigen Gedanken wanderten oft an üppig gedeckte Tische«, erinnerte sich Nickerson. Seine Fantasien endeten immer auf dieselbe Weise – er »weinte vor Enttäuschung«.

In der Nacht kam peitschender Regen auf, der es notwendig machte, die Segel zu reffen. Der vom Festland stammende Isaac Cole hatte Wache, und anstatt seine Kameraden zu wecken, versuchte er, den Klüver selbst niederzuholen. Doch es war zu viel für ihn. Am nächsten Morgen fanden Chase und Nickerson den verweifelten Cole in der Bilge des Bootes. Ihm sei »schwarz vor Augen«, erklärte er, und er habe »nicht den geringsten Hoffnungsschimmer«. Wie zuvor Richard Peterson hatte auch er aufgegeben: »Es ist Irrsinn und Tollheit, gegen unser doch offensichtlich ein für allemal feststehendes Schicksal anzukämpfen.«

Zwar brachte Chase kaum die Kraft auf, ein paar klare Worte zu sagen, doch tat er sein Bestes, um Cole umzustimmen. »Ich redete ihm zu, so gut ich konnte, bei aller Schwäche meines Körpers und meines Geistes.« Plötzlich setzte Cole sich auf, kroch zum Bug und hisste das Segel, das er in der Nacht unter Qualen niedergeholt hatte. Er werde nicht aufgeben, rief er aus, und werde so lange leben wie alle andern. »Dieses Aufbäumen war allein der fiebrigen Erregung des Augenblicks geschuldet«, schrieb Chase. Kurz darauf legte sich Cole wieder auf die Planken und blieb den restlichen Tag und die ganze Nacht über erschöpft liegen. Doch die Würde eines stillen und friedlichen Todes sollte ihm nicht beschieden sein.

Am Morgen des 8. Februar, 79 Tage nachdem sie die Essex verlassen hatten, begann Cole wirres Zeug zu reden. Seinen verängstigten Schiffskameraden bot er »ein elendes Spektakel des Irrsinns«. Unter krampfhaften Zuckungen setzte er sich auf, schrie nach einer Serviette und Wasser, stürzte dann zu Boden, als ob ihn der Sensenmann selbst niedergeschmettert hätte, doch nur, um erneut aufzuspringen wie ein besessenes Schachtelmännchen. Gegen zehn Uhr konnte er nicht mehr sprechen. Chase und die anderen legten ihn auf ein Brett, das sie über die Sitze gelegt hatten, und bedeckten ihn mit ein paar Kleidungsstücken.

Während der nächsten sechs Stunden wimmerte und stöhnte Cole vor Schmerz und verfiel schließlich in die »schrecklichsten und Furcht erregendsten Zuckungen«, die Chase je gesehen hatte. Außer an Wasserentzug und Hypernatriämie (zu viel Salz im Körper) litt er vermutlich auch an Magnesiummangel, der im Extremfall absonderliches und gewalttätiges Verhalten auslösen kann. Gegen vier Uhr nachmittags starb Cole.

43 Tage war es her, dass sie Henderson Island verlassen hatten, 78 Tage, seit sie die *Essex* zum letzten Mal gesehen hatten, doch keiner schlug vor – zumindest an diesem Nachmittag nicht –, dass sie Coles Körper als Nahrung verwenden sollten. Die ganze Nacht über lag die Leiche neben ihnen, und jeder behielt seine Gedanken für sich.

Als die Mannschaft der *Peggy* im Jahr 1765 einen schwarzen Sklaven erschoss, wollte einer der Männer gar nicht erst abwarten, bis das Fleisch gekocht war. »Zügellos in seinem Raubhunger«, wühlte der Matrose im ausgenommenen Körper des Sklaven, riss die Leber heraus und aß sie roh. »Der

Unglückliche sollte für seine rücksichtslose Ungeduld teuer bezahlen«, schrieb Kapitän Harrison, »denn innerhalb von drei Tagen starb er in den Klauen des Wahnsinns.« Statt die Leiche dieses Seemannes zu essen, warf die Mannschaft sie, »in der Angst, sein Schicksal teilen zu müssen«, über Bord. Keiner wagte es, das Fleisch eines Mannes anzurühren, der als Wahnsinniger gestorben war.

Am nächsten Morgen, dem 9. Februar, begannen Lawrence und Nickerson mit den Vorbereitungen für die Bestattung der Leiche. Chase gebot ihnen Einhalt. Die ganze Nacht hatte er mit der Frage gerungen, was zu tun sei. Sie hatten nur noch für drei Tage Schiffszwieback, und Chase wusste, dass sie schon bald gezwungen sein könnten, Lose zu ziehen. Besser einen toten Schiffskameraden essen – selbst einen vom Wahnsinn befallenen –, als genötigt zu sein, einen Mann zu töten.

»Ich wandte mich an die Männer«, schrieb Chase, »und sprach über das schmerzliche Thema, ob wir die Leiche nicht als Nahrung verwenden sollten. Lawrence und Nickerson erhoben keine Einwände, und von der Furcht getrieben, das Fleisch könnte rasch verfaulen, machten wir uns so schnell wie möglich an die Arbeit.«

Nachdem sie die Gliedmaßen vom Rumpf getrennt und das Herz herausgeschnitten hatten, nähten sie den restlichen Körper »so würdevoll« sie konnten zusammen, und »übergaben ihn der See«. Dann begannen sie zu essen. Noch bevor sie ein Feuer entzündeten, »verschlangen« sie »gierig« das Herz, dann aßen sie »zurückhaltend ein paar Stücke Fleisch«. Das übrige Fleisch schnitten sie in schmale Streifen, rösteten ein paar davon über dem Feuer und legten die anderen zum Trocknen in die Sonne.

Chase »fehlten die Worte, um die Beklemmung unserer Seelen in diesem furchtbaren Dilemma zu beschreiben«. Noch schlimmer wurde ihre Lage durch die Vorstellung, dass jeder der verbliebenen drei Männer der Nächste sein könnte. »Wir wussten noch nicht«, schrieb der Obermaat, »wen das Los als Nächsten treffen würde, entweder zu sterben oder erschossen zu werden, und ebenso wie der arme Kerl, den wir soeben über Bord geworfen hatten, verspeist zu werden.«

Am nächsten Morgen entdeckten sie, dass die Fleischstreifen eine ranzig-grüne Farbe angenommen hatten. Sofort kochten sie die Reste und hatten damit genug Fleisch für weitere sechs bis sieben Tage. So konnten sie, wie Chase schrieb, das wenige Brot, das sie noch hatten, für »den letzten Augenblick unserer Prüfung« aufheben.

Am 11. Februar, nur fünf Tage nach der Erschießung von Owen Coffin, starb Barzillai Ray in Kapitän Pollards Boot. Ray, dessen biblischer Vorname »aus Eisen gemacht, standhaft und wahrhaftig« bedeutet, war neunzehn Jahre alt. Es war der siebte Todesfall, den George Pollard und Charles Ramsdell in den anderthalb Monaten seit der Abfahrt von Henderson Island erlebt hatten.

Psychologische Studien zur Kriegsmüdigkeit im Zweiten Weltkrieg haben ergeben, dass kein Soldat, und mochte er emotional noch so stark sein, in der Lage war, normal zu funktionieren, wenn seine Einheit Verluste von 75 Prozent oder mehr erlitten hatte. Pollard und Ramsdell hatten eine doppelte Last zu tragen: Nicht nur hatten sie sieben von neun Männern sterben sehen (und einen davon sogar selbst getötet), sie waren auch gezwungen gewesen, deren Leichen zu essen. Wie Pip, der schwarze Matrose in *Moby Dick,* der nach mehreren Stunden des Wasserschöpfens in aufgewühlter See den Verstand verliert, wurden Pollard und Ramsdell »lebend mit hinabgenommen zu wunderbaren Tiefen, wo seltsame Gestalten der elementaren Urwelt vor seinen willenlosen Augen hin und her glitten«. Nun waren sie allein und hatten einzig noch die Leiche von Barzillai Ray und die Knochen von Coffin und Reed zum Überleben.

Drei Tage später, am 14. Februar, 85 Tage nach Verlassen des Wracks, aßen Owen Chase, Benjamin Lawrence und Thomas Nickerson den letzten Rest von Isaac Cole. Eine Woche

Menschenfleisch und die erhöhte Ration Schiffszwieback hatten sie so weit zu Kräften kommen lassen, dass sie das Ruder wieder bedienen konnten. Doch mit dieser Kräftigung einher gingen auch größere Schmerzen. Nicht genug der Pusteln, mit denen ihre Haut übersät war, nun begannen auch ihre Arme und Beine Furcht erregend aufzuquellen. Diese entstellende Ansammlung von Flüssigkeit, als Ödem bezeichnet, ist ein häufiges Symptom der Unterernährung.

Einige Tage Westwind hatte sie bis auf 300 Meilen an die Inseln Masafuera und Juan Fernandez herangebracht. Wenn sie täglich im Schnitt sechzig Meilen schafften, konnten sie in fünf Tagen das rettende Land erreichen. Leider hatten sie nur noch für drei Tage Zwieback übrig.

»Die Dinge hatten sich nun zugespitzt«, schrieb Chase. »Alle Hoffnung hing jetzt am Wind; wir warteten zitternd und angsterfüllt, dass er stärker würde – und sahen mit Schrecken unserem weiteren Schicksal entgegen.« In den Augenblicken absoluter Verzweiflung waren die Männer überzeugt, sie würden nach zweieinhalb Monaten des Leidens, wenn die Erlösung fast in Sichtweite war, doch noch sterben.

Als sich Owen Chase an diesem Abend schlafen legte, war es ihm »fast gleichgültig, ob ich je wieder das Licht erblicken würde«. Im Traum sah er ein Schiff, nur wenige Meilen entfernt, und obwohl er jede Faser anspannte, um zu diesem Schiff zu gelangen, verschwand es in der Ferne und kehrte nicht mehr zurück. Chase erwachte »beinahe überwältigt von dem Wahn, der mich im Schlaf gepackt hatte, gelähmt von der Grausamkeit einer kranken und enttäuschten Einbildungskraft«.

Am nächsten Morgen sah Chase eine dicke Wolke im Nordosten – ein sicheres Anzeichen von Land. Das musste die Insel Masafuera sein – wenigstens äußerte Chase diese Meinung gegenüber Lawrence und Nickerson. In zwei Tagen, versicherte er ihnen, würden sie festen Boden unter den Füßen haben. Seine Kameraden wollten ihm zuerst nicht recht glauben. Allmählich jedoch, nachdem Chase ihnen

»immer wieder versichert hatte, wie gut die Zeichen standen, erlangten ihre Gemüter ein ganz erstaunliches Maß an Geschmeidigkeit«. Der Wind blieb die ganze Nacht über günstig, und da ihre Segel tadellos gehisst waren und ein Mann das Ruder bediente, erreichte ihr kleines Boot in dieser Phase die größte Geschwindigkeit dieser ganzen Reise.

Am nächsten Morgen hing die Wolke immer noch am Himmel. Das Ende ihrer Leiden schien nur noch zwei Tage entfernt. Doch für den fünfzehnjährigen Thomas Nickerson war die Spannung, mit der er die Rettung erwartet hatte, zu viel gewesen. Nachdem er das Boot ausgeschöpft hatte, legte er sich nieder, zog das durchweichte Stück Segeltuch über sich wie ein Totenhemd und erklärte seinen Schiffskameraden, er wolle »auf der Stelle sterben«.

»Mir war klar, dass er aufgegeben hatte«, schrieb Chase, »und ich versuchte, einige tröstende und ermutigende Worte zu sagen«. Doch alle Worte, die dem Obermaat bisher so gut geholfen hatten, konnten Nickersons verdüstertes Gemüt nicht aufheitern. »Ein starrer Ausdruck unverrückbarer und haltloser Verzweiflung trat auf sein Gesicht«, schrieb Chase. »Eine Zeit lang lag er stumm, in sich gekehrt und trübselig da – und ich spürte sofort, dass die Kälte des Todes ihn zu erfassen drohte.«

Chase wusste, dass eine Form des Wahnsinns von dem Jungen Besitz ergriffen hatte. Er war Zeuge gewesen, wie Isaac Cole in einen ähnlichen Wahn verfallen war und konnte nicht umhin sich zu fragen, ob sie alle den Lockungen der Verzweiflung nachgeben würden. »Er hatte eine plötzliche und unerklärliche Ernsthaftigkeit angenommen«, schrieb er, »die mich beunruhigte und mir Angst machte, ich selbst könnte unerwartet von einer ähnlichen Schwäche oder einem Schwindel der Natur überwältigt werden, der mich auf der Stelle meines Verstands wie meines Lebens berauben würde.« Auch Chase, ob nun infolge des Verzehrs von Coles krankem Fleisch oder nicht, spürte jetzt die Regungen eines Todeswunsches, dunkel und augenfällig wie die kissenähnliche Wolke vor ihnen.

Um sieben Uhr am nächsten Morgen, dem 18. Februar, schlief Chase noch auf den Bootsplanken. Benjamin Lawrence stand am Ruder. Während ihrer gesamten Leidensfahrt hatte der einundzwanzigjährige Bootssteurer erstaunliche Standfestigkeit bewiesen. Er war es gewesen, der sich freiwillig bereit erklärt hatte, unter das Boot zu tauchen und eine gesprungene Planke zu reparieren. Lawrence hatte mit angesehen, wie Peterson, Cole und jetzt auch Nickerson ihren Lebenswillen verloren, und hatte sich dabei so gut er konnte an seine Hoffnungen geklammert.

Darin kannte sich seine vom Leid geplagte Familie gut aus. Sein Großvater, George Lawrence, hatte Judith Coffin, die Tochter eines wohlhabenden Kaufmanns geheiratet. Viele Jahre lang hatten die Lawrences zur Quäker-Elite der Insel gehört, doch als Benjamin auf die Welt kam, hatte der Großvater schon einige schwere finanzielle Rückschläge erlitten. Der stolze alte Mann beschloss, nach Alexandria in Virginia zu ziehen, wo er, wie er einem Bekannten sagte, »in eine bescheidene Nachbarschaft von Fremden absteigen konnte, statt an einem Ort zu bleiben, wo jeder Gegenstand ihn an seinen verlorenen Reichtum erinnerte«. Als Benjamin zehn war, starb sein Vater während einer Reise nach Alexandria. Er hinterließ eine Frau, die nun sieben Kinder ernähren musste.

Sicher aufbewahrt in Lawrences Tasche war das Stück Garn, an dem er gearbeitet hatte, seit sie das Wrack verlassen hatten. Es war nun schon dreißig Zentimeter lang. Er lehnte sich gegen das Ruder und ließ den Blick über den Horizont schweifen.

»Da ist ein Segel!«, rief er.

Sofort rappelte sich Chase auf die Beine. Am Horizont eben noch zu sehen war der fahlbraune Fleck, den Lawrence für ein Segel hielt. Chase starrte einige spannungsgeladene Momente lang in die Ferne und erkannte allmählich, dass es tatsächlich ein Segel war – das Bramsegel eines etwa sieben Meilen entfernten Schiffes.

»Ich halte es für unmöglich«, schrieb Chase, »einen genauen Begriff der reinen, starken Gefühle und der unvermischten Freude und Dankbarkeit zu geben, die in diesem Augenblick von unseren Gemütern Besitz ergriffen.« Bald war sogar Nickerson auf den Beinen und spähte erregt in die Ferne.

Jetzt stellte sich die Frage, ob sie das viel größere Schiff einholen konnten. Es war mehrere Meilen leewärts, ein Vorteil für das kleinere Schiff, und segelte von ihnen aus gesehen auf leicht nördlich versetztem Kurs. Das bedeutete, dass es ihren voraussichtlichen Weg kreuzen würde. Konnte ihr Walboot den Schnittpunkt etwa gleichzeitig mit dem Schiff erreichen? Chase konnte nur beten, dass sein Alptraum von dem verfehlten Rettungsschiff nicht Wirklichkeit werden würde. »In diesem Augenblick«, schrieb er, »spürte ich einen überwältigenden und unerklärlichen Drang, geradewegs hinüberzufliegen.«

Die nächsten drei Stunden waren ein verzweifeltes Rennen für sie. Ihr arg mitgenommenes altes Walboot hüpfte bei nordwestlicher Brise zwischen vier und sechs Knoten leichtgängig über die Wellen. Allmählich tauchte am fernen Horizont der weitere Segelriss des Schiffes auf. Quälend langsam erschienen zuerst die Bramsegel, dann die Marssegel und schließlich die Groß- und Focksegel. Gewiss, so redeten sie sich zu, wir kommen dem Schiff näher.

Auf der Mastspitze des Schiffes befand sich kein Ausguck, doch schließlich bemerkte jemand an Deck, wie sich das Walboot luvseitig von hinten näherte. Chase und seine Männer sahen gebannt zu, wie die ameisengroßen Figuren über das Schiff huschten und die Segel kürzten. Allmählich schloss das Walboot ganz auf, und der Rumpf des Handelsschiffes erhob sich aus der See und dräute immer größer vor ihnen, bis Chase den Namen am Heck lesen konnte. Es war die *Indian* aus London.

Chase hörte einen Ruf und durch seine glasigen, geröteten Augen sah er eine Gestalt an der Achterdeck-Reling, die eine Schiffstrompete in der Hand hielt, ein Rufgerät ähnlich einem Megafon. Es war ein Offizier der *Indian*. Wer sie seien, rief er ihnen zu. Chase nahm all seine Kräfte zusammen, um gehört zu werden, doch seine ausgetrocknete Zunge stolperte über die Worte: »*Essex* ... Walschiff ... Nantucket.«

Die Erzählungen überlebender Schiffbrüchiger sind voller Berichte über Kapitäne, die sich geweigert hatten, sie an Bord zu nehmen. In manchen Fällen wollten die Offiziere ihre ohnehin kärglichen Rationen nicht mit ihnen teilen, oder sie hatten Angst, die Überlebenden könnten an ansteckenden Krankheiten leiden. Doch sobald Chase erklärt hatte, sie hätten Schiffbruch erlitten, forderte sie der Kapitän der *Indian* auf, längsseits zu kommen.

Chase, Lawrence und Nickerson versuchten an Bord zu klettern, doch sie mussten einsehen, dass ihnen die Kraft dazu fehlte. Die drei Männer starrten hoch zur Crew, die Augen weit aufgerissen und riesig in den dunklen Höhlen ihrer Schädel. Die rohe, von Geschwüren übersäte Haut hing ihnen von den Knochen wie vergiftete Lumpen. Als Kapitän William Crozier vom Achterdeck hinuntersah, war er zu Tränen gerüht von dem, in Chases Worten, »äußerst beklagenswerten und bewegenden Schauspiel des Leidens und des Elends«.

Die englischen Matrosen hoben die Männer aus ihrem Boot und trugen sie zur Kapitänskajüte. Crozier wies den Koch an, ihnen das erste kultivierte Essen seit langem zu servieren – Tapioca-Pudding. Aus den Wurzeln der Maniok-Pflanze zubereitet, ist Tapioca eine kalorienträchtige, leicht verdauliche Speise, reich an den von den Männern so dringend benötigten Proteinen und Kohlenhydraten.

Die Rettung kam bei 33°45′ südlicher Breite und bei 81°03′ westlicher Länge, 89 Tage nachdem Chase und seine Männer die *Essex* verlassen hatten. Gegen Mittag sichteten sie Masafuera. Chase war es gelungen, sie erstaunlich schnell über eine Entfernung von 2500 Meilen über den Ozean zu führen. Zwar waren sie manchmal zu schwach gewesen, um ihr Boot zu steuern, doch hatten sie es irgendwie geschafft, fast bis auf Sichtweite an ihr vorgefasstes Ziel heranzusegeln.

Nur wenige Tage später sollte die *Indian* in den chilenischen Hafen Valparaiso einlaufen.

An einem Tau zog sie das Walboot hinter sich her, das den Nantucketern so tapfer gedient hatte. Kapitän Crozier wollte das alte Boot in Valparaiso verkaufen und einen Hilfsfonds für die Männer einrichten. Doch in der Nacht nach der Rettung kam ein Sturm auf, und das Boot, seit drei Monaten zum ersten Mal ohne die Männer an Bord, ging verloren.

300 Meilen weiter südlich segelten Pollard und Ramsdell weiter auf offener See. Während der nächsten fünf Tage hielten sie ostwärts, bis sie sich am 23. Februar, 94 Tage nachdem sie das Wrack verlassen hatten, der Insel Santa Maria vor der chilenischen Küste näherten. Über ein Jahr zuvor war dies der erste Landfall der *Essex* nach Umfahrung von Kap Horn gewesen. Pollard und Ramsdell waren nun auf dem Weg, einen unregelmäßigen Kreis mit einem Durchmesser von mehr als 3000 Meilen zu schließen.

Seit dem Tod von Barzillai Ray waren zwölf Tage vergangen. Der letzte Fetzen Fleisch war schon lange gegessen. Die beiden bis an den Rand des Todes ausgehungerten Männer brachen jetzt die Knochen ihrer Bordgenossen auf: Sie schlugen sie gegen den Stein am Boden des Schiffes oder zerschmetterten sie mit dem Schiffsbeil. Dann aßen sie das Mark mit dem so dringend benötigten Fett.

Pollard nannte diese Zeit später »die Tage des Grauens und der Verzweiflung«. Beide konnten vor Schwäche kaum die Hände heben. Immer wieder glitten sie in die Bewusstlosigkeit. Es kommt häufig vor, dass Schiffbrüchige, die mehrere Tage auf dem Meer getrieben und körperlich wie psychisch viel durchlitten haben, in eine Art »kollektive Fabulierlust« verfallen und sich in einer gemeinsamen Fantasiewelt wähnen. Solche Wahnvorstellungen können in tröstenden Bildern von der Heimat bestehen – bei Pollard und Ramsdell vielleicht ein sonniger Junitag auf der Gemeindeweide von Nantucket, wo gerade das Schafschur-Fest stattfand. Überlebende, die jegliches Zeitgefühl verlieren, können sich auch Gespräche mit verstorbenen Schiffskameraden und Familienangehörigen einbilden.

Zur Obsession wurden für Pollard und Ramsdell die Knochen – Geschenke jener Männer, die sie gekannt und geschätzt hatten. Sie stopften ihre Taschen mit Fingerknochen voll; sie saugten das süße Mark aus den gesplitterten Rippen und Schenkelknochen. Und sie segelten weiter, während die Kompassrose ostwärts zitterte.

Plötzlich hörten sie etwas: Rufe von Männern. Doch schnell senkte sich erneut die Stille wie Schatten über sie, und sie hörten nur noch das Rascheln des Winds in den Segeln und das Knarzen der Spieren und der Takelage. Sie sahen auf – und blickten in menschliche Gesichter.

Von den einundzwanzig Mann der *Dauphin* waren mindestens drei – Dimon Peters, Asnonkeets und Joseph Squibb – Wampanoag-Indianer aus Kap Cod und Martha's Vineyard. In ihrer Kindheit hatte man ihnen eine Legende über die Entdeckung von Nantucket erzählt. Lange vor Ankunft der Europäer, so lautete sie, tauchte ein riesiger Adler über einem Dorf auf Kap Cod auf. Der Adler rauschte herab aus den Lüften, fing Kinder in seinen Krallen, trug sie in die Lüfte und verschwand in südlicher Richtung über dem Meer. Schließlich baten die Dorfbewohner einen gutmütigen Riesen namens Maushop, herauszufinden, wo der Adler ihre Kinder hintrug. Maushop machte sich auf und durchwatete das Wasser in Richtung Süden, bis er zu einer Insel kam, die er nie gesehen hatte. Er durchsuchte sie und fand die Knochen der Kinder hoch aufgestapelt unter einem großen Baum.

Am Morgen des 23. Februar machte die Mannschaft der *Dauphin* eine ähnliche Entdeckung. Aus einem unruhigen Dschungel von Spieren und Segeln sahen sie auf zwei Männer hinab, die in einem mit Knochen gefüllten Walboot saßen.

Die Männer waren selbst nicht viel mehr als Skelette, und die Geschichte, die in den Monaten darauf von Schiff zu

Schiff ging, lautete, man habe sie gefunden, wie sie »die Knochen ihrer toten Messkameraden aussaugten, von denen sie sich nur widerwillig trennten«. Zimri Coffin, der Kapitän der *Dauphin,* befahl seinen Männern, ein Boot zu wassern und die beiden Überlebenden an Bord zu bringen. Wie Chase, Lawrence und Nickerson vor ihnen waren auch Pollard und Ramsdell zu schwach, um aufrecht zu stehen, und mussten an Deck des Walfängers gehievt werden. Endlich an Bord, waren beide Männer nach dem Wort eines Zeugen »kaum noch am Leben«. Doch nachdem sie ein wenig Nahrung zu sich genommen hatten, erholten sie sich erstaunlich schnell.

Gegen fünf Uhr am selben Nachmittag traf die *Dauphin* auf den Walfänger *Diana* aus New York. Deren Kapitän, Aaron Paddack, hatte eine erfolgreiche Reise hinter sich und besuchte Kapitän Zimri Coffin zum Abendessen. Und auch George Pollard jr., Kapitän der untergegangenen *Essex,* schloss sich ihnen an.

Wie viele Überlebende verspürte Pollard den verzweifelten und überwältigenden Drang, seine Geschichte loszuwerden. Genau wie der ausgemergelte und wildäugige alte Matrose aus Coleridges Gedicht dem Hochzeitsgast jede grausige Einzelheit mitteilt, erzählte Pollard alles bis ins Kleinste: Wie ein riesiger Pottwal das Schiff »offenbar voller Absicht« angegriffen hatte; wie sie in den Walbooten nach Süden aufgebrochen waren; wie sein Boot abermals angegriffen worden war, diesmal von »einem unbekannten Fisch«; und wie sie auf eine Insel gestoßen waren, wo ein wenig »Vogelfleisch und Fisch das einzig Essbare waren«. Drei Männer seien immer noch auf der Insel. Die anderen seien wieder aufgebrochen, um die Osterinsel zu erreichen, und Matthew Joy sei als Erster gestorben. In der Nacht seien sie von Chases Boot getrennt worden, und vier schwarze Männer seien in rascher Folge »zur Nahrung für die anderen« geworden. Schließlich berichtete Pollard, wie er und seine Leute nach der Trennung vom Boot des Zweiten Maats »auf die beklagenswerte Notwendigkeit zurückgeworfen worden waren, Lose zu ziehen«. Das Los sei auf Owen Coffin gefallen, der sich mit »Fassung und Gelassenheit seinem Schicksal ergab«. Am Ende schilderte er den Tod von Barzillai Ray, dessen Körper ihn und Ramsdell am Leben gehalten hatte.

Später am Abend, als er auf die *Diana* zurückgekehrt war, schrieb Kapitän Paddack alles nieder. Pollards Schilderung nannte er »die aufwühlendste Geschichte, die ich je gehört habe«. Die Frage war nun, wie es den Überlebenden im dunklen Schatten ihrer Erlebnisse ergehen würde.

Dreizehntes Kapitel

HEIMKEHR

Am 25. Februar 1821 kamen Chase, Lawrence und Nickerson in Valparaiso an. Dies ist die größte Hafenstadt Chiles, errichtet auf einem steil abfallenden Hügel mit Blick nach Norden über die weite Bucht. Zu jedem anderen Zeitpunkt hätte die Geschichte der *Essex* die Stadt in ihren Bann geschlagen. Doch im Februar und März jenes Jahres warteten die Bürger von Valparaiso gespannt auf Nachrichten aus dem Norden. Revolutionäre Kräfte hatten bereits Chiles Unabhängigkeit von Spanien errungen und griffen nun die Royalisten in Lima an. Daher nahm Peru die Aufmerksamkeit Valparaisos in Anspruch, und nicht ein paar amerikanische Schiffbrüchige. Die Überlebenden der *Essex* konnten sich also einigermaßen ungestört erholen.

Von Anfang an sprachen Chase und seine Männer offen über ihre Zuflucht zum Kannibalismus. Am Ankunftstag der Nantucketer verzeichnet das offizielle Schiffsmeldebuch, in dem die ein- und auslaufenden Schiffe registriert wurden, dass der Kapitän der *Indian* drei Männer an Bord genommen habe, die sich »mit wenig Wasser und Keksen am Leben gehalten hatten ... sowie mit dem Körper eines toten Bordgenossen, von dem sie acht Tage lang gegessen hatten«.

Die US-Fregatte *Constellation* lag in Valparaiso vor Anker, und der amtierende amerikanische Konsul Henry Hill gab Anweisung, Chase, Lawrence und Nickerson auf das Schiff zu bringen. Obwohl seit ihrer Rettung schon eine Woche vergangen war, boten die Überlebenden immer noch einen Mitleid erregenden Anblick. »Ihre Erscheinung ... zerriss einem das Herz«, schrieb Commodore Charles Goodwin Ridgley, der Kapitän der *Constellation.* »Die Knochen ragten ihnen aus der Haut, die Beine und Füße waren stark geschrumpft, und ihre ganzen Körper waren ein einziges Geschwür.« Ridgley stellte die drei Männer unter die Obhut seines Arztes, Dr. Leonard Osborn, der im Lazarett der Fregatte, tief im vorderen Teil des dritten Decks, ihre Erholung überwachte. Dort mag es zwar heiß und stickig gewesen sein, doch für drei Männer, die 89 Tage in Folge unter offenem Himmel verbracht hatten, war dies ein Wunder an Behaglichkeit.

Die Crew der *Constellation* war so tief bewegt von den Leiden Chases und seiner Männer, dass jeder Matrose einen Dollar spendete, um ihnen zu helfen. Zusammen mit dem Geld von amerikanischen und britischen Einwohnern Valparaisos hatten die Überlebenden der *Essex* mehr als 500 Dollar zur Verfügung, um die Kosten ihrer Rekonvaleszenz zu bestreiten.

Doch die Leiden der Männer waren noch nicht vorüber. Wie die Teilnehmer am Minnesota-Hungerexperiment von 1945 feststellen mussten, ist die Erholungsperiode ein quälender Teil der gesamten Leidensgeschichte. Auch nach drei Monaten hatten die Freiwilligen von Minnesota ihr Normalgewicht noch nicht wiedererlangt, obwohl einige mehr als 5000 Kalorien am Tag zu sich nahmen. Sie aßen, bis ihre Mägen nichts mehr aufnehmen konnten, und blieben doch hungrig. Viele aßen auch weiterhin zwischen den Mahlzeiten. Erst nach sechs Monaten »exzessiven Essens« erlangten sie ihre frühere körperliche Verfassung zurück.

Die Überlebenden der *Essex* aber befanden sich in einer sehr viel schlechteren Verfassung als die Freiwilligen des Minnesota-Experiments. Nach drei Monaten der Entbehrung hatte ihr Verdauungsapparat Schwierigkeiten, mit größeren Nahrungsmengen zurechtzukommen – ein Problem, das auch Kapitän David Harrison von der *Peggy* im Jahr 1765 zu schaffen gemacht hatte. Bei seiner Rettung hatte man Harrison ein wenig Hühnerbrühe verabreicht. 37 Tage lang hatte sich sein Verdauungstrakt nicht mehr bewegt, und nachdem er die Brühe getrunken hatte, ließen ihn unerträgliche Bauchschmerzen zusammenbrechen. »Schließlich fand ich ... Erleichterung«, schrieb Harrison, »durch die Ausscheidung eines schwieligen Klumpens von der Größe eines Hühnereis, und genoss von da an, trotz all meiner Beschwerden, eine körperliche Ruhe, die ich seit einigen Wochen überhaupt nicht mehr gekannt hatte.«

Am Tag nach der Ankunft in Valparaiso erhielten Chase und seine Männer Besuch vom örtlichen Gouverneur. Ihm waren Gerüchte zu Ohren gekommen, wonach der Obermaat und seine Leute keine überlebenden Schiffbrüchigen seien, sondern den Kapitän der *Essex* bei einer blutigen Meuterei umgebracht hätten. »Denn im Ausland gab es Gerüchte«, schrieb Nickerson, »dass wir mit falschen Karten gespielt hätten«. Chase schilderte, was wirklich geschehen war, und konnte den Gouverneur beruhigen, woraufhin er den Nantucketern gestattete, sich sobald als möglich frei in der Stadt zu bewegen.

Anderthalb Wochen später, am 9. März 1821, lief das Nantucketer Walschiff *Hero* in Valparaiso ein. Beim Zerlegen eines Wals vor der Insel Santa Maria war es von spanischen Piraten angegriffen worden. Die Spanier hatten den Kapitän und den Schiffsjungen am Strand festgesetzt, den Rest der Besatzung unter Deck eingeschlossen und dann das Schiff geplündert. Als ein unbekanntes Schiff im Hafen auftauchte, kehrten die Piraten vorübergehend zum Strand zurück. In dieser Zeit konnte Obermaat Obed Starbuck die Kajütentür aufbrechen und das Kommando auf dem Schiff übernehmen. Starbuck befahl seinen Männern, die Segel zu hissen, und obwohl die Piraten bis auf einige Meter an das fliehende Walschiff herangekommen waren, hatten sich die Nantucketer in Sicherheit bringen können.

So dramatisch dieser Bericht auch war, die *Hero* brachte noch sensationellere Neuigkeiten mit. Unter Maat Starbuck als Skipper waren sie drei Walfängern begegnet, die als lose

Gruppe segelten – der *Dauphin*, der *Diana* und der *Two Brothers*. Kapitän Zimri Coffin von der *Dauphin* berichtete Starbuck, er habe den Kapitän der *Essex* und ein weiteres Crewmitglied an Bord. Kurz danach wurden Pollard und Ramsdell an die *Two Brothers* übergeben, die Valparaiso anfuhr und am 17. März dort einlief.

Die fünf Überlebenden hatten sich zuletzt in der Nacht des 12. Januar gesehen, als ihre Boote mehr als 2000 Meilen vom Festland durch einen schweren Sturm getrennt worden waren. Seit dieser Nacht waren zwei von Chases Männern gestorben, vier von Pollards und drei von Joys (inzwischen unter Hendricks Führung), bevor dann das Boot des Zweiten Maats und die drei übrigen Männer verschwanden. Nur Nantucketer waren Pollards und Chases Walbooten lebend entstiegen.

Sie alle hatten furchtbar gelitten, doch Pollard und Ramsdell – die noch bei ihrer Rettung die Knochen ihrer toten Kameraden umklammert hatten – waren dem völligen psychischen Zerfall am nächsten gekommen. Beide hatten Grauenhaftes erlebt, wobei es Pollard wohl am schlimmsten erwischt hatte. Anderthalb Jahre zuvor hatte seine Tante ihren ältesten Sohn Owen in seine Obhut gegeben. Und jetzt hatte Pollard in der Nacht nicht nur der Tötung seines Cousins zugestimmt, sondern auch sein Fleisch gegessen und damit, wie ein Historiker des Kannibalismus es ausdrückt, das Tabu des »gastronomischen Inzests« gebrochen.

Pollard hatte kurz nach der Rettung bemerkenswerte Standfestigkeit bewiesen, doch das drängende Bedürfnis, seine Geschichte zu erzählen, hatte ihn fast umgebracht. Kurz nach jener ersten Nacht in Sicherheit erlitt er einen Schwächeanfall. Als Kapitän William Coffin vom Nantucket-Walfänger *Eagle* den Überlebenden der *Essex* die Fahrt nach Hause anbot, hielt man Pollard für zu schwach, um eine Reise um Kap Horn zu überstehen. Am 23. März verabschiedeten sich Chase, Lawrence, Nickerson und Ramsdell von ihrem Kapitän und traten die Fahrt nach Nantucket an. Im Mai, nach zwei Monaten der Erholung und des einsamen

Nachdenkens, folgte ihnen Pollard auf dem Walschiff *Two Brothers.*

In der Zwischenzeit hatte Commodore Ridgley, der Kapitän der *Constellation,* die Vorbereitungen für die Rettung von Chappel, Weeks und Wright getroffen, die, wie man ihm gesagt hatte, noch auf Ducie Island weilten. Kurz zuvor war die *Surry,* ein Handelsschiff aus Australien mit 15 000 Scheffel Weizen an Bord, in Valparaiso eingelaufen. Ihr Kapitän, Thomas Raine, erklärte sich bereit, auf dem Rückweg nach Sydney auf Ducie Halt zu machen und die drei Männer der *Essex* an Bord zu holen, vorausgesetzt natürlich, sie waren noch am Leben.

Die *Surry* verließ am 10. März Südamerika. Knapp einen Monat später erreichten Kapitän Raine und seine Besatzung Ducie Island und mussten feststellen, dass das winzige Korallenatoll menschenleer war. Der Strand war so dicht übersät mit nistenden Vögeln, dass es unmöglich war, den Fuß darauf zu setzen, ohne auf Eier zu treten. Raine gelangte zu der Überzeugung, dass diese Halskette aus Korallen seit langer Zeit von keiner Menschenseele mehr betreten worden war.

Er zog seinen Navigationsführer zu Rate und überlegte, ob die Offiziere der *Essex* nicht eine Insel siebzig Meilen weiter westlich mit Ducie verwechselt hatten. Ein paar Tage später, am 9. April, kam Henderson Island in Sicht. Sie näherten sich der Insel von Osten her und folgten dann der Küstenlinie nach Norden. Nachdem sie felsige Ausläufer umfahren hatten, fanden sie eine »ausladende Bucht« auf der Westseite. Raine befahl einem seiner Männer, einen Schuss abzufeuern.

Just in diesem Moment hatten sich Chappel, Weeks und Wright hingesetzt, um einen tropischen Vogel zu essen. Abgesehen von ein paar Beeren und Schellfisch waren Vögel und Eier die einzige Nahrung, die es auf Henderson noch gab. Die Landkrebse waren verschwunden. Vor einigen Monaten war es den Männern gelungen, fünf grüne Schildkröten zu fangen, doch sie hatten erst eine davon aufgegessen, als das Fleisch der vier anderen schon verdorben war. In den letzten vier Monaten hatten sie große Schwierigkeiten gehabt, tropische Vögel zu finden, und so war der Vogel, den sie an diesem Tag aßen, ein üppiges Festmahl. Doch feste Nahrung war nicht einmal ihre größte Sorge. Am dringendsten benötigten sie immer noch Wasser.

Seit dem Tag, als ihre siebzehn Schiffskameraden zur Osterinsel aufgebrochen waren, hatten die Gezeiten die sprudelnde Frischwasserquelle nie mehr freigegeben. Bei Ebbe konnten sie sehen, wie das Quellwasser aus dem Felsen auf die Meeresoberfläche blubberte, doch während ihrer restlichen Zeit auf Henderson blieb die Quelle immer von Salzwasser bedeckt.

Verzweifelt hoben Chappel, Weeks und Wright einige Brunnen aus, doch sie schafften es nie, Grundwasser zu erreichen. Wenn es regnete, sammelten sie begierig das Wasser, das sich in den Aushöhlungen der nahen Felsen sammelte. Der Wasserentzug ließ ihre Zungen anschwellen und ihre Lippen rissig werden. Einmal, nach fünf Tagen ohne Wasser, saugten sie widerstrebend das Blut eines tropischen Vogels aus, fühlten sich danach jedoch »furchtbar elend«. Bei der Wassersuche in den Spalten und Aushöhlungen entdeckten sie die Überreste der acht unbekannten Schiffbrüchigen, deren Schicksal sie bald zu teilen fürchteten. Die Skelette lagen Seite an Seite, als ob die Unglücklichen sich entschlossen hätten, sich gemeinsam zum Sterben hinzulegen. Chappel, auf der *Essex* noch ein Rabauke und Draufgänger, bewegte dieser Anblick so, dass er beschloss, sein Leben zu ändern. Von jenem Tag an glaubte er an Gott. »Ich fand die Religion nicht nur nützlich«, schrieb er später, »sondern absolut notwendig, um mich unter diesen schweren Prüfungen aufrecht zu halten.«

Als Chappel, Weeks und Wright sich niederkauerten, um ihr Festmahl, den tropischen Vogel, zu essen, hörten sie in der Ferne ein Krachen. Sie hielten es zunächst für Donner, doch einer der Männer beschloss, zum Strand hinunterzugehen und nachzusehen. Später schilderte er, was geschah, als er das Schiff erblickte: »Der arme Kerl«, so ein Crewmitglied der *Surry,* »war derart überwältigt von den Gefühlen, die dieser Anblick in seiner Brust aufwallen ließ, dass er es nicht schaffte, zu seinen Kameraden zu gehen und ihnen die freudige Nachricht zu überbringen.« Schließlich jedoch wurden auch die anderen neugierig und kamen zum Strand herunter.

Hohe Wellen brandeten gegen das Korallenriff, das die Insel umgab. Mehrmals versuchten die Männer der *Surry,* mit einem Boot zu landen, doch der Seegang war zu gefährlich. Die drei verzweifelten Männer am Strand beschlich zunehmend die Angst, ihre Retter könnten beschließen, sie im Stich zu lassen. Chappel, der stärkste der drei und der einzige, der schwimmen konnte, stürzte sich schließlich in die Fluten. Seine Arme bestanden nur noch aus Haut und Knochen, doch dank des Adrenalins, das durch seine Adern rauschte, erreichte er das Beiboot und wurde an Bord gezogen.

Die Leute der *Surry* überlegten, was zu tun wäre. Sie könnten am nächsten Tag zurückkommen, um die beiden übrigen Männer zu holen. Doch Chappel weigerte sich, seine beiden Schiffskameraden auch nur kurz zu verlassen. Mit einem Seil um den Bauch stürzte er sich ins Wasser und schwamm über den Korallengürtel zurück zum Strand. Nun wurden die Männer von der Insel einer nach dem andern zum Boot hinausgezogen. Auf dem Riff erlitten sie viele Schnitte und Abschürfungen, doch alle schafften es zur *Surry.*

Kapitän Raines Einschätzung zufolge hätten die drei keinen weiteren Monat auf der Insel überlebt. Ihre Kleidung bestand nur noch aus Fetzen; sie mussten sich eine einzige Hose teilen. Einem der Männer war es irgendwie gelungen, sein Seemannszertifikat zu retten, und er hatte es benutzt, um darauf Aufzeichnungen über die Tage auf Henderson zu schreiben. Die drei Überlebenden berichteten Raine, Kapitän Pollard habe mehrere Briefe in einer Kiste hinterlassen und sie an einen Baum genagelt. Am nächsten Tag konnte Raine auf der Insel landen und die Briefe retten.

Die Einzigen von der *Essex*-Mannschaft, von denen man nichts wusste, waren die drei Männer im Boot des Zweiten Maats – Obed Hendricks, Joseph West und William Bond –, das in der Nacht des 29. Januar von Pollards Boot getrennt wurde. Monate später, lange nachdem Kapitän Raine Ducie Island, das Atoll östlich von Henderson, durchsucht hatte, landete dort ein anderes Schiff. Dessen Männer entdeckten auf der Insel ein Walboot, das an den scharffelsigen Strand gespült worden war. In dem Boot lagen vier Skelette. Im Jahr 1825 landete der britische Marinekapitän Frederick William Beechey auf Ducie und auf Henderson und stellte die Verbindung zwischen diesem Geisterschiff voller Knochen und dem verlorenen Walboot der *Essex* her. Wenn es sich tatsächlich um das Walboot des Zweiten Maats und um die Skelette von Hendricks, West, Bond und vielleicht Isaiah Sheppard handelte – dem letzten der Bootsbesatzung, der vor der Trennung von Pollard gestorben war –, dann war das Boot 1000 Meilen über das Meer getrieben und schließlich eine Tagesreise entfernt von seinem Ausgangspunkt am 26. Dezember 1820 zur Ruhe gekommen.

Während sich die Männer auf den Booten der *Essex* unter einer gnadenlosen Sonne ostwärts gequält hatten, litten ihre Angehörigen auf Nantucket um eben diese Zeit, 1820/21, unter einem der kältesten Winter in der Geschichte ihrer Insel. An dem Tag, da die drei Walboote Henderson Island verließen, hielt Obed Macy, der Geschichtsschreiber Nantuckets, in seinem Journal fest, der Hafen sei mit »Haferbrei-Eis« überzogen. Am 7. Januar dann war der Hafen fest zugefroren. Das Eis erstreckte sich, soweit das Auge reichte, nordwärts in Richtung Festland. Die Nahrungsvorräte und vor allem die Feuerholzreserven waren bereits alarmierend knapp. Zwei Meter Schnee hüllten die abgelegeneren Gebiete der Insel ein und machten es den Schafen unmöglich zu grasen. Macy schätzte, dass die Hälfte der insgesamt 9000 Schafe Nantuckets bis zum Frühjahr tot sein würde.

Sechs Männer aus Martha's Vineyard, die auf Nantucket

festsaßen und unbedingt zu ihren Familien zurückkehren wollten, gingen am 13. Januar zur Südküste, wo die Meeresströmung einen Korridor aus Wasser frei gelassen hatte, und stachen mit einem Walboot ins Meer. Der Wind blieb an diesem Tag mäßig, und die Nantucketer glaubten zuversichtlich, dass die Vineyarder wohlbehalten nach Hause gekommen seien.

Ob es ihnen wirklich gelang, ist nirgends verzeichnet. Am 25. Januar fiel die Temperatur auf zwölf Grad unter Null, eine Kälte, wie man sie auf der Insel noch nie gemessen hatte. »Viele Menschen, besonders die Alten, konnten diese Temperaturen nur ertragen, indem sie das Bett hüteten«, notierte Macy.

Die Nachtwache des Ortes wurde durch vier weitere Männer verstärkt. Fast die gesamte Inselbevölkerung drängte sich in einem Gewirr alter Häuser zusammen, deren Feuerstellen Tag und Nacht prasselten. Daher, berichtet Macy, herrschte die Gefahr einer »Feuerkatastrophe«. Sie wurde noch verstärkt durch die große Menge Walöl, das diesen Winter in den Lagerhäusern Nantuckets aufbewahrt wurde. Macy notierte, die Kaufleute hätten »jede nötige Vorsorge getroffen, um das Öl vor Feuer zu schützen«.

Anfang Februar endlich stieg die Temperatur über den Nullpunkt, und es begann zu regnen. »Eis und Schnee schmelzen rasch«, schrieb Macy, »und es scheint, als würde dies allerlei buntem Treiben zum Leben verhelfen. Die Schiffe und die Menschen, die hier wochenlang festsaßen, beginnen sich zu rühren, voll Zuversicht, bald aus der Gefangenschaft befreit zu werden. Die Leute, die so schnell wie möglich fort wollen, hacken das Postschiff aus dem Eis heraus.« Am Morgen des 4. Februar 1821 stach das Postschiff in See, »mit den größten Postsäcken, die jemals an einem Tag die Insel verließen«. Am 17. Februar, dem Tag vor Chases Rettung, liefen mehrere Handelsschiffe ein, beladen mit Getreide, Preiselbeeren, Heu, frischem Schweinefleisch, Rindfleisch, Truthahn, Apfelmost, Trockenfisch und Äpfeln. Die Krise war vorüber.

Die Familien der *Essex*-Männer hatten während des Winters und Frühjahrs keinen Anlass, sich Sorgen zu machen. Briefe, die im Galapagos-Postamt auf Charles Island Ende Oktober aufgegeben worden waren, hätten Nantucket frühestens im Februar oder März erreicht. Darin wäre von einer typischen Walfängerfahrt die Rede gewesen, die gerade ihre entscheidende Zeit erreichte, und von der gespannten Hoffnung auf eine ertragreiche Saison in den Fanggründen weitab vom Festland, die es dann erlauben würde, im Sommer 1822 heimzukehren.

Die Menschen in Nantucket konnten nicht wissen, dass die Geschichte des Schiffbruchs seit Ende Februar wie eine Flut des Schreckens von Schiff zu Schiff brandete und sich den Weg um das Horn herum und den Atlantik hoch bis nach Nantucket bahnte. Auf dem Kamm dieser Flutwelle segelte die *Eagle* mit Chase, Lawrence, Nickerson und Ramsdell an Bord. Vor der Ankunft der *Eagle* jedoch erreichte ein Brief Nantucket, der von der Katastrophe kündete.

Das Postamt der Stadt lag an der Main Street, und kaum war der Brief angekommen, wurde er dort vor einer vielköpfigen Menge verlesen. Der Nantucketer Frederick Sanford, ebenso jung wie dieTeenager auf der *Essex,* sollte nie vergessen, was er an diesem Tag sah und hörte. Der Brief, erinnerte sich Sanford, schilderte »ihre Leiden in den Booten, wo sie sich gegenseitig aufaßen, und einige davon waren früher in der Schule meine Spielkameraden gewesen!«. Nantucket war zwar bekannt für den Stoizismus seiner Quäker, doch die vor dem Postamt versammelten Menschen konnten ihre Gefühle nicht verbergen. »Alle waren überwältigt von der Geschichte, die der Brief verkündete«, schrieb Sanford, »und die Menschen weinten auf der Straße.«

Wie sich herausstellte, enthielt der Brief keine vollständige Schilderung der Katastrophe. Pollard und Ramsdell waren fast eine Woche nach Chases Bootscrew gerettet worden, doch ihre Geschichte – von Walschiff zu Walschiff weitergegeben – gelangte als Erste nach Hause. Der Brief erwähnte die drei Männer, die auf der Insel geblieben waren, machte jedoch wenig Hoffnung auf weitere Überlebende. Pollard und Ramsdell waren die vermeintlich einzigen Überlebenden aus Nantucket.

Am 11. Juni kam die *Eagle* an der Nantucket-Barre an. »Meine Familie hatte den schrecklichen Bericht von unserem Schiffbruch erhalten«, schrieb Chase, »und hatte mich schon verloren gegeben.« Doch neben Ramsdell stand nicht etwa George Pollard; vielmehr sah man drei andere Geister – Owen Chase, Benjamin Lawrence und Thomas Nickerson. Den Tränen folgten bald Verblüffung und dann Freudentränen. »Mein unerwartetes Erscheinen wurde bejubelt«, schrieb Chase, »und einher damit gingen die heißesten Dankesbekundungen und Lobpreisungen für unseren wohlwollenden Schöpfer, der mich durch Dunkelheit, Gefahr und Tod zurück in den Schoß meines Landes und meiner Freunde geleitet hatte.«

Chase erfuhr, dass er der Vater einer 14 Monate alten Tochter namens Phebe Ann war. Für seine Frau Peggy war es ein überwältigender Anblick: Der Mann, den sie für tot gehalten hatte, hielt ihre pausbäckige Tochter in seinen immer noch knochigen, schorfüberzogenen Armen.

Auch die Gemeinde Nantucket war überwältigt. Obed Macy, der sonst so gewissenhafte Hüter der Gemeindebücher, zog es vor, die Katastrophe in seinem Journal nicht zu erwähnen. Zwar erschienen bald Artikel über die *Essex* im *New Bedford Mercury*, doch der *Inquirer*, das jüngst gegründete eigene Blatt der Stadt, brachte in jenem Sommer kein Wort über die Katastrophe. Es war, als ob es den Nantucketern widerstrebte, sich eine Meinung zu bilden, bevor sie die Möglichkeit hatten, den Kapitän der *Essex*, George Pollard jr., persönlich zu hören.

Sie mussten noch fast zwei Monate warten, denn Pollard kehrte erst am 5. August an Bord der *Two Brothers* auf die Insel zurück. Das Walschiff wurde zuerst vom Ausguck auf dem Turm der Kongregationskirche gesichtet. Die Kunde verbreitete sich wie ein Lauffeuer in den Straßen und Gassen, drang in die Grogschenken, Lagerhäuser und Reeperbahnen und hinaus auf die Kais. Allmählich bildete sich eine Menschenschar, die sich entlang der Nordküste den Weg zum Kliff bahnte. Von dort aus sahen sie das schwarze, ozeanmüde Schiff, schwer mit Öl beladen und mit gerefften Segeln an der Nantucket-Barre vor Anker liegen. Mit 222 Tonnen war die *Two Brothers* sogar noch kleiner als die *Essex,* und sobald sie sich eines Teil ihres Öls entledigt hatte, überquerte sie die Untiefe bei Flut und lief auf die Hafeneinfahrt zu. Die Menge lief vom Kliff zum Hafen zurück. Bald hatten sich über 1500 Menschen auf den Kais versammelt.

Die Ankunft eines Walschiffs – irgendeines Walschiffs – war nach den Worten eines Nantucketers für die meisten »ein besonderes Ereignis im Leben«. Hier konnten die Menschen etwas über ihre Liebsten erfahren – die Söhne, Ehemänner, Väter, Onkel und Freunde, die auf der anderen Seite der Welt zur Arbeit gingen. Da keiner wusste, welche Neuigkeiten das Walschiff bringen mochte, pflegten die Inselbewohner, die ein Schiff begrüßten, ihre hochgespannten Erwartungen und Ängste hinter einem Schleier der Feierlichkeit zu verbergen. »Bei solchen Gelegenheiten verspüren wir eine einzigartige Mischung aus Freude und Trauer«, bekannte der eben zitierte Nantucketer. »Wir wissen nicht, ob wir lächeln oder weinen sollen. Unsere Gefühle halten wir bei all diesen Ereignissen hinterm Berg. Wir wagen es nicht, sie *offen* auszusprechen, damit sie nicht ans Ohr eines andern gelangen, für den dieses Schiff vielleicht ein Bote des Bösen war. Wir fühlen uns zur Stille verpflichtet. Und doch verspüren wir zugleich einen unwiderstehlichen Drang, unsere Gefühle *auszudrücken.*«

So herrschte vollkommene, nervenzerreißende Stille, als Pollard im Umkreis von gut tausend vertrauten Gesichtern den Fuß auf den Kai setzte. Frederick Sanford, Nickersons und Ramsdells Schulkamerad, nannte die Versammlung später eine »vor Ehrfurcht erstarrte, schweigende Menge«. Als Pollard sich dann anschickte, nach Hause zu gehen, wichen die Menschen zur Seite und ließen ihn ziehen. Keiner sagte ein Wort.

Damals herrschte allgemein die Auffassung, dass ein Walfängerkapitän eine viel höhere Verantwortung trug als ein Kapitän in der Handelsschifffahrt. Er musste nicht nur sein Schiff um das Horn und zurück führen, sondern auch eine Besatzung aus unerfahrenen Männern in der gefährlichen Kunst des Waltötens unterweisen. Und nach getaner Arbeit musste er den Schiffseigentümern, die eine volle Ladung Öl erwarteten, Rede und Antwort stehen. Kein Wunder, dass man einen Walfängerkapitän durchschnittlich dreimal besser entlohnte als den Kapitän eines Handelsschiffes.

Als Maat an Bord der *Essex* hatte George Pollard nur den Erfolg kennen gelernt, als Kapitän nur die Katastrophe. Da ein Walfänger am Ende der Reise mit einem Teil des Erlöses bezahlt wurde, stand Pollard, wie alle anderen Überlebenden auch, nach zwei Jahren Entbehrung und Not mit leeren Händen da.

Kapitän Amasa Delano kannte das Gefühl, nach einer erfolglosen Reise heimzukommen. »Ich muss zugeben, dass ich mein Heimatland niemals mit so wenig Freude wiedersah wie bei meiner Rückkehr nach einem katastrophalen Ende meiner Unternehmungen und meiner Hoffnungen«, schrieb Delano 1817 in einem Bericht über seine vielen Fahrten in den Pazifik. »Der Strand, auf den ich sonst voll Freude und Erleichterung gesprungen wäre, war für meinen gesenkten Blick und meinen geschundenen Geist mit Trübsal und Trauer bedeckt ... Meine empfindsame Wahrnehmung erspürte jedes Anzeichen der Gleichgültigkeit oder des vorgetäuschten Mitgefühls im Verhalten oder in den Grüßen meiner Bekannten an Land.«

Pollard war verpflichtet, sich einer langen Befragung durch die Besitzer der *Essex*, Gideon Folger und Paul Macy, zu stellen: eine qualvolle Unterredung, bei der es für den jungen Kapitän sicher schwer war, nicht abweisend zu klingen. »Es ist unbestreitbar wahr, dass der arme und enttäuschte Mensch hier oft allzu missgünstig ist«, schrieb Delano, »und ein fehlerhaftes und ungerechtes Urteil über ein Verhalten fällt, das weder gewinnsüchtig noch herzlos ist.« Doch

Pollard musste nicht nur den Besitzern der Essex Rede und Antwort stehen, sondern auch einem Mitglied seiner eigenen Familie – Owen Coffins Mutter.

Die 43 Jahre alte Nancy Bunker Coffin war Pollards Tante, die Schwester seiner Mutter Tamar, 57 Jahre. Nancy hatte in eine der reichsten und stolzesten Familien Nantuckets eingeheiratet, die ihre Wurzeln bis zu Tristram Coffin zurückverfolgen konnte, dem Patriarchen der ersten englischen Ansiedlung auf der Insel im 17. Jahrhundert. Nancys Schwiegervater, Hezekiah Coffin sen., war Kapitän eines der Schiffe gewesen, die sich 1773 an der Boston Tea Party beteiligt hatten. Hezekiah hatte sich der Familienlegende zufolge ausgezeichnet als »der Erste, der Tee in den Bostoner Hafen warf«. Die Familie besaß ein Miniaturporträt von Hezekiah. Er hatte weit auseinander liegende Augen, eine scharfe Nase und ein sanftes, ein wenig verlegenes Lächeln.

Zwar war sein Sohn Hezekiah jr. ein Quäker per Geburt, doch wurde er aus der Sekte ausgeschlossen, als er 1799 Nancy Bunker, eine Nichtquäkerin, heiratete. Im Jahr 1812 schließlich, als Owen Coffin zehn Jahre alt war, »entschuldigte« sich Hezekiah jr. offiziell, und Nancy und er wurden Mitglieder des North Meeting an der Broad Street.

An jenem Augusttag 1821, als George Pollard an Nancys Tür trat, sah sie ihren angenommenen Glauben der schwerstmöglichen Prüfung ausgesetzt. »Wie es ihr Sohn gewünscht hatte, überbrachte er selbst der Mutter die schreckliche Nachricht«, schrieb Nickerson. Nancy Coffin verkraftete die Nachricht nur schwer. Die Vorstellung, der Mann, in dessen Obhut sie ihren siebzehnjährigen Jungen gegeben hatte, sei nur noch deshalb am Leben, weil ihr Sohn gestorben war, war zu viel für sie. »Der Gedanke trieb sie fast in den Wahnsinn«, schrieb Nickerson, »und wie ich hörte, konnte sie die Anwesenheit des Kapitäns nie mehr ertragen.«

Die Gemeinde urteilte weniger hart. Das Ziehen von Losen galt nach dem ungeschriebenen Gesetz der See als erlaubtes Mittel in lebensbedrohlichen Situationen. »Man fand nicht, dass sich Kapitän Pollard in dieser ungeheuer schwierigen Lage unfair verhalten hatte«, schrieb Nickerson.

Ein vergleichbarer Fall des Überlebens-Kannibalismus, bei dem jedoch keine Lose gezogen wurden, erschütterte 1972 die uruguayische Hauptstadt Montevideo. Die Leidensgeschichte begann, als ein Flugzeug, das eine lokale Fußballmannschaft ins chilenische Santiago bringen sollte, über den schneebedeckten Anden abstürzte. Bis zu ihrer Rettung zehn Wochen später ernährten sich die sechzehn Überlebenden von den gefrorenen Leichen der beim Absturz getöteten Passagiere. Genau wie die Nantucketer 150 Jahre zuvor machten die Menschen von Montevideo den jungen Männern keine Vorwürfe. Bald nach ihrer Rückkehr erklärte der katholische Erzbischof der Stadt, da es ums Überleben gegangen sei, hätten die Männer keine Schuld auf sich geladen, und fügte hinzu: »Man muss das essen, was zur Hand ist, trotz des Widerwillens, den es auslösen mag.«

Es ist nicht überliefert, dass die führenden Quäker Nantuckets sich gezwungen sahen, die Überlebenden der *Essex* öffentlich in Schutz zu nehmen. Unbestritten jedoch ist, dass der Kannibalismus, wie gerechtfertigt auch immer, mit den Worten eines Wissenschaftlers »eine kulturelle Erschütterung« war und ist – eine Handlung, die so beunruhigend ist, dass sie für die Allgemeinheit unweigerlich schwerer hinzunehmen ist als für die Überlebenden, deren Rettung sie bedeutete.

Pollard seinerseits ließ sich von dem Grauen, das er im Walboot erlebt hatte, nicht besiegen. Die aufrichtige und geradlinige Haltung zu der Katastrophe, die er an den Tag legte, half ihm durch sein restliches Leben. Kapitän George Worth von den *Two Brothers* war während der zweieinhalbmonatigen Rückreise von Valparaiso so beeindruckt von der Integrität des Kapitäns der *Essex,* dass er Pollard als seinen Nachfolger empfahl. Bald nach Pollards Rückkehr bot man ihm offiziell das Kommando über die *Two Brothers* an.

Als Pollard nach Nantucket zurückkehrte, hatte Owen Chase bereits die Arbeit an einem Buch über die Katastrophe begonnen. Er hatte ein Tagebuch über seine Odyssee in den Booten geführt. Offenbar gelang es ihm auch, eine Abschrift des Briefes zu erhalten, den der Kapitän der *Diana,* Aaron Paddock, noch in der Nacht des Gesprächs mit Pollard geschrieben hatte. So besaß er einen Bericht über das Geschehen auf den zwei anderen Booten nach der Trennung am 11. Januar. Doch Owen Chase war ein Walfänger, kein Schriftsteller. »Es gibt keinen Grund anzunehmen, Owen hätte die Erzählung selbst verfasst«, schrieb Herman Melville in sein Exemplar von Chases Buch. »Es enthält deutliche Anzeichen dafür, dass jemand es für ihn geschrieben hat; doch zugleich erweckt es den glaubhaften Eindruck, dass es sorgfältig und gewissenhaft nach Owens Schilderung der Tatsachen geschrieben wurde.«

Chase war zusammen mit einem Jungen aufgewachsen, der später nicht auf den Pazifik hinausfuhr, sondern aufs Harvard College ging. William Coffin jr. war der 23-jährige Sohn eines erfolgreichen Walöl-Händlers, der auch Nantuckets erster Postmeister gewesen war. Nach seinem Abschluss in Harvard hatte William jr. kurz Medizin studiert und war dann, mit den Worten eines Freundes, »anderen Beschäftigungen nachgegangen, die sich mit seiner begeisterten Liebe zur Literatur besser vertrugen«. Jahre später dann machte er den Ghostwriter für Obed Macys viel gelobte Geschichte Nantuckets; auch spricht einiges dafür, dass er an einem Bericht über die berüchtigte Meuterei auf der *Globe* mitschrieb. Seine Karriere als veröffentlichter Autor scheint jedoch mit der Geschichte der *Essex*-Katastrophe begonnen zu haben.

Coffin war der ideale Arbeitspartner für Chase. Als glänzender Schriftsteller mit gediegener Bildung kannte sich der Harvard-Zögling auch gut in Nantucket und im Walfang aus. Da er ebenso alt wie Chase war, konnte er sich in den Obermaat so gut einfühlen, dass sich die Geschichte, wie Melville bemerkte, liest, »als ob Owen selbst sie geschrieben hätte«. Die beiden Männer kamen gut und zügig mit der Arbeit voran. Zu Beginn des Frühjahrs war das Manuskript

Die Insel Henderson mit Blick auf den heute als North West Beach bekannten Strand. Die Männer der *Essex* bauten ihr Lager am Nordstrand, direkt im Rücken des Fotografen. Von hier aus brachen die drei Boote nach Südamerika auf, das dreitausend Meilen entfernt Richtung Osten liegt. *(© T. G. Benton, Universität Stirling, Schottland.)*

»Das Floß der Medusa« von Théodore Géricault. Im Jahr 1816 wurde ein eilig zusammengezimmertes Floß mit ungefähr 150 Passagieren der Fregatte *Medusa* vom Kapitän und den Offizieren, die sich zuvor in die Boote geflüchtet hatten, im Stich gelassen. Binnen kurzem brachen Kämpfe auf dem Floß aus, und zwei Wochen später lebten nur noch fünfzehn Menschen. Die Katastrophe galt als Paradebeispiel für die absolute Notwendigkeit von Disziplin in einer Notsituation. *(Musée du Louvre.)*

Zwei Holzschnitte aus der Broschüre, die Thomas Chappels Bericht über das *Essex*-Unglück und seine mit den Besatzungsmitgliedern Seth Weeks und William Wright verbrachten Monate auf der Insel Henderson enthält. OBEN: Als die *Surry* im April 1821 zur Rettung der drei Männer bei der Insel Henderson eintraf, verhinderte die hohe Brandung das Anlanden ihrer Barkasse. Hier sieht man, wie Thomas Chappel, beobachtet von seinen beiden Kameraden, durch die Wellen schwimmt. LINKS: Die Männer entdecken eine Höhle mit Skeletten von acht Schiffbrüchigen. *(Aus* An Account of the Loss of the *Essex von Thomas Chappel.)*

LINKS: Owen Chase, ein stolzer und stattlicher Nantucketer Walfänger-Kapitän auf dem Gipfel seiner Karriere. *(Mit freundlicher Genehmigung der Tice-Woodward Collection.)*

RECHTS: Vermutlich ebenfalls Owen Chase einige Zeit nach dem *Essex*-Unglück. Mit zunehmendem Alter wurden die Kopfschmerzen, die Chase seit dem Martyrium quälten, immer unerträglicher. Im Jahr 1868 erklärte man ihn für wahnsinnig. *(Mit freundlicher Genehmigung der Nantucket Historical Association.)*

Owen Chases Haus in der Orange Street in Nantucket, wo der ehemalige Obermaat der *Essex* gegen Ende seines Lebens Nahrungsmittel auf dem Dachboden versteckte. *(Mit freundlicher Genehmigung der Nantucket Historical Association.)*

Thomas Nickerson viele Jahre nach seiner Fahrt auf der *Essex*. Nachdem er lange in Brooklyn, New York, gelebt hatte, wo er eine Laufbahn als Kapitän in der Handelsschifffahrt einschlug, kehrte er in den Siebzigerjahren des 19. Jahrhunderts nach Nantucket zurück und betrieb eine Pension. *(Mit freundlicher Genehmigung der Nantucket Historical Association.)*

Bevor das heute unter dem Namen Springfield House bekannte Gebäude in der North Water Street ein Mansardendach erhielt, befand sich darin die Pension Thomas Nickersons. *(Mit freundlicher Genehmigung der Nantucket Historical Association.)*

Herman Melville. Der spätere Autor von *Moby Dick* las als junger Walfänger im Pazifik Owen Chases Bericht über den Untergang der *Essex*. *(Berkshire Athenaeum, Pittsfield, Massachusetts.)*

George Pollards Haus in der Centre Street in Nantucket. Nach dem Verlust des zweiten Walfangschiffes und einem kurzen Intermezzo in der Handelsschifffahrt wurde Pollard Nachtwächter. *(Mit freundlicher Genehmigung der Nantucket Historical Association.)*

Im Dezember 1997 strandete am Low Beach von Nantucket ein Pottwal. Hier schneidet Rick Morcam gerade mit einem Entermesser aus dem Nantucket Whaling Museum einen Streifen von dem Speck ab, der mit dem an einem Hydraulikarm befestigten Haken vom Walkadaver abgelöst wird. *(Foto Jim Powers. Mit freundlicher Genehmigung des Nantucket Inquirer and Mirrow.)*

Diese kleine, vermutlich aus dem Walfänger *Essex* stammende Seekiste trieb in der Nähe des Wracks auf dem Wasser. Sie wurde von John Taber aus Providence, Rhode Island, erstanden. Im Jahr 1896 stiftete Tabers Tochter die Kiste der Nantucket Historical Association. *(Mit freundlicher Genehmigung der Nantucket Historical Association.)*

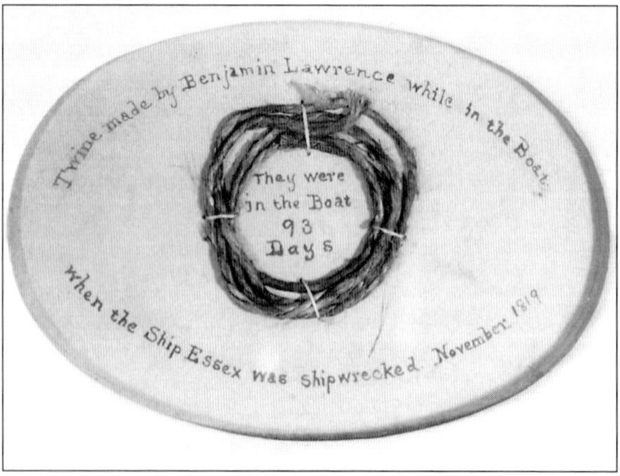

Der von Benjamin Lawrence während seiner drei Monate im *Essex*-Walboot aus losen Tauwerksfasern gedrehte Garnfaden. *(Foto Terry Pommett. Mit freundlicher Genehmigung der Nantucket Historical Association.)*

fertig gestellt. Am 22. November 1821, fast genau ein Jahr nach dem Schiffsuntergang, war das Buch schon in den Läden von Nantucket.

In einer Vorbemerkung an die Leser erklärt Chase, da er alles im Wrack verloren habe, sei er verzweifelt bemüht, ein wenig Geld für seine junge Familie zu verdienen. »Die Hoffnung auf eine kleine Entschädigung«, schrieb Chase, »ist der Grund, warum ich für eine kurze Geschichte meiner Leiden öffentliche Aufmerksamkeit beanspruche.« Doch er hatte auch andere Beweggründe. Die Erzählung bot ihm die Gelegenheit, sich selbst als jungen Offizier, der ein anderes Schiff brauchte, im bestmöglichen Licht darzustellen.

Chases Darstellung kreist natürlich vor allem um das Geschehen auf seinem Boot. Die Mehrheit der Todesfälle jedoch – neun von elf – ereignete sich auf den anderen beiden Booten, und diese beschreibt Chase nur in einer kurzen Zusammenfassung am Ende des Buches. Es wäre für jeden, der nur Chases Buch liest, schwierig, sich das ganze Ausmaß der Katastrophe vorzustellen. Vor allem die Tatsache, dass fünf von den sechs Männern, die starben, Schwarze waren, kommentiert Chase mit keinem Wort. Indem er viele der beunruhigendsten und problematischsten Gesichtspunkte der Katastrophe ausblendet, verwandelt Chase die Geschichte der *Essex* in eine Schilderung persönlichen Leidens und Triumphs.

Am eigennützigsten ist der Obermaat bei der Darstellung der Entscheidungen vor der Odyssee in den Walbooten. Er unterschlägt lieber, dass er selbst es war, der zusammen mit Matthew Joy Kapitän Pollard dazu drängte, die Reise fortzusetzen, nachdem sie im Golfstrom gekentert und mehrere Walboote verloren hatten. Auch stellt er die Entscheidung der Offiziere, nach Südamerika zu segeln, so dar, als hätte man sich von Anfang an darauf geeinigt, während doch Nickerson zufolge Pollard zunächst vorgeschlagen hatte, zu den Gesellschaftsinseln zu segeln. Noch schwerer wiegt, dass Chase seine Chance verschweigt, den Wal nach der ersten Attacke mit der Lanze zu treffen – eine Tatsache, die erst durch die Veröffentlichung von Nickersons Bericht 163 Jahre später ans Licht kam.

Chases Mitüberlebende aus Nantucket, besonders Kapitän Pollard, hatten zweifellos das Gefühl, der Maat habe in seiner Darstellung der Katastrophe ihre Erfahrungen nicht hinreichend berücksichtigt. (Herman Melville berichtete später, Pollard sei gedrängt worden, seine eigene Geschichte zu schreiben, oder man habe ihn »veranlasst, dies unter seinem Namen geschehen zu lassen« – diese Darstellung ist jedoch nie aufgetaucht.) Doch es waren nicht nur Chases Schiffskameraden, die sich durch die Veröffentlichung der *Essex*-Geschichte hintergangen fühlten. Wie Ralph Waldo Emerson während eines Besuchs auf der Insel im Jahr 1847 beobachtete, sind die Nantucketer »sehr empfindlich gegenüber allem, was die Insel entehrt, weil es dem Wert der Lagerbestände dermaßen schadet, dass die Firmen verarmen«. Das Letzte, was sie vor der Nation und der Welt ausgebreitet sehen wollten, war ein detaillierter Bericht darüber, wie ihre Männer und Jungen in unerträglicher Not zu Kannibalen geworden waren. Chases Darstellung nahm da kein Blatt vor den Mund, er verwendet zwei Ausrufungszeichen, als er erstmals von dem Vorschlag erzählt, die Leiche Isaac Coles aufzuessen. Viele glaubten, die wirtschaftliche Not eines Mannes könne noch so groß sein, er dürfe dennoch nicht versuchen, sich zu bereichern, indem er die Leiden anderer Menschen als Sensation ausschlachtete. Nicht zufällig machte Chase seine nächste Fahrt nicht auf einem Nantucket-Walfänger. Im Dezember des Jahres ging er nach New Bedford, von wo er als Obermaat auf der *Florida* in See stach, einem Walschiff ohne einen einzigen Nantucketer in der Besatzung. Zwar blieb seine Familie auf der Insel, doch Chase sollte elf Jahre lang nicht mehr auf einem Schiff aus seinem Heimathafen segeln.

George Pollard jedoch wurde der höchste Vertrauensbeweis zuteil. Am 26. November 1821, gut drei Monate nach der Heimkehr nach Nantucket und nur ein paar Tage nach Erscheinen von Chases Bericht, stach er als Kapitän der

Two Brothers mit dem Ziel Pazifik in See. Doch das vielleicht erstaunlichste Vertrauensvotum erhielt Pollard von zwei Mitgliedern seiner Besatzung. Denn Pollard war nicht der einzige *Essex*-Mann an Bord der *Two Brothers;* zwei weitere von ihnen hatten sich entschieden, wieder unter seinem Kommando zu fahren. Der eine war Thomas Nickerson. Der andere war Charles Ramsdell, der Junge, der mit Pollard vierundneunzig Tage in einem Walboot verbracht hatte. Wenn es einen Menschen gab, der Kapitän Pollard kennen gelernt hatte, dann war es Ramsdell.

Vierzehntes Kapitel

KONSEQUENZEN

Angesichts dessen, was ihm bei seiner ersten Fahrt als Kapitän zugestoßen war, übernahm George Pollard sein zweites Kommando mit bemerkenswerter Zuversicht. Im Winter 1822 führte er die *Two Brothers* erfolgreich um das Horn und die südamerikanische Westküste entlang bis zum peruanischen Hafen Payta, wo er Proviant an Bord nahm. Mitte August traf die *Two Brothers* auf die *Waterwitch,* einen Schoner der amerikanischen Marine. An Bord der *Waterwitch* befand sich ein vierundzwanzigjähriger Fähnrich namens Charles Wilkes. Zufällig hatte der Seeoffiziersanwärter Chases Schilderung der *Essex*-Katastrophe erst tags davor zu Ende gelesen. Er fragte den Kapitän der *Two Brothers,* ob er mit dem berühmten George Pollard aus Nantucket verwandt wäre. Pollard gab sich zu erkennen. »Das machte einen gewaltigen Eindruck auf mich«, sagte Wilkes viele Jahre später.

Zwar hatte Wilkes das Buch von Chase gelesen, doch Pollard wollte dem Fähnrich unbedingt seine eigene Version der Geschichte erzählen. »Ich hätte erwartet, in seinem Verhalten oder in seiner Persönlichkeit Spuren dieser Erlebnisse zu erkennen«, schrieb Wilkes, »doch dem war nicht so: Er war fröhlich und in der Schilderung seiner Geschichte sehr bescheiden.« Der Fähnrich urteilte schließlich, Pollard sei »ein Held, der nicht einmal darüber nachdachte, dass er Hindernisse überwunden hatte, an denen neunundneunzig von hundert Männern gescheitert wären«.

Wilkes fand jedoch zumindest einen Hinweis darauf, dass

Pollard die Odyssee nicht ohne Narben überstanden hatte. In der Kajüte des Kapitäns entdeckte er etwas Ungewöhnliches. An der Decke hingen ein paar große Netze – gefüllt vor allem mit Kartoffeln und anderem frischem Gemüse. Kapitän Pollard, der Mann, der noch im Jahr zuvor fast verhungert wäre, brauchte jetzt nur die Hand zu heben und sich etwas Essbares von der Decke zu pflücken. Wilkes fragte Pollard, woher er nach allem, was er durchlitten hatte, den Mut aufbrachte, wieder zur See zu fahren: »Er antwortete schlicht, es sei eine alte Weisheit, dass der Blitz nie zweimal am selben Ort einschlage.« Doch für Kapitän Pollard sollte diese Weisheit nicht gelten.

Im Februar 1823 segelten die *Two Brothers* und ein anderes Walschiff aus Nantucket, die *Martha,* gemeinsam Richtung Westen zu einem neuen Walfanggebiet. In den wenigen Jahren, die verstrichen waren, seit Pollard mit der *Essex* in See gestochen war, hatte sich beim Walfang im Pazifik viel verändert. Bald nach Eröffnung der so genannten Hochseefanggründe 1819 hatten Walfänger aus Nantucket erstmals die Hawaii-Insel Oahu angelaufen. Noch im selben Jahr behauptete Frederick Coffin, der Kapitän der *Syren,* das reichhaltige japanische Fanggebiet entdeckt zu haben. Der ganze Pazifik, nicht nur seine östlichen und westlichen Ausläufer, waren zum Jagdgrund der Walfänger aus Nantucket geworden.

Die *Two Brothers* und die *Martha* befanden sich mehrere hundert Meilen westlich von Hawaii, auf dem Weg zum japanischen Fanggrund, als ein Sturm aufkam. Pollard befahl seinen Männern, die Segel zu kürzen. Es regnete heftig, und in der aufgepeitschten See erwies sich die *Two Brothers* als schwer zu steuern. Die *Martha* war das schnellere der beiden Walschiffe, und als die Nacht anbrach, konnte sie der Ausguck der *Two Brothers* von der Mastspitze kaum noch erkennen.

Sie segelten etwa auf der Breite der so genannten French Frigate Shoals – einem tödlichen Gewirr aus Felsen und Korallenriffen nordöstlich von Hawaii –, doch Pollard und

Kapitän John Pease von der *Martha* glaubten, weit westlich von diesem gefährlichen Abschnitt zu sein. Seit seiner vorigen Reise hatte Pollard gelernt, die Position seines Schiffes durch Mondbeobachtung zu bestimmen. Doch es war bewölkt und mehr als zehn Tage her, seit er die Position mittels des Mondes hatte bestimmen können, also musste er die Position seines Schiffes mittels Besteck errechnen.

Der Sturm war so heftig, dass sie die Walboote von den Davits genommen und auf Deck festgezurrt hatten. In dieser Nacht bemerkte einer der Offiziere, dass das Wasser »längsseits ungewöhnlich weiß aussieht«. Thomas Nickerson wollte gerade eine Jacke von unten holen, als er Pollard an der Reling stehen und besorgt ins Wasser starren sah.

Während Nickerson unter Deck war, hörte er ein »fürchterliches Krachen« und die Wucht eines Aufpralls riss ihn zu Boden. Nickerson glaubte, sie seien mit einem anderen Schiff zusammengestoßen. »Sie können sich nicht vorstellen, wie verblüfft ich war«, schrieb er, »als ich scheinbar berghohe Klippen um uns her sah und unser Schiff breitseits kielholte und mit solcher Gewalt aufprallte, dass man sich kaum auf den Beinen halten konnte.« Das Schiff hatte ein Korallenriff gerammt und drohte in Stücke gerissen zu werden. »Kapitän Pollard schien dieses Schauspiel mit anzusehen, als ob es ihm die Sprache verschlagen hätte«, erinnerte sich Nickerson.

Für Pollard sprang Obermaat Eben Gardner in die Bresche. Er befahl den Männern, die Masten zu kappen, um so vielleicht das Schiff zu retten. Pollard, dem klar wurde, dass die Spieren wahrscheinlich auf Deck fallen und die dort festgezurrten Walboote zerschlagen würden, erwachte endlich zum Leben. Er befahl der Mannschaft, die Äxte wegzulegen und die Boote bereit zu machen. »Wären die Masten in diesem Augenblick gekappt worden«, schrieb Nickerson, »hätte ich in dieser Geschichte eine schöne Rolle gespielt und könnte sie nicht mehr erzählen.«

Während die Männer sich in die beiden Boote drängten, verfiel Pollard erneut in eine tranceähnliche Verzweiflung. »Die Verstandeskräfte waren ihm entflohen«, schrieb Nickerson. Der Kapitän wollte das Schiff offenbar nicht verlassen. Die Wellen drohten die Boote gegen den Rumpf zu schmettern, und die Männer flehten ihren Kapitän an, sich zu retten. »Kapitän Pollard stieg widerwillig in eines der Boote«, schrieb Nickerson, »gerade, als sie Anstalten machten, vom Schiff wegzurudern.«

Nickerson, mit siebzehn Jahren zum Bootsteurer befördert, stand am Steuerriemen, als eine gewaltige Welle über das Boot hereinbrach und ihn ins Meer riss. Einer der Maate streckte ihm das Blatt des Achterriemens entgegen, Nickerson packte es und wurde aus dem Wasser gefischt.

Die beiden Walboote verloren sich in der Dunkelheit rasch aus den Augen. »Unser Boot schien von Klippen umgeben zu sein«, schrieb Nickerson, »und wir waren gezwungen, die ganze Nacht zwischen ihnen hindurch zu rudern, denn einen Fluchtweg fanden wir nicht.« Am nächsten Morgen sahen sie ein Schiff auf der Leeseite eines fünfzehn Meter hohen Felsens vor Anker liegen. Wie sich herausstellte, war es die *Martha*, die in der Nacht um Haaresbreite gegen einen Felsen gekracht wäre. Bald waren beide Bootsbesatzungen gerettet, und die *Martha* machte sich auf den Weg nach Oahu.

Zwei Monate später, im Hafen von Raiatea, einer der Gesellschaftsinseln, ging ein Missionar namens George Bennet an Bord der amerikanischen Brigg *Pearl*, die nach Boston fahren sollte. Unter den Passagieren befand sich auch George Pollard. Der 31-jährige Kapitän hatte sich, seit er ein Jahr zuvor mit Charles Wilkes gesprochen hatte, deutlich verändert. Seine einstige Fröhlichkeit war verschwunden. Doch nun, im Hafen einer Insel vor Anker, die er und seine Männer damals in der irrigen Furcht vor Kannibalen gemieden hatten, drängte es ihn, Bennet die Geschichte der *Essex* in quälender Ausführlichkeit zu erzählen. Als er zur Tötung Owen Coffins kam, rief er aus: »Doch mehr kann ich Ihnen nicht erzählen, mein Kopf beginnt zu brennen, wenn ich daran denke; ich weiß kaum noch, was ich sage.«

Am Ende berichtete Pollard, dass er jüngst sein zweites Walschiff auf einer Klippe vor Hawaii verloren habe. Dann bekannte er, dem Missionar zufolge »in einem Ton abgrundtiefer Verzweiflung, den man nie vergisst«: »Jetzt bin ich vollkommen am Ende. Kein Schiffseigner wird mir je wieder einen Walfänger anvertrauen, denn alle werden sagen, ich sei *vom Pech verfolgt.*«

Wie Pollard richtig vorhergesehen hatte, war seine Walfängerlaufbahn zu Ende. Die Inselbewohner, die sich nach dem Untergang der *Essex* so rasch hinter ihn gestellt hatten, wandten ihm nun den Rücken zu. Er war zu einem Jonas geworden – einem zweimal vom Unglück heimgesuchten Kapitän, dem keiner eine dritte Chance zu geben wagte. Nachdem Pollard zu seiner Frau Mary heimgekehrt war, unternahm er noch eine einzige Fahrt mit einem New Yorker Handelsschiff. »Doch er mochte diese Art von Geschäft nicht«, schrieb Nickerson, »und kehrte in seine Heimat Nantucket zurück.« Dort wurde er Nachtwächter – und stand damit ganz unten auf der sozialen Stufenleiter der Insel.

Ein beunruhigendes Gerücht verbreitete sich nun auf den Straßen der Stadt, ein Gerücht, das sogar noch fast hundert Jahre später auf Nantucket erzählt wurde. Es sei nicht Owen Coffin gewesen, der das kurze Stück Papier gezogen habe, behaupteten die Gerüchteköche, sondern George Pollard. Erst dann habe sein junger Cousin, dem Tod schon nahe und überzeugt, er würde die Nacht nicht überstehen, angeboten und sogar darauf gedrungen, anstelle des Kapitäns zu sterben. Wenn das Gerücht stimmt, war Pollard nicht nur glücklos, sondern ein Feigling, und das Schicksal hatte ihn herausgesucht.

Das englische Wort *pollard* hat zwei Bedeutungen. Es bezeichnet ein Tier, beispielsweise einen Ochsen, einen Ziegenbock oder einen Hammel, der seine Hörner verloren hat. Doch *pollard* ist auch ein Begriff aus dem Gartenbau, das Verb bedeutet, die Äste eines Baumes drastisch zurückzustutzen, damit viele neue Triebe entstehen können. Das

Unglück hatte George Pollard gestutzt und seine Möglichkeiten beschnitten, doch ganz so, als ob ihn diese Rückschläge gestärkt hätten, schuf er sich ein glückliches, sinnerfülltes Leben in seiner Heimatstadt.

George und Mary Pollard bekamen nie eigene Kinder, doch in gewisser Weise hatten sie vielleicht die größte Familie auf Nantucket. Als Nachtwächter der Stadt war Pollard dafür zuständig, die Sperrstunde ab neun Uhr abends durchzusetzen, und bei der Erfüllung seiner Pflicht lernte er praktisch jeden jungen Menschen der Insel kennen. Statt, wie man vielleicht erwartet hätte, zu einem mürrischen, verbitterten Menschen zu werden, wurde er bekannt für sein lebhaftes, ja fröhliches Gebaren. Zu Pollards großer Familie gehörte auch Joseph Warren Phinney, der nach dem Tod seiner Eltern nach Nantucket gekommen war, um bei den Großeltern zu leben. Die erste Frau von Josephs Vater war Mary Pollards Schwester gewesen. Im Alter hinterließ Phinney eine Schilderung von George Pollard.

»Er war ein kleiner, dicker Mann, vergnügt und voller Liebe zu den guten Dingen des Lebens«, schrieb Phinney und erinnerte sich mit Vergnügen, wie Mary Pollard ihren Mann anwies, sich auf den Küchentisch zu legen, und die Maße für ein neues Paar Hosen abnahm. Statt mit einer Harpune durchstreifte dieser einstige Walfänger die Straßen »mit einem langen, mit Eisenhaken versehenen Hickorystock unter dem Arm«. Mit dem Stock konnte er nicht nur die Walöl-Straßenlampen der Stadt bedienen, er war auch nützlich, wenn es darum ging, die Kinder zur Sperrstunde nach Hause zu schicken. Pollard nahm seine Pflichten so ernst, dass er von den Städtern »Schnüffler« genannt worden sei – ein kundiger Detektiv, der sich genauestens im Leben einer Insel auskannte, deren Bevölkerung in zwei Jahrzehnten von sechs- auf zehntausend Menschen wuchs.

Wie jeder andere Nantucketer kannte Phinney die Geschichte der *Essex*, und er hatte sogar das Gerücht gehört, wonach »für den Mann, der das Los gezogen hatte, ein Junge eingesprungen war«. Phinney und jedem anderen, der den

Nachtwächter kannte, schien es undenkbar, dass »dieser Mann« George Pollard gewesen sein sollte. (Nach der Version des Gerüchts, das Phinney zu Ohren gekommen war, hatte der Mann, für den Owen Coffin einsprang, »eine Frau und kleine Kinder«, und jeder wusste, dass die Pollards kinderlos waren.)

Es gab jedoch noch ein weiteres Gerücht um Kapitän Pollard. Ein Neuankömmling vom Festland habe ihn arglos gefragt, ob er je einen Mann namens Owen Coffin gekannt habe. »Gekannt?«, soll Pollard angeblich geantwortet haben. »Natürlich, ich hab ihn *gegessen!*«

Pollards Freunde schenkten auch dieser Geschichte keinen Glauben. Sie wussten, dass er nicht fähig wäre, das Andenken der Männer, die in den Walbooten der *Essex* gestorben waren, zu verspotten. Zwar hatte er die Tragödie halbwegs verarbeitet, doch er hörte nie auf, die Männer zu ehren, die dabei ihr Leben gelassen hatten. »Einmal im Jahr«, erinnerte sich Phinney, »am Jahrestag des Untergangs der *Essex*, schloss er sich in sein Zimmer ein und fastete.«

Owen Chase sollte als Walfänger jenen Erfolg ernten, der George Pollard versagt blieb. In seinem Familienleben jedoch hatte er weniger Glück.

Chases erste Reise nach dem Ende der *Essex*, als Obermaat an Bord des New Bedforder Walfängers *Florida*, dauerte kaum zwei Jahre und erbrachte 2000 Fässer Öl. Als er 1823 nach Nantucket zurückkehrte, krabbelte sein zweites Kind Lydia bereits ihrer inzwischen vierjährigen Schwester Phebe Ann hinterher. Chase beschloss, bis zur Geburt des nächsten Kindes, seines Sohnes William Henry, auf der Insel zu bleiben. Owens Frau Peggy erholte sich jedoch nicht von der Geburt und starb kaum zwei Wochen später. Owen war jetzt ein 27-jähriger Witwer, der drei Kinder zu versorgen hatte.

Im Herbst und Winter 1824/25 lernte er eine Frau lieben, mit der ihn bereits eine gewisse Gemeinsamkeit verband. Nancy Slade Joy war die Witwe Matthew Joys, des Zweiten

Maats der *Essex*. Sie und Matthew waren zwei Jahre verheiratet gewesen, als ihr Mann zum letzten Mal hinausgefahren war. Im Juni 1825, neun Monate nach dem Tod von Peggy Chase, wurden der Witwer und die Witwe getraut, und Nancy wurde die Stiefmutter von Owens drei Kindern. Zwei Wochen später kaufte Chase ein Haus von seinem Vater am Rande der »Captain's Row« von Orange Street. Anfang August fuhr Chase nach New Bedford, wo er erstmals das Kommando über ein Schiff, die *Winslow*, antrat. Er war 28 Jahre, so alt wie Pollard, als er Kapitän der *Essex* geworden war.

Die *Winslow* war ein kleines Walschiff mit nur 15 Mann Besatzung. Am 20. Juli 1827, nach fast zweijähriger Fahrt, kehrte sie mit 1440 Fass Öl nach New Bedford zurück. Chase fuhr nach Nantucket, bezahlte seine Hypothek von 500 Dollar auf das Haus und war schon in der zweiten Augustwoche wieder in New Bedford. Man kann sich ausmalen, wie es um die Gefühle von Nancy Chase stand, die im Sommer 1826 nicht einmal zwei Monate mit ihrem Mann zusammengelebt hatte, als sie erfuhr, dass Owen umgehend eine weitere Fahrt auf der *Winslow* antreten musste.

Bald nach der Abfahrt beschädigte ein schwerer Sturm die *Winslow*, und im Oktober musste sie mit letzter Kraft zur Reparatur nach New Bedford zurückkehren. Die Eigner beschlossen, die Gelegenheit zu nutzen und das Schiff auf 263 Tonnen zu vergrößern. So hatte Chase die Gelegenheit, neun Monate mit seiner Frau und den drei Kindern in Nantucket zu verbringen. Im Juli 1828 fuhr er wieder zur See, füllte sein ausgebautes Schiff in zwei Jahren mit Öl und kehrte im Sommer 1830 nach Nantucket zurück.

Natürlich liegt der Gedanke nahe, Chases Walfängerleben nach der *Essex*-Tragödie im Sinne von Ahabs Verlangen zu deuten, seinen Rachedurst zu stillen. Und in der Tat findet sich ein Hinweis darauf, dass zumindest andere Walfänger behaupteten, Chase sei davon besessen gewesen, den Wal, der die *Essex* versenkt hatte, zu finden und zu töten.

Im Jahr 1834, 17 Jahre bevor *Moby Dick* erschien, saß

der Dichter und Essayist Ralph Waldo Emerson in einer Kutsche mit einem Matrosen zusammen, der ihm von einem Wal (und dazu noch von einem weißen Wal) erzählte, der angeblich Walboote mit seinen Kiefern zermalmt habe. Der Matrose behauptete, ein Walfänger, ob die *Winslow* oder die *Essex,* wisse er nicht genau, sei aus New Bedford ausgelaufen, um diesen Wal zu töten, und das Tier sei schließlich vor der südamerikanischen Küste erlegt worden. Man kann nur vermuten, dass Emerson hier einen etwas wirren Bericht über Owen Chase aufzeichnete, dem es als neuem Kapitän der *Winslow* und als einstigem Obermaat der *Essex* gelungen war, sich an dem Wal zu rächen, der ihm so viel Leid und Schmerzen zugefügt hatte.

Wie auch immer es gewesen sein mochte, fest steht, dass Chases fast ein Jahrzehnt währende Verbannung als Walfänger von Nantucket bald nach seiner Rückkehr von seiner zweiten vollen Fahrt als Kapitän der *Winslow* endete. Er war 33 Jahre alt, als man ihm das Kommando über eines der größten Nantucketer Walfängerschiffe anbot, das allerdings noch fertig gestellt werden musste. Bis dahin waren fast alle Schiffe der Insel auf dem Festland gebaut worden, vor allem in Rochester und Hanover in Massachusetts. Doch der Walfang hatte der Insel gewaltigen Reichtum gebracht. Die Gewinnspannen waren nun so groß, dass man es für wirtschaftlich sinnvoll hielt, ein Walschiff in der inseleigenen Brant Point Werft bauen zu lassen, obwohl alles Material über den Nantucket-Sund transportiert werden musste. Während der nächsten zwei Jahre nahm die *Charles Carroll,* ein kupferbeschlagenes, 376 Tonnen schweres Schiff unter Chases erfahrenem Blick Gestalt an, und er selbst erwarb mit einer Investition von 625 Dollar einen Anteil von 1/32 an dem Schiff.

Chases erste Fahrt als Kapitän der *Charles Carroll* war ein finanzieller Erfolg. Nach dreieinhalb Jahren kehrte er im März 1836 mit 2610 Fass Öl zurück, fast doppelt so viel, wie er auf seiner ersten Fahrt als Kapitän der *Winslow* heimgebracht hatte. Doch für diese Reise musste er einen hohen menschlichen Preis zahlen. Neun Monate nachdem ihr Gatte die Insel verlassen hatte, gebar Nancy Chase eine Tochter, Adeline. Ein paar Wochen später starb Nancy. Im Frühjahr 1836 warteten am Hafen von Nantucket vier Kinder auf ihren Vater: Phebe Ann, fast 16 Jahre alt; Lydia, 13; William Henry, elf; und Adeline, zweieinhalb Jahre – ein Mädchen, das sich an die Mutter nicht erinnern konnte und den Vater noch nicht kannte.

Chase war keinen Monat zu Hause, als er sich auch schon wieder verheiratete. Eunice Chadwick war erst 27 und hatte nun vier Stiefkinder zu versorgen. Ende August, kaum fünf Monate nach der Heirat, winkte sie ihrem Mann, der in See stach, am Kai zum Abschied zu. Es sollte Chases letzte Fahrt als Walfängerkapitän werden. Er war jetzt vierzig, und wenn alles gut ging, konnte er sich in seinem Haus in der Orange Street zur Ruhe setzen.

Damals befuhr auch ein junger Mann den Pazifik, dessen Walfängerleben erst begann. Herman Melville heuerte 1840 als Schiffsjunge auf dem New Bedforder Walschiff *Acushnet* an. Bei einem Treffen auf See lernte er einen Nantucketer namens William Henry Chase kennen – den Sohn von Owen Chase, damals noch ein Teenager. Melville hatte bereits von den Matrosen der *Acushnet* über die Abenteuer der *Essex* gehört und ließ den Jungen ausgiebig von den Erlebnissen des Vaters erzählen. Am nächsten Morgen zog William ein Exemplar von Owens *Essex*-Bericht aus dem Seesack und lieh es Melville. »Die Lektüre dieser wundersamen Geschichte auf endloser See, noch dazu ganz in der Nähe des Schiffswracks, hatte verblüffende Wirkung auf mich«, notierte Melville.

Später dann, während eines Treffens mit einem anderen Schiff, erhaschte Melville einen Blick auf einen Nantucketer Walfängerkapitän, und man sagte ihm, dies sei niemand anders als Owen Chase. »Er war ein stattlicher, recht großer und wohl gestalteter Mann«, schrieb Melville später auf die letzten Blätter seines eigenen Exemplars von Chases Bericht, »dem Anschein nach etwas älter als fünfundvierzig, mit einem hübschen Gesicht für einen Yankee und mit dem Ausdruck großer Standhaftigkeit und ruhiger, uneitler Couragiertheit. Er schien mir der selbstsicherste Walfänger zu sein, den ich je gesehen hatte.« Zwar hielt Melville offenbar einen anderen Walfängerkapitän für Chase, doch seine Beschreibung trifft erstaunlich genau ein erhalten gebliebenes Porträt von Owen Chase. Es zeigt einen selbstgewissen, fast arroganten Menschen – einen Mann, der die Verantwortung über ein Schiff mit größter Gelassenheit trägt. Doch bei aller professionellen Selbstsicherheit des Kapitäns – auf die Nachricht, die ihn mitten auf seiner letzten Fahrt erreichte, war er nicht vorbereitet.

Sechzehn Monate, nachdem ihr Mann auf der *Charles Carroll* in See gestochen war, gebar Eunice Chase, Owen Chases dritte Frau, einen Sohn, Charles Frederick. Herman Melville wurde zugetragen, wie Chase die Nachricht aufnahm, und der künftige Autor von *Moby Dick* kam nicht umhin, das Schicksal des einstigen Obermaats der *Essex* mit dem George Pollards zu vergleichen: »Die fürchterliche Böswilligkeit des Schicksals, das den Kapitän Pollard bei seinem zweiten katastrophalen und vollständigen Schiffbruch verfolgte, es verfolgte auch den armen Owen«, schrieb Melville, »auch wenn es sich etwas mehr Zeit ließ, um ihn ein zweites Mal einzuholen.« Wie Melville erfuhr, hatte Chase Briefe erhalten, »in denen man ihm berichtete, dass seine Frau ihm ohne Zweifel untreu geworden war ... Uns ist auch zu Ohren gekommen, dass diese Neuigkeit Chase schwer belastet hat und er die Beute tiefster Trübsal wurde.«

Ein paar Tage nach seiner Rückkehr nach Nantucket im Winter 1840 reichte Chase die Scheidung ein. Am 7. Juli wurde ihr stattgegeben, und Chase übernahm die Vormundschaft für Charles Frederick. Zwei Monate später verheiratete sich Chase zum vierten Mal, diesmal mit Susan Coffin Gwinn. Von den letzten 21 Jahren hatte er nur fünf zu Hause verbracht. Jetzt aber sollte er für immer auf Nantucket bleiben.

Auch die anderen Überlebenden der *Essex* kehrten zur See zurück. Thomas Nickerson und Charles Ramsdell, die nach dem Schiffbruch der *Two Brothers* zunächst nach Oahu gebracht worden waren, fanden bald Kojen auf anderen Walschiffen. In den 40er Jahren war Ramsdell Kapitän der *General Jackson* mit Heimathafen Bristol, Rhode Island. Er heiratete zweimal und zeugte insgesamt sechs Kinder. Nickerson war das Walfängerleben schließlich leid und wurde Kapitän auf Handelsschiffen. Er zog nach Brooklyn, New York, und verbrachte dort einige Jahre mit seiner Frau Margaret. Sie blieben kinderlos.

Benjamin Lawrence diente als Kapitän der Walfänger *Dromo* und *Huron,* letztere mit Heimathafen Hudson, New York, der Heimatstadt von Matthew Joy, des Zweiten Maats der *Essex*. Lawrence zeugte sieben Kinder, von denen eines auf See starb. Wie Chase zog sich Lawrence Anfang der 1840er Jahre aus dem Walfängergeschäft zurück. Er kaufte sich eine kleine Farm bei Siasconet am östlichen Ende von Nantucket.

Von den drei vom Festland stammenden Männern, die von Henderson Island gerettet wurden, ist weniger bekannt. Die beiden Kap Codder, Seth Weeks und William Wright, durchkreuzten als Crewmitglieder der *Surry* den ganzen Pazifik und landeten schließlich in England, von wo aus sie in die Vereinigten Staaten zurückkehrten. Vor den Westindischen Inseln riss ein Hurrikan Wright über Bord, und er ertrank. Weeks setzte sich schließlich auf Kap Cod zur Ruhe und sollte alle anderen Schiffbrüchigen der *Essex* überleben.

Der Engländer Thomas Chappel kehrte im Juni 1832 nach London zurück. Dort arbeitete er an einem religiösen Traktat mit, der der Katastrophe der *Essex* alle möglichen spirituellen Lehren abrang. Nickerson hörte später vom Tod des Engländers auf der vom Fieber heimgesuchten Insel Timor.

Zwar gab es auf der Insel noch bis ins 20. Jahrhundert hinein Getuschel über die *Essex,* aber offen sprachen die Nantucketer nie über das Thema. Die Tochter von Benjamin Lawrence antwortete auf eine Frage nach der Katastrophe: »Wir Nantucketer sprechen nicht darüber.«

Es lag nicht nur daran, dass sich die Männer in den Kannibalismus geflüchtet hatten. Die Nantucketer hatten auch Schwierigkeiten zu erklären, warum die ersten vier Männer, die gegessen wurden, Schwarze gewesen waren. Für Nantucket war diese Tatsache besonders heikel, weil die Insel in dem Ruf stand, eine Hochburg der Sklavereigegner zu sein: Der Dichter John Greenleaf hatte sie eine »Zuflucht der Freien« genannt. Anstatt von der *Essex* zu sprechen, zogen es die Nantucketer Quäker vor zu berichten, dass die in einem südlichen Stadtteil namens New Guinea angesiedelte, wachsende schwarze Gemeinde der Insel an der boomenden Walfangwirtschaft besonderen Anteil hatte.

Im Jahr 1830 kehrte Kapitän Obed Starbuck mit einer fast ausnahmslos schwarzen Besatzung nach einer Reise von nur vierzehneinhalb Monaten mit 2280 Fass Öl zurück. Die Schlagzeile des *Nantucket Inquirer* verkündete: »Erfolgreichste Fahrt aller Zeiten.« Die Stimmung war so gut, dass die schwarzen Seeleute mit stolz geschulterten Harpunen und Lanzen die Main Street entlang paradierten. Kaum zehn Jahre später wurde ein in New Bedford lebender entflohener Sklave eingeladen, bei einer Zusammenkunft von Sklavereigegnern in der Atheneum Bibliothek der Insel zu sprechen. Der Name des Afroamerikaners war Frederick Douglass, und bei diesem Auftritt in Nantucket sprach er erstmals vor einem weißen Publikum. An dieses Vermächtnis sollte sich nach den Wünschen der Quäker-Führung Nantuckets die Welt erinnern, nicht an die beunruhigende Geschichte der *Essex*.

Eine Zeit lang zumindest schienen die Nichtinsulaner die Tragödie vergessen zu haben. Im Jahr 1824 führte Samuel Comstock die Crew des Nantucketer Walfängers *Globe* in eine blutige Meuterei, und die öffentliche Aufmerksamkeit wandte sich von der *Essex* ab. Zehn Jahre später entfachte ein Artikel in der *North American Review* erneut das Interesse. In den darauf folgenden zwanzig Jahren erschienen zahlreiche Schilderungen der *Essex*-Katastrophe. Eine der einflussreichsten Darstellungen enthielt ein beliebtes Kinderbuch, William H. McGuffeys *The Eclectic Fourth Reader.* Von nun an war es kaum möglich, in Amerika aufzuwachsen und nicht die eine oder andere Variante der *Essex*-Geschichte zu hören.

Im Jahr 1834 hielt Ralph Waldo Emerson im Tagebuch sein Gespräch mit einem Seemann über den Weißen Wal und die *Essex* fest. Als Emerson 1847 Nantucket besuchte, lernte er Kapitän Pollard persönlich kennen. In einem Brief an seine junge Tochter zu Hause in Concord, Massachusetts, schildert er den Untergang der *Essex:* »Sie sahen einen großen Pottwal rasend schnell auf das Schiff zuschwimmen: Einen Moment später schlug er mit schrecklicher Kraft gegen den Rumpf, zertrümmerte dabei ein paar Planken und schlug ein Leck: Er schwamm kurz davon, kehrte jedoch, weiße Gischt aufpeitschend, rasch wieder zurück und versetzte dem Schiff einen zweiten fürchterlichen Schlag.«

Im Jahr 1837 verarbeitete Edgar Allan Poe die schaurigeren Elemente von Chases Schilderung für seinen *Bericht des Arthur Gordon Pym.* Lose werden gezogen, Menschen werden verspeist, und ein Seemann stirbt unter fürchterlichen Konvulsionen.

Doch es blieb Herman Melville vorbehalten, den nachhaltigsten Nutzen aus der Walfängergeschichte zu ziehen. *Moby Dick* enthält mehrere detaillierte Bezüge zum Angriff des Wals auf die *Essex,* vor allem der Höhepunkt des Romans verdankt Chases Schilderung sehr viel. »Sein ganzer Anblick verriet nur Vergeltung, jähe Rache, ewige Arglist«, heißt es bei Melville zum Angriff des Weißen Wals auf die *Pequod.* Beim Aufschlag taucht der Wal, genau wie Chase es schildert, unter das Schiff und »zittert den Kiel entlang«. Doch anstatt das bereits sinkende Schiff ein zweites Mal anzugreifen, wendet Moby Dick seine Aufmerksamkeit dem Walboot Kapitän Ahabs zu.

Moby Dick fand bei den Kritikern zunächst wenig Gnade und wurde ein kommerzieller Misserfolg. 1852, ein Jahr nach Erscheinen des Buches, besuchte Melville schließlich Nantucket. Er fuhr im Juli hinüber, zusammen mit seinem Schwiegervater, dem Richter Lemuel Shaw, derselbe, der zwölf Jahre zuvor Owen Chases Scheidungsantrag stattgegeben hatte. Wie schon Emerson besuchte Melville nicht den vormaligen Walfängerkapitän Chase, der inzwischen von den Erträgen seiner Investitionen lebte, sondern George Pollard, den einfachen Nachtwächter.

Melville wohnte vermutlich im Ocean House an der Ecke Centre und Broad Street, schräg gegenüber von dem Haus, in dem George und Mary Pollard inzwischen schon seit Jahrzehnten lebten. In späteren Jahren schrieb Melville über den Kapitän der *Essex*. »Für die Inselbewohner war er ein Niemand – für mich war er der beeindruckendste Mann – dabei vollkommen uneitel, ja sogar bescheiden –, dem ich je begegnet bin.«

In den folgenden Jahren sollte Melvilles Schriftstellerkarriere dasselbe Schicksal erleiden wie Pollards Walfängerlaufbahn. Ohne Leserschaft für seine Bücher war der Autor von *Moby Dick* gezwungen, Arbeit als Zollinspektor in den Hafenanlagen von New York City anzunehmen. Zwar schrieb er keine Romane mehr, doch weiterhin Gedichte, vor allem ein langes, dunkles Poem namens *Clarel,* in dem eine Figur vorkommt, die auf Pollard beruht. Nach zwei katastrophalen Fahrten ist der einstige Kapitän »Ein Nachtwächter auf dem Kai / der das Frachtgut bis in den Morgen behütet / bei Wind und Wetter.« Melville spürte eine deutliche Seelenverwandtschaft mit dem Kapitän der *Essex,* und seine Beschreibung des alten Seemannes beruht ebenso sehr auf Introspektion wie auf der Begegnung mit dem Mann, den er in den Straßen Nantuckets getroffen hatte:

Nie lächelte er;
Rief man ihn, kam er; nicht bitteren Geistes,
demütig und versöhnt;
Geduldig war er, widersetzte sich keinem;
Oft versank er in Gedanken an etwas Geheimes.

Im Jahr 1835, als Obed Macy unter Mitarbeit von William Coffin jr. seine *History of Nantucket* veröffentlichte, hatte New Bedford der Insel den Rang als führender amerikanischer Walfängerhafen abgelaufen. Die Nantucket-Barre – in den frühen Tagen des Pazifikwalfangs nichts weiter als ein kleines Hindernis – war zu einem Hemmschuh des wirtschaftlichen Wachstums geworden. Die Walschiffe waren nun zu groß, um die Barre überqueren zu können. Sie mussten zunächst von Leichtern fast zur Gänze entladen werden, eine zeit- und geldraubende Angelegenheit. Im Jahr 1842 entwarf und baute Peter Folger Ewer zwei 40 Meter lange »Kamele« – riesige hölzerne Tragwerke, die ein schwimmendes Trockendock bildeten, das in der Lage war, ein voll beladenes Walschiff über die Barre zu tragen. Doch es blieb dabei, dass der Tiefwasserhafen, ebenso wie die Nähe zum entstehenden Eisenbahnnetz, auf dem eine wachsende Zahl von Händlern ihr Öl zum Markt transportierten, New Bedford nicht mehr anzugleichende Vorteile boten.

Doch die Nantucketer mussten die Schuld für den Niedergang des Walölgeschäfts, der die Insel in den 1840er Jahren erfasste, auch bei sich selbst suchen. Während die Walfängerbesatzungen aus New Bedford, New London und Sage Harbor neue Fanggründe im Nordpazifik erschlossen, blieben die Nantucketer stur bei ihren längst leer gefischten Gründen, die ihnen in den vergangenen Jahrzehnten so großen Reichtum verschafft hatten.

Auch in der Heimat gab es Probleme. Das Quäkertum, einst die treibende kulturelle und religiöse Kraft der Gemeinschaft, zersplitterte in mehrere Sekten, die sich ständig in den Haaren lagen. In den Dreißiger- und Vierzigerjahren gab es mehr Gemeindehäuser denn je auf der Insel, doch die Gesamtzahl der Quäker auf Nantucket schrumpfte Jahr um Jahr. Die strengen Regeln des Quäkertums lockerten sich allmählich, und die Nantucketer fühlten sich allmählich berechtigt, ihren Reichtum, den sie einst glaubten verbergen zu müssen, offen zur Schau zu stellen. Die Main Street säumten nun elegante Backsteinbauten und riesige, mit Schindeln gedeckte Prachtbauten, die an griechische Tempel erinnern sollten: Denkmäler für die Reichtümer, welche die Insulaner mit den Worten Melvilles »mit der Harpune aus den Tiefen der Meere gezogen« hatten. Zwar schrumpfte die Ölausbeute schon seit einigen Jahren, doch im Frühsommer 1846 sah man auf den Straßen Nantuckets wenig, was zur Sorge Anlass gegeben hätte. Bis plötzlich in einer heißen Julinacht, eine Stunde vor Mitternacht, der Ruf »Feuer!« erscholl.

Es war einer der trockensten Sommer seit Menschengedenken gewesen. Die Holzbauten brannten wie Zunder. In wenigen Minuten sprangen die Flammen von einer Hutfabrik an der Main Street auf ein angrenzendes Gebäude über. Nantucket hatte damals keine öffentliche Feuerwehr, man verließ sich auf privat organisierte Unternehmen. Während sich die Flammen mit alarmierender Geschwindigkeit den Weg die Main Street entlangfraßen, fingen einzelne Hausbesitzer an, die Dienste der Feuerwehrunternehmen zu ersteigern. Statt ihre Kräfte zu bündeln und ihre Aktionen aufeinander abzustimmen, liefen die Feuerwehrmänner kreuz und quer durch die Stadt und konnten nicht verhindern, dass sich die Feuerwalze zu einem nicht mehr beherrschbaren Feuersturm auswuchs.

Der gewaltige Hitzeauftrieb verursachte Windböen, die durch die engen Straßen bliesen und das Feuer in alle Himmelsrichtungen trugen. Brennende Trümmerteile flogen durch die Luft und landeten auf Häusern, die man für sicher gehalten hatte. In einem verzweifelten Versuch, den Feuersturm einzudämmen, sprengten die Feuerwehrleute der Stadt einige Häuser, doch die Explosionen verschlimmerten nur noch die schreckliche Wirrsal dieser Nacht. Owen Chases Haus an der Orange Street war weit genug südlich, um dem Feuer zu entgehen, doch Pollards Haus an der Canal Street lag mitten in seiner Bahn. Einem Wunder gleich lenkten die tornadoähnlichen Auftriebswinde das Feuer nach Osten ab und auf den Hafen zu, bevor es das Haus des Nachtwächters erreichte. Pollards Haus überstand die Katastrophe, während alle Häuser auf der Ostseite der Straße zerstört wurden.

Bald erreichte das Feuer die Hafenfront. Die Öllagerhäuser füllten sich mit schwarzem Rauch und gingen in Flammen auf. Die Fässer barsten, und ein Strom flüssigen Feuers ergoss sich über die Kais und in den Hafen. Eine Feuerwehrfirma hatte ihre Pumpe in das niedrige Wasser der Ankerplätze gelassen und pumpte Seewasser auf die Kais. Zu spät erkannten die Männer, dass ein brennender Ölfilm sie umschlossen hatte und auf sie zukroch. Ihre einzige Chance war, unterzutauchen und um ihr Leben zu schwimmen. Der hölzerne Feuerwehrwagen verbrannte, doch alle Männer konnten sich retten.

Am nächsten Morgen war mehr als ein Drittel der Stadt – und fast der gesamte Geschäftsbezirk – nichts weiter als verkohltes Trümmerland. Doch die Hafenanlagen hatten am meisten gelitten. Das Pottwalöl hatte eine so rasende Hitze entwickelt, dass nicht einmal Asche zurückgeblieben war. Der Leviathan, so sagte man, hatte endlich Rache geübt.

Die Stadt wurde rasch wieder aufgebaut, diesmal weitgehend mit Ziegelstein. Die Nantucketer versuchten sich einzureden, dass das Walgeschäft nur vorübergehend eingebrochen sei. Schließlich wurde 1848, nur zwei Jahre danach, in Kalifornien Gold entdeckt. Hunderte von Nantucketern folgten dem Lockruf des schnellen Reichtums im Westen. Sie gaben ihre Laufbahnen als Walfänger auf und schifften sich als Passagiere nach San Francisco ein, auf denselben Schiffen, auf denen sie einst den mächtigen Pottwal gejagt hatten. Golden Gate wurde zum Friedhof für zahlreiche Nantucketer Walschiffe, die von ihren Besatzungen verlassen und dem Verfall auf den schlammigen Küstenstrichen preisgegeben wurden.

Lange bevor Edward Drake 1859 in Titusville, Pennsylvania, auf Öl stieß, war das wirtschaftliche Schicksal Nantuckets besiegelt. In den nächsten 20 Jahren schrumpfte die Inselbevölkerung von 10 000 auf 3000 Menschen. »Nantucket ähnelt jetzt wie nur wenige Städte in Neuengland einer ›Geisterstadt‹«, schrieb ein Besucher. »Die Häuser künden noch vom verblassten bürgerlichen Wohlstand – die Einwohner blicken träumerisch aus den Augen, als ob sie in Erinnerungen schwelgten.« Während von New Bedford aus noch bis in die 1920er Jahre Walfang betrieben wurde, war die Insel, deren Name einst gleichbedeutend war mit der Walfängerei, schon vierzig Jahre nach der Abfahrt der *Essex* kein Walfängerhafen mehr. Am 16. November 1869 verließ der letzte Walfänger, die *Oak*, den Hafen von Nantucket und kehrte nie zurück.

Die Pottwalpopulation der Weltmeere erwies sich als bemerkenswert widerständig gegenüber einer, wie Melville es ausdrückte, »gnadenlosen Bluternte«. Schätzungen zufolge ernteten die Nantucketer und ihre Wal jagenden Yankee-Brüder zwischen 1804 und 1876 mehr als 225000 Pottwale. Im besten Walfangjahr des Jahrhunderts, 1837, wurden 6767 Wale von amerikanischen Jägern getötet. (Beunruhigend ist der Vergleich mit 1964, dem Höhepunkt der modernen Walfängerei, in dem 29255 Wale getötet wurden.) Manche Forscher glauben, dass der Walfang bis in die 1860er Jahre hinein die Gesamtzahl der Pottwale in den Weltmeeren um immerhin 75 Prozent verringert habe; andere meinen, die Rate liege nur bei 8 bis 18 Prozent. Welche Zahl auch immer der Wahrheit näher kommt, den Pottwalen ist es besser ergangen als anderen großen Walarten, die vom Menschen gejagt werden. Heute gibt es zwischen anderthalb und zwei Millionen Pottwale, die damit die zahlenmäßig stärkste Walart unter den Großwalen bilden.

Noch im Jahr 1845 glaubten die Walfänger zuversichtlich, dass die Pottwalvorkommen nicht schrumpfen würden. Es gab jedoch Stimmen, denen zufolge das Verhalten der Wale sich geändert hatte. »In der Tat sind sie wilder geworden«, schrieb ein Beobachter, »oder, wie manche der Walfänger es ausdrücken, ›Furcht erregender‹ und deshalb auch schwerer zu fangen.« Wie der Wal, der die *Essex* angegriffen hatte, schlug eine wachsende Zahl von Walen zurück.

Im Jahr 1835 sahen sich die Männer des englischen Walfängers *Pusie Hall* von einem »Kampfwal«, wie sie ihn nannten, zum vollständigen Rückzug gezwungen. Nachdem der Wal vier Walboote in die Flucht geschlagen hatte, verfolgte er sie bis zu ihrem Schiff. Die Männer schleuderten mehrere Lanzen auf den Wal »und konnten ihn endlich zum Rückzug bewegen«. Im Jahr 1836 wurde das Nantucketer Walschiff *Lydia* von einem Pottwal angegriffen und versenkt, wie zwei Jahre später auch die *Two Generals*. Im Jahr 1850 rammte ein Wal die *Pocahontas* aus Martha's Vineyard, doch es gelang ihr, sich zur Reparatur in den Hafen zu retten. 1851 schließlich, im Erscheinungsjahr von *Moby Dick*, griff ein Wal in denselben Gewässern, in denen die *Essex* 31 Jahre zuvor versenkt worden war, ein weiteres Walschiff an.

Die *Ann Alexander* aus New Bedford stand unter dem Kommando von John DeBlois, einem der ausgefuchstesten Kapitäne im ganzen Pazifik. In einem Brief an den Schiffseigner prahlte DeBlois, er habe bisher noch jeden Wal getötet, den er an die Leine bekommen habe. Doch im August 1851, unweit südlich des Äquators und etwa 500 Meilen östlich der Galapagos-Inseln, traf Kapitän DeBlois auf einen ebenbürtigen Gegner.

Es war ein riesiger, einzelner Bulle, DeBlois nannte ihn einen »vornehmen Kerl«. Zwei Boote wurden ins Wasser gelassen, und der Kampf begann. Es dauerte nicht lange, und der Wal schoss auf das Boot des Maats zu. »Im Nu zerknüllte er das Boot wie Papier zwischen seinen mächtigen Kiefern«, schrieb DeBlois. Nachdem er die Männer des Obermaats gerettet hatte, schloss sich der Zweite Maat DeBlois in einem weiteren Walboot an. Kaum hatten sie die Jagd wieder aufgenommen, als der Wal auch schon das Boot des Zweiten Maats angriff und zerstörte. DeBlois war gezwungen, die Verfolgung abzubrechen, die zersprengten Matrosen aufzulesen und zur *Ann Alexander* zurückzukehren.

Inzwischen, erinnerte sich DeBlois, »war mein Blut in Wallung, und ich war wild entschlossen, diesen Wal zu fangen, koste es, was es wolle«. Der Kapitän stellte sich am Bug des Schiffes auf und erteilte dem Steuermann Anweisungen. Der Wal war, wie DeBlois schrieb, »ein geschicktes Biest«, das es ihnen erlaubte, aufzuschließen, nur um dann schnell abzuziehen, noch bevor der Kapitän seine Waffe schleudern konnte.

Plötzlich tauchte der Wal, machte kehrt und tauchte nur wenige Meter vor dem Schiff wieder auf. DeBlois warf die Lanze, doch es war zu spät. Der massige Kopf des Wals krachte gegen den Bug des Schiffs, und die Wucht riss DeBlois von den Beinen. DeBlois glaubte, die *Ann Alexander* sei leck geschlagen und rannte unter Deck, um den Schaden zu prüfen, doch alles war in Ordnung.

DeBlois befahl seinen Leuten, ein weiteres Boot zu wassern. Der Maat hielt dagegen, dies sei Selbstmord. Da bereits die Dämmerung einbrach, beschloss DeBlois widerwillig, bis zum Morgen zu warten. »Gerade als ich diesen Befehl gab«, erinnerte sich der Kapitän, »erhaschte ich aus den Augenwinkeln etwas, das mir wie ein Schatten vorkam.« Es war der Wal, der durch das Wasser auf die *Ann Alexander* zurauschte. Er versetzte dem Walschiff einen »schrecklichen Stoß, der es vom Bug bis zum Heck erschütterte«.

Noch bevor er unter Deck war, um den Schaden zu prüfen, hörte er Wasser in den Laderaum rauschen. DeBlois rannte in seine Kajüte, um die Navigationsinstrumente zu retten, die sie in den Walbooten benötigen würden. Während die Maate die zwei verbliebenen Boote bereit machten, ging der Kapitän noch einmal nach unten, doch die Kajüte war schon voll mit Wasser, und er musste sich schwimmend in Sicherheit bringen. Als er wieder an Deck kam, waren die beiden Walboote bereits einige Meter vom Schiff weggerudert. DeBlois sprang von der Reling und schwamm zum Boot des Maats.

Es dauerte nicht lange, bis seine Männer begannen, ihn »zu tadeln«, wie er schrieb: »›He Käpt'n, du hast unser Leben aufs Spiel gesetzt!‹

›Männer‹, antwortete ich, ›um Himmels willen, sucht die Schuld nicht bei mir! Ihr wart genauso versessen darauf, diesen Wal zu fangen, und ich hatte nicht die geringste Ahnung, dass so etwas geschehen könnte!‹«

Am nächsten Morgen kehrten sie zum Wrack zurück. Als DeBlois längsseits herangerudert war, sah er »die Abdrücke der Zähne des Wals auf dem Kupfer ... Das Loch hatte genau die Größe eines Walkopfs.« Während DeBlois die Masten kappte, damit sich das Schiff aufrichten konnte, läutete die Schiffsglocke im Rhythmus der Wellen. »Noch nie hatte ich etwas so Trauriges gehört«, schrieb er. »Es war, als ob das Schiff die Totenglocke für uns läutete.«

Das Schiff war inzwischen fast ganz unter Wasser, und die Wellen rollten über den Kapitän hinweg. Auch der zweite Maat kam jetzt hinzu, und gemeinsam versuchten sie, unter Deck zu gelangen und Proviant und Frischwasser zu retten. Gegen Mittag hatte etwa die Hälfte der vierundzwanzigköpfigen Besatzung den Mut gefunden, an Bord des Wracks zu klettern und nach Essbarem zu suchen. Einige der Männer fingen an zu murren und wollten sofort in Richtung der Marquesas aufbrechen, die zweitausend Meilen entfernt im Westen lagen. DeBlois befahl der Besatzung, sich an der Reling des Schiffes aufzustellen, und fragte die Männer, »ob sie mir Ratschläge erteilen wollten«. Die meisten senkten die Köpfe. Obwohl er wusste, dass sie es nicht hören wollten, sagte er ihnen, sie hätten nicht genug Proviant, um die Marquesas zu erreichen. Deshalb sollten sie mit ihren Booten (die über Kielschwerter verfügten) nach Norden in Richtung Äquator segeln, wo sie mit Glück von einem nach Kalifornien fahrenden Schiff gesichtet werden könnten. Murrend fügten sich die Männer. Bevor sie aufbrachen, ritzte DeBlois mit einem Nagel eine Botschaft in die Heckreling des Schiffes: »Rettet uns – wir arme Seelen fahren in zwei Booten mit dem Wind nach Norden.«

Der Maat hatte zwölf Männer im Boot, der Kapitän dreizehn. Die Crew wollte zusammenbleiben, doch erneut griff DeBlois ein. »›Nein‹, sagte ich, ›ich will, dass ein Boot voraus fährt, falls es schneller ist, und das andere auf gleichem Kurs folgt. Sollte das erste Boot, vielleicht mit hundert Meilen

Vorsprung, gerettet werden, dann können die Retter Kurs auf das andere Boot halten.‹«

»Unser Abschied war so feierlich, wie man sich nur denken kann«, schrieb er. »Wir glaubten nicht mehr daran, uns auf dieser Erde je wieder zu sehen, und die starken Männer, die allen Gefahren getrotzt hatten, brachen zusammen und weinten wie Kinder.« Das Boot des Maats machte rasch Tempo und segelte davon. Es dauerte nicht lange, und DeBlois' Männer »drängten stürmisch auf Nahrung«. Sie hatten seit vierundzwanzig Stunden nichts zu essen und zu trinken gehabt. Doch der Kapitän antwortete, noch sei es zu früh, ihre kärglichen Vorräte anzugreifen. »Mir schwirrte der Kopf vor all diesen Geschichten, die ich über Schiffsuntergänge gehört hatte«, erinnerte er sich, »wo die ausgehungerten Männer oft dazu getrieben wurden, die Leichen ihrer Schiffskameraden zu essen.« Natürlich dachte er an die *Essex*, deren Schiffbrüchige Lose gezogen hatten. »Solche Vorstellungen konnten einen Mann zum Wahnsinn treiben«, schrieb DeBlois, »wenn er das Gefühl hatte, dasselbe Leid stehe ihm bevor.«

Die Dämmerung brach ein, und DeBlois stellte sich am Bug seines Walboots auf, um ein letztes Mal Ausschau zu halten, bevor es Nacht wurde. In weiter Ferne, vor dem Boot des Maats, sah er das Segel eines Schiffes. »Ich versuchte laut ›Sail ho‹ zu singen, doch die Stimme versagte mir.« Als die Nacht anbrach, war die gesamte Besatzung sicher an Bord des Walschiffs *Nantucket*.

Fünf Monate später gelang es der Mannschaft der *Rebecca Simms,* den Wal zu töten, der die *Ann Alexander* versenkt hatte. Der Bulle schien inzwischen »alt, müde und krank«. Seine Flanken waren übersät mit verbogenen Harpunen und Lanzen; in seinen Kopf eingebettet fand man riesige Splitter. Der Wal erbrachte zwischen siebzig und achtzig Fass Öl.

Als Herman Melville vom Untergang der *Ann Alexander* hörte, fragte er sich unweigerlich, ob er, als Autor des Romans, der auf der Tragödie der *Essex* beruhte, nicht auf mystische Weise das erneute Erscheinen des Schiffe rammenden Wals heraufbeschworen hatte. »Ihr Götter!«, schrieb er einem Freund, »welch Kommentator ist dieser Wal von der *Ann Alexander* … Ich frage mich, ob meine böse Kunst dieses Monster aufgescheucht hat.«

Nantucket, einst die Welthauptstadt der Walfänger, war in der Zeit, als die letzten Überlebenden der *Essex* einer nach dem andern starben, nur noch eine Geisterstadt. Charles Ramsdell starb im Jahre 1866 als Erster der Überlebenden aus Nantucket. Zu seinen Lebzeiten war er immer bekannt für seine Zurückhaltung in Sachen *Essex* gewesen, zum Teil, wie ein Inselbewohner vermutete, wegen seiner Rolle als Henker von Owen Coffin.

Das Alter war Owen Chase nicht gnädig. Die Erinnerung an seine Leiden in einem offenen Boot verließ ihn nie, und in seinen letzten Jahren begann er Lebensmittel in der Dachkammer seines Hauses in der Orange Street zu verstecken. Im Jahr 1868 wurde Chase für »geisteskrank« erklärt. Die Kopfschmerzen, die ihn seit seiner Leidensgeschichte gequält hatten, wurden unerträglich. Die Hand eines Pflegers umklammernd, pflegte er zu schluchzen: »O mein Kopf, mein Kopf.« Der Tod erlöste Chase im Jahr 1869 von seinen Leiden.

George Pollard folgte seinem einstigen Maat im Jahr darauf. In seinem Nachruf wurde behutsam erwähnt, dass man Pollard auf der Insel nicht nur als Kapitän der *Essex* kannte: »Mehr als vierzig Jahre lang hat er unter uns gelebt; und er hinterlässt das Vermächtnis eines guten und wertvollen Menschen.«

In den 1870er Jahren kehrte Thomas Nickerson nach Nantucket zurück und zog in ein Haus an der North Water Street, nicht weit vom Grab seiner Eltern auf dem Old North Friedhof. Die Nantucketer waren nun nicht mehr hinter Walen her, sondern hinter Sommergästen, und Nickerson erwarb sich einen Ruf als einer der besten Pensionswirte der Stadt. Einer seiner Gäste war der Schriftsteller Leon Lewis.

Nachdem ihm Nickerson die Geschichte der *Essex* erzählt hatte, schlug ihm Lewis vor, gemeinsam ein Buch über die Katastrophe zu schreiben.

Nickerson hatte mit Charles Ramsdell über seine Erlebnisse in Pollards Walboot gesprochen; er hatte auch mit Seth Weeks auf Kap Cod über dessen Zeit auf Henderson Island geredet. Daher bietet Nickersons Schilderung Wissen, das Chase nicht hatte. Sie enthält zudem wichtige Einzelheiten über den Verlauf der Reise vor dem Angriff des Wals. Doch wie schon Chase vor ihm war auch Nickerson nicht darüber erhaben, seine Darstellung den eigenen Zwecken anzupassen. Er wollte nicht als Kannibale in die Erinnerung eingehen und behauptete, die Männer in Chases Boot hätten die Leiche von Isaac Cole nicht gegessen. Vielmehr hätte es durch den Tod von Cole und Peterson mehr Brot zu verteilen gegeben, »das es uns ermöglichte, bis zur Rettung zu überleben«. Er zog es auch vor zu verschweigen, dass er kurz vor dem Ende des Leidensweges plötzlich beschlossen hatte, nun sterben zu wollen.

Im April 1879 starb Benjamin Lawrence, Nickersons letzter überlebender Mitfahrer im Boot des Obermaats. Sein ganzes Leben hatte er das Stück Garn aufbewahrt, das er im Walboot geknüpft hatte. Irgendwann gelangte es in den Besitz von Alexander Starbuck, jenes Nantucketers, der Obed Macys Aufgabe als Geschichtsschreiber der Insel übernommen hatte. Im Jahr 1914 stiftete Starbuck das Stück Garn, viermal eingerollt und auf einen Rahmen gezogen, der Nantucket Historical Association. In der Mitte des Garnkreises steht geschrieben: »Sie waren 93 Tage im Boot.«

Achtzehn Jahre zuvor, 1896, hatte die Nantucket Historical Association eine weitere Schenkung im Zusammenhang mit der *Essex* erhalten. Einige Zeit nach dem Untergang des Schiffes im November 1820 wurde eine kleine Seekiste von 25 mal 50 Zentimetern in der Nähe des Wracks treibend gefunden. Vielleicht diente die in Leder gefasste und mit Messingnägeln ausgeschlagene Kiste Kapitän Pollard zur Aufbewahrung der Schiffspapiere. Sie wurde von der Besatzung eines vorbeifahrenden Schiffes aus dem Meer gefischt und an John Taber verkauft, einen Walfänger, der damals auf der Heimfahrt nach Providence, Rhode Island, war. Im Jahr 1896 entschied Tabers Tochter, die inzwischen nach Garrettsville, Ohio, gezogen war, dass die Kiste eigentlich nach Nantucket gehörte, und sie schenkte das Erinnerungsstück dem Historikerverein.

Dies war alles, was vom Walschiff *Essex* übrig blieb – eine zerbeulte Kiste und ein zerfasertes Stück Garn.

Epilog

KNOCHEN

Am frühen Morgen des 30. Dezember 1997 weckte das Telefon Edie Ray, die Leiterin des Teams zur Rettung gestrandeter Meeressäugetiere in Nantucket. An der Ostspitze der Insel, unweit einer niedrig gelegenen Sandfläche namens Codfish Park, hatte die Brandung einen Wal angeschwemmt. Aus dem Blasloch seines Kopfes sprühte Wasser, also war er noch am Leben. Kurze Zeit später saß Ray im Wagen und fuhr die Milestone Road entlang, eine schnurgerade, zehn Kilometer lange Asphaltsehne, die Nantucket Stadt mit dem östlichen Ausläufer der Insel verbindet. Es war bitterkalt, und eisige Windböen brachten den Wagen beinahe ins Schleudern.

Ray wusste, dass bei Codfish Park schwerer Seegang herrschen würde. Im vergangenen Jahrzehnt hatten die Fluten während der Winterstürme über vierzig Meter von dieser Inselflanke fortgespült. Wellen mit einer Windbahn bis nach Portugal, fünftausend Kilometer weiter östlich, donnerten an den Strand, und in nur sechs Jahren waren sechzehn Häuser umgesetzt, abgerissen oder weggespült worden. Diesmal jedoch hatten die Wellen etwas mitgebracht.

Schon von weitem konnte Ray den Wal erkennen, eine riesige schwarze Masse vor der Nordflanke von Codfish Park. Es war ein Pottwal, ein Cetacea, wie er in diesen Gewässern selten gesichtet wurde, gestrandet auf einer Sandbank etwa 140 Meter vor dem Strand. Sein kastenförmiger Kopf war auf den Strand gerichtet, und die anbrandenden Wellen ließen seine Schwanzflosse auf und nieder schlagen. Die hohe Brandung machte ihm das Atmen schwer.

Später stellte sich heraus, dass sich der Wal, lange bevor er auf Nantucket gestrandet war, bei einem Zusammenprall mit einem Schiff oder einem anderen Wal bereits mehrere Rippen gebrochen hatte. Krank, schwach und verwirrt wie er war, hatte dieser verhältnismäßig kleine Wal – mit seinen vierzehn Metern nur halb so lang wie der *Essex*-Wal – nicht mehr die Kraft, sich aus der gewaltigen Brandung zu befreien. Für Edie Ray war es ein erschütternder Anblick. Sie und ihre Leute waren ausgebildet, um gestrandeten Meeressäugern, etwa Grindwalen und Robben, zu helfen, und sahen nun keine Möglichkeit, etwas für dieses riesige Geschöpf zu tun.

Die Kunde von dem bei Codfish Park gestrandeten lebenden Pottwal verbreitete sich wie ein Lauffeuer auf der Insel. Gegen Nachmittag hatte sich trotz des eisigen Winterwetters eine vielköpfige Schar eingefunden. Viele Zuschauer waren aufgebracht, weil nichts getan wurde, um dem Wal zu helfen. Inzwischen waren Risse um Mund und Augen zu erkennen, und Blut trübte das Wasser. Ray und ihre Kollegen erklärten, dass man wegen der schweren Brandung und der Größe des Wals nichts tun könne als zuzuschauen.

Später am Nachmittag trafen per Hubschrauber Mitarbeiter des New England Aquarium ein, das Walstrandungen entlang der über 4000 Kilometer langen Küste überwacht. Als die Flut kam, konnte sich der Wal von der Sandbank lösen, doch die Wellen warfen ihn immer wieder zurück. Jedes Mal, wenn er sich frei geschwommen hatte, trieb ihn die Strömung ein Stück weiter nach Süden, und die Menge folgte ihm unter vielstimmigem Jubelgeschrei den Strand entlang. Kurz vor Sonnenuntergang schließlich entkam der Wal den Brechern und schwamm hinaus ins offene Meer. Ray und einige Mitarbeiter des New England Aquarium rannten zum Wagen und fuhren hinaus nach Tom Never's Head, einer weiter südlich gelegenen Klippe, auf die man den Wal zuletzt hatte zuschwimmen sehen. Sie konnten ihn noch mehrere Male kurz erkennen, verloren ihn jedoch schließlich im Dämmerlicht aus den Augen.

Am nächsten Morgen, dem 31. Dezember, fand man den Wal gestrandet auf dem Low Beach zwischen Codfish Park und Tom Never's Head. Der Wind hatte so weit nachgelassen, dass sich Mitglieder des Walrettungsteams und des Aquariums dem Wal nähern konnten. Er lebte noch, doch es ging dem Ende zu. Gegen Mittag starb er.

Im 18. oder 19. Jahrhundert wären nun bald Männer mit Pferdekarren aufgetaucht, bewaffnet mit Spaten und Messern. Sie hätten den Speck vom Rumpf des Wals abgezogen, den flüssigen Walrat in Fässern gesammelt und ihm die Zähne aus dem Schlund gezogen. Dann hätten sie die Fässer und die Speckstücke in die Stadt zurückgefahren und den Rest des Öls in den Trankochereien neben den Kais herausgekocht. Die Überreste des Wals hätte die Flut fortgespült.

Doch Ray und ihre Mitarbeiter hatten anderes im Sinn. Das Walfangmuseum von Nantucket, in einer ehemaligen Walölfabrik untergebracht, besaß bereits eine der weltgrößten Sammlungen von Walfangausrüstungen, Schnitzereien und anderen Artefakten aus der Südsee. Selbst das Skelett eines Finnwals, der in den Sechzigerjahren gestrandet war, konnte man dort sehen. Das Skelett eines Pottwals – der Walart, auf welcher der Ruhm der Insel gründete – würde dem Museum eine ganz besondere Attraktion verleihen. Wichtiger noch, ein Pottwalskelett würde den Nantucketern die Möglichkeit geben, die Größe und Anmut des Wals mit eigenen Augen kennen zu lernen und dem Geschöpf, das ihre Vorväter einst unter Lebensgefahr getötet hatten, die letzte Ehre zu erweisen.

Am nächsten Tag, es war Neujahr, fanden sich Hunderte von Neugierigen am Strand ein. Es herrschte eine Stimmung wie beim Karneval. Mütter und Väter ließen ihre Kinder neben dem blutigen Rachen des Wals posieren und schossen Fotos. Fast alle wollten das Geschöpf berühren. Während der nächsten Tage ging es bei den Fotogeschäften der Insel so hoch her wie sonst nur im Sommer, denn die Nantucketer brachten eine Filmrolle nach der andern zum Entwickeln.

Am 2. Januar begann eine Gruppe von Wissenschaftlern, darunter viele vom New England Aquarium, mit der Obduktion: Sie vermaßen und fotografierten den Körper des Wals und nahmen Blut- und Gewebeproben, um herauszufinden, an welchen Krankheiten der Wal gelitten hatte. Bald wurde klar, dass der Wal schneller als erwartet verfaulte, was darauf hindeutete, dass er vor seinem Tod schwer krank gewesen war. Mit Skalpellen, Zangen und großen Messern nahm das Team Gewebeproben aus den Lungen, den drei Mägen, dem bowlingkugelgroßen Herz, der Leber, der Milz und den etwa männerfaustgroßen Ohren, die sich weit hinten im Kopf befanden.

Während eine Gruppe sich daranmachte, den Wal in der Rumpfmitte zu zerschneiden, kletterte ein Mitarbeiter des New England Aquarium auf den Rücken des Tiers. Mit Hilfe eines japanischen Flenswerkzeugs mit langen Handgriffen machte er probeweise einen zwei Meter langen Schnitt in die Eingeweidehöhle. Er löste eine Gasexplosion blutiger Innereien aus, die ihn vom Walrücken fegte und die Umstehenden mit Blut bespritzte. Minutenlang blubberten seilförmige Innereien aus der Öffnung. Obwohl der Wal nun schon einige Tage tot war und die Außentemperatur unter dem Gefrierpunkt lag, dampfte der speckummantelte Leib in der kalten Januarluft.

Die Obduktion war um drei Uhr nachmittags abgeschlossen. Jetzt ging es darum, mehr als vierzig Tonnen Ekel erregenden Specks, Fleischs und Organe zu entfernen, um das Skelett freizulegen. Jeremy Slavitz und Rich Morcom von der Nantucket Historical Association, die das Walfangmuseum der Insel betreibt, hatten sich inzwischen gründlich mit der Sache beschäftigt. Morcom fragte seinen Chef, ob er sich einige Werkzeuge aus der Sammlung des Walmuseums leihen konnte. Nach kurzer Überlegung kam er zu dem Schluss, dass er ein Schälmesser, einen scharfen Spaten und einen Knochenschaber brauchte. Die alten Werkzeuge, deren

Klingen die Zeit längst verdunkelt hatte, glänzten bald wieder in alter Schärfe.

Zwar waren die Nantucketer jetzt bestens gerüstet, doch sie mussten buchstäblich Knochenarbeit leisten, die ihnen zu spüren gab, welch unglaubliche Mühsal der Walfang im 19. Jahrhundert gewesen war. Nicht allein war der Speck selbst mit den schärfsten Werkzeugen kaum zu schneiden, er war auch verblüffend schwer. Ein einziger quadratmetergroßer Laib des zwanzig Zentimeter dicken Specks wog ungefähr hundertachtzig Kilo. Der Gestank war laut Morcom und Slavitz unbeschreiblich. Dauernd tränten ihnen die Augen. Die Arbeit verschaffte ihnen Würgekrämpfe. Jeden Abend ließen sie ihre Kleider vor der Haustür liegen, und als der Wal endlich zerschnitten war, warfen sie diese fort. Selbst nach langem Duschen rochen sie noch das verfaulende Fleisch. Eines Abends briet Morcoms Frau ein großes Steak für ihn, da er doch den ganzen Ferientag von morgens bis abends gearbeitet hatte, doch der Geruch des brutzelnden Fleisches drehte ihm den Magen um. Ein Wal, das wusste er jetzt nur zu gut, war kein Fisch, sondern ein Säugetier.

Am 3. Januar stachen sie ein Loch in den wulstigen Kopf des Wals, und der Walrat strömte heraus. Zunächst war er »klar wie Wodka«, erinnerte sich Morcom; dann, als sie der Luft ausgesetzt war, gerann die Flüssigkeit wie von magischer Hand zu einer trüben, wachsartigen Substanz. In wenigen Stunden waren alle verfügbaren Eimer und Fässer mit Walrat gefüllt, und noch immer waren Hunderte von Litern übrig. Ein Fischer von der Insel hatte zufällig ein Dingi auf seinem Pickup dabei und bot an, das Boot als Ölbehälter zu verwenden. Bald war es bis zum Schandeck mit Öl gefüllt. Am Ende hatte man fast 400 Liter Walrat gesammelt und musste weitere 300 Liter auf dem Strand zurücklassen.

Gegen Abend hatten sie den größten Teil des Fleisches und Specks vom Skelett geschnitten. Den Fleischabfall vergruben sie am Strand, die Knochen lagerten sie zunächst unter einer Persenning. Die Arbeit, die bei anderen Walstrandungen bis zu drei Wochen gedauert hatte, hatten sie in nur drei Tagen erledigt.

Die Knochen vergruben sie schließlich in einer Grube, deren Ort sie geheim hielten. Nachdem Frau und Kinder auf Stillschweigen eingeschworen waren, wurde das Maul mit seinen wertvollen Zähnen im Garten hinter Morcoms Haus vergraben. Auf fachmännischen Rat hin beschlossen die Nantucketer, Käfige für die Knochen zu bauen und sie im kommenden Frühjahr ins Hafenbecken hinunterzulassen, in der Hoffnung, die aasfressenden Meeresbewohner würden die Knochen vom verbliebenen Fleisch befreien. Am Tag nach Muttertag gruben Morcom, Slavitz und einige Helfer die Knochen aus. Sie stanken fast noch übler als einst im Januar. Nachdem sie die Knochen in die Käfige verfrachtet hatten, versenkten sie diese bei Brant Point in der Mitte des Hafens. Hier war das Wasser relativ ruhig, und allerlei Aasfresser, Krabben wie Fische, konnten sich ungestört gütlich tun. Als die Knochen sechs Monate später aus dem Wasser gehoben wurden, waren sie mit Ausnahme einiger Entenmuscheln blitzsauber.

Heute befinden sich die Knochen in einem Schuppen, in dem Artefakte der Historischen Vereinigung von Nantucket gelagert werden. In der Mitte des Raums, zusammen mit Kuriositäten wie einem altertümlichen Schlitten und der ersten Nähmaschine von Nantucket, sieht man die gräulichweißen Knochen des Pottwalskeletts: das Gabelbein der Kiefern, die Scheiben der Wirbelsäule, die ausladenden Rippen und die fingerartigen Knochen der Finnen. Der bei weitem größte Knochen, der über eine Tonne schwere Schädel, liegt draußen auf seinem eigenen Bootsanhänger.

Aus den Knochen dringt immer noch Öl. Ein Pottwalskelett, das vor einem Jahrhundert in der Universität Harvard aufgestellt wurde, treibt heute noch Fett. Morcom, dessen Stellenbeschreibung als Museumsverwalter nun auch die Walknochenpflege umfasst, badet die Nantucketer Knochen in Ammoniumhydroxid und Wasserstoffsuperoxid, einer

Mischung, die Öl extrahiert. Die Historische Vereinigung von Nantucket hat bereits Pläne für den Neubau eines Museums ausgearbeitet, dessen Mittelpunkt das Pottwalskelett bilden soll.

In den letzten Jahrzehnten hat sich die Insel gewaltig verändert. Was noch vor einem Jahrhundert ein heruntergekommenes Fischerstädtchen mit berühmter Vergangenheit und ein paar Touristen im Juli und August war, ist heute ein blühender Sommerferienort. Nach einem Jahrhundert der Verwahrlosung wurde die Altstadt von Nantucket saniert. Statt der Segelnähereien, Krämerläden und Barbiere allerdings beherbergen die Häuser nun Galerien, schicke Boutiquen und T-Shirt-Läden, bei deren Anblick sich die guten alten Quäker der Walfängerzeit im Grab herumdrehen würden. Der neueste Schlag von Millionären auf Nantucket verschmäht die Pflastersteine der Main Street und errichtet seine Prunkbauten am Strand. Die Menschen sehen immer noch vom Turm der Kongregationskirche in die Ferne, doch anstatt den Horizont nach ölbeladenen Schiffen abzusuchen, beobachten die Touristen – die zwei Dollar bezahlt haben, um sich die 90 Stufen zum Glockenturm hinaufquälen zu dürfen – die Expressfähren, die Schiffsladungen von Tagesausflüglern von Kap Cod herüberbringen.

Auf der Höhe seines Einflusses, vor mehr als 150 Jahren, hatte Nantucket die neue Nation auf ihrem Schicksalsweg zur Weltmacht angeführt. »Lasst Amerika zu Texas noch Mexiko nehmen und Kuba auf Kanada türmen«, schreibt Melville in *Moby Dick,* »lasst die Engländer sich in ganz Indien festsetzen und ihr lodernd Banner von der Sonne herunterhängen – zwei Drittel dieses aus Wasser und Erde bestehenden Globus gehören den Nantucketern.« Doch während die Inselbewohner damals bis in die entferntesten Gefilde der Welt vordrangen, scheint es heute, als würde die Welt sich auf den Weg nach Nantucket machen. Natürlich ist es nicht der Walfang selbst, der die Touristen auf die Insel zieht, sondern dessen romantische Verklärung – einer jener Mythen, die historisch bedeutsame Orte in ganz Amerika inzwischen zu ihrem Nutzen hegen und pflegen. Doch trotz des Rummelplatzes (manche nennen es Themenpark), den das moderne Nantucket darstellt, ist die Geschichte der *Essex* zu beunruhigend und vielschichtig, als dass sie sich bequem in eine Broschüre der Handelskammer einfügen ließe.

Im Gegensatz etwa zu Ernest Shackleton und seinen Männern, die sich in Gefahr brachten und dann das Glück hatten, eine erhabene Fantasie von männlicher Kameraderie und Heldentum zu durchleben, ging es Kapitän Pollard und seinen Leuten einfach darum, für ihren Lebensunterhalt zu sorgen, als die Katastrophe in Gestalt eines dreißig Meter langen Wals sie traf. In der Folge unternahmen sie alles, was in ihren Kräften stand. Unweigerlich machten sie dabei auch Fehler. Zwar hatte Kapitän Pollard das richtige Gespür dafür, was zu tun war, doch nicht die charakterliche Stärke, seinen Willen den beiden jüngeren Offizieren aufzuzwingen. Statt nach Tahiti und damit in Sicherheit zu segeln, setzten sie sich ein Ziel, das sie nicht erreichen konnten, und durchwanderten die Wasserwüste des Pazifiks, bis die meisten von ihnen tot waren. Wie die *Donnerparty*-Siedler 1847 hätten die Männer der *Essex* das Desaster vermeiden können, doch dies mindert nicht das Ausmaß ihres Leidens und auch nicht ihres Wagemuts und ihrer ungeheuren Disziplin.

Manche haben das navigatorische Geschick der *Essex*-Offiziere gepriesen, doch noch erstaunlicher ist ihr Geschick als Seemänner, die ihre kleinen Boote am Kentern hinderten und drei Monate lang über das offene Meer segelten. Kapitän Bligh und seine Männer segelten fast ebenso weit, doch sie konnten der australischen Küste und einer Inselkette folgen und hatten auch noch günstige Winde. Blighs Fahrt dauerte 48 Tage; die Boote der *Essex* waren fast doppelt so lange unterwegs.

Von Anfang an trugen die Nantucketer in der Mannschaft dafür Sorge, sich gegenseitig nach Kräften zu unterstützen, ohne die Sicherheit der anderen mutwillig zu gefährden. Zwar scheinen die Rationen gleichmäßig verteilt worden zu sein, doch aus heutiger Sicht wirkt es fast so, als ob die Nantucketer in einer schützenden Blase lebten, während die nicht von der Insel stammenden Männer, zunächst die Schwarzen, dann die Weißen, einer nach dem anderen auf der Strecke blieben, bis die Nantucketer, wie im Falle von Pollards Crew, keine andere Wahl hatten, als einen von ihren eigenen Leuten zu essen. Die *Essex*-Katastrophe ist keine Abenteuergeschichte. Sie ist eine Tragödie, die zugleich eine der großartigsten wahren Geschichten ist, die je erzählt wurden.

Zeugnisse der Katastrophe und der Männer, die sie überlebten, kann man heute noch in den Straßen Nantuckets finden. Kapitän Pollards rotes Schindelhaus an der Centre Street ist schon lange ein Geschenkladen. An der Ecke des Gebäudes liest man auf einem kleinen Schild: »Erbaut im Jahre 1760 von Kapitän William Brock. Später im Besitz von Kapitän George Pollard Junior vom Walschiff *Essex*. Herman Melville sprach mit Kapitän Pollard, auf dessen Geschichte *Moby Dick* gründete.« Heute, da die meisten historischen Häuser der Insel schon einige Male umgestaltet wurden, ist Owen Chases Haus eines der letzten unveränderten Gebäude an der Orange Street. Sein dunkelgrüner Anstrich und die stockfleckige Schindelverkleidung erinnern an die düstere Rastlosigkeit der letzten Jahre des Kapitäns. Die Pension an der North Water Street, in der einst Thomas Nickerson seine Gäste mit Geschichten von der *Essex* unterhielt, steht immer noch – es ist eines der vielen Gebäude, die inzwischen einem großen Hotelbetrieb gehören.

Das Walfangmuseum widmet der Geschichte des von einem Wal versenkten Schiffes eine kleine Ausstellung. Zu sehen ist eine Besatzungsliste der vorletzten Fahrt der *Essex* mit Unterschriften von George Pollard, Owen Chase, Obed Hendricks, Benjamin Lawrence und Thomas Chappel. Auch Obed Macys Hafenbuch liegt aus, in dem der Kaufmann und Historiker bis ins Einzelne festhielt, was der Verkauf des *Essex*-Öls von 1819 einbrachte. Aus irgendeinem Grund ist die Seekiste, die nach dem Untergang des Schiffes auf dem Wasser treibend gefunden wurde, nicht ausgestellt. Das einzige persönliche Erinnerungsstück der Tragödie ist, vielleicht weil es so wenig Platz in dem übervollen kleinen Museum beansprucht, Benjamin Lawrences Stück Garn.

Doch das neu erworbene Skelett des Pottwals, aus dem immer noch Öl dringt und das in dem Schuppen der Historischen Vereinigung ausgestellt ist, kündet am eindringlichsten von der Tragödie des Walschiffs *Essex*. Es waren die nahrhaften, lebensrettenden Knochen ihrer toten Schiffsgenossen, an die sich Pollard und Ramsdell so verzweifelt geklammert hatten, nachdem ihr Leidensweg schon zu Ende war. Und es sind wiederum Knochen, an die sich die Nantucketer heute klammern, handfeste Erinnerungsstücke an eine Zeit, als die Insel sich dem Geschäft verschrieben hatte, aus Walen Geld zu machen.

In *Moby Dick* beschreibt Ismael das Skelett eines Pottwals, aufgebaut inmitten eines Palmenhains einer südpazifischen Insel: »Wie sinnlos und töricht, dachte ich mir, ist für einen ahnungslosen und unerfahrenen Mann der Versuch, sich von diesem wunderbaren Wal eine Vorstellung machen zu wollen, indem er sich in ein solches totes, abgezehrtes Skelett vertieft … Nein, nur im Tumult jäher Gefahren, nur im Strudel der wütend schlagenden Schwanzfinne und in der tiefen, grenzenlosen See lässt sich der leibhaftige Wal in seiner Wirklichkeit und in seinem Wesen begreifen.« Wie jedoch die Überlebenden der *Essex* erfahren mussten, bleiben am Ende, wenn alle Hoffnung, alle Leidenschaft und Willenskraft erschöpft sind, vielleicht nur die Knochen.

DANKSAGUNGEN

Mein aufrichtiger Dank gilt Albert F. Egan jr. und Dorothy H. Egan, ohne deren Unterstützung durch die Egan Foundation und das Egan Institute of Maritime Studies während der letzten sieben Jahre ich niemals in der Lage gewesen wäre, dieses Buch zu schreiben. Außerdem danke ich Margaret Moore Booker, die für einen reibungslosen Ablauf des Institutsbetriebs während meiner einjährigen Abwesenheit sorgte.

Über ein Jahrzehnt lang haben mich die Mitarbeiter der Nantucket Historical Association bei der Erforschung der Inselgeschichte unterstützt. Ich danke Jean Weber, Betsy Lowenstein, Elizabeth Oldham, Aimee Newell, Cecil Barron Jensen, Rick Morcam, Jeremy Slavitz, Mary Woodruff und allen anderen heutigen und damaligen Mitarbeitern der NHA. Eine weitere unentbehrliche Einrichtung der Insel, die für mich überaus wichtige Verbindungen zu den Bibliotheken auf regionaler und landesweiter Ebene herstellte, ist das Nantucket Atheneum; hier danke ich besonders Charlotte Maison, Betsy Tyler, Sharon Carlee und Chris Turrentine. Auch die Bibliothekarin der Maria Mitchell Science Library, Patty Hanley, war mir eine große Hilfe. Außerdem bin ich Mimi Beman, der Besitzerin des Nantucketer Buchladens, die eine unermüdliche Unterstützerin meiner Arbeit war, zu großem Dank verpflichtet. Die Mitarbeiter von Mystic Seaport und der Fakultät des Williams-Mystic-Programms waren während meiner Arbeit an diesem Buch eine nie versiegende Quelle des Wissens und der Sachkenntnis für mich; ich danke James Carlton, Mary K. Bercaw Edwards, James McKenna, Katrina Bercaw, Donald Treworgy, Glenn Gordinier, Glenn Grasso und Don Sinetti. Stuart Frank, der Direktor des Kendall Whaling Museums, unterhielt sich nicht nur mit mir über Themen von Walfängerliedern bis Schnitzereien aus Walzähnen, sondern bot mir darüber hinaus freundlicherweise die Benutzung der wissenschaftlichen Einrichtungen des Museums an. Ich danke Michael Dyer dafür, dass er mich durch die Bibliothek des Kendall Museums führte und mich jederzeit mit Kopien von Artikeln versah. Ebenfalls überaus hilfsbereit waren Michael Jehle und Judith Downey vom Whaling Museum in New Bedford.

Die Nantucketer Chuck Gieg und David Cocker halfen mir bei der Klärung der im Zusammenhang mit diesem Buch auftauchenden Fragen zur Navigation. Alle Glaubwürdigkeit und Plausibilität meiner Schilderung vom Kentern der *Essex* verdanke ich Chuck, der am eigenen Leib eine ähnliche Katastrophe erlebte. Ich danke Diana Brown, die mir Einblick in die Memoiren ihres Großvaters gewährte. Dr. Tim Lepore und vor allem Beth Tornovish versorgten mich mit unzähligen Artikeln und Auskünften zu den physiologischen Auswirkungen des Hungerns und Verdurstens. Robert Leach ließ mich auf denkbar großzügige Weise an seiner lebenslangen Forschungsarbeit über die Quäkergemeinde auf Nantucket teilhaben. Der Melville- und *Essex*-Experte Thomas Heffernan hörte sich geduldig meine Grübeleien über die unterschiedlichen Persönlichkeiten von Pollard und Chase an. Hal Whitehead von der Dalhousie University förderte mein Verständnis des Verhaltens von Pottwalen. Ted Ducas vom Wellesley College klärte mich über die Physis der Wale auf und beriet mich beim fünften Kapitel. Schiffsmodellbauer Mark Sutherland und Seemaler Len Tantillo weihten mich in ihr Wissen über Walfangschiffe des frühen 19. Jahrhunderts ein, während Marineingenieur Peter Smith von der Bootswerft Hinckley Yachts in einer quantitativen Analyse die Folgen eines Walangriffs auf ein Schiff untersuchte. Claude Rawson von der Yale University unterhielt sich mit mir über Kannibalismus. Stephen McGarvey von der Brown University führte mich in die Evolutionslehre ein. Steven Jones half mir bei der Klärung verschiedener Fragen im Zusammenhang mit der wirtschaftlichen Seite der Walfangindustrie, während mir Wes Tiffney von der Nantucket Field Station der Universität Massachusetts-Boston Wissenswertes über die Naturgeschichte der Insel mitteilte. Von meinen Cousins Steve und Ben Philbrick lernte ich einiges über Schafzucht beziehungsweise Schiffbau. Die Inselhistoriker Robert Mooney und Lee Rand Burne (Letzterer ist quasi ein wandelndes Zeitungsarchiv) wiesen mich auf etliche wichtige Artikel im Nantucketer *Inquirer* hin. Während seines Sommers auf den Galapagosinseln lenkte Ned Claflin meine Aufmerksamkeit auf etliche Naturschätze der Inseln; desgleichen tat der Galapagos-Experte Richard Kremer. Mary Sicchio von der Bücherei des Cape Cod Community Colleges gewährte mir Einsicht in den Stammbaum der Familie Nickerson. Thomas Lamont von der Universität in Bridgeport unterstützte mich bei meinen Nachforschungen ebenso wie Sally O'Neil, die für mich Archive in England und Australien durchforschte. Nathaniel Clapp spürte in Providence, Rhode Island, Material für mein Buch auf. John Turrentine stellte mir sein Exemplar von Thomas Chappels kaum erhältlichen Bericht über das *Essex*-Unglück zur Verfügung. Dank Jamie Jones gewann ich Einblicke in die kollektive Psyche einer Inselgemeinschaft, und Edie Ray, Tracy Plaut und Tracy Sundell schilderten mir ihre Erinnerungen an den Pottwal, der in Nantucket angespült wurde.

Besonderer Dank gilt meinem Nantucketer Freund und Nachbarn Tom Congdon, dessen Begeisterung und kritisches redaktionelles Urteil mir vor allem im Anfangsstadium des Projekts eine ungeheure Hilfe waren. Gregory Whitehead leistete einen wesentlichen Beitrag zur Rohfassung des Buches. Marc Wortman stand mir mit seinem Rat bei verschiedenen medizinischen Fragen, die sich im Verlauf meiner Nachforschungen ergaben, zur Seite und las darüber hinaus Teile des Manuskripts. Zu weiteren kritischen Lesern des

Manuskripts gehören meine Eltern Thomas und Marianne Philbrick, Susan Beegel, Mary K. Bercaw Edwards, Glenn Grasso, Thomas Heffernan, Stuart Frank, Michael Jehle, Chuck Gieg, Beth Tornovish, Tim Lepore, Cecil Baron Jensen, Betsy Lowenstein, Howie Sanders, Richard Green, Rick Jaffa, Richard Johnson, Peter Gow und Richard Ellis, wobei ich betonen möchte, dass sämtliche Fehler einzig und allein auf mein Konto gehen.

Meine Herausgeberin Wendy Wolfe räumte diesem Buch bei Viking höchste Priorität ein. Einen ganzen hektischen Sommer lang, den ich mit der Überarbeitung des Buches verbrachte, mahnte sie mich unaufhörlich, dem in dem Stoff steckenden Potential gerecht zu werden. Meinen herzlichsten Dank an dieser Stelle, Wendy. Von unschätzbarem Wert waren auch Kris Puopolos kritische Anmerkungen zum ersten Drittel des Manuskripts und Hal Fessendens Einsatz in der Schlussphase, der das Buch spürbar verbesserte. Außerdem danke ich Beena Kamlani für ihre akribische und aufmerksame Bearbeitung des Manuskripts.

Besonderer Dank gilt meinem Agenten Stuart Krichevsky, der dafür sorgte, dass ich während der anderthalb überaus anstrengenden und aufregenden Jahre bei der Stange blieb.

Zu guter Letzt gilt meine Liebe, Bewunderung und mein Dank meiner Frau Melissa (der dieses Buch gewidmet ist) und unseren Kindern Jennie und Ethan, die sich trotz ihrer Hausaufgaben unverdrossen die Rohfassung aller Kapitel anhörten.

ANMERKUNGEN

Für jeden, der mehr über das Desaster der Essex wissen will, gibt es keine bessere Quelle als Thomas Farel Heffernans *Stove by a Whale: Owen Chase and the Essex*. Heffernans Buch enthält nicht nur die vollständige Fassung des Berichts von Chase, sondern auch (mit der bemerkenswerten Ausnahme von Nickersons Schilderung) alle wichtigen Berichte, die andere Überlebende hinterlassen haben. Heffernans analytische Kapitel – darunter Erörterungen zur Frage, wie es den Überlebenden erging und wie die Geschichte der *Essex* verbreitet wurde – sind Muster an wissenschaftlicher Genauigkeit und Lesbarkeit. Edouard Stackpoles Aufsatz *The Loss of the* Essex, *Sunk by a Whale in Mid-Ocean,* bietet eine aufschlussreiche Zusammenfassung seiner Odyssee, ebenso wie sein Kapitel über das Schiffsunglück in *The Sea-Hunters,* einem wichtigen Buch für jeden, der mehr über Nantucket und den Walfang erfahren will. Stackpoles Vorwort zu Thomas Nickersons *The Loss of the Ship »Essex« Sunk by a Whale,* herausgegeben von der Nantucket Historical Association (NHA), ist gleichfalls von größtem Wert. Der Verlag Penguin hat inzwischen eine Neuausgabe von Nickersons Bericht aufgelegt. Henry Carlisles Roman *The Jonah Man* enthält eine spannende Darstellung der *Essex*-Katastrophe. Zwar nimmt sich Carlisle bei einigen Fakten gewisse schriftstellerische Freiheiten heraus (so wird beispielsweise Pollards Vater als Bauer bezeichnet, während in Wahrheit der Vater von Chase ein »Landmann« war), insgesamt jedoch stellt sein Buch eine überzeugende Schilderung sowohl der Leidensgeschichte der Besatzung als auch der Gemeinde Nantucket dar.

Darüber hinaus enthalten die Sammlungen der NHA unzählige Dokumente im Zusammenhang mit der *Essex*. Neben Obed Macys »Hafenjournal«, in dem dieser akribisch festhielt, wie viel Öl nach der Rückkehr des Schiffes im April 1819 verkauft und wie das Geld unter Eignern und Besatzung aufgeteilt wurde, finden sich detaillierte Listen über den restlichen, noch im selben Monat versteigerten Proviant, zusammen mit einer Aufstellung der Kosten, die bei den Reparaturen in Südamerika entstanden waren. Und die Unterlagen aus der Edouard-Stackpole-Sammlung der NHA geben, zumindest teilweise, Aufschluss über die Zusammensetzung der verschiedenen Besatzungen auf der *Essex* vor ihrer letzten Fahrt.

Außerdem möchte ich die Aufmerksamkeit der Leser auf die Werke zweier verkannter Schriftsteller und ehemaliger Walfänger lenken. Da William Comstock mit seiner Kritik an den Quäker-Walfängern von Nantucket nicht hinterm Berg hielt, wurde er von den Insulanern praktisch ignoriert. Doch seine Bücher *A Voyage to the Pacific, Descriptive of the Customs, Usages, and Sufferings on Board of Nantucket Whale-Ships* und *Life of Samuel Comstock* (Williams Bruder und berüchtigter Anführer der blutigen Meuterei auf der *Globe*) gehören zu den besten Darstellungen des Walfangs im frühen 19. Jahrhundert überhaupt. William Hussey Macy wiederum war einer der kundigsten und beredsten Walfänger, die Nantucket jemals hervorgebracht hat. Leider ist Macys Buch *There She Blows!* in Vergessenheit geraten, obwohl spätere und viel gelesene Autoren ihre Informationen daraus bezogen. Macys Werk, ursprünglich als Kinderbuch vertrieben, ist mehr als das: Es schildert detailliert und lebendig, wie ein Junge die Stadt Nantucket kennen lernt und in das Leben an Bord eines Walfängers eingeweiht wird.

Vorwort: 23. Februar 1821

Meine Darstellung der Rettung des zweiten *Essex*-Walbootes beruht weitgehend auf der Beschreibung in Charles Murphys 220 Strophen langem Gedicht, das 1877 veröffentlicht wurde und von dem die NHA ein Exemplar besitzt. Murphy war der Dritte Maat der *Dauphin* und schildert hier, wie das Boot leewärts gesichtet wurde, bevor die *Dauphin* darauf zusteuerte, um es näher in Augenschein zu nehmen. Commodore Charles Goodwin Ridgley hielt in seinem Logbuch fest, dass die beiden Überlebenden der *Essex* »in einem unvorstellbar elenden Zustand waren und sich nicht einmal bewegen konnten, als man sie dabei fand, wie sie die Knochen ihrer toten Backschaftskameraden aussaugten, von denen sie nur sehr widerwillig abließen« (zitiert in Heffernan, S. 99). Die Geschichte der Entdeckung von Thomas Nickersons Manuskript kann man in Edouard Stackpoles Vorwort zu der von der NHA veröffentlichten Ausgabe des Berichts von 1984 (S. 7) und in Bruce Chadwicks »The Sinking of the Essex« in: *Sail* nachlesen. Eine Kurzbiographie von Leon Lewis enthält Albert Johannsens *The House of Beadle and Adams*, Bd. 2 (S. 183 ff.). Charles Philbricks Gedicht über die *Essex*, »A Travail Past«, findet sich in *Nobody Laughs, Nobody Cries* (S. 111–127).

Erstes Kapitel: Nantucket

Thomas Nickersons Äußerungen stammen aus dem handschriftlichen Original seines Berichts mit dem Titel *The Loss of the Ship »Essex« Sunk by a Whale* (NHA Collection 106, Folder 1). An manchen Stellen wurden

Schreibung und Interpunktion angepasst, um Nickersons Sprache heutigen Lesern zugänglicher zu machen.

Walter Folger jr., einem Miteigner der *Essex*, zufolge waren im Jahr 1819 insgesamt 77 »Schiffe und Seefahrzeuge ... von Nantucket aus als Walfänger im Einsatz«, und zwar sowohl im Atlantik als auch im Pazifik, wobei im Jahr 1820 allein 75 Schiffe den Pazifik befuhren (NHA Collection 118, Folder 71). In »A Journal of the most remarkable events commenced and kept by Obed Macy« (NHA Collection 96, Journal 3, 13. November 1814–27. April 1822), einem Tagebuch, in dem Macy ungewöhnliche Ereignisse festhielt, berichtet er (der im August 1820 eine Volkszählung in der Stadt durchführte), dass 7266 Menschen auf der Insel lebten.

Josiah Quincy vergleicht das Nantucket des Jahres 1801 mit Salem (Crosby, S. 114). Joseph Samson beschreibt ausführlich, wie das Nantucketer Hafengebiet im Jahr 1811 aussah (Crosby, S. 140). Eine ebenfalls gute Beschreibung der Kaianlagen findet sich in William H. Macys *There She Blows!* (S. 12 ff., 19 ff.). William Comstocks *Voyage to the Pacific* (S. 6 f.) schildert die Fahrt eines Nantucketer Walfängers, die ungefähr zur selben Zeit wie die der *Essex* stattfand. Die Darstellung der im Hafen herumlungernden Nantucketer Jungen stammt von Macy (S. 20).

Die Angaben über die Abmessungen der *Essex* finden sich im Originalschiffsregister von 1799. Dort wird sie als Schiff mit »zwei Decks und drei Masten« beschrieben, und weiter: »Ihre Länge beträgt siebenundachtzig Fuß, sieben Zoll (gut sechsundzwanzig Meter), ihre Breite fünfundzwanzig Fuß (knapp acht Meter), ihre Seitenhöhe zwölf Fuß, sechs Zoll (knapp vier Meter), und ihre Wasserverdrängung liegt bei zweihundertachtunddreißig Tonnen ... sie hat ein Plattgattheck und besitzt weder Heckgalerie noch Galionsfigur (in Heffernan, S. 10). Laut einem Eintrag im Register der Nantucketer Schiffe, die 1815 im Einsatz waren, ist die *Essex* am 13. Juli mit Daniel Russell als Kapitän, George Pollard jr. als Zweitem Maat und Owen Chase als einfachem Matrosen ausgelaufen; sie kehrte am 27. November 1816 zur Insel zurück und stach am 8. Juni 1817 erneut in See (NHA Collection 335, Folder 976). Die vollständige Besatzungsliste für diese Reise befindet sich in der NHA Collection 15, Folder 57.

In seinem unschätzbaren Werk *Nantucket Scrap-Basket* (das sich im Wesentlichen William H. Macys früher entstandenem *There She Blows!* verdankt) beschreibt William F. Macy einen Wandelgang wie folgt: »Eine erhöhte Plattform auf den Dächern vieler alter Nantucketer Häuser, von der aus man aufs Meer blicken kann. *Nie* als ›Witwen-Wandelgang‹, ›Kapitäns-Wandelgang‹ oder ›Wal-Wandelgang‹ bezeichnet, wie heute, 1916, oft zu lesen ist, sondern *immer* nur als ›Wandelgang‹. Autoren und andere mögen sich dies zu Herzen nehmen.« Obed Macy erwähnt den Kometen in seinem Journal am 7. und 14. Juli 1819. Der *New Bedford Mercury* berichtet von dem Kometen in seinen Ausgaben vom 9. und 23. Juli. Ebenfalls in Zusammenhang mit dem Kometen wird in einem

Leserbrief aus Plymouth (vom 16. Juli) ein Mitreeder der *Essex* erwähnt: »Mr. Walter Folger aus Nantucket war diese Woche als Zeuge vor unser Gericht geladen und hat hier seine zu Hause begonnenen Beobachtungen des Kometen fortgesetzt. Dazu hatte er einen Sextanten und ein kleines Teleskop mitgebracht.« Die Seeschlange wird im *Mercury* vom 18. Juni und 6. August erwähnt. In *Abram's Eyes* (S. 157 ff.) befasse ich mich mit der Entwicklung der Schuldsklaverei von Indianern auf Nantucket. Siehe hierzu auch Daniel Vickers, »The First Whalemen of Nantucket«, in: *William and Mary Quarterly*.

Zu Burkes Rede über den amerikanischen Walfang siehe meinen Artikel »›Every Wave is a Fortune‹: Nantucket Island and the Making of an American Icon« in: *New England Quarterly*. William Comstock beginnt seine Schilderung einer Walfahrt auf einem Nantucketer Walfänger mit einer pointierten Erörterung der Frage, wie Inseln ein einzigartiges kulturelles Klima schaffen: »Inseln, so heißt es, seien Brutstätten von Genies, eine Behauptung, die wir bestens begründen könnten, wenn sich herausstellte, dass Griechenland und Rom einst zwei lauschige Plätzchen inmitten des Mittelmeers waren und Deutschland die Wiederauferstehung des versunkenen Atlantis. Ich neige eher dazu, diese Meinung dem überschäumenden Patriotismus unseres Nachbarn John Bull zuzuschreiben, dessen meerumtoste Insel Besseres als der Rest der Welt hervorgebracht hat. Obwohl, wenn man es bedenkt, Amerika vielleicht mithalten kann, was Blitz und Donner angeht« *(Voyage to the Pacific,* S. 3). Ralph Waldo Emerson war 1847 auf Nantucket; auch er berichtet in seinem Tagebuch von einem »starken Nationalgefühl« (Bd. X, S. 63).

Obed Macy berichtet in seiner *History* von der Walfang-Prophezeiung und dem Auftauchen des Kap Codders Ichabod Paddock (S. 45); davon, wie Hussey den ersten Pottwal erlegte (S. 48) und von der Ausstellung eines toten Wals im Nantucketer Hafen im Jahr 1810 (S. 151). J. Hector St. John de Crèvecoeur beschrieb Nantucket in *Letters from an American Farmer* als ölgedüngte Sandbank (S. 142). In meinem Buch *Away Off Shore* schildere ich, wie die Quäker nach Nantucket kamen (S. 78–87); siehe dazu auch *Quaker Nantucket* von Robert Leach und Peter Gow (S. 13–30). Peleg Folgers Gedicht wird in Obed Macys *History* zitiert (S. 279 ff.).

Welcome Greene war der Quäker, der Nantucket 1821 besuchte und sich abfällig über den Zustand der Straßen äußerte und dem die Verwendung von Heckplanken als Zäune auffiel (Crosby, S. 142). Walter Folgers Vergleich der Gemeinde mit einer Familie findet sich in Crosby (S. 97); Obed Macys Äußerungen über die »Blutsverwandtschaft« stammen aus seiner *History* (S. 66). Für eine detailliertere Beschreibung der Stadt Nantucket siehe mein *Away Off Shore* (S. 7 ff.) ebenso wie Edouard Stackpoles *Rambling Through the Streets and Lanes of Nantucket.* Einem Artikel im *Nantucket Inquirer and Mirror* (14. Februar 1931) zufolge haben in der Orange Street insgesamt 134 Hochseekapitäne gelebt.

Im Jahr 1807 bemerkte James Freeman, dass »höchstens die Hälfte der Männer und zwei Drittel der Frauen auf den Versammlungen der *Freunde* deren Gesellschaft angehören« (Crosby, S. 132). Charles Murphy (derselbe, der auf der *Dauphin* war, als das *Essex*-Boot entdeckt wurde) schrieb das Gedicht über den beliebten Zeitvertreib junger Männer während der Quäkerversammlungen; es stammt aus dem Tagebuch, das er während seiner von 1832 bis 1836 dauernden Fahrt auf dem Schiff *Maria* führte, und ist auf Mikrofilm bei der NHA einzusehen. Im selben Gedicht besingt Murphy »Mädchen«, mit denen er »über Windmühlenhügel spaziert«. Der Nantucketer William Coffin, Vater des vermutlichen Ghostwriters für Owen Chases Bericht über die *Essex*, sprach davon, wie selten er 1793 aus der Stadt herauskam (NHA Collection 150, Folder 78).

Walter Folger erzählt, wie Nantucketer Kinder die Walsprache der Wampanoag lernen, »sobald sie laufen können« (Crosby, S. 97); die Anekdote über den Jungen, der die Familienkatze harpuniert, stammt aus William F. Macys *Scrap-Basket* (S. 23); zum geheimen Frauenbund von Nantucket siehe Joseph Harts *Miriam Coffin*, wo er feststellt: »Die Tochter eines Walfängers verliert ihre gesellschaftliche Stellung und entwürdigt sich in den Augen ihres Umfelds, wenn sie ihr Schicksal mit dem eines Festländers vereint.« (S. 251) Das mit »Tod den Lebenden« beginnende Gedicht taucht in einer Reihe von Toasts auf, die bei einem Bankett zur Feier der Reise der *Loper* im Jahr 1830 vorgetragen wurden (*Nantucket Inquirer*, 25. September), war aber schon lange vorher allgemein verbreitet. Die Statistik zur Zahl der Witwen und vaterlosen Kinder findet sich in Edward Byers *Nation of Nantucket* (S. 257). Die Grabsteininschriften für Nickersons Eltern sind festgehalten in NHA Collection 115, Box II. Alle genealogischen Informationen zu den Nantucketer Besatzungsmitgliedern der *Essex* stammen aus der seit kurzem elektronisch abrufbaren Eliza Barney Genealogy der NHA; Informationen über die Nickersons stammen aus *The Nickerson Family* (Nickerson Family Association, 1974).

In seinen *Letters from an American Farmer* spricht Crèvecoeur von der Überlegenheit Nantucketer Frauen und ihrer »unaufhörlichen Besucherei« (S. 157) wie auch von ihrem Opiumkonsum (S. 160) und den Folgen der Heirat (S. 158). Lucretia Motts Bemerkungen über das Zusammenleben der Ehepaare auf Nantucket stammen aus Margaret Hope Bacons *Valiant Friend* (S. 17). Eliza Brocks Tagebuch mit dem »Lied vom Mädchen aus Nantucket« befindet sich im Besitz der NHA. Brock führte das Tagebuch während einer Walfangreise, die sie von Mai 1853 bis 1856 zusammen mit ihrem Mann unternahm. In meinem Aufsatz »The Nantucket Sequence in Crèvecoeur's *Letters from an American Farmer*« in: *New England Quarterly* untersuche ich die Stichhaltigkeit von Crèvecoeurs Behauptungen über den Opiumkonsum der Nantucketerinnen. Zum Thema »Mann-im-Haus« siehe mein *Away Off Shore* (S. 257); den Fund eines »Mann-im-Haus« auf Nantucket schildert Thomas Congdon in »Mrs. Coffin's Consolation« in *Forbes FYI*.

Crèvecoeur schreibt: »Ich war überrascht vom abscheulichen Gestank, der mir an vielen Stellen der Stadt entgegenschlug; er kommt vom Walöl und lässt sich nicht vermeiden; trotz aller Reinlichkeit der Einwohner ist er weder zu verhindern noch zu beseitigen.« (S. 111) Da Pottwalöl nicht stinkt, stammte der Gestank vermutlich vom Öl der Glattwale; siehe Clifford Ashleys *The Yankee Whaler* (S. 56). Owen Chase behauptet in seinem Bericht von der *Essex*-Katastrophe, dass das Überwasserschiff der *Essex* vor ihrem Auslaufen im Sommer 1819 komplett überholt wurde. William H. Macy schildert, wie im Nantucketer Hafen Schiffe mit Kupfer beschlagen werden (S. 14). Zur Lebensdauer eines Walfängers siehe *In Pursuit of Leviathan* von Davis et al. (S. 240). Roger Hambidge, Schiffsbauer in Mystic Seaport, erklärte mir das Phänomen der Eisenkrankheit bei Walfängern und bezifferte die durchschnittliche Lebensdauer eines solchen Schiffes auf zwanzig Jahre, was durch die Statistiken in Davis et al. (S. 231) bestätigt wird. Obed Macys Bedenken hinsichtlich des Zustands der Walfangschiffe finden sich in einem Tagebucheintrag von Januar 1822. Einem Verzeichnis der Nantucketer Schiffe und ihrer Besitzer zufolge gehörten Gideon Folger und Söhnen sowohl die *Essex* als auch die *Aurora* (NHA Collection 335, Folder 976).

In *The Life of Samuel Comstock* macht William Comstock die abschätzige Bemerkung über die Nantucketer Quäker (S. 39f.) und kritisiert außerdem den Hang der Reeder zur Unterversorgung ihrer Schiffe (S. 73). Die durchschnittliche Rendite des investierten Kapitals der Schiffsmakler von New Bedford haben Davis et al. errechnet (*In Pursuit of Leviathan,* S. 411); während des Wirtschaftsbooms von 1819 dürften die Nantucketer Schiffseigner einen ähnlichen, wenn nicht noch höheren Gewinn eingestrichen haben. Zur Wirtschaftskrise auf dem Festland siehe *New Bedford Mercury* (4. Juni 1819), der aus einem Artikel des *Baltimore Federal Republican* zitiert. Das Ein- und Auslaufen der Nantucketer Walfangflotte lässt sich in Alexander Starbucks *History of Nantucket* (S. 428–433) nachverfolgen.

William H. Macy erwähnt den »großen Platz von Nantucket« (S. 15) und den Spott und Hohn, mit dem die Jungen der Insel die Grünlinge empfingen (S. 21). William F. Macy erklärt Wörter und Ausdrucksweisen des Nantucketer Dialekts wie »dem Uhrzeiger zuschauen« (S. 140), »foopaw« (S. 126), »rantum scoot« (S. 134), »manavelins« (S. 131) und die einleuchtende Erklärung für das Schielen einer Person (S. 121). William Comstock erwähnt den von den Nantucketern entwickelten »Schnitz-Code« (*Voyage to the Pacific*, S. 68). Mehr als fünfzig Jahre früher äußerte sich bereits Crèvecoeur zu dem fast schon zwanghaften Schnitzen der Nantucketer: »Sie sind niemals untätig. Selbst wenn sie zum Markt gehen – der gewissermaßen (wenn ich es mal so ausdrücken darf) das Kaffeehaus der Stadt ist –, um Geschäfte abzuwickeln oder ein Schwätzchen mit ihren Freunden zu halten, haben sie immer ein Stück Holz in der Hand, und während sie sich unterhalten, sind sie sozusagen unbewusst damit beschäftigt, es in irgendetwas Nützliches zu verwandeln, entweder in Spundzapfen für ihre Ölfässer oder in irgendwelche anderen Gebrauchsgegenstände.« (S. 156) Joseph Sansom berichtet, dass alle Insulaner mit seemännischen Ausdrücken nur so um sich warfen (Crosby, S. 143). Eine Kostprobe für die einzigartige Aussprache der Nantucketer findet sich in »Vocabulary of English Words, with the corresponding term as used by the Whalemen« in: *The Life of Samuel Comstock* (S. 57).

Der Grünling Addison Pratt beschreibt, wie er von Schiffseigentümer und Kapitän untersucht wurde (S. 12); William H. Macy schildert, wie Eigner und Kapitäne die Männer nach Sehschärfe und Statur beurteilten (S. 19). William Comstock erwähnt Grünlinge, die auf Grund ihrer Unwissenheit die längste Lay verlangten (*Voyage to the Pacific*, S. 11 f.). William H. Macy legt dar, wie frisch bestallte Kapitäne als Rangniedrigste in der Hackordnung beim Anheuern einer Crew das Nachsehen hatten (S. 19).

Um auszurechnen, wann die *Essex* über die Barre vor dem Hafen von Nantucket geschleppt wurde, habe ich mich an Nickersons Zeitrahmen orientiert. Bei Pratt findet sich eine ausführliche Beschreibung der Beladung eines Nantucketer Walfängers in diesem Zeitraum (S. 13). Laut Richard Henry Dana bestand die »durchschnittliche Pro-Kopf-Ration auf Kauffahrern in sechs Pfund Brot wöchentlich und knapp drei Litern Wasser und anderthalb Pfund Rindfleisch oder eineinviertel Pfund Schweinefleisch täglich« (*The Seaman's Friend*, S. 135). William H. Macy spricht davon, dass ein Walfänger immer voll beladen war, sei es mit Vorräten oder mit Öl (S. 33 f.).

Es ist schwer zu sagen, mit wie vielen Walbooten die *Essex* ursprünglich ausgerüstet war, da sich Nickersons und Chases Angaben in diesem Punkt offensichtlich widersprechen. Auf jeden Fall hatte sie mindestens zwei Ersatzboote; auf die Tatsache, dass drei Ersatzboote bei einem Schiff der damaligen Zeit durchaus keine Seltenheit waren, verweist Comstock. »Zwei Ersatzboote waren mit der offenen Seite nach unten auf einem Gestell verstaut und beschatteten das Achterdeck, während ein weiteres an den über das Heck hinausragenden Spieren aufgepallt war und jederzeit seeklar gemacht werden konnte.« (*Voyage to the Pacific*, S. 14)

Pratt schildert seine Fahrt auf einem Postschiff von Boston nach Nantucket (S. 11). Laut James und Lois Horton gab es damals drei Schwarzenviertel in Boston: das von Beacon Hill in West-Boston (wo sich heute das Museum für afroamerikanische Geschichte befindet) und zwei im Norden, eins auf dem heutigen Gebiet des städtischen Krankenhauses und das andere im Nordend, in der Nähe der Kais. Den Hortons zufolge war das Viertel im Nordend »früher einmal das größte Schwarzenviertel der Stadt«, wurde jedoch bis zum Jahr 1830 von den anderen Vierteln überholt (S. 4 f.). In Danas *Two Years Before the Mast* kommt ein schwarzer Schiffskoch vor, dessen Frau in der Robinson's Alley (zwischen Hanover und Unity Street) im Nordend wohnt (S. 179 f.). Eine zusammenfassende

Untersuchung zur relativen Gleichbehandlung von Schwarzen auf Schiffen findet sich in W. Jeffrey Bolsters *Black Jacks* (S. 1–6). Von James Freeman stammt das Zitat aus dem Jahr 1807 darüber, dass die Schwarzen die Indianer als Arbeitskräfte in der Nantucketer Walfangindustrie ersetzt hatten (Crosby S. 135). Comstock beschreibt die rüde Behandlung der Schwarzen in *The Life of Samuel Comstock* (S. 37f.). William H. Macy verweist darauf, dass das Postschiff, das die Grünlinge von New York nach Nantucket brachte, gemeinhin »Sklavenschiff« genannt wurde (S. 9, 17).

William F. Macy definiert *Gam* als »geselliges Beisammensein. Ursprünglich bezeichnete man mit diesem Begriff eine Walschule, und zweifellos haben die Walfänger das Wort daher übernommen. Begegnen sich auf See Walfangschiffe, drehen sie meistens bei, und solange die Schiffe nebeneinander liegen, statten sich die Kapitäne gegenseitige Besuche ab. Unter bestimmten Bedingungen wird auch der Besatzung dieses Privileg gewährt.« (S. 126) In William H. Macys *There She Blows!* spürt der Ich-Erzähler, ein Grünling, zu Beginn seiner Fahrt »jenen Stolz auf mein schwimmendes Zuhause in mir aufsteigen, den jeder Seemann für sein Schiff empfindet« (S. 36). Laut Ashley wurde die mit Spreu oder Stroh gefüllte Matratze eines Matrosen »Eselsfrühstück« genannt (S. 54). Am 16. August 1819 (vier Tage nachdem die *Essex* Nantucket verlassen hatte), notierte Obed Macy: »Die Heuschrecken haben den größten Teil der Rübenernte vernichtet«; im September erwähnt er die Tiere abermals. Die Informationen über die *Chili* stammen von Starbuck (S. 432).

Zweites Kapitel: Gekentert

Der Brief, den die Reeder der *Essex* an Kapitän Daniel Russell schrieben, befindet sich bei der NHA. Die Eheschließung von George Pollard und Mary Riddell (am 17. Juni 1819), ebenso wie die von Owen Chase (Obermaat der *Essex*) und Peggy Gardner (am 28. April 1819) und die von Matthew Joy (Zweiter Maat) und Nancy Slade (am 7. August 1817) ist im Kirchenverzeichnis der Südlichen Kirche der Kongregationalisten (heute Unitarier) von Nantucket eingetragen. Merkwürdigerweise bekam der Geistliche für Joys Trauung $ 2.00, für Chases $ 1.50 und für Pollards $ 1.25.

Zu den jeweiligen Aufgabenbereichen der Schiffsführung während des Ankerlichtens siehe Richard Henry Danas *The Seaman's Friend* (S. 139f.). Zum Erscheinungsbild Kapitän Pollards äußert sich Joseph Warren Phinney in »Nantucket, Far Away and Long Ago« in: *Historic Nantucket* (S. 29); diese Angaben werden ergänzt durch Anmerkungen seiner Enkelin Diana Taylor Brown, der ich dankbar dafür bin, dass sie mir eine Kopie von Phinneys Originalmanuskript zur Verfügung stellte. Bei Owen Chases Aussehen habe ich mich auf die Angaben in der Musterrolle der *Florida* (seinem ersten Schiff nach der *Essex*) gestützt: »ein Meter achtundsiebzig groß; dunkler Teint; braunes Haar« (Heffernan, S. 120). Im Grundbuch 22 (S. 262) von Nantucket ist Owen Chases Vater Judah als Landwirt aufgeführt. Owen Chases Äußerungen zu der für den Aufstieg zum Kapitän erforderlichen Anzahl Fahrten stammen ebenso aus seinem Bericht von der Katastrophe der *Essex* wie sämtliche seiner nachfolgenden Zitate. Während Chase als Qualifikation zwei Fahrten für ausreichend hielt, lassen andere Zeugnisse darauf schließen, dass normalerweise vier Fahrten als Minimum betrachtet wurden (Stuart Frank, private Mitteilung vom 25. Oktober 1999). Clifford Ashley beschreibt in *The Yankee Whaler* den Einsatz des Bratspills auf einem Walfänger (S. 49 f); desgleichen macht Falconer in seinem *Marine Dictionary.*

Von der dramatischen Verwandlung der Offiziere, die einsetzt, sobald ein Nantucketer Walfangschiff in See sticht, spricht Reuben Delano in *The Wanderings and Adventures of Reuben Delano* (S. 14). In diesem Zusammenhang definiert William Comstock in *The Life of Samuel Comstock* (S. 71) den Begriff »Drachen«; außerdem verweist er auf den Zusammenhalt der Nantucketer an Bord eines Walfängers (S. 37). William H. Macy beschreibt den Konkurrenzkampf der Offiziere bei der Auswahl der Walbootcrews (S. 39); ferner stellt er die Vermutung an, dass Noah als erster Kapitän eine Ansprache an seine Besatzung hielt (S. 40). Pratts Bemerkungen über die Verbannung der Schwarzen in die Back eines Nantucketer Walfängers können in seinen *Journals* (S. 14 f.) nachgelesen werden. Richard Henry Dana spricht in *Two Years Before the Mast* (S. 95) von seiner Vorliebe für die Back; W. Jeffrey Bolster in *Black Jacks* (S. 88 f.) vom »Seemannsgarnspinnen« und anderen Vorschiffsvergnügen.

Das bewährte Nantucketer Mittel gegen Seekrankheit beschreibt William H. Macy (S. 19). Ich danke Don Russell, einem Nachkommen Kapitän Daniel Russells, von dem ich erfuhr, dass ebendiese Methode in seiner Familie lange Zeit gebräuchlich war. Ashley zufolge postierten sich die Ausguckposten auf den Quersalingen von Vor- und Großmast, wo sie von einem in Brusthöhe angebrachten Ring umgeben waren (S. 49). Ob es solche Ringe auch schon in den Anfängen der Fischerei auf Nantucketer Walfängern gab, ist allerdings fraglich. In *Voyage to the Pacific* schreibt Comstock: »Der Kapitän ließ zwei Quersalinge über den Bramrahen anbringen, eine am Vormast, die andere am Großmast. Auf jeder war ein Mann postiert, der nach Walen Ausschau hielt und alle zwei Stunden abgelöst wurde. Bei dem Mann in der Großbramsaling war ständig einer der Bootssteurer, so dass einer heimlich schlafen konnte, während der andere aufpasste.« (S. 20)

Meine Ausführungen zu Leesegeln und zur Kenterung basieren hauptsächlich auf John Harlands unschätzbarem *Seamanship in the Age of Sail.* Darcy Levers Handbuch zur Seemannschaft aus dem Jahr 1819 beschreibt ausführlich und anschaulich das Einholen von Leesegeln (S. 82 f) und enthält außerdem eine Passage über das Kentern eines Schiffes, die mit »Über die Kante gelegt« überschrieben ist (S. 96 f.). Laut Harland sollten beim Verkleinern der Segelfläche »als Erstes die höchsten und unhandlichsten Segel weggenommen werden, am besten, bevor die Bö das Schiff trifft. Leesegel (vor allem Bramleesegel und untere) ... waren besonders gefährdet, wenn das Schiff unvorbereitet von der Bö erwischt wurde.« (S. 222) Die seemännische Terminologie von Böen stammt genau wie die anderen seemännischen Ausdrücke aus Harland (S. 221).

Harland beschreibt, was passiert, wenn ein krängendes Schiff sich so weit überlegt, dass es sich nicht mehr von selbst aufrichten kann. »Bei wachsendem Krängungswinkel nimmt die Kraft des entgegenwirkenden Hebelarms zu, allerdings nur bis zu einem Winkel von 45°; danach nimmt sie wieder ab, und von einem bestimmten kritischen Punkt an wird sie ganz aufgehoben.« (S. 43) Falconer definiert in seinem Seefahrts-Lexikon »Kentern« folgendermaßen: »Ein Schiff kentert, wenn es sich über seine Kante auf die Seite legt, das heißt, so weit zu einer Seite neigt, dass seine Decksbalken in senkrechte Position geraten ...« Addison Pratt schildert das Kentern eines Schiffes vor Kap Horn: »Plötzlich legte uns eine heftige Sturmbö auf die Seite. Bei fast senkrecht geneigten Decks wurden alle Mann zum Segelreffen gerufen. Die Leespeigatten waren knietief unter Wasser, und um nach vorn oder achtern zu kommen, mussten wir uns an der Luvreling entlanghangeln. Das Schiff stampfte schwer über die Wellen, und die Nacht war rabenschwarz.« (S. 17) Ich danke Chuck Gieg, der mir von seinem Erlebnis beim Kentern des Schulschiffes *Albatross* in den Sechzigerjahren erzählte (übrigens bildete dieser Vorfall die Grundlage für den Film *White Squall*). Mit den Gefahren eines rückwärts segelnden Schiffes befasst sich Harland in seinem Werk (S. 79, 222). Benjamin Franklins Karte des Golfstroms findet sich in Everett Crosbys *Nantucket in Print* (S. 88 f.).

Drittes Kapitel: Das erste Blut

Möglicherweise kannte der amerikanische Konsul auf der Kapverdischen Insel Maio den Zweiten Maat der *Essex*. Sowohl Ferdinand Gardner als auch Matthew Joy stammten aus Nantucketer Familien, die nach Hudson, New York, gezogen waren, dem etwas befremdlich anmutenden Standort für einen von Nantucketern nach der Revolution gegründeten Walfanghafen.

Meine Schilderung einer Waljagd basiert auf zahlreichen Berichten, wenn auch in erster Linie auf denen von William H. Macy, Clifford Ashley, Willits Ansel in *The Whaleboat*, und der beeindruckenden Informationsfülle in dem vom Walboot-Vorführteam in Mystic Seaport benutzten »Whaleboat Handbook«. Ich danke Mary K. Bercaw dafür, dass sie mir dieses Handbuch zur Verfügung stellte. Wie das Sichten eines Wales die Besatzung »aufputscht«, kann in Charles Nordhoffs *Whaling and Fishing*

(S. 100) nachgelesen werden. Ansel beschreibt die unterschiedlichen Funktionen der Rudergasten (S. 26) und die jeweiligen Geschwindigkeiten von Walboot und Pottwal (S. 16 f.). Ashley schildert, wie verbissen die Walbootcrews um den Ruhm kämpften, die Schnellsten zu sein und den Wal als Erste zu erreichen: »Sie pullten, was das Zeug hielt, kämpften erbittert um die beste Ausgangsposition und schreckten bekanntlich nicht einmal davor zurück, sich beim Endkampf, im Gedränge der Boote an der Walflanke, gegenseitig gezielt zu foulen, Leib und Leben aller Beteiligten zu riskieren, indem sie Harpunen über die anderen Boote schleuderten und, am Wal angehakt, fröhlich davonfuhren, nicht ohne ihren glücklosen, im Wasser strampelnden Kameraden schadenfroh zuzuwinken oder lange Nasen zu machen.« (S. 110) In *Voyage to the Pacific* (S. 23 f.) erzählt Comstock, wie der Maat seine Walbootcrew anfeuert. In »Behaviour of the Sperm Whale« geben Caldwell, Caldwell und Rice die Äußerung eines Walfängers wieder, derzufolge der Atemstrahl eines Wales übel stank und auf der Haut brannte (S. 699). Ansel bezieht sich auf Charles Beetles Schilderung von einem unerfahrenen Bootssteurer, der, vor die Aussicht gestellt, einen Wal zu harpunieren, ohnmächtig wurde (S. 21).

Laut Clifford Ashley, der sich im frühen zwanzigsten Jahrhundert zu einer Walfangreise einschiffte, waren Pottwale imstande, Walboote im atemberaubenden Tempo von 25 Meilen pro Stunde hinter sich herzuziehen. »Nach einer solchen ›Nantucketer Schlittenfahrt‹«, fügt er hinzu, »kam mir die Fahrt in Motorbooten, die über fünfundvierzig Meilen pro Stunde machten, wie eine lahme Veranstaltung vor.« (S. 80)

Francis Olmstead beschreibt, wie versucht wird, den Wal mit Hilfe eines Spatens zu lähmen (S. 22). An der Lanze war eine Leine befestigt, die es dem Maat ermöglichte, sie nach jedem Wurf wieder zurückzuholen (Ashley, S. 87). Caldwell u. a. berichten von sterbenden Walen, die »Kalmarstücke von der Größe der Walboote« ausspieen (S. 700). Enoch Clouds schockierte Reaktion auf den Tod eines Wales wurde auf einer Fahrt in den Fünfzigerjahren des 19. Jahrhunderts ausgelöst und lässt sich in *Enochs Voyage* (S. 53) nachlesen. Ansell berichtet von toten Walen, die mit dem Kopf voran zum Schiff zurückgeschleppt wurden (S. 23).

In seiner *History* beschreibt Obed Macy Schritt für Schritt das Schlachten (einschließlich Abtrennen des Kopfes) und Kochen eines Wales (S. 220 ff.). Clifford Ashley zufolge waren die ersten Stellinge »kurze Planken, die längsschiffs außen am Schanzkleid aufgehängt wurden, jeweils vor und achtern der Gangway« (*The Yankee Whaler*, S. 97). Wie schmierig das Deck eines Walfängers beim Schlachten manchmal wurde, beweist anschaulich Charles Nordhoff: »Während das Schiff träge im Seegang rollt, schwappt das Öl von einer Seite zur anderen, und die sicherste Methode, von einem Ort zum anderen zu kommen, besteht darin, auf dem Hosenboden hinzurutschen« (S. 129); des Weiteren beschreibt Nordhoff den Gestank des Rauchs beim Trankochen. Wissenswertes zum Thema Ambra liest man sowohl bei Davis u. a. (*In Pursuit of Leviathan*, S. 29 f.) als auch bei Obed Macy; Letzterem zufolge findet man »Ambra ... im Allgemeinen, indem man mit einem langen Stock in den Gedärmen herumstochert« (S. 224). Obwohl Walfänger mit ihren Schnitzereien auf Pottwalzähnen alsbald Wegbereiter für dieses volkstümliche Kunsthandwerk werden sollten, ist es äußerst unwahrscheinlich, dass die *Essex*-Besatzung im Jahr 1819 die Zähne der von ihnen gefangenen Wale aufhob (Stuart Frank, private Mitteilung, Juli 1999). J. Ross Browne schildert die »blutrünstige Stimmung« auf einem Walfänger bei Nacht (S. 63); die Beschreibung der geeigneten Kleidung fürs Trankochen stammt von William H. Macy (S. 80).

Von sinkender Moral bei der Besatzung erzählt Richard Henry Dana in *Two Years Before the Mast* (S. 94). Mit den Unterschieden in der Schiffskost zwischen Achterkajüte und Vorschiff beschäftigt sich Sandra Oliver in *Saltwater Foodways* (S. 97 ff., 113). Daneben enthält ihr Buch Informationen zur durchschnittlichen Kalorienzufuhr eines Matrosen im 19. Jahrhundert (S. 94). Moses Morrell war der Grünling, der sein sukzessives Verhungern auf einem Nantucketer Walfangschiff beklagte; sein Tagebuch befindet sich im Besitz der NHA. Mag Pollards Reaktion auf die Beschwerde seiner Männer wegen des schlechten Essens auch übertrieben scheinen, sie war nichts im Vergleich zu der von Kapitän Worth von der *Globe:* »Wenn sich irgendjemand bei Kapitän Worth darüber beklagte, dass er Hunger litt, gab dieser ihm den Rat, Eisenringe zu essen; und etliche Male stopfte er dem Klagenden eigenhändig den Mund mit Pumpenbolzen.« (*The Life of Samuel Comstock,* S. 73)

Viertes Kapitel: Schwelende Glut

Kapitän Bligh gab seinen Versuch, Kap Horn zu umrunden, nach 30 Tagen auf (genauso lange brauchte die *Essex* für die Umrundung des Horns). Dass diese Entscheidung unter größtem Druck gefällt wurde, verdeutlicht Sir John Barrow: »Die Besatzung wurde immer unzufriedener und musste stündlich an die Pumpen gerufen werden; die Decks leckten so stark, dass der Kommandant gezwungen war, all jenen Aufnahme in der Achterkajüte zu gewähren, deren Kojen nass waren.« (S. 41) David Porter schildert in seinem Tagebuch die Umrundung des Horns (S. 84). Zwar war die *Beaver* der erste Nantucketer Walfänger, der ums Horn herum in den Pazifik fuhr, doch die *Emilia,* ein von Kapitän James Shield befehligtes englisches Schiff, hatte im Jahr 1788 als erster Walfänger überhaupt Kap Horn umrundet (Slevin, S. 52).

Kapitän Swains Worte über den Rückgang der Walbestände zitiert Edouard Stackpole in *The Sea Hunters* (S. 266). Obed Macys Äußerung zum dringenden Bedarf an neuen Fanggründen entstammt einem Eintrag vom 28. September 1819; ferner geht aus seinem Tagebuch hervor, dass er die politische Situation in Südamerika mit gespannter Aufmerksamkeit verfolgte.

Dass die Walfänger den Wal lediglich als »Specktonne« betrachteten, schildert Robert McNally in *So Remorseless a Havoc* (S. 172). Charles Nordhoff verweist auf die besondere Vorliebe der älteren Walfänger für das Trankochen (S. 131), und William H. Macy erwähnt die dabei geweckten Heimatgefühle (S. 87). Die Ereignisse, die sich im Dezember 1819 auf Nantucket abspielten, lassen sich in Obed Macys Journal nachlesen. Wie lange Post aus der Heimat bis in den Pazifik brauchte, beweist William H. Macys Aussage: »Selbst ein Jahr alte Nachrichten aus der Heimat waren hochwillkommen, und die Ankunft eines erst vor fünf oder sechs Monaten ausgelaufenen Walfängers galt als großer, unverhoffter Glücksfall.« (S. 154) Zur Entdeckung der Hochseefanggründe siehe Stackpole (S. 266 f.).

Francis Olmsteads begeisterte Schilderung von Atacames (S. 161 ff.) enthält folgende interessante Beschreibung einer Kapelle: »Von den Rändern des Altars war der Wachs der während des Gottesdienstes brennenden Pottwalkerzen wie Stalaktiten einer unterirdischen Höhle hinabgetropft.« (S. 171)

Soweit mir bekannt ist, taucht hier zum ersten Mal der Name des Deserteurs Henry Dewitt in gedruckter Form auf. Der Name steht auf einer Besatzungsliste, die offenbar kurz nachdem Pollard zu seiner nächsten Fahrt im Herbst des Jahres 1821 in See stach, abgefasst wurde (Pollard wurde als »Capt. Two Brothers« registriert). Die Liste enthält die Namen von allen zwanzig damaligen Besatzungsmitgliedern der *Essex* plus den Eintrag: »Henry De Wit – abgehauen« (NHA Collection 64, Sammelordner 20). Clifford Ashley kommt in seinem Beitrag über die Zahl der Schiffswächter auf der *Beaver* im Jahr 1791 zu dem Schluss, dass »zwei Männer nicht ausgereicht hätten, ein 240-Tonnen-Schiff sicher zu handhaben. (S. 60)

Die originelle Aussprache der Galapagosinseln erwähnt William H. Macy (S. 167). Colnetts Bericht von seinen Forschungsexpeditionen im Pazifik enthält eine graphische Darstellung vom Abspecken des Wales, auf die sich Obed Macy in seiner *History* stützte; die Beschreibung der Galapagosinseln als Pottwal-Kindergarten stammt ebenfalls von Colnett (*A Voyage to ... the South Pacific Ocean*, S. 147). Meine Zusammenfassung von Hal Whiteheads Beobachtungen über das Zusammenleben der Pottwale stützt sich auf seine Artikel »Social Females and Roving Males« und »The Behaviour of Mature Male Sperm Whales on the Galapagos Islands Breeding Grounds«. Zeuge einer Pottwalpaarung wurde Whitehead allerdings nicht. »Dass wir die Tiere nie bei der Paarung sahen, ist nicht weiter verwunderlich«, schreibt er. »In der Fachliteratur gibt es zwar Augenzeugenberichte über sich paarende Pottwale, doch diese Berichte sind nicht nur selten, sondern auch eher widersprüchlich und nicht unbedingt überzeugend.« (S. 696) Whitehead zitiert A. A. Berzins Beschreibung von einem Walbullen, der sich mit der Unterseite nach oben einer Walkuh nähert (S. 694).

Die Schilderung von der Reparatur eines Lecks in der *Aurora* findet sich in Stackpoles *The Sea Hunters* (S. 305 f.). Laut Reginald Hegarty können »Schiffsbohrwürmer ... zwar kein Metall durchdringen, aber wenn versehentlich irgendwo ein kleines Stück Kupfer abreißen würde, wäre binnen kurzem ein ganzes Segment unter der Verkleidung so durchlöchert, dass es früher oder später weggespült würde, wodurch sich weitere Kupferteile ablösten; innerhalb kurzer Zeit wären an dieser nunmehr ungeschützten Stelle die Planken morsch« (S. 60). Eine ausführliche Beschreibung zum Abdichten von Lecks in Holzschiffen findet sich bei Harland (S. 304 f.).

Herman Melvilles düstere Schilderung der Galapagosinseln kann man in »Die verzauberten Inseln oder Encantadas« (S. 8 f.) nachlesen. Zur kühlen Körpertemperatur von Schildkröten siehe Charles Townsends »The Galapagos Tortoises« (S. 93); Townsend erwähnt auch die Riesenschildkröte »Port Royal Tom« (S. 86). Ferner schreibt er, »dass die Dosenschildkröten auf der Insel Charles bereits sehr früh ausgerottet waren« (S. 89). Die Geschichte des Postamts auf Charles fasst Slevin in »The Galapagos Islands« (S. 108 ff.) zusammen.

Fünftes Kapitel: Der Angriff

Meine Angaben zur Ausdehnung des Pazifiks basieren größtenteils auf Ernest Dodges *Islands and Empires* (S. 7); siehe hierzu auch Charles Olsons *Call me Ishmael,* insbesondere sein Schlusskapitel »Pacific Man« (S. 113–119). Wissenswertes über den Walfang im westlichen Pazifik im frühen 19. Jahrhundert erfährt man aus Stackpoles *Sea Hunters* (S. 254 ff.). Auf Hezekiah Coffins Tod in der Nähe von Timor kommt Mary Hayden Russell in ihrem Tagebuch einer Walfangreise zu sprechen. Nachdem sie die Insel »Aboyna« erwähnt hat, schreibt sie: »... wo zu seinem großen Kummer dein geliebter Vater auf einer früheren Fahrt seinen Maat Hezekiah Coffin bestatten musste und selbst nur knapp dem tödlichen Rachen entkam« (NHA Collection 83). Zu den in Pollards Exemplar von Bowditchs *Navigator* aufgeführten Inseln siehe Heffernans *Stove by a Whale* (S. 243 ff.). In *The Sea Hunters* (S. 275–289) berichtet Stackpole über die ersten Walfänger vor Hawaii und den Gesellschaftsinseln.

William Comstocks Schilderung eines Maats, der seinem Bootssteurer die Harpune entriss, kann in *Voyage to the Pacific* (S. 24 f.) nachgelesen werden. Laut Nickersons Bericht stand Chase bei ihren beiden letzten Versuchen, an Walen anzuhaken, allerdings am Steuerriemen und nicht, wie Chase behauptet, mit der Harpune in der Hand im Bug. In diesem Fall habe ich mich dafür entschieden, Chases Bericht zu vertrauen, obwohl die Möglichkeit besteht, dass er tatsächlich am Steuerriemen stand und seinem Ghostwriter ein Fehler unterlaufen ist. Was die Ungewissheit noch erhöht, ist eine Äußerung, die Chase an früherer Stelle seines Berichts macht: »Es gibt gewöhnliche Matrosen, Bootssteurer und Harpuniere – Letztere sind die angesehensten und wichtigsten. In diesem Stadium ist das ganze Können eines jungen Seemanns gefordert; der erfolgreiche Ausgang seines Angriffs hängt fast allein von seinem geschickten Umgang mit Harpune, Walleine und Lanze und der wagemutigen Position, die er längsseits seines Feindes einnimmt, ab.« (S. 17) Im Gegensatz zu Chases Aussage war es jedoch der Bootssteurer, der die Harpune schleuderte, und der Maat oder Bootsführer (der nie als Harpunier bezeichnet wurde; diese Bezeichnung galt vielmehr dem Bootssteurer), der gemeinhin als »angesehenster und wichtigster« Mann im Boot betrachtet wurde. Auch dies könnte darauf beruhen, dass der Ghostwriter die Rollen der Crew eines Walboots verwechselt hat, doch ich halte es eher für Chases Definition der Rolle, die er sich auf seinem Walboot zudachte: Ein Maat, der sowohl die Harpune als auch die Lanze warf und gleichzeitig vom Bug aus den Bootssteurer dirigierte.

D. W. Rice beschreibt in »Sperm Whale« (S. 203 f.) die Tauchgewohnheiten eines Pottwals und erwähnt die Faustregel, nach der die Walfänger ausrechneten, wie lange ein Wal unter Wasser bleiben würde. Vom Untergang der *Union* berichtet Obed Macy in seiner *History* (S. 230–235). Sowohl Chase als auch Hermann Melville in seinem Kapitel »Der Rammbock« in *Moby Dick* führen aus, wie gut der Pottwal für einen Frontalzusammenstoß mit einem Schiff gewappnet ist. Zum Vergleich: Ein 80-Tonnen-Wal wiegt 30 Tonnen mehr als eine voll beladene neunachsige Zugmaschine mit Anhänger (Warren G. Valero, private Mitteilung, Juli 1999). Zu dem Walangriff auf die *Essex* bemerkt Clifford Ashley: »Es sagt einiges über den Intelligenzgrad eines Pottwals, dass er beim vorsätzlichen Angriff auf ein Schiff seine gewohnte Kampfwaffe, das Maul, mit dem er gegen einen so gewaltigen und stark gepanzerten Gegner nichts ausrichten konnte, im Allgemeinen verwarf, und stattdessen Zuflucht zu der einzigen Erfolg versprechenden Methode nahm und den Feind mit seiner massigen Stirn rammte« (S. 82). In einem Artikel in der *Sydney Gazette,* der offenbar auf Informationen jener drei *Essex*-Überlebenden beruht, die freiwillig auf der Insel Henderson geblieben waren und später nach Australien gebracht wurden, heißt es: »Das Schiff fuhr mit fünf Knoten, doch die Wucht, mit der der Wal gegen das Schiff prallte, und zwar unterhalb des Kranbalkens, war so groß, dass es plötzlich mit drei oder vier Knoten Rückwärtsfahrt machte; infolgedessen strömte das Wasser durch die Kajütenfenster herein, alle, die an Deck waren, wurden umgeworfen, und das Allerschlimmste war, dass der Bug komplett eingedrückt wurde.« (Heffernan, S. 240) Ebenfalls auf die Rückwärtsfahrt des Schiffes bezieht sich ein Aufsatz, den der Bootssteurer Thomas Chappel nach der Katastrophe schrieb. Darin erklärt Chappel, dass der Wal »ein großes Stück des Loskiels abriss«, als er beim Tauchen mit dem Rücken gegen das Schiff stieß (Heffernan, S. 218). Obwohl in keinem Bericht davon gesprochen wird, dass der Wal auch noch nach dem zweiten Zusammenprall das Wasser mit seinem Schwanz peitschte – tatsächlich schob er das Schiff zurück, nachdem dessen Vorwärtsfahrt durch die Kollision gestoppt worden war –, lässt sich nur unter dieser Annahme Chases niedrige Schätzung zur Geschwindigkeit des Wals beim Aufprall (sechs Knoten) mit den Aussagen der anderen Berichte zur Rückwärtsfahrt des Schiffes in Einklang bringen.

In »The Behaviour of Mature Sperm Whales on the Galapagos Islands Breeding Grounds« (S. 696) beschreibt Hal Whitehead, wie Walfänger männliche Bullen erkannten. Zur Frage, welche Länge ausgewachsene männliche Pottwale erreichen können, schreibt Alexander Starbuck in seiner *History of the American Whale Fishery:* »Gemeinhin gelten Pottwale, die 100 Fass Öl liefern, als sehr groß, doch wird dieser Ertrag gelegentlich noch übertroffen.« (S. 155) Anschließend zitiert er aus Davis' *Nimrod of the Sea,* in dem von einem 90 Fuß langen Wal, der 137 Fass Öl erbrachte, die Rede ist; ferner erwähnte Davis einen Walfänger aus New Bedford, der in den Hochseefanggründen einen Pottwal fing, der 145 Fass Öl einbrachte. Und Starbuck behauptet, dass im Jahr 1876 die Bark *Wave* vor New Bedford einen Pottwal fing, der sogar einen Ertrag von 165 Fass und 5 Gallonen Öl abwarf (S. 155). Von daher ist ein Pottwalbulle von 85 Fuß Länge durchaus im Bereich des Vorstellbaren.

In *At the Water's Edge* (S. 219–226) geht Carl Zimmer ausführlich auf Gehirngröße und Intelligenz von Pottwalen ein. Sehr aufschlussreich hierzu äußert sich auch Richard Ellis in *Men and Whales* (S. 29). Hal Whitehead und Linda Weilgart befassen sich in »Moby's Click« mit dem Thema, wie Wale Klick-Laute sowohl als Echopeilsystem wie auch zur Verständigung nutzen, und erklären, wie der Pottwal zu seinem Beinamen »Zimmermannsfisch« kam (S. 64). In »A Colossal Convergence« untersuchen Linda Weilgart, Hal Whitehead und Katherine Payne die auffällige Ähnlichkeit zwischen Pottwalen und Elefanten. Die Schilderung des Kampfes zwischen den beiden Pottwalbullen kann man bei Caldwell u. a. (S. 692 f.) nachlesen. In Henry Carlisles Roman *The Jonah Man* stellt Pollard die Vermutung auf, dass der Wal Chases Hämmern durch die Luft gehört habe: »Getragen vom Ostwind waren die Hammerschläge im Westen noch in einer Entfernung von über einer Meile zu hören.« (S. 106) Doch wie mir Whitehead in einer privaten E-Mail-Korrespondenz bestätigte, hörte der Wal das Hämmern höchstwahrscheinlich durchs Wasser, ein Medium, an das nicht nur seine Ohren bestens angepasst waren, sondern das auch Töne weit wirkungsvoller überträgt als Luft. Tatsächlich dürfte der Wal, der die *Essex* angriff, auch das Chaos wahrgenommen haben, das Pollard und Joy einige Meilen weiter leewärts in der Pottwalschule auslösten. Auf den ersten Blick scheint das Chases These zu bestätigen, der Wal sei »von Rachegefühlen für ihre Schmerzen beseelt«, Whitehead weist allerdings nachdrücklich darauf hin, dass »wir heute wissen, dass die Beziehungen zwischen männlichen Pottwalen und Gruppen von weiblichen Tieren nie von Dauer, sondern immer nur kurz sind.

Daher ... ist es sehr unwahrscheinlich, dass der Bulle irgendwelche Bindungen zu den getöteten Walkühen unterhielt.« (Private Mitteilung vom 5. August 1998)

Whitehead vermutet, der Wal könnte die *Essex* beim ersten Mal irrtümlich gerammt haben und dadurch »dermaßen verstört worden sein, dass es zum zweiten Vorfall kam, der eindeutig nach einem gezielten Angriff aussieht« (private Mitteilung vom 5. August 1998). Viele Walfänger im 19. Jahrhundert waren offenbar auch dieser Ansicht. Francis Allyn Olmstead zitiert in *Incidents of a Whaling Voyage* folgende Äußerung über die *Essex* (aus der *North American Review*): »Aber es ist kein anderes Beispiel bekannt, wo ein Schaden angeblich in böswilliger Absicht vom Angreifer, dem Wal herbeigeführt wurde, und die meisten erfahrenen Walfänger glauben, dass auch in diesem Fall der Angriff nicht vorsätzlich geschah.« (S. 145) Doch die Meinungen der Walfänger gingen auseinander. So erklärt etwa in William H. Macys *There She Blows!* ein alter Nantucketer Kapitän: »Wir alle haben von der *Essex*-Geschichte gehört ... Ich erinnere mich noch gut daran, denn ich kreuzte damals mit der *Plutarch* vor Chile, und aus den Aussagen der Überlebenden ging klar hervor, dass der Wal vorsätzlich und in böswilliger Absicht handelte – wie es ein Richter ausdrücken würde –, um das Schiff zu zerstören.« (S. 133)

Meine Angaben zur Bauweise der *Essex* basieren auf verschiedenen Quellen. John Currier schreibt in »Historical Sketch of Ship Building on the Merrimac River«, dass Schiffe, die zur Zeit der *Essex* in Amesbury vom Stapel liefen, »fast vollständig aus Eiche gebaut waren; einzig die Decks waren aus heller, einheimischer Kiefer. Spanten, Planken, Decken, Balken und Kniestücke waren aus Eichenholz geschnitten, das den Fluss hinabschwamm oder von Ochsengespannen aus einem zehn bis fünfzehn Meilen weiten Umkreis herbeigeschleppt wurde« (S. 34). Ich danke Roger Hambidge und Ted Kaye vom Mystic Seaport dafür, dass sie mich auf einen Bauplan des Walfängers *Hector* in Albert Cook Churchs *Whale Ships and Whaling* (S. 174–179) aufmerksam gemacht haben. Außerdem danke ich Mark Starr vom Shipyard Documentation Center in Mystic Seaport dafür, dass er mir die Baupläne der *Charles W. Morgan* zur Verfügung stellte. Ferner stützte ich mich bei meiner Beschreibung auf Reginald Hegartys *Birth of a Whaleship*.

Daneben gilt mein Dank Professor Ted Ducas vom Fachbereich für Naturwissenschaften am Wellesley College für seine aufschlussreichen Erklärungen über Wale im Allgemeinen und den Schiffbruch der *Essex* im Besonderen. Des Weiteren danke ich Peter Smith, einem Marineingenieur auf der Bootswerft Hinckley Yachts, der sowohl die potentiellen Wirkungskräfte einer Kollision zwischen einem 80-Tonnen-Wal und einem 238-Tonnen-Schiff als auch die Widerstandsfähigkeit der Bauweise eines Walfängers berechnete (private Mitteilungen vom 18. und 23. Dezember 1998).

In *Survival Psychology* beschreibt John Leach die Apathie, die Überlebende einer Katastrophe gewöhnlich unmittelbar nach einer solchen befällt, auch »Rückstoß-Phase« genannt (S. 24–37, 129–134). In »Desaster: Effects of Mental and Physical State« befassen sich Warren Kinston und Rachel Rosser mit dem Phänomen, dass Überlebende nur widerstrebend den Unglücksort verlassen (S. 444). Im Hinblick auf Walboote im frühen neunzehnten Jahrhundert erklärt Erik Ronnberg jr.: »Abbildungen von Booten aus jener Zeit – Gemälde, Lithographien und Logbuchskizzen – verdeutlichen, dass Rudern die normale, wenn nicht alleinige Fortbewegungsform war. Werden doch einmal Walboote unter Segeln gezeigt, deutet alles darauf hin, dass die Boote bevorzugt unter Spriettakelung gefahren und mit einem Steuerriemen ohne sichtbares Ruderblatt gelenkt wurden. Die Tatsache, dass die Walboote über keine Schwerter verfügten, dürfte ein Anluven zusätzlich erheblich erschwert, wenn nicht verhindert haben; faktisch dürfte diese Art von Takelung und Ruderanlage nur für eine Verfolgung des Wales auf Vorwindkurs tauglich gewesen sein.« (*To Build a Whaleboat,* S. 1) Wie Ronnberg außerdem betont, waren diese frühen Boote in Klinker- oder Dachziegel- statt in der später üblichen Nahtspantenbauweise gefertigt. Statt weiß (wie fast alle Walboote in der Mitte des neunzehnten Jahrhunderts) waren die *Essex*-Boote vermutlich recht bunt – möglicherweise dunkelblau und rot wie die Farben der Schiffsflagge; siehe Ansel (S. 95).

Caleb Crains *Lovers of Human Flesh: Homosexuality and Cannibalism in Melville's Novels* enthält eine ausgezeichnete Übersicht über die im frühen neunzehnten Jahrhundert verfassten Berichte zu Kannibalismus und Homosexualität auf den Marquesas (S. 30). Welche Vorstellungen sich bei den Seeleuten der damaligen Zeit um den angeblichen Kannibalismus der Eingeborenen rankten und zu Seemannsgarn gesponnen wurden, untersucht Gananath Obeyesekere in »Cannibal Feasts in Nineteenth-Century Figi: Seamen's Yarns and the Ethnographic Imagination« in: *Cannibalism and the Colonial World,* herausgegeben von Francis Barker, Peter Hulme und Margaret Iversen. Auch ließ sich der beunruhigend rassistische Unterton der unter den Vorschiffsmatrosen von Walfängern kursierenden Gerüchte nicht überhören. Ein Maori-Häuptling aus Neuseeland, der im Jahr 1818 nach London gebracht worden war, soll betont haben, dass »Schwarze wesentlich besser schmecken als Weiße« (siehe Tannahills *Flesh and Blood,* S. 151). Dass Nantucketer Walfänger solche Gerüchte für bare Münze hielten, beweist auch das Erlebnis von Benjamin Worth vor Neuseeland im Jahr 1805. Als ein Sturm das Schiff auf die Küste zutrieb, flehten Worth zufolge die Schwarzen ihn an, alles in seiner Macht Stehende zu unternehmen, um aufs offene Meer hinauszusegeln, denn »die Eingeborenen würden Negerfleisch dem der Weißen vorziehen« (siehe Stackpoles *The Sea Hunters,* S. 399 f.). Als die Berichte über das friedliche Zusammenleben der Einwohner von Nukuhiva im *New Bedford Mercury* (Ausgabe vom 28. April 1819) erschienen, waren die Offiziere der *Essex* nicht auf Fahrt, sondern hielten sich auf Nantucket auf. Melvilles Notiz zur Entscheidung der *Essex*-Besatzung, »einen zivilisierten Hafen … anzusteuern«, gehört zu den Anmerkungen, die er auf die letzten Seiten seines Exemplars von Chases Bericht schrieb; eine Abschrift hiervon findet sich in der Northwestern-Newberry-Ausgabe von *Moby Dick* (S. 978–995). In *Islands and Empires* erwähnt Ernest Dodge die riesige königliche Missionskirche auf Tahiti, die im Jahr 1819, demselben Jahr, in dem die *Essex* Nantucket verließ, gebaut wurde (S. 91).

Obed Macys Äußerungen über die Vertrautheit der Nantucketer mit der See kann man in seiner *History* (S. 213) nachlesen. Was Land betraf, waren ihre Kenntnisse aber offenbar nicht annähernd so fundiert. William Comstock schildert einen Vorfall, der zeigt, wie unwissend ein Nantucketer in puncto Geographie sein konnte. Irgendwann einmal fragte ein Nantucketer Offizier »allen Ernstes, ob England eigentlich auf dem Kontinent liege oder ›davon losgelöst sei‹; und als ihm ein anderer Offizier antwortete, es gehöre zum County von Großbritannien, erkundigte er sich, wie weit es denn von London entfernt sei« (*The Life of Samuel Comstock*, S. 57). Wenn ein Walfänger schon von einer Insel, mir der Nantucket seit jeher enge Handelsbeziehungen unterhielt, nur derart nebelhafte Vorstellungen hatte, ist es kaum verwunderlich, dass die Männer der *Essex* über die Inseln im Zentralpazifik nicht das Geringste wussten. Eine detaillierte Zeichnung der Barkasse, mit der Kapitän Bligh und seine Männer zur Insel Timor segelten, findet sich in A. Richard Mansirs Ausgabe von Blighs *The Journal of* Bounty's *Launch*.

Während Leach in *Survival Psychology* die Unterschiede zwischen autoritären und sozialen Führern untersucht (S. 140), befasst sich Glin Bennet in *Beyond Endurance: Survival at the Extremes* mit den unterschiedlichen Persönlichkeitstypen, die in den einer Katastrophe folgenden Flucht- und Überlebensphasen, wie er sie nennt, verlangt werden (S. 210 f.). Die Gegenüberstellung von Berufsmaat und *fishy* Mann basiert auf William H. Macys Beschreibung des Obermaats Grafton; Macy schildert ihn als »ziemlich nachdenklichen, sehr intelligenten Mann, der ungeheuer viel wusste und sein Wissen in einfachen, klaren Worten vermitteln konnte, was ihn bei allen, mit denen er zu tun hatte, beliebt machte. Wiewohl ein erstklassiger Walfänger, war Grafton, der Obermaat, nicht, was der Kenner gemeinhin unter einem *fishy* Mann versteht.« (S. 44 f.) Mit der wachsenden Bedeutung familiärer Beziehungen in einer Katastrophensituation (S. 156) und dem Verhältnis von starker Führerschaft und Überlebenserfolg beschäftigt sich John Leach in *Survival Psychology* (S. 139).

Zu den Schwierigkeiten, die es mit sich brachte, ein Walboot des frühen 19. Jahrhunderts in ein Segelboot zu verwandeln, siehe die glänzende Analyse von Ronnberg in seinem *To Build a Whaleboat* (S. 1–4). Hinsichtlich des durch die Klinkerbauweise der Walboote hervorgerufenen Wassergeräuschs schreibt Clifford Ashley in *The Yankee Whaler:* »Der Name Klinker entstand in Nachahmung des klimpernden Geräuschs, mit dem das Boot durchs Wasser fährt. Das ist mir bei Tendern dieser Bauweise immer wieder aufgefallen. Als der Wal wachsamer wurde (im späteren 19. Jahrhundert), fand man das Geräusch jedoch untragbar, weshalb man zu Glattrumpfbooten griff, mit denen man lautloser auf die nichts ahnenden Tiere zugleiten konnte.« (S. 61)

Ashley lokalisiert die Hochseefanggründe in einem Gebiet, das sich von 5° bis 10° südlicher Breite und von 105° bis 125° westlicher Länge erstreckte (S. 41). Thomas Heffernan hat mindestens sieben Walfangschiffe identifiziert, die sich beim Untergang der *Essex* in der näheren Umgebung aufhielten: drei aus Nantucket (die *Governor Strong,* die *Thomas* und die *Globe*), drei aus New Bedford (die *Balaena,* die *Persia* und die *Golconda*) und eins aus England (die *Coquette*) (S. 77).

Wissenswertes zu Schiffszwieback steht in Sandra Olivers *Saltwater Foodways* (S. 107). Den Nährwert der Zwiebackrationen und Galapagosschildkröten wie auch den möglichen Gewichtsverlust der Männer im Verlauf von 60 Tagen habe ich mit Hilfe von Beth Tornovish und Dr. Timothy Lepore auf Nantucket ermittelt. Die Statistiken zum Wasserbedarf des menschlichen Körpers stammen aus *Understanding Normal and Clinical Nutrition* von Eleanor Whitney u. a. (S. 272 ff.). Zum Vergleich: Kapitän Bligh setzte seine Männer von Anfang an auf eine Tagesration von 30 Gramm Schiffszwieback (im Unterschied zu den hundertsiebzig Gramm für die Männer der *Essex*) und einen Achtelliter (gegenüber einem Viertelliter) Wasser (Bounty's *Launch,* S. 36). Francis Olmstead, der auf einem Walfänger mitfuhr, machte die Beobachtung, dass sich viele Besatzungsmitglieder »als Trost für unterwegs mit fünfzig bis siebzig Pfund Tabak eingedeckt haben, sich jedoch vermutlich noch vor der Heimkehr einen neuen Vorrat beim Kapitän werden beschaffen müssen« (S. 83 f.).

Warren Kinston und Rachel Rosser beschreiben die Auswirkungen einer »quälenden Erinnerung« und zitieren William James' Äußerung im Zusammenhang mit dem Erdbeben in San Francisco in *Disaster: Effects on Mental and Physical State* (S. 443 f.). Hilde Bluhm betont in *How Did They Survive? Mechanisms of Defense in Nazi Concentration Camps,* wie wichtig es für das psychische Überleben ist, dem Ich eine Ausdrucksform zu schaffen (S. 10). John Leach verweist in *Survival Psychology* auf Beschäftigungen wie das Garnfadendrehen von Lawrence als persönliche »Aufgabenstellung«, die er als »Aufspaltung des Ziels oder Zweckes einer Person in einfache Einzelaktionen, mit denen das Leben Schritt für Schritt bewältigt werden kann«, definiert (S. 152); in diesem Zusammenhang verweist er auf eine Versuchsperson, die sich während eines extremen Langzeitversuchs mit der Herstellung »eines primitiven Satzes Golfschläger und -bälle« beschäftigte. (S. 153)

Meine Ausführungen zur Navigation basieren zum großen Teil auf J. B. Hewsons *A History of the Practice of Navigation,* insbesondere auf dem Kapitel über Navigation mit geografischer Breite und Koppelrechnung (S. 178–225). Ebenfalls einen interessanten Bericht zur Navigation auf einem Walfänger bietet Francis Allyn Olmstead in *Incidents of a Whaling Voyage* (S. 43 f.). Ich danke Donald Treworgy von Mystic Seaport dafür, dass er mir Einblick in sein Gutachten gewährte; in einer privaten Mitteilung schrieb Treworgy: »Wenn Pollard erst bei der anschließenden Fahrt die Mondhöhen zu bestimmen lernte, ist es eher äußerst unwahrscheinlich, dass er im Jahr 1819 über einen Chronometer zur Sternhöhenmessung verfügte. See-Chronometer wurden im Jahr 1819 noch handgearbeitet und waren kostspielig und nicht immer zuverlässig.« Nach Obed Macy, der die Nantucketer Walfänger-Kapitäne in seiner *History* als »auf dem Mond lebend« bezeichnete, war die Walfangflotte der Insel erst in den Dreißigerjahren des 19. Jahrhunderts »durchweg mit Chronometern ausgestattet« (S. 218). Zu Kapitän Blighs großartiger navigatorischer Meisterleistung in einem offenen Boot siehe Bounty's *Launch* (S. 24, 60 f.).

In seiner *History* schildert Obed Macy, wie die Besatzung der *Union* ihre beiden Walboote aneinander band (S. 233). In *Survive the Savage Sea* erzählt Dougal Robertson, wie seine Holzsegelyacht wiederholt von Killerwalen gerammt und schließlich versenkt wurde. Robert Pitman und Susan Chivers beschreiben in »Terror in Black and White«, *Natural History,* December 1998 (S. 26 ff.), wie ein Rudel Killerwale einen Pottwal angriff und tötete. Bei der Beschreibung, wie Chase die Schildkröte zerlegt, habe ich mich teilweise auf Dougal Robertsons ausführliche Schilderung vom Schlachten einer Suppenschildkröte gestützt (S. 109).

Chase beschreibt das Wetter am 8. Dezember als »schweren Sturm«. Dean King definiert in *A sea of Words* Sturm als »Wind mit Windstärken zwischen stürmisch und orkanartig. Im 19. Jahrhundert definierte man Sturm genauer nach Windgeschwindigkeiten zwischen 28 und 55 Seemeilen pro Stunde. Bei stürmischem Wind sind die Wellen hoch und von den Kämmen beginnt Gischt abzuwehen, während bei starkem Sturm die Kämme der Wellenberge überbrechen und zu Gischt verblasen werden.« (S. 202) Richard Hubbards *Boater's Bowditch: The Small Craft American Practical Navigator* enthält eine Tabelle, derzufolge die theoretische Maximalhöhe von Wellen bei freier Windbahn und Windstärke 9 (41–47 Knoten Windgeschwindigkeit) 40 Fuß beträgt (S. 312). Außerdem enthält William Van Dorns *Oceanography and Seamanship* eine nützliche Tabelle, aus der hervorgeht, wie sich Windgeschwindigkeit und -dauer auf die Höhe des Seegangs auswirken (S. 189).

John Leach analysiert die sich nach Katastrophen einstellende eingeschränkte Wahrnehmungsfähigkeit (S. 124), ein Faktor, der zweifellos mitverantwortlich dafür war, dass die *Essex*-Schiffsführung so hartnäckig an ihrem ursprünglichen Plan festhielt, obwohl während des ganzen ersten Monats nach dem Untergang ihres Schiffes noch die Möglichkeit bestand, Kurs auf die Gesellschaftsinseln zu nehmen.

Achtes Kapitel: Selbstbesinnung

Die anschaulichsten Schilderungen der Leiden der Schiffbrüchigen auf dem Floß der Medusa stammen von zwei der Überlebenden, J. B. Henry Savigny und Alexander Correard, und sind nachzulesen in *Narrative of a Voyage to Senegal;* siehe hierzu ebenfalls Alexander McKees *Death Raft.* Die Leiden von Pablo Valencia in der Wüste von Arizona analysiert W. J. McGee in seinem mittlerweile berühmten Artikel »Desert Thirst as Disease«.

Meine Beschreibung der Entenmuscheln oder Bernikel (gooseneck barnacles) basiert auf Auskünften, die mir James Carleton, der Direktor des Williams-Mystic-Programms im Mystic Seaport, gab (private Mitteilung, Oktober 1998). Wie diese Krustentiere üblicherweise gegessen werden, ist im Epicurious Dictionary (http://www2.condenet.com) beschrieben. Ich danke James McKenna vom Williams-Mystic-Programm für seine ausführlichen Erläuterungen zum Thema unterschiedliche Nährstoffverteilung im Pazifik (private Mitteilung vom 23. März 1999). M. F. Maurys Seekarte, auf der die »Ödnis« eingezeichnet ist, findet sich auf Bildtafel fünf seiner *Wind and Current Charts.*

Wie ein Nagel gekrümmt wird, beschreibt Willits Ansel in *The Whaleboat* (S. 88 f.). W. Jeffrey Bolster untersucht in *Black Jacks* die Vorreiterrolle der Schwarzen bei Schiffsandachten (S. 125); von ihm stammt auch die Geschichte von dem für die Rettung seines Schiffes betenden schwarzen Schiffskoch. Meine Schilderung, wie sich Quäker während der Andacht »sammeln und auf sich selbst besinnen«, stützt sich auf Arthur Worralls *Quakers in the Colonial Northeast* (S. 91 ff.). Eine hervorragende Zusammenfassung der Auswirkungen des Hungerns auf Katastrophenopfer findet sich in John Leachs *Survival Psychology* (S. 87–99). Was die Höhe der Wasser- und vor allem der Schiffszwiebackrationen betrifft, machen Chase und Nickerson gelegentlich widersprüchliche Angaben in ihren Berichten. In diesem und anderen Kapiteln bin ich davon ausgegangen, dass die Tagesrationen der Männer an Schiffszwieback von 170 Gramm zuerst auf knapp 90 Gramm und schließlich (nachdem sie Henderson verlassen hatten) auf knapp 45 Gramm gekürzt wurden, während die tägliche Trinkwassermenge bei einem Viertelliter blieb.

Zur »Entdeckung« der Insel Pitcairn durch Mayhew Folger siehe Greg Denings *Mr. Bligh's Bad Language* (S. 307–338) und Walter Hayes' *The Captain from Nantucket and the Mutiny on the* Bounty (S. 41–47). Bis heute sammeln die Pitcairner auf der Insel Henderson Holz, vor allem Steineibe, für die Herstellung der Holzschnitzereien, die sie an Touristen verkaufen; die Schilderung einer heutigen Holzsammelfahrt von Pitcairn nach Henderson schildert Dea Birkett in *Serpent in Paradise* (S. 81–96). Von 1991 bis 1992 unterhielt eine Gruppe von Wissenschaftlern unter der Ägide der Sir Peter Scott Commemorative Expedition ein Basislager am Nordstrand der Insel Henderson, und zwar fast genau an der Stelle, wo über 170 Jahre früher die Schiffbrüchigen der *Essex* gelandet waren. Die Wissenschaftler flogen nach Tahiti und segelten von dort aus auf einer gecharterten Yacht die 2000 Meilen nach Henderson. Lebensmittel und Trinkwasser wurden alle drei Monate per Schiff aus dem neuseeländischen Auckland geliefert. Mein Wissen über Henderson gründet sich im Wesentlichen auf das von Tim Benton und Tom Spencer herausgegebene Buch der Expedition *The Pitcairn Islands: Biography, Ecology and Prehistory.*

Mit der Existenz einer linsenförmigen Süßwasserblase unter einem Atoll befasst sich William Thomas' »The Vanity of Physical Environments Among Pacific Islands« in: *Man's Place in the Island Ecosystem: A Symposium,* herausgegeben von F. R. Fosberg (S. 26 f.). In *Stove by a Whale* (S. 84 f.) zitiert Thomas Heffernan aus Robert McLoughlins Bericht über die medizinische Untersuchung der auf Henderson gefundenen menschlichen Skelette. Die kleptoparasitische Beziehung zwischen Fregatt- und Tropikvögeln kann noch heute auf Henderson beobachtet werden; siehe hierzu »The Kleptoparasitic Interactions Between Great Frigatebirds and Masked Boobies on Henderson Island, South Pacific« von J. A. Vickery und M. De. L. Brooke in: *The Condor;* wobei allerdings Maskentölpel (Masked Boobies) einer anderen Spezies angehören als Tropikvögel, die Nickerson auf der Insel gesehen haben will.

Die Verbreitung von Flora und Fauna auf den Pazifikinseln beschreiben T. G. Benton und T. Spencer in »Biogeographic Processes at the Limits of the Indo-West Pacific Province« in: *The Pitcairn Islands* (S. 243 f.). Mein Bericht über die vorübergehende Besiedelung Hendersons verdankt sich »Man's Impact on the Pitcairn Islands« von T. Spencer und T. G. Benton (S. 375 f.) und Marshall Weislers »Henderson Island Prehistory: Colonization and Extinction on a Remote Polynesian Island«, ebenfalls in: *The Pitcairn Islands* (S. 377–404). In »Obesity in Samoans and a Perspective on Its Etiology in Polynesians« in: *The American Journal of Clinical Nutrition* schreibt Stephen McGarvey zur Fettleibigkeit der Polynesier:

> Voraussetzung für die Besiedelung Polynesiens waren lange Seereisen mit dem vorherrschenden Passatwind in unbekannte Gewässer.

Das Risiko, auf diesen ersten Reisen von unbestimmter Dauer, unbekanntem Ziel und mit unaufhaltsam zur Neige gehenden Bordvorräten zu verhungern, muss für die damaligen Seefahrer ziemlich hoch gewesen sein. Womöglich haben Individuen mit vermutlich durch Hyperinsulinismus bedingtem Übergewicht und/oder effizientem Stoffwechsel dank ihrer beträchtlichen, in Form von Fettgewebe vorhandenen Energiereserven solche Reisen besser überstanden... Die Überlebenden dieser Entdeckungsreisen, und somit die ersten Siedler, dürften daher diejenigen gewesen sein, die – vielleicht auf Grund genotypischer Mechanismen – die mit der Nahrung aufgenommene Energie effizienter verwerten und speichern konnten. (S. 1592 S)

Hierin sieht McGarvey die Erklärung für die heutzutage unter Polynesiern so verbreitete »massive Fettsucht und... Fettleibigkeit«. Siehe dazu auch seinen Artikel »The Thrifty Gene Concept and Adiposity Studies in Biological Anthropology«. Was die Männer in den Walbooten der *Essex* betrifft, vertritt McGarvey in einer privaten Mitteilung (vom 11. Mai 1999) die These, dass für die Überlebensfähigkeit der Männer keine wie auch immer gearteten rassischen oder genetischen Faktoren ausschlaggebend waren, sondern ihre Gesundheit und Ernährung vor dem Walangriff. Die Statistiken zur relativen Lebenserwartung von schwarzen und weißen Kindern stammen aus Barbara M. Dixons *Good Health for African Americans* (S. 27).

Der Brief an den Finder, den Pollard auf Henderson zurückließ, wurde aus der *Sydney Gazette* (vom 9. Juni 1821) zitiert. Anderen Berichten zufolge hinterlegte auch Owen Chase dort einen Brief; eine Quelle behauptet, er sei an seine Frau adressiert gewesen, eine andere nennt seinen Bruder als Adressaten. Als zusätzlichen Schutz legte Pollard seine Briefe in ein Bleikästchen, ehe er sie in den an den Baum genagelten Holzkasten steckte.

Zehntes Kapitel: Das Flüstern des Todes

Die statistischen Angaben zu Windrichtungen in Passatwindzonen stammen aus William Thomas' Aufsatz »The Variety of Physical Environments Among Pacific Islands« in: *Man's Place in the Island Ecosystem,* herausgegeben von F. R. Fosberg (S. 31). Ich danke dem Nantucketer Quäker-Experten Robert Leach für die Hintergrundinformationen zu Matthew Joy (private Mitteilungen vom 28. Mai 1998). Aaron Paddack schreibt in einem Brief (der sich auf Pollards Bericht stützt und bei der NHA einsehbar ist): »Matthew P. Joy (zweiter Offizier) starb an Schwäche und Verstopfung.«

Die Ergebnisse des Hungerexperiments von Minnesota sind in dem zweibändigen Werk *Biology of Human Starvation* von Ancel Keys u.a. enthalten. Eine lesenswerte Zusammenfassung und Analyse der Ergebnisse findet sich in *Men and Hunger: A Psychological Manual for Relief Workers* von Harold Guetzkow und Paul Bowman, einem auch heute noch benutzten Handbuch. Den Begriff »Magenmasturbation« benutzt Hilde Bluhm in »How Did They Survive?« (S. 20). Vom Hungern und den »so genannten typisch amerikanischen Eigenschaften« sprechen Guetzkow und Bowman in *Men and Hunger* (S. 9). Folgendes Beispiel für die Behauptung, Verhungern und Verdursten sei eine »natürliche und durchaus erträgliche« Form des Sterbens fand ich auf der Website http://www.asap-care.com/fluids.htm: »Verhungern und Verdursten haben sich bei Sterbenden als sehr erträgliche Todesarten erwiesen. Das leuchtet auch ein, denn Tausende von Jahren lang sind Menschen ohne künstliche Ernährung und Flüssigkeitszufuhr in Ruhe gestorben ... dies sind ganz natürliche Vorgänge, die man bei nahem Tod zulassen sollte, anstatt sie gnadenlos zu bekämpfen und um jeden Preis zu verhindern.«

Elftes Kapitel: Das Los entscheidet

Hinsichtlich des zeitlichen Ablaufs des Geschehens auf Pollards und Hendricks' Booten nach ihrer Trennung von Chase weichen Chases Bericht und Aaron Paddacks Brief geringfügig voneinander ab. Da Paddack seinen Brief noch in der Nacht von Pollards Rettung schrieb, unmittelbar nachdem er den Bericht des Kapitäns gehört hatte, halte ich ihn für die zuverlässigere Quelle, was die Reihenfolge der Ereignisse an Bord dieser beiden Boote betrifft.

Die Äußerung zu dem im 19. Jahrhundert auf See so verbreiteten Überlebenskannibalismus findet sich in Brian Simpsons *Cannibalism and the Common Law* (S. 121). Der zweite Gesang von Byrons im Sommer 1819 erschienenen *Don Juan* veranschaulicht die Einstellungen und Ansichten der damaligen Zeit:

LXVI
So machen's auch die Leut in offnen Böten;
Sie leben von dem Trieb zu leben, tragen
Mehr als man glaubt, und lassen sich nicht töten
Und stehn wie Felsen wider Sturm und Plagen.
Des Seemanns Los war immer reich an Nöten,
Seit Noahs Arche ward durchs Meer verschlagen ...
LXVII
Indes verliere man nicht aus den Augen,
Der Mensch zählt zu den karnivoren Tieren,
Und will nicht bloß, wie eine Schnepfe, saugen,
Nein, seinen Fraß, wie Wolf und Hai den ihren.

Sein Organismus mag für Pflanzen taugen,
Doch wird er sie nur knurrend tolerieren,
Bei schwerer Arbeit findet jeder Esser
Rind-, Kalb- und Hammelfleisch bei weitem besser.
LXVIII
So war es auch mit unseren Duldern wieder…

Die umfassendste Behandlung des Falls *Nottingham Galley* ist in einer wissenschaftlichen Ausgabe von Kenneth Roberts Roman *Boon Island* enthalten. Ich habe die erste Ausgabe des im Jahr 1711 erschienenen Berichts von Kapitän Dean benutzt, nachgedruckt in Donald Whartons *In the Trough of the Sea: Selected American Sea-Deliverance Narratives, 1610–1766* (S. 153 ff.). Eine ausgezeichnete Auseinandersetzung mit dem Schiffbruch der *Nottingham Galley* sowie weiteren berühmten Fällen von Kannibalismus auf See, einschließlich des *Essex*-Unglücks, findet sich in Edward Leslies *Desperate Journeys, Abandoned Souls: True Stories of Castaways and Other Survivors.* Siehe hierzu auch Kapitel fünf, »The Custom of the Sea«, in Simpsons *Cannibalism and the Common Law* (S. 95–145).

Eine detaillierte Untersuchung über die im Durchschnitt von einem Erwachsenen gelieferte Fleischmenge bietet sowohl *Man Corn: Cannibalism and Violence in the Prehistoric American Southwest* von Christy Turner und Jacqueline Turner als auch »The Limited Nutritional Value of Cannibalism« von Stanley Garn und Walter Block in: *American Anthropologist* (S. 106). In *The Biology of Human Starvation* zitieren Ancel Keys et al. Autopsieberichte über Hungertote, wonach deren »Fettgewebe keine Fettzellen enthielt« (S. 170); ferner zitieren sie Angaben zum prozentualen Gewichtsverlust der Organe von Verhungerten (S. 190). Ich danke Beth Tornovish und Tim Lepore für ihre Schätzungen zu der von den verhungerten Besatzungsmitgliedern der *Essex* gelieferten Fleisch- und Kalorienmenge. Ein aktuelles Überlebenshandbuch zum Kannibalismus (komplettiert durch ein Diagramm des menschlichen Körpers, das auf empfehlenswerte Fleischstücke hinweist, und – man stelle sich vor – ein Rezeptverzeichnis) stellt Shiguro Takadas *Contingency Cannibalism: Superhardcore Survivalism's Dirty Little Secret* dar.

In »Body Mass Index and Percent Body Fat: A Meta Analysis Among Different Ethnic Groups« in: *International Journal of Obesity* vertreten P. Deurenberg et al. die Auffassung, dass Schwarze einen geringeren Körperfettanteil aufweisen als Hellhäutige von vergleichbarer Körpermasse (vgl. S. 1168 f.). Zu Berichten über die *Donnerparty* und die im Vergleich zu den Männern höhere Überlebensrate der Frauen siehe George Stewarts *Ordeal by Hunger* sowie Joseph Kings *Winter of Entrapment.* Ein weiteres Beispiel für Frauen, die Hungern länger aushielten als Männer, findet sich in Ann Saunders Bericht über die Torturen, die sie im Jahr 1826 als eine von zwei Passagierinnen an Bord eines Schiffes ertrug, nachdem dieses auf der Fahrt von New Brunswick nach Liverpool in Seenot geraten war. Nach 22 Tagen im Rigg des mit Wasser voll gelaufenen Schiffes gehörten beide Frauen zu den sechs Überlebenden (die alle Zuflucht zum Kannibalismus genommen hatten). Neben dem physiologischen Vorteil könnte sich auch Pollards Alter günstig auf seine Überlebenschancen ausgewirkt haben. John Leach zufolge leiden bei längerem Hungern als erstes Menschen unter 25 Jahren, »weil sie noch nicht gelernt haben, Energien zu speichern. Sie haben Probleme, auf dem langen Weg mitzuhalten ... Nicht zufällig befällt junge Menschen oft Passivität.« (*Survival Psychology*, S. 172)

Sowohl Glin Bennet in *Beyond Endurance* (S. 205 ff.) als auch John Leach in *Survival Psychology* verweisen auf Shackletons Fähigkeit, unterschiedliche Führungsstile zu verkörpern. Nach Auffassung Leachs war Shackleton »einer der wenigen Männer, die beide Arten von Führerschaft beherrschten. Er war eindeutig ein dominanter Charakter, der vom ersten Moment an entschlossene Führerschaft bewies und gleichzeitig über schier unglaubliches Durchhaltevermögen verfügte.« (S. 141) Über das Einfühlungsvermögen Shackletons gegenüber seinen Männern äußert sich Frank Worsley in *Shackleton's Boat Journey* (S. 169 f.).

In *The Biology of Human Starvation* gibt Keys einen Überblick über die physiologischen Auswirkungen des Hungerns, zu denen unter anderem erhöhte Kälteempfindlichkeit und dunklere Tönung der Haut, vor allem im Gesicht, gehören (S. 827 f.). Brian Simpson spricht in *Cannibalism and the Common Law* (S. 149) von dem »Glauben, dass Kannibalismus, einmal praktiziert, leicht zur Gewohnheit werden kann«. Guetzkow und Bowman schildern die »Verrohung« der Versuchsteilnehmer von Minnesota durch ihr Hungern (S. 32). David Harrisons Bericht über die Leiden an Bord der *Peggy* kann in Donald Whartons *In the Trough of the Sea* (S. 259–277) nachgelesen werden. Zwar behaupteten die Seeleute, der schwarze Sklave wäre per Losverfahren ausgewählt worden, doch Kapitän Harrison hatte »den starken Verdacht, dass der arme Äthiopier mitnichten fair behandelt worden war; im Nachhinein wunderte mich freilich eher, dass sie überhaupt den Anschein erwecken wollten, als hätten sie ihm die gleichen Chancen zugestanden« (S. 269). In »The Personality of Inmates of Concentration Camps« (S. 335) beschreibt Herbert Bloch »moderne barbarische Gemeinschaften«. Hilde Bluhm verweist in »How Did They Survive« auf den ehemaligen KZ-Häftling, der vom »Abtöten« seiner Gefühle sprach (S. 8); außerdem zitiert sie die Insassin, die Zuflucht zu »List und Tücke« nahm, um das Vernichtungslager zu überleben (S. 22). Farley Mowatt lernte beim Zusammenleben mit den Ihalmiut im Northwest Territory die lebenswichtige Bedeutung von Fett für ein sich ausschließlich von Fleisch ernährendes Volk kennen. In *People of the Deer* schreibt er: »Der Preis für eine ausschließlich auf Fleisch beruhende Ernährung ist unter anderem ein unstillbares Verlangen nach Fett.« (S. 85)

Der erste schriftlich belegte Fall von Losentscheid im Überlebenskampf auf See stammt aus dem Jahr 1641; siehe hierzu Simpsons *Cannibalism and the Common Law* (S. 122 f.). Die Reaktion von David Flatt auf sein Todesurteil an Bord der *Peggy* schildert Harrison in Whartons *In the Trough of the Sea* (S. 271–276). Siehe hierzu auch »Reaction to Extreme Stress: Impending Death by Execution« von H. Bluestone und C. L. McGahee. Ich danke den *Freunden* Robert Leach und Michael Royston, die mir Aufschluss über die Einstellung der Quäker zum Glücksspiel und Töten gaben (private Mitteilung vom 3. Juni 1998). Außerdem versorgte mich Leach mit Informationen zum quäkerischen Hintergrund von George Pollard (private Mitteilung vom 22. Mai 1998). R. B. Forbes beschreibt in seinem Aufsatz *Loss of the Essex, Destroyed by a Whale,* wie die Besatzungsmitglieder der *Polly* beim Angeln menschliche Körperteile als Haiköder benutzten (S. 13 f.). Meine Schilderung des Losentscheids und der anschließenden Exekution Owen Coffins stützt sich nicht nur auf die Aussagen von Pollard (festgehalten von George Bennet in Heffernan, S. 215), Chase und Nickerson, sondern auch auf einen Brief Nickersons an Leon Lewis, datiert vom 27. Oktober 1876 (im Besitz der NHA). In dem Brief schreibt Nickerson, Pollard hätte Coffin hingerichtet, was freilich seiner Aussage in seinem Bericht widerspricht, derzufolge es Ramsdell war, der Coffin erschoss. Da auch anderen Berichten zufolge Ramsdell der Todesschütze war, gehe ich davon aus, dass sich Nickerson in dem Brief geirrt haben muss.

Kapitel 12: Im Schatten des Adlers

Den »Aktiv-Passiv-Ansatz« in einer langfristigen Überlebenssituation erläutert John Leach in *Survival Psychology* (S. 167). Eleanor Whitney u. a. in *Understanding Normal and Clinical Nutrition* beschreiben die Auswirkungen extremen Magnesiummangels: »Konvulsionen, abnormale Muskelbewegungen (besonders des Auges und der Gesichtsmuskeln), Halluzinationen und Schluckbeschwerden« (S. 302). Kapitän Harrisons Bericht von dem Seemann, der wahnsinnig wurde und starb, nachdem er die rohe Leber eines schwarzen Sklaven gegessen hatte, findet sich in Donald Whartons *In the Trough of the Sea* (S. 269). Eine Version dieser Geschichte wurde offenbar in das Legendengespinst um die *Essex*-Tragödie eingewoben. In seiner Broschüre *Loss of the Essex* behauptete R. B. Forbes, der sich hauptsächlich auf den oft unzuverlässigen Frederick Sanford stützte, »als ein Schwarzer in einem der Boote starb, aß ein anderer seine Leber, wurde verrückt und sprang über Bord« (S. 11).

Die Bedeutung von »Barzillai« erklärt Alfred Jones' »A List of Proper Names in the Old and New Testaments« in: *Cruden's Complete Concordance* (S. 791). Warren Kinston und Rachel Rosser behandeln die psychischen Folgen hoher Verluste in der Schlacht in »Disaster: Effects on Mental and Physical State« (S. 445–446). Ancel Keys u.a. erörtern das so genannte »Ödem-Problem« in *The Biology of Human Starvation* (S. 935–1014).

Robert Leach gab mir Auskunft über Benjamin Lawrences Kindheit unter Quäkern (persönliche Mitteilung, 22. Mai 1998). Josiah Quincy berichtete von seinem Gespräch mit dem finanziell angeschlagenen Kapitän Lawrence (Benjamins Großvater) im Jahr 1801: »Lawrence hatte schon bessere Tage gesehen und besaß einst nicht weniger als die alteingesessenen Bewohner der Insel. Doch im Alter begann ihn das Unglück zu verfolgen, und er war gerade im Begriff, mit seiner Familie nach Alexandria zu ziehen.« (Crosby, S. 119) Leach zufolge starb Benjamins Vater im Jahre 1809 während einer Reise nach Alexandria.

Zur Geschwindigkeit eines Walbootes schreibt Willits Ansel in *The Whaleboat:* »Vier bis sechs Knoten waren ein guter Schnitt für ein Boot, das eine gewisse Zeit lang gegen verschiedene Winde kreuzte oder vor ihnen segelte.« (S. 17) Im Jahre 1765 musste die Mannschaft der *Peggy* hilflos zusehen, wie der Kapitän eines anderen Schiffes seinen Männern befahl, die seeuntüchtige *Peggy* im Stich zu lassen (Wharton S. 265). Edward Leslie schreibt in *Desperate Journeys, Abandoned Souls:* »Die Rettung Schiffbrüchiger brachte Risiken mit sich und bot keine handfesten Vorteile; vielmehr ließ die Aufnahme von Überlebenden die ohnehin schon spärlichen Nahrungs- und Wasservorräte weiter schrumpfen.« (S. 218) Beth Tornovish zufolge ist Tapioca-Pudding ein »weiches Nahrungsmittel, das diese ausgehungerten Männer leicht verdauen konnten. Es ist reich an Kalorien und Eiweiß ... und solche Nahrungsmittel werden für Patienten nach einer Operation zur Unterstützung der Heilung und zur Wiedergewinnung von Nährstoffen empfohlen, die vor und nach dem Eingriff verloren gingen.« (Persönliche Mitteilung, 28. März 1999)

Christy und Jacqueline Turner erörtern in *Man Corn* (S. 33–38) Techniken zur Extraktion von Mark aus menschlichen Knochen. MacDonald Chritchley erörtert in *Shipwreck Survivors: A Medical Study* Deliriumsanfälle bei Schiffbrüchigen, die »vom Inhalt her übereinstimmen ... und zu einer Art kollektiver Fabelei führen« (S. 81). Charles Murphy, der Dritte Maat auf der *Dauphin*, schildert in seinem 220-strophigen Gedicht, das 1877 veröffentlicht wurde, wie Pollards Boot entdeckt wurde. Murphy liefert auch eine Mannschaftsliste, die zeigt, dass amerikanische Ureinwohner an Bord der *Dauphin* waren. Die indianische Legende vom großen Maushop, der einem Riesenadler nach Nantucket folgt, schildere ich in *Abram's Eyes: The Native American Legacy of Nantucket Island* (S. 35). Melville bringt eine Version der Legende in Kapitel 14 von *Moby Dick*. Commodore Charles Ridgley von der *Constellation* hielt schriftlich fest, dass Pollard und Ramsdell beim Aussaugen der Knochen ihrer Schiffskameraden entdeckt wurden (Heffernan, S. 99). Heffernan zufolge hörte Ridgley den Bericht vermutlich von dem Nantucketer Obed Starbuck, dem Obermaat der *Hero* (S. 101). In einem Artikel der *Sydney*

Gazette (9. Juni 1821) wurde behauptet, »die Finger und andere Teile ihrer toten Kameraden waren in den Taschen des Kapitäns und des Jungen, als sie an Bord des Walfängers gebracht wurden«. Eine unvollständige Fotokopie von Aaron Paddacks Brief, in dem Pollards Darstellung der *Essex*-Katastrophe wiedergegeben wird, befindet sich in NHA Collection 15, Folder 57. Paddack schreibt dort: »Kapitän Pollard war zwar sehr schwach, als er aufs Schiff gebracht wurde, erholte sich jedoch schnell, während ich leider sagen muss, dass der junge Ramsdell seither noch nicht zu Kräften gekommen ist.« Claude Rawson, Maynard Mack Professor für Englisch an der Yale University, berichtete mir, dass Menschen, die zum Überlebenskannibalismus gezwungen waren, dazu neigen, offen über ihre Erfahrungen zu sprechen – oft zum Schrecken ihrer Zuhörer (persönliche Mitteilung, 13. November 1998). Die Gesprächigkeit der sechzehn Überlebenden eines Flugzeugabsturzes in den Anden im Jahr 1972 ermöglichte Piers Paul Reads inzwischen berühmte Schilderung des Überlebenskannibalismus *Alive: The Story of the Andes Survivors*.

Kapitel 13: Heimkehr

In *Stove by a Whale* gibt Thomas Heffernan eine ausführliche Darstellung der politischen Situation in Chile zur Zeit der Ankunft der *Essex*-Überlebenden in Valparaiso (S. 89–91). Das *Essex*-Dossier der NHA enthält ein Transkript aus dem chilenischen Nationalarchiv vom 25. Februar, das den Leidensweg von Chase, Lawrence und Nickerson schildert. Nickerson berichtet von den Bemühungen des amtierenden amerikanischen Konsuls Henry Hill, ihnen zu helfen. Commodore Ridgleys Schilderung des Zustands der Überlebenden und ihrer Behandlung durch Dr. Osborn wird zitiert in Heffernan (S. 100–101). Ridgley zufolge boten die Matrosen der *Constellation* zunächst einen ganzen Monatssold für die Behandlung der *Essex*-Überlebenden (deren Kosten zwischen zwei- und dreitausend Dollar betragen haben wird), doch als klar wurde, dass die amerikanischen und englischen Residenten ebenfalls einen Fonds gegründet hatten, begrenzte Ridgley den Beitrag seiner Männer auf je einen Dollar (Heffernan, S. 100).

Ancel Keys u. a. schildern, wie schwierig es für die Teilnehmer des Minnesota-Hungerexperiments war, ihr verlorenes Gewicht wiederzuerlangen (*The Biology of Human Starvation,* S. 828). Kapitän Harrisons Bericht über die Schwierigkeiten, seinen Verdauungstrakt wieder in Gang zu bringen, findet sich in seiner Darstellung der *Peggy*-Katastrophe (Wharton, S. 275). Nickerson liefert einen genauen Bericht über den Piratenüberfall, in welchen die *Hero* vor der Insel Santa Maria geriet; siehe hierzu auch mein *Away Off Shore* (S. 161–162). Meine Beschreibung der Umstände, unter denen Pollard und Ramsdell nach Valparaiso gelangten, beruht auf Heffernans *Stove by a Whale* (S. 95–109), wie auch meine Darstellung der Rettung der drei Männer auf Henderson Island (S. 109–115). Brian Simpson spricht in *Cannibalism and the Common Law* von »gastronomischem Inzest« (S. 141).

Chappel berichtet vom Überlebenskampf auf Henderson in einer Broschüre mit dem Titel »Loss of the *Essex*«, abgedruckt in Heffernan (S. 218–224). Nickerson sprach mit Seth Weeks über seine Zeit auf der Insel, und Weeks bestätigte, dass die Gezeiten die Süßwasserquelle nie mehr freigaben. Dem Ozeanographen James McKenna zufolge ist es wahrscheinlich, dass außergewöhnlich starke Unterschiede des Wasserstands bei Ebbe und Flut im Frühjahr, eine so genannte Springtide, zusammen mit anderen Faktoren wie der Mondphase und Variationen im Umlauf des Monds um die Erde und der Erde um die Sonne, der *Essex*-Crew kurzfristig den Zugang zur Quelle Ende Dezember 1919 erlaubten (persönliche Mitteilung, 10. Mai 1999). Kapitän Beechey schreibt über das vermisste *Essex*-Boot: »Vom dritten Boot hörte man nie mehr; doch es ist möglich, dass das Bootswrack und vier Skelette, die von einem Handelsschiff auf Ducie Island gesichtet wurden, dessen Überreste waren.« (In *Narrative,* Bd. 1, S. 59–61) Heffernan, der Beecheys Vermutung erwähnt, bezweifelt, dass das besagte Walboot von der *Essex* stammte (*Stove by a Whale,* S. 88).

Obed Macys Bericht über die Geschehnisse im Nantucketer Winter und Frühjahr 1821 findet sich im dritten Band seiner Journale in der NHA Collection 96. Frederick Sanford schildert, wie der Brief über die *Essex*-Überlebenden »vor dem Postamt öffentlich« verlesen wurde, in einem kurzen Artikel mit dem Titel »Whale Stories«, der offenbar in einer Festlands-Zeitung um oder im Jahr 1872 erschien. Ein undatiertes Exemplar des Artikels findet sich in der Sammlung der NHA, worauf mich Elizabeth Oldham dankenswerterweise aufmerksam machte. Sanford gibt auch eine etwas überhitzte Darstellung des Walangriffs: »Ein großer Wal (Sperm) kam auf das Schiff zu, und zwar mit solcher Gewalt, dass es krängte und zitterte wie Espenlaub. Der Wal glitt windwärts davon, machte nach zwei Meilen kehrt und kam wieder auf das Schiff zu und versetzte ihm einen absolut tödlichen Schlag gegen den Bug, der es kentern, mit Wasser voll laufen und sinken ließ!«

Der *New Bedford Mercury* (15. Juni 1821) enthält zwei Artikel über die *Essex*. Der erste stammt von Kapitän James Wood von der *Triton,* der von der Katastrophe aus dem Mund von Kapitän Paddack von der *Diana* gehört hatte, und berichtet, dass Pollard und Ramsdell von der *Dauphin* gerettet worden waren. Der zweite Artikel berichtet von einem jüngst aus Nantucket eingetroffenen Brief über die Ankunft der *Eagle* mit Chase, Lawrence, Nickerson und Ramsdell an Bord. Nantuckets eigene Zeitung, der *Inquirer,* begann erst am 23. Juni 1821, fast zwei Wochen nach Ankunft der ersten Gruppe der *Essex*-Überlebenden, mit der Berichterstattung. Pollards Empfang wird nur mit einem Satz erwähnt: »Kap. Pollard, vormals Kommandeur des Schiffes *Essex,* ist letzten Sonntag auf den *Two Brothers* hier angekommen.« (9. August 1821)

Frederick Sanfords Bericht über Pollards Ankunft findet sich in Gustav Kobés »The Perils and Romance of Whaling« in: *The Century Magazine*, August 1890 (S. 521). Er schreibt auch im *Inquirer* über Pollards Rückkehr nach Nantucket (28. März 1879).

Lance Davis u. a. sprechen von der höheren Verantwortung und auch Bezahlung des Walfängerkapitäns im Vergleich zum Handelsschiffkapitän (*In Pursuit of Leviathan*, S. 175–185). Amasa Delanos Erinnerungen an seine Rückkehr nach einer fruchtlosen Fahrt finden sich in seiner *Narrative of Voyages and Travels* (S. 252–253). Edouard Stackpole schreibt in *Whales and Destiny* über Owen Coffins Großvater Hezekiah und seine Beteiligung an der Boston Tea Party (S. 38). Robert Leach gab mir Informationen über die Familie Coffin und das Friends Meeting (persönliche Mitteilung, 20. Mai 1998). Thomas Nickerson berichtet über Nancy Coffins Reaktion auf George Pollard in seinem Brief an Leon Lewis.

Piers Paul Read erwähnt in *Alive!* (S. 308) die Einschätzung des Erzbischofs von Montevideo zum Fall der Überlebenden des Flugzeugabsturzes in den Anden. Ein anderer katholischer Würdenträger jedoch bestritt die Behauptung eines der Überlebenden, das Essen von Menschenfleisch unter diesen Umständen entspreche dem Heiligen Abendmahl (S. 309). Dokumente über den Aufstieg des Quäkertums auf Nantucket erwähnen eine religiöse Debatte, in der es auch einen spannenden Hinweis auf Kannibalismus und Abendmahl gab. Im Frühjahr 1698, mehrere Jahre bevor das Quäkertum sich auf der Insel festsetzen konnte, besuchte ein »wandernder« Freund namens Thomas Chalkey Nantucket. In seinen Aufzeichnungen findet sich die Wiedergabe eines Gespräch mit Stephan Hussey, einem der ersten Siedler der Gemeinschaft. Hussey hatte früher auf Barbados gelebt, wo er einen Quäker hatte behaupten hören, dass »wir das spirituelle Fleisch Christi essen und seine spirituelles Blut trinken müssen«. Hussey fragte: »Ist es nicht ein Widerspruch in sich selbst, dass Fleisch und Blut spirituell sein sollen?« Als Chalkey darauf hinwies, dass Christus im übertragenen Sinne gesprochen habe, als er den Aposteln verkündete, sie sollten von seinem Leib essen und von seinem Blut trinken, antwortete Hussey indigniert: »Ich glaube nicht, dass sie es von seinen Armen und Schultern nagen sollten.« (Starbuck, *History of Nantucket*, S. 518) Man kann nicht umhin zu fragen, wie Chalkey und Hussey auf das Geschehen auf der *Essex* reagiert hätten. Claude Rawson bezeichnet in einer Besprechung von Brian Simpsons *Cannibalism and the Common Law* in der *London Review of Books* (24. Januar 1985, S. 21) den Kannibalismus als eine »kulturelle Erschütterung«. Über Menschen, die mittels Kannibalismus überlebt haben, schreibt John Leach: »Wenn es akzeptiert, gerechtfertigt oder in manchen Fällen als vernünftig erklärt werden kann, dann kann der Akt des Kannibalismus mit geringen oder keinen psychologischen Störungen verkraftet werden.« (*Survival Psychology*, S. 98)

Thomas Heffernan hat auf die Ähnlichkeiten zwischen Chases Darstellung des Geschehens auf Pollards und Joys Booten und der Schilderung in

Aaron Paddacks Brief hingewiesen (*Stove by a Whale,* S. 231). Herman Melville schrieb über Owen Chase als Autor auf den letzten Seiten seiner Ausgabe von Chases Buch (siehe die *Moby Dick*-Ausgabe von Northwestern-Newberry, S. 984). Ein weiterer Aspekt der Katastrophe, den Chase nicht erwähnt, ist die Frage, ob er jemals Richard Petersons letzten Wunsch erfüllt und Verbindung zu seiner Witwe in New York aufgenommen hat. In der Familie von William Coffin jr. ist es gewissermaßen Tradition, umstrittene Publikationen zu schreiben. Fünf Jahre zuvor schrieb sein Vater, der wiederum zwanzig Jahre zuvor durch die Quäker-Führung der Insel fälschlicherweise beschuldigt worden war, die Bank von Nantucket ausgeraubt zu haben, eine eloquente Verteidigung, mit der er bewies, dass das Verbrechen von Nichtinsulanern begangen worden war; siehe hierzu mein *Away Off Shore* (S. 156–159). Ebenfalls in diesem Buch erörterte ich William Coffins Fähigkeiten als Ghostwriter von Chases Bericht (S. 158, 249). Eine Ankündigung der Veröffentlichung von Chases Bericht erschien im *Inquirer* (22. November 1821).

Melville notierte auf den letzten Seiten seines Exemplars von Chases Buch, ihm sei zu Ohren gekommen, dass Kapitän Pollard eine Darstellung des Geschehens aus eigener Feder gegeben habe (*Moby Dick*-Ausgabe von Northwestern-Newberry, S. 985). Ralph Waldo Emersons Bemerkungen über die Empfindlichkeit der Nantucketer bei »allem, was die Insel entehrt«, findet sich in seinen Tagebucheintragungen über die Insel von 1847 (S. 63). 1822 erschien ein anonymer Brief in einer Bostoner Zeitung, der die Religiosität der Inselbewohner in Zweifel zog. Ein erzürnter Nantucketer antwortete mit Worten, die vielleicht auf Owen Chase anspielten: »Wir haben einen Spion unter uns, der, wie andere Spione, seine feigen Berichte ins Ausland schickt, wo sie, wie er meint, nie widerlegt werden können.« (*Nantucket Inquirer,* 18. April 1822) Nach Alexander Starbucks Liste der Walfängerfahrten in *History of Nantucket* verließ die *Two Brothers* Nantucket am 26. November. Nickerson spricht in einem Gedicht namens »The Ship *Two Brothers*« von seinen Erlebnissen (zusammen mit Charles Ramsdell) als Besatzungsmitglied des Schiffes.

Kapitel 14: Konsequenzen

Meine Darstellung der letzten Fahrt der *Two Brothers* beruht vor allem auf Nickersons Gedicht »The Ship *Two Brothers*« und seiner Prosaerzählung » Loss of the Ship *Two Brothers* of Nantucket«, beide bislang unveröffentlicht (NHA Collection 106, Folder 3½). Der Obermaat der *Two Brothers,* Eben Gardner, hinterließ ebenfalls eine Schilderung des Schiffbruchs, die sich im Besitz der NHA befindet. Charles Wilkes, der Fähnrich der *Waterwitch,* der sein Gespräch mit George Pollard aufzeichnete, wurde später Leiter der United States Exploring Expedition. Heffernan weist darauf hin, dass Wilkes im Jahr 1839, als vier der Expeditionsschiffe gemeinsam mit der *Charles Carroll* mehrere Wochen lang auf Tahiti vor Anker lagen, vielleicht auch Owen Chase getroffen hat (S. 130–131). Wilkes' Darstellung seines Treffens mit Kapitän Pollard findet sich in der *Autobiography of Rear Admiral Charles Wilkes, U.S. Navy, 1798–1877* und wird von Heffernan ausgiebig zitiert (S. 146–148).

Edouard Stackpole berichtet in *The Sea-Hunters* von Frederic Coffins Entdeckung des japanischen Fanggrunds (S. 268); nicht alle Walfangexperten sind davon überzeugt, dass Coffin der Erste in diesem Gebiet war. Vermutlich hat der vormalige Kapitän der *Two Brothers,* George Worth, während einer zweieinhalbmonatigen Fahrt von Valparaiso zurück nach Nantucket im Frühjahr oder Sommer 1821 George Pollard beigebracht, wie die Schiffsposition durch Mondbeobachtung festzustellen ist. Zwar waren sowohl Pollard als auch Kapitän Pease von der *Martha* überzeugt, dass sie auf eine nicht verzeichnete Sandbank aufgelaufen waren, doch Nickerson enthüllt in seinem Brief an Leon Lewis, dass er und der Obermaat der *Martha,* Thomas Derrick, sie für die French Frigate Shoal hielten, eine bereits gut bekannte Gefahrenstelle westlich von Hawaii.

George Bennets Darstellung seines Treffens mit George Pollard erschien ursprünglich in *Journal of Voyage and Travels by the Rev. Daniel Tyerman and George Bennett, Esq. Deputed from the London Missionary Society.* Zu einer auf Pollard beruhenden Figur schreibt Melville in seinem Gedicht *Clarel:*

> Ein Jonas ist er? – Und Männer verbreiten
> Die Geschichte. Keiner wird ihm
> Ein drittes Unternehmen gewähren.

Nickerson berichtet in »Loss of the Ship *Two Brothers* of Nantucket« von Pollards einziger Reise in der Handelsschifffahrt. Das Gerücht, wonach George Pollard die Lose mit Owen Coffin getauscht habe, schildert Cyrus Townsend Brady in »The Yarn of the *Essex,* Whaler« in: *Cosmopolitan* (November 1904, S. 72). Brady schreibt, zwar ginge das Gerücht in Nantucket »immer noch um«, er zweifle jedoch an seinem Wahrheitsgehalt.

Ich danke Diana Brown, der Enkelin von Joseph Warren Phinney, die mir eine Kopie der einschlägigen Teile des Originaltranskripts von Phinneys Erinnerungen zur Verfügung gestellt hat, aufgezeichnet von seiner Tochter Ruth Pierce. Ms. Brown hat eine Auswahl der Erinnerungen unter dem Titel »Nantucket, Far Away and Long Ago« in *Historic Nantucket* (S. 23–30) veröffentlicht. In einer persönlichen Mitteilung (9. August 1998) erläuterte sie Phinneys Beziehung zu Kapitän Pollard: »Kapitän Warren Phinney, sein Vater, heiratete Valina Worth, die Tochter von Joseph T. Worth und Sophronia Riddell (6. Juni 1834). Sophronia Riddell war meines Wissens nach die Schwester von Mary Riddell, die Kapitän Pollard heiratete. Nachdem sie drei Töchter geboren hatte, starb sie im Jahre 1843. Kurz danach heiratete er Henrietta Smith, die Ende 1845 starb, im Geburtsjahr von Joseph Warren. Sein Vater starb etwa fünf Jahre danach bei einer Schiffskatastrophe auf den Großen Seen, und so wurde er von Großmutter und Großvater Smith aufgezogen. Natürlich war er kein Blutsverwandter der Pollards, doch sie gehörten zu seinem familiären Umkreis.« Das Gerücht, wonach Pollard sich scherzhaft darüber geäußert habe, Owen Coffin gegessen zu haben, ist in Horace Becks *Folklore and the Sea* (S. 379) wiedergegeben. Noch in den Sechzigerjahren des 20. Jahrhunderts ging es auf Nantucket um. Ich danke Thomas McGlinn, der auf der Insel zur Schule ging, für die Mitteilung dieser Anekdote.

Was von Owen Chases Leben nach der *Essex*-Katastrophe bekannt ist, findet sich in Heffernans *Stove by a Whale* (S. 119–145). Emerson notierte sein Gespräch mit dem Seemann über den weißen Wal und die *Winslow/Essex* am 19. Februar 1834 in seinem Tagebuch (*Journals*, Bd. 4, S. 265). Melvilles Erinnerungen an das Treffen mit Chases Sohn und die Charakterisierung von Chase finden sich auf den letzten Seiten seines Exemplars der *Essex*-Geschichte (*Moby Dick*-Ausgabe von Northwestern-Newberry, S. 981–983). Zwar hat Melville offenbar Chases Sohn getroffen, doch ging er erst zur See, *nachdem* Owen selbst sich aus dem Walfanggeschäft zurückgezogen hatte, und hat daher jemand anderen mit dem einstigen Obermaat der *Essex* verwechselt. So hat Melville also nur geglaubt, Chase gesehen zu haben, doch Melvilles Eindrücke sollten die Sicht künftiger Generationen auf die *Essex*-Katastrophe entscheidend prägen: durch die Linse von *Moby Dick*. Melvilles Aufzeichnungen darüber, wie Chase von der Untreue seiner Frau erfuhr, finden sich ebenfalls in seinem Exemplar von Chases Bericht (*Moby Dick*-Ausgabe von Northwestern-Newberry, S. 995).

In »Loss of the Ship *Two Brothers* of Nantucket« erzählt Nickerson, was geschah, nachdem die *Martha* die Besatzung nach Oahu gebracht hatte: »Alle Männer der *Two Brothers* wurden sicher an Land gesetzt, und da die Walfangflotte zu dieser Zeit im Hafen lag, nahm jeder sein Schicksal in die Hand und heuerte, je nach Gelegenheit, auf einem der Schiffe an.« Heffernan berichtet in *Stove by a Whale*, dass Ramsdell Kapitän der *General Jackson* wurde (S. 152). Die bei der NHA auf digitalen Datenträgern gespeicherten Geburts- und Sterberegister dokumentieren, dass Ramsdells erste Frau, Mercy Fisher, vier Kinder gebar und 1846 starb, und dass seine zweite Frau Elisa Lamb vier Kinder zur Welt brachte. Das Brooklyn City Directory enthält noch 1872 einen Eintrag über Thomas G. Nickerson, Schiffsmeister, wohnhaft 293 Hewes. Der Nachruf auf Benjamin Lawrence erschien im *Nantucket Inquirer and Mirror* (5. April 1879). Nickerson berichtet in seiner Schilderung von dem Schicksal von William Wright und Thomas Chappel. Der Nachruf auf Seth Weeks erschien im *Nantucket Inquirer and Mirror* (24. September 1887); er endet mit den Worten: »Seit einigen Jahren war er blind, und er beschloss sein Leben still und ruhig im Kreise seiner Nächsten, immer höchst geachtet und geehrt.«

Edouard Stackpole gibt im Nachwort der NHA-Ausgabe von Nickersons Schilderung die Anekdote über die Nantucketer wieder, die nicht über die *Essex* reden wollten (S. 78). Zum Ruf der Insel, eine Hochburg der Sklavereigegner unter den Quäkern zu sein, siehe meinen Aufsatz »Every Wave is a Fortune: Nantucket and the Making of an American Icon«; Whittier schreibt in seiner Ballade »The Exiles« über Thomas Macys Reise nach Nantucket im Jahre 1659. Ich erörtere den Erfolg der fast durchgängig schwarzen Crew der *Loper* in *Away Off Shore* (S. 162–163). Frederick Douglass beschließt die erste Ausgabe seiner Lebensschilderung mit seiner Rede im Nantucket Atheneum.

Thomas Heffernan spürt im Kapitel »Telling the Story« (S. 155–182) den Folgen der *Essex*-Tragödie in der Literatur nach. Der Autor eines Artikels im *Garrettsville* (Ohio) *Journal* (3. September 1896) über die Rückkehr der *Essex*-Seekiste nach Nantucket belegt überzeugend, wie stark die *Essex*-Geschichte die amerikanische Jugend beeindruckt hat: »Wir haben die Geschichte in McGuffys altem ›Eclectic Fourth Reader‹ gelesen. Es ging um Walfänger, die in offenen Booten zweitausend Meilen vom Festland über das Meer fuhren ... Solche Schilderungen hinterlassen nachhaltige Spuren in den Köpfen von Kindern.« Zeugnis für die weite Verbreitung der Geschichte ist eine Ballade namens »The Shipwreck of the *Essex*«, die im englischen Cornwall erschien. Sie geht sehr großzügig mit den Einzelheiten der Katastrophe um; so heißt es etwa, dass nicht weniger als acht Mal Lose gezogen wurden, während die Männer noch auf Ducie Island waren (siehe Simpsons *Cannibalism and the Common Law,* S. 316–317). Emersons Brief an seine Tochter über die *Essex* findet sich in den *Collected Letters,* herausgegeben von Ralph Rusk, Bd. 3 (S. 398–399). Zu Melvilles erstem und einzigem Besuch auf Nantucket siehe Susan Beegels »Herman Melville: Nantucket's First Tourist«. Melville notierte seine Eindrücke von George Pollard auf den Seiten von Chases *Narrative* (*Moby Dick*-Ausgabe von Northwestern-Newberry, S. 987–988).

Zum Niedergang Nantuckets als Walhafen und zum Großen Feuer von 1846 siehe mein *Away Off Shore* (S. 195–198, 203–204, 209–210). Christopher Hussey schildert in *Talks About Old Nantucket,* wie der brennende Ölfilm die Feuerwehrleute in den Flachgewässern des Hafens einschloss (S. 61); siehe auch William C. Macys vorzügliche Darstellung des Feuers in Teil III von Obed Macys *History of Nantucket* (S. 287–289). Zum letzten Walfänger Nantuckets, der *Oak,* schreibt Alexander Starbuck: »Verkauft in Panama 1872; heimgeschickt 60 Fässer Walöl, 450 Fässer [richtig] Wal. Nantuckets letzter Walfänger« (S. 483).

Die Statistik über die Zahl der getöteten Pottwale im 19. und 20. Jahrhundert stammt aus Dale Rices »Sperm Whale« (S. 191); siehe auch Davis u. a., *In Pursuit of Leviathan* (S. 135) und Hal Whiteheads »The Behavior of Mature Male Sperm Whales on the Galapagos Islands Breeding Grounds« (S. 696). Charles Wilkes (derselbe, der als Fähnrich mit George

Pollard gesprochen hatte) notierte die Beobachtung, die Pottwale seien »wilder« geworden, in Bd. 5 von *Narrative of the United States Exploring Expedition* (S. 493). Alexander Starbuck versammelt Berichte über Walattacken auf Schiffe in *History of the American Whale Fishery* (S. 114–125). Kapitän DeBlois' Beschreibung seiner Begegnung mit dem Wal, der die *Ann Alexander* versenkte, findet sich in Clement Satwells *The Ship* Ann Alexander *of New Bedford, 1805–1851* (S. 61–84). Melville spricht vom »*Ann Alexander*-Wal« in einem Brief vom 7. Dezember 1851 an Evert Duyckinck (in *Correspondence,* S. 139–140).

In einem auf den 15. November 1868 datierten Brief an Winifred Battie berichtet Phebe Chase von einem Besuch bei Owen Chase: »Er hat mich Cousine Susan genannt (mich also mit Schwester Worth verwechselt), meine Hand genommen und wie ein Kind geschluchzt, dabei klagte er *O mein Kopf, mein Kopf.* Es war erschütternd, den starken Mann gebeugt und auch seine persönliche Erscheinung so verändert zu sehen. Er erlaubte sich keine anständige Kleidung, aus Angst, in Not zu geraten.« (NHA Collection 105, Folder 15) Für Informationen über Nickerson siehe Edouard Stackpoles Vorwort zur NHA-Ausgabe von Nickersons Schilderung (S. 8–11). Mein Dank gilt Aimee Newell, Kuratorin der NHA-Sammlungen, die mir Informationen über Benjamin Lawrences Garnkreis und die Seekiste der *Essex* zur Verfügung gestellt hat. Siehe »A Relic of the Whaleship *Essex*« in: *The Nantucket Inquirer and Mirror* (22. August 1986) und »A Valuable Relic Preserved« im *Garrettsville Journal* (3. September 1896).

Epilog: Knochen

Die Informationen über den Ende 1997 vor Nantucket gestrandeten Pottwal stammen aus folgenden Quellen: Artikel von Dionis Gauvin und Chris Warner im *Nantucket Inquirer and Mirror* (8. Januar 1998); Artikel von J.C. Gamble im *Nantucket Beacon* (6. Januar 1998); »The Story of Nantucket's Sperm Whale« von Cecil Barron Jensen in *Historic Nantucket* (Sommer 1998, S. 5–8) und aus im Mai und Juni 1999 geführten Interviews mit Edie Ray, Tracy Plaut, Tracy Sundell, Jeremy Slavitz, Rick Morcom und Dr. Karlene Ketten. Dr. Wesley Tiffney, Direktor der University of Massachusetts-Boston Field Station, sprach mit mir über die Erosion bei Codfish Park (persönliche Mitteilung, Juni 1999).

Die Obduktion des Wals fand unter der Leitung von Connie Marigo und Howard Krum vom New England Aquarium statt. Die Zerlegung des Wals leitete Tom French von der Massachusetts Division of Fisheries and Wildlife. Mitarbeiter von French waren David Taylor, Lehrer für Naturwissenschaften an der Triton Regional High School in Newburyport, Massachusetts, und drei seiner Schüler. Es fügte sich gut, dass Taylor und seine Schüler aus Newburyport stammten, von wo viele der ersten

Siedler auf Nantucket im siebzehnten Jahrhundert gekommen waren. Der National Marine Fisheries Service hat das Walskelett im Winter 1998 offiziell der NHA übereignet.

Clay Lancasters *Holy Island* zufolge führte Thomas Nickerson Mitte der 1870er Jahre (als er den Autor Leon Lewis traf) ein Gästehaus in der North Water Street, zog jedoch 1882 nach North Street (heute Cliff Road) um (S. 55). Eine Anzeige im *Inquirer and Mirror* (26. Juni 1875) verkündet, dass Nickerson eine »Familienpension mit mehreren luftigen und behaglichen Räumen und allem Komfort eines Zuhauses« eröffnet hatte. Ich danke Elizabeth Oldham für diesen Hinweis.

BIBLIOGRAPHIE

Altman, I., und W. Haythorn, »The Ecology of Isolated Groups«, in: *Behavioural Science* 12 (1967), S. 169–182.

Andrews, Deborah C., »Attacks of Whales on Ships: A Checklist«, in: *Melville Society Extracts* (May 1974), S. 3–17.

Ansel, Willits D., *The Whaleboat: A Study of Design, Construction and Use from 1850–1970*. Mystic Seaport Museum, 1978.

Ashley, Clifford W., *The Yankee Whaler*. New York 1926.

Askenasy, Hans, *Cannibalism: From Sacrifice to Survival*. New York 1994.

Bacon, Margaret Hope, *Valiant Friend: The Life of Lucretia Mott*. New York 1980.

Barker, Francis, Peter Hulme und Margaret Iversen, Hg., *Cannibalism and the Colonial World*. Cambridge, New York und Melbourne 1998.

Barrow, Sir John, *The Mutiny of the Bounty*. Boston 1980.

Barton, Allen H., *Communities in Disaster. A Sociological Analysis of Collective Stress Situations*. New York 1969.

Beck, Horace, *Folklore and the Sea*. Middletown, Conn., 1973.

Beechey, Frederick William, *Narrative of a Voyage to the Pacific ... in the Years 1825, 26, 27, 28*. 2 Bde. London 1831. (Dt. *Reise nach dem Stillen Ozean und der Beeringstraße zur Mitwirkung bei den Polarexpeditionen*. Weimar 1832.)

Beegel, Susan, »Herman Melville: Nantucket's First Tourist«, in: *Historic Nantucket* (Fall 1991), S. 41–44.

Bennet, Glin, *Beyond Endurance: Survival at the Extremes*. New York 1983.

Benton, Tim und Tom Spencer, Hg., *The Pitcairn Islands: Biogeography, Ecology and Prehistory*. San Diego und London 1995.

Birket, Dea, *Serpent in Paradise*. New York 1997.

Bligh, William, *The Journal of Bounty's Launch*. Hg. v. A. Richard Mansir. Los Angeles 1989.

Bloch, H. A., »The Personality of Inmates of Concentration Camps«, in: *American Journal of Sociology* (1947), S. 52.

Bluhm, Hilde O., »How Did They Survive?«, in: *American Journal of Psychotherapy* 2, No. 1 (1948), S. 3–32.

Bluestone H. und C. L. McGahee, »Reaction to Extreme Stress: Impending Death by Execution«, in: *American Journal of Psychiatry* 119 (1962), S. 393–396.
Bolster, W. Jeffrey, *Black Jacks: African American Seaman in the Age of Sail.* Cambridge, Massachusetts, London 1997.
Brady, Cyrus Townsend, »The Year of the *Essex,* Whaler«, in: *Cosmopolitan,* November 1904, S. 71–72.
Brady, William, *The Kedge-Anchor; or, Young Sailors'Assistant.* 5. Ausg. New York 1850.
Browne, J. Ross, *Etchings of a Whaling Cruise.* Hg. von John Seelye [1846]. Reprint, Cambridge, Massachusetts 1968.
Bullen, Frank T., *The Cruise of the Cachalot: Round the World after Sperm Whales.* New York 1899.
Burger, G. C. E., J. C. Drummond und H. R. Sandstead, Hg., *Malnutrition and Starvation in Western Netherlands, September 1944–July 1945, Parts I and II.* Den Haag 1948.
Busch, Briton Cooper, *Whaling Will Never Do For Me: The American Whaleman in the Nineteenth Century.* Lexington 1994.
Byers, Edward, *The Nation of Nantucket: Society and Politics in an Early American Commercial Center, 1660–1820.* Boston 1987.
Byron, George Gordon Noel (Lord Byron), *Sämtliche Werke,* Bd. II, »Don Juan, Gedichte«. Düsseldorf und Zürich 1996.
Caldwell, D. K., M.C. Caldwell und D. W. Rice, »Behavior of the Sperm Whale«, in: *Whales, Dolphins, and Porpoises,* hg. von K. S. Norris. Berkeley und Los Angeles 1966.
Callahan, Steven, *Adrift: Seventy-Six Days Lost at Sea.* New York 1986.
Carlisle, Henry, *The Jonah Man.* New York 1984.
Cary, William S., *Wrecked on the Feejees.* Fairfield, Washington 1928.
Chadwick, Bruce, »The Sinking of the *Essex«,* in: *Sail* (Januar 1982), S. 165–167.
Chappel, Thomas, *An Account of the Loss of the Essex.* London, n. d., circa 1824.
Chase, Carl A., *Introduction to Nautical Science.* New York 1991.
Chase, Owen, *Narrative of the Most Extraordinary and Distressing Shipwreck of the Whale-Ship Essex, of Nantucket;* ... New York 1821.
Church, Albert Cook, *Whale Ships and Whaling.* New York 1975.
Cloud, Enoch, *Enoch's Voyage: Life on a Whaleship, 1851–1854.* Wakefield, Rhode Island und London 1994.
Colnett, James, *A Voyage to the South Atlantic and Round Cape Horn into the Pacific Ocean* (1798). Reprint, New York 1968.
Comstock, William, *A Voyage to the Pacific, Descriptive of the Customs, Usages, and Sufferings on Board of Nantucket Whale-Ships.* Boston 1838.
– *The Life of Samuel Comstock.* Boston 1840.

Congdon, Thomas, »Mrs. Coffin's Consolation«, in: *Forbes FYI* (Herbst 1997), S. 69–76.
Craighead, Frank C., jr., und John J. Craighead, *How to Survive on Land and Sea* [1943]. Reprint, Annapolis, Maryland 1984.
Crain, Caleb, »Lovers of Human Flesh: Homosexuality and Cannibalism in Melville's Novels«, in: *American Literature* 66, No.1 (März 1994), S. 25–53.
Creighton, Margaret S., *Dogwatch and Liberty Days: Seafaring Life in the Nineteenth Century.* Salem, Massachusetts 1982.
– *Rites and Passages: The Experience of American Whaling 1830–1870.* Cambridge, New York 1995.
Crèvecœur, J. Hector St. John de, *Letters from an American Farmer and Sketches of Eighteenth-Century America.* Hg. von Albert E. Stone (1782). Reprint, New York 1981.
Critchley, MacDonald, *Shipwreck Survivors: A Medical Study.* London 1943.
Crosby, Everett U., *Nantucket in Print.* Nantucket, Massachusetts, 1946.
Currier, John J., »Historical Sketch of Ship Building on the Merrimac River«, Newburyport, Massachusetts 1877.
Dana, Richard Henry, *Zwei Jahre vor'm Mast.* Hamburg 1981.
– *The Seaman's Friend.* Boston 1845.
Darwin, Charles. *The Voyage of the Beagle.* New York: Doubleday, 1963. (Dt. *Reise um die Welt 1831–36.* Stuttgart 1993.)
Davis, Lance E., Robert E. Gallman und Karin Gleiter, *In Pursuit of Leviathan: Technology, Institutions, Productivity, and Profits in American Whaling, 1816–1906.* Chicago und London 1997.
Delano, Amasa, *Narrative of Voyages and Travels,* Boston 1817.
Delano, Reuben, *The Wanderings and Adventures of Reuben Delano, Being a Narrative of Twelve Years' Life in a Whale Ship.* New York 1846.
Dening, Greg, *Islands and Beaches, Discourse on a Silent Land: Marquesas, 1774–1880.* Chicago 1980
– *Mr. Bligh's Bad Language: Passion, Power and Theatre on the Bounty.* Cambridge, New York, Melbourne 1992.
Deurenberg, P., M. Yap und W. A. van Stavern, »Body Mass Index and Percent Body Fat: A Meta-Analysis Among Different Ethnic Groups«, in: *International Journal of Obesity* 22 (1998), S. 1164–1171.
Dixon, Barbara M., *Good Health for African Americans.* New York 1994.
Dodge, Ernest S., *Beyond the Capes: Pacific Exploration from Captain Cook to the Challenger (1776–1877).* Boston 1971.
– *Islands and Empires: Western Impact on the Pacific and East Asia.* Minneapolis 1976.
Eibl-Eibesfeldt, Irenäus, *Galapagos: die Arche Noah im Pazifik.* München 1964.

Ellis, Richard, *Men and Whales.* New York 1991. (Dt. *Mensch und Wal: die Geschichte eines ungleichen Kampfes.* Gütersloh 1993.)
– *The Search for the Giant Squid.* New York 1998.
Emerson, Ralph Waldo, *The Letters.* Bd. 3, hg. v. Ralph L. Rusk. New York 1939.
– *Journals and Miscellaneous Notebooks.* Bd. 4, hg. von Alfred R. Ferguson, und Bd. 10, hg. v. Merton M. Sealts jr.. Cambridge, USA, 1964 und 1973.
Epstein, Y., »Crowding Stress and Human Behavior«, in: *Environmental Stress,* hg. v. G. Evans, S. 133–148. Cambridge, New York, Melbourne 1982.
Falconer, W. A., *Falconer's Marine Dictionary* (1815). Reprint, London 1974.
Forbes, Robert Bennet, *Loss of the Essex, Destroyed by a Whale.* Cambridge 1884.
Fosberg, F. R., *Man's Place in the Island Ecosystem: A Symposium.* Bishop Museum Press 1965.
Garn, S. M. und W. D. Block, »The Limited Nutritional Value of Cannibalism«, in: *American Anthropologist* 72, Nr. 106 (1970), S. 106–107.
Greene, Lorenzo, *The Negro in Colonial New England* (1942). New York 1969.
Greene, Welcome. »Recollections of Occurrences on a Visit to Nantucket, 1821«. Howard Greene Papers, The State Historical Society of Wisconsin.
Greenhill, Basil, Hg., *The Opening of the Pacific: Image and Reality.* Maritime Monographs and Report, Nr. 2. London, National Maritime Museum, 1971.
Guba, Emil, *Nantucket Odyssey.* Waltham, Massachusetts 1965.
Guetzkow, Harold Steere, und Paul Bowman, *Men and Hunger: A Psychological Manual for Relief Workers.* Elgin, Illinois 1946.
Harland, John, *Seamanship in the Age of Sail: An Account of Shiphandling of the Sailing Man-of-War, 1600–1860.* Annapolis 1984.
Hart, Joseph C., *Miriam Coffin, or The Whale-Fishermen: A Tale* (1834). Reprint, Nantucket, Massachusetts 1995.
Haversstick, Iola und Betty Shepard, Hg., *The Wreck of the Whaleship Essex: A Narrative Account by Owen Chase.* New York 1965.
Hayes, Walter, *The Captain from Nantucket and the Mutiny on the Bounty.* Ann Arbor 1996.
Hegarty, Reginald B., *Birth of a Whaleship.* New Bedford, Massachusetts 1964.
Heffernan, Thomas Farel, *Stove by a Whale: Owen Chase and the* Essex. Hanover, London 1981.
Henderson, S. und T. Bostock, »Coping Behavior after Shipwreck«, in: *British Journal of Psychiatry* 5 (1977), S. 543–562.
Hewson, J. B., *A History of the Practice of Navigation.* Glasgow 1951.

Hohman, Elmo P., *The American Whaleman: A Study of Life and Labor in the Whaling Industry.* New York 1928.
Horton, James Oliver und Lois E. Horton, *Black Bostonians: Family Life and Community Struggle in the Antebellum North.* New York, London 1979.
Hubbard, Richard K., *Boater's Bowditch: The Small Craft American Practical Navigator.* Camden, Maine 1998.
Hussey, Christopher Coffin, *Talks About Old Nantucket.* Nantucket 1901.
Jackson, Michael, *Galapagos: A Natural History.* Calgary, Alberta 1993.
Jensen, Cecil Barron, »The Story of Nantucket's Sperm Whale«, in: *Historic Nantucket* (Sommer 1998), S. 5–8.
Johannsen, Albert, *The House of Beadle and Adams,* Bd. 2. Oklahoma 1950.
Johnson, James Weldon, *Black Manhattan.* New York 1972.
Johnston, J., »Haunted by Memories«, in: *Bereavement Care 9,* Nr. 1 (1990), S. 10–11.
Keys, Ancel, Josef Brozek, Austin Henschel, Olaf Michelson und Hentry Longstreet Taylor, *The Biology of Human Starvation* (2 Bde.). Minneapolis 1950.
King, Joseph A., *Winter of Entrapment: A New Look at the Donner Party.* Lafayette 1992.
Kinston, Warren, und Rachel Rosser, »Disaster: Effects of Mental and Physical State«, in: *Journal of Psychosomatic Research* 18 (1974), S. 437–456.
Kobé, Gustav, »The Perils and Romance of Whaling«, in: *The Century Magazine XL,* Nr. 4 (August 1890), S. 509–525.
Lancaster, Clay, *Holiday Island: The Pageant of Nantucket's Hostelries and Summer Life from Its Beginnings to the Mid twentieth Century.* Nantucket, Massachusetts 1993.
Langsdorff, George Heinrich, *Remarks and Observations on a Voyage Around the World from 1803–1807.* Hg. v. Richard A. Price. Kingston, Ontario und Fairbanks, Alaska, 1993. (Dt. *Bemerkungen auf einer Reise um die Welt in den Jahren 1803 bis 1807.* Frankfurt. a. M.)
Leach, John, *Survival Psychology.* New York 1994.
Leach, Robert, und Peter Gow, *Quaker Nantucket: The Religious Community Behind the Whaling Empire.* Nantucket, Massachusetts 1997.
Leslie, Edward E., *Desperate Journeys, Abandoned Souls: True Stories of Castaways and Other Survivors.* Boston, New York 1988.
Lestringant, Frank, *Cannibals: The Discovery and Representation of the Cannibal from Columbus to Jules Verne.* Berkeley und Los Angeles 1997.
Lever, Darcy, *The Young Sea Officer's Sheet Anchor, or a Key to the Leading of Rigging and to Practical Seamanship.* London 1819.
Ludtke, Jen, *Atlantic Peeks: An Ethnographic Guide to the Portuguese Speaking Islands.* Hanover, Massachusetts 1989.

Macy, Obed, *The History of Nantucket* (1835). Reprint, Ellinwood, Kansas 1985.
– »A Journal of the most remarkable events commenced and kept by Obed Macy«, Bd. 3 (13. Nov. 1814–27. April 1822). NHA Collection 96.
Macy, William F., *The Nantucket Scrap-Basket* (1916). Reprint, Ellinwood, Kansas 1984.
Macy, William H., *There She Blows! Or The Whales We Caught and How We Did It.* Boston 1877.
Maury, Matthew Fontaine, *Wind and Current Charts.* Harris 1858.
McGarvey, Stephen, »Obesity in Samoans and a Perspective on Its Etiology in Polynesians«, in: *American Journal of Clinical Nutrition* 53, Nr. 1 (1991), S. 1586 S–1594 S.
– »The Thrifty Gene Concept and Adiposity Studies in Biological Anthropology«, in: *The Journal of the Polynesian Society* (März 1994), S. 29–42.
McGee, W. J., »Desert Thirst as Disease«, in: *Interstate Medical Journal* (März 1906), S. 279–300.
McKee, Alexander, *Death Raft: The Human Drama of the Medusa Shipwreck.* New York 1975.
McLonghlin, Robert, *Law and Order on Pitcairn Island.* Government of Pitcairn, Henderson, Ducie and Oeneo Islands, 1971.
McNally, Robert, *So Remorseless a Havoc: Of Dolphins, Whales and Men.* Boston 1981.
Melville, Herman, *Moby-Dick, or The Whale* (1851). Evanston und Chicago: Northwestern University Press and the Newbury Library, 1988.
– *Moby Dick oder Der Wal.* Düsseldorf und Zürich 1999 (und viele weitere deutsche Ausgaben).
– *The Piazza Tales and Other Prose Pieces, 1839–1860.* Evanston und Chicago 1987. (Dt. *Piazza-Erzählungen.* Reinbek 1962)
– *Clarel, A Poem and Pilgrimage in the Holy Land.* 1876. Evanston, Chicago: Northwestern University Press and the Newbury Library, 1991 (z. T. übertragen in Melville, *Der Rosenzüchter und andere Gedichte.* Hamburg, Düsseldorf 1969).
– *Correspondence.* Hg. v. Lynn Horth. Evanston, Chicago 1993.
Morison, Samuel Eliot, *The Maritime History of Massachusetts, 1783–1860.* Boston 1921.
Mowatt, Farley, *People of the Deer.* Toronto: McClelland – Bantam, 1975.
Nickerson, Thomas, *The Loss of the Ship »Essex« Sunk by a Whale and the Ordeal of the Crew in Open Boats.* Nantucket, Massachusetts 1984.
Nordhoff, Charles, *Whaling and Fishing* 1895. Reprint, Library Editions, 1970.
Oliver, Sandra L., *Saltwater Foodways: New Englanders and Their Food, at Sea and Ashore, in the Nineteenth Century.* Mystic, Connecticut 1995.

Olmstead, Francis Allyn, *Incidents of a Whaling Voyage* (1841). Reprint, Bell Publishing, 1969.

Olson, Charles, *Call Me Ishmael*. San Francisco 1947.

Philbrick, Charles, *Nobody Laughs, Nobody Cries*. New York, London 1976.

Philbrick, Nathaniel, »The Nantucket Sequence in Crèvecœur's *Letters from an American Farmer.*« *New England Quarterly* (September 1991), S. 414–432.

– »›Every Wave Is a Fortune‹: Nantucket Island and the Making of an American Icon.« *New England Quarterly* (September 1994), S. 434–447.

– *Away Off Shore: Nantucket Island and Its People, 1602–1890*. Nantucket, Massachusetts 1994.

– *Abram's Eyes: The Native American Legacy of Nantucket Island*. Nantucket, Massachusetts 1998.

Phinney, Joseph Warren, »Nantucket, Far Away and Long Ago«, in: *Historic Nantucket*, Oktober 1989.

Poe, Edgar Allan, *Selected Writings of Edgar Allan Poe*. Hg. v. Edward H. Davidson. Boston: Houghton MiMin, 1956.

– *Werke II*, Olten 1967 u. weitere Ausgaben (enthält den »Umständlichen Bericht des Arthur Gordon Pym von Nantucket« in der Übersetzung von Arno Schmidt).

Pommer, Henry F., »Herman Melville and the Wake of the Essex«. *American Literature* (November 1948), S. 290–304.

Porter, David, *Journal of a Cruise Made to the Pacific Ocean in the U.S. Frigate Essex*. New York 1822.

Pratt, Addison, *The Journals*. Hg. von S. George Ellsworth. 1990.

Putney, Martha S., *Black Sailors: Afro-American Merchant Seamen and Whalemen Prior to the Civil War*. New York, Westport, Connecticut, London 1987.

Radil-Weiss, T., »Man in Extreme Conditions: Some Medical and Psychological Aspects of the Auschwitz Concentration Camp«, in: *Psychiatry* 46 (1983), S. 259–269.

Rawson, Claude, »Eating People«. Rezension in: *London Review of Books* (24. January 1985), S. 20–22.

– »The Horror, the Holy Horror: Revulsion, Accusation and the Eucharist in the History of Cannibalism«. Rezension in: *Times Literary Supplement* (31. Oktober 1997), S. 3–5.

Read, Piers Paul, *Alive!: The Story of the Andes Survivors*. New York 1975. (Dt. *Überlebt: die Anden-Passion*. Bern 1974.)

Rediker, Marcus, *Between the Devil and the Deep Blue Sea: Merchant Seamen, Pirates, and the Anglo-American Maritime World, 1700–1750*. Cambridge, New York, und Sydney 1987.

Rees, Abraham, *Rees' Naval Architecture, 1819–1820*. Annapolis, Md., 1970.

Rice, D. W., »Sperm Whale«, in: S. H. Ridgway und R. Harrison, Hg., *Handbook of Marine Mammals*, Bd. 4. London, San Diego 1989.
Roberts, Kenneth, *Boon Island, Including Contemporary Accounts of the Wreck of the Nottingham Galley.* Hg. v. Jack Bales und Richard Warner. Hanover, London 1996.
Robertson, Dongal, *Survive the Savage Sea.* New York, Washington: Praeger, 1974.
– *Sea Survival: A Manual.* London 1975.
Ronnberg, Erik A. R. jr., *To Build a Whaleboat: Historical Notes and a Modelmaker's Guide.* New Bedford, Massachusetts 1985.
Sagan, Eli, *Cannibalism: Human Aggression and Cultural Form.* New York 1974.
Saunders, Ann, *Narrative of the Shipwreck and Sufferings of Miss Ann Saunders.* Providence 1827.
Savigny, J.-B. Henry und Alexander Correard, *Narrative of a Voyage to Senegal.* Marlboro, Vermont, 1986.
Sawtell, Clement Cleveland, *The Ship Ann Alexander of New Bedford, 1805–1851.* Mystic, Connecticut 1962.
Sharp, Andrew, *The Discovery of the Pacific Islands.* NewYork und London 1960.
Simpson, A. W. Brian, *Cannibalism and the Common Law: A Victorian Yachting Tragedy.* London und Rio Grande 1994.
Slevin, Joseph Richard, *The Galapagos Islands: A History of their Exploration.* San Francisco: California Academy of Sciences, 1959.
Stackpole, Edouard A., *Rambling Through the Streets and Lanes of Nantucket.* Nantucket 1947.
– *The Loss of the* Essex, *Sunk by Whale in Mid-Ocean.* Falmouth, Massachusetts 1977.
– *The Sea-Hunters: The Great Age of Whaling.* J. B. Lippincott 1953.
Starbuck, Alexander, *The History of the American Whale Fishery.* Waltham, Massachusetts 1878.
– *The History of Nantucket* (1924). Reprint, Vermont 1969.
Stewart, George R., *Ordeal by Hunger: The Story of the Donner Party.* Boston, New York 1988.
Takada, Shiguro, *Contingency Cannibalism: Superhardcore Survivalism's Dirty Little Secret.* Boulder, Colorado 1999.
Tannabill, Reay, *Flesh and Blood: A History of the Cannibal Complex.* New York 1975.
Townsend, C. H., »The Galapagos Tortoises in Their Relation to the Whaling Industry: A Study of Old Logbooks«, in: *Zoologica 4,* Nr. 8 (1925), S. 55–135.
Turner, Christy G. und Jacqueline A. Turner, *Man Corn: Cannibalism and Violence in the Prehistoric American Southwest.* Salt Lake City 1998.
Tyerman, Daniel, und George Bennet, *Journal of Voyages.* London 1831.
Van Denbergh, John, »Expedition of the California Academy of Sciences

to the Galapagos Islands, 1905–1906: The Gigantic Land Tortoises of the Galapagos Archipelago.« California Academy of Sciences, 1914, Bd. II, Teil I: S. 203–374.

Van Dorn, William G., *Oceanography and Seamanship*. Centreville, Maryland, 1993.

Vickers, »The First Whalemen of Nantucket«, in: *William and Mary Quarterly*, Okt. 1983.

Vickery, J. A. und M. De L. Brooke, »The Kleptoparasitic Interactions Between Great Frigatebirds and Masked Boobies on Henderson Island, South Pacific«, in: *The Condor 96* (1994), S. 331–340.

Ward, R. Gerard, Hg., *American Activities in the Central Pacific, 1790–1870*, Bd. 2 und 3. Upper Saddle, New Jersey 1967.

Weilgart, Linda, Hal Whitehead und Katherine Payne, »A Colossal Convergence«, in: *American Scientist* Mai–Juni 1996.

Wharton, Donald P., Hg., *In the Trough of the Sea: Selected American Sea-Deliverance Narratives, 1610–1766*. Westport, Connecticut, London 1979.

Whitehead, Hal, *Voyage to the Whales*. Post Mills, Vermont, 1991.

– »The Behavior of Mature Male Sperm Whales on the Galapagos Breeding Grounds«, in: *Canadian Journal of Zoology 71* (1993), S. 689–699.

– »Status of Pacific Sperm Whale Stock Before Modern Whaling«. Reprint in: *Whale Community 45* (1995), S. 407–412.

– »The Realm of the Elusive Sperm Whale«, in: *National Geographic* (November 1995), S. 56–73.

Whitehead, Hal, und Linda S. Weilgart, »Moby's Click: Sperm Whale Underwater Sounds, Symphony Beneath the Sea«, in: *Natural History* (March 1991), S. 64–66.

– »The Sperm Whale: Social Females and Roving Males«, in: *Cetacean Societies*, hg. v. J. Mann, R. C. Connor, S. Tyack und H. Whitehead. Chicago, im Erscheinen.

Whitney, Eleanor Noss, Corine Balog Cataldo und Sharon Rady Rolfes, *Understanding Normal and Clinical Nutrition*. St. Paul, New York, Los Angeles, San Francisco 1991.

Wilkes, Charles, *Narrative of the United States Exploring Expedition*, Bd. V. Lea and Blanchard, 1845.

– *Autobiography of Rear Admiral Charles Wilkes, U.S. Navy, 1798–1877*. Washington 1978.

Worrall, Arthur J., *Quakers in the Colonial Northeast*. Hanover, London 1980.

Worsley, F. A., *Shackleton's Boat Journey*. New York, London 1977.

Zimmer, Carl, *At the Water's Edge: Macroevolution and the Transformation of Life*. New York 1998. (Dt. *Die Quelle des Lebens: von Darwin, Dinos und Delphinen*. Wien und München 1998)

GLOSSAR DER SEEMANNS-SPRACHLICHEN AUSDRÜCKE

Abdrift durch Wind oder Strömung hervorgerufene Abweichungen eines Schiffes vom Kurs

achtern von hinten kommend

Achtersteven Schiff nach hinten begrenzendes Anbauteil, das den Kiel nach oben fortsetzt

(an)preien anrufen, bitten

Ausguck 1. Beobachtungsplatz auf einem Schiff; 2. Matrose, der auf dem Beobachtungsplatz Wache hält

back entgegen, zurück, rückwärts

backbord auf der linken Schiffsseite

Barre Sandbank, Untiefe

beidrehen 1. die Fahrt unter Richtungsänderung verlangsamen; 2. mit dem Bug in den Wind drehen, um diesem möglichst wenig Angriffsfläche zu bieten

beiliegen nach dem Beidrehen am Ufer oder vor Anker liegen

Besan hinterer Mast eines dreimastigen Schiffes; der vordere heißt Fockmast, der mittlere Großmast

Besteck Ortsbestimmung eines Schiffes auf See

Bilge Kielraum eines Schiffes, in dem sich das Leckwasser sammelt

Blas die nach dem Auftauchen der Wale durch Spritzlöcher ausgestoßene Luft nennt man Blas. Er wird durch kondensierten Wasserdampf erkennbar, wobei die Form des Blas oft arttypisch ist

Bram zweitoberste Verlängerung der Masten sowie deren Takelung

Bramsegel an einer Stange der Bramstenge befestigtes Segel

Bratspill lange Holzwalze zum Aufwinden der Ankerkette

Brigg zweimastiges, mittelgroßes Segelschiff mit Volltakelung (Rahsegel an Fock und Großmast)

Bugspriet über den Bug hinausragende Spiere (Rundholz)

Dollbord obere Planke auf dem Bootsbord, an dem die Dolle – eine drehbare eiserne Gabel zur Aufnahme des Ruders – angebracht ist

Dünung durch den Wind hervorgerufener Seegang mit gleichmäßigen, lang gezogenen Wellen

(auf)entern in die Takelung eines Schiffes klettern

Fall Tau zum Aufziehen und Herablassen eines Segels
fieren Segel, Rahen, Flaggen, Boote oder Lasten durch Lösen des Taus herunterlassen; ein belastetes Tau ablaufen lassen
flensen Speck von einem Wal abziehen
Fluke querstehende Schwanzflosse des Wals
Fock unterstes Segel am Vormast
Fockmast vorderer Mast eines mehrmastigen Segelschiffes
Fregatte Kriegsschifftyp seit etwa 1600. Segelschiff mit drei Masten, zwei vollen Decks und Spiegelheck; Vorläufer der schweren Kreuzer

(der) Gast, die Gasten für einen bestimmten Dienst vorgesehene Matrosen
gissen die Position eines Schiffes ungefähr bestimmen
Glas Zeitraum einer halben Stunde; die Wachzeit von vier Stunden war auf Schiffen jeweils in acht Glasen eingeteilt

Heuer Lohn eines Seemannes
Hulk abgetakeltes, ausrangiertes Schiff, das vor Anker liegend als Unterkunft für Mannschaften oder als Magazin, Werkstatt etc. verwendet wird

Kalmen Gegenden der Windstille
kielholen 1. ein Schiff zu Reinigungs- und Reparaturarbeiten auf die Seite legen; 2. jemanden zur Strafe über Bord werfen und mit Hilfe eines langen Taus unter dem Schiff durchziehen
Kiellinie beim Fahren in Kiellinie als Reise- oder Gefechtsformation fahren die Schiffe eines im Kielwasser des anderen
Klüver dreieckiges Vorsegel
Klüverbaum den Bugspriet verlängernder (umklappbarer) Mastbaum
Kombüse Schiffsküche
Krängung seitliches Neigen des Schiffes
krimpen sich auf der nördlichen Halbkugel entgegen dem Uhrzeigersinn drehen oder sich auf der südlichen Halbkugel im Uhrzeigersinn drehen

laschen Gegenstände an Bord mit Tauwerk festmachen
Lasching Befestigung, Tauwerk
Lay im Allgemeinen betrug die Lay oder der Anteil am Gewinn einer Walfangreise für den Kapitän ein Siebtel, für den Obermaat ein Zwölftel, den Zweiten Maat ein Fünfundvierzigstel, den Dritten Maat ein Sech-

zigstel, die Bootssteuermänner ein Achtzigstel bis ein Hundertzwanzigstel und für den einfachen Matrosen ein Hundertzwanzigstel bis ein Hundertfünfzigstel

Lee dem Wind abgekehrte Seite

Leichter zum Leichtern (teilweises Entladen) von Schiffen verwendetes kleines Wasserfahrzeug

Luv dem Wind zugekehrte Seite

luven ein Schiff luvwärts drehen

Mars Plattform am unteren Ende der Marsstenge

muren Schiff mit einer Muring verankern

Muring Vorrichtung zum Verankern eines Schiffes mit zwei Ankern

Pall Sperrklinke zum Blockieren auf Schiffen oder Kais, um den die Taue zum Festmachen der Schiffe gelegt werden

Rah(e) waagerechte Stange am Mast, an der ein rechteckiges Segel befestigt wird

Reeperbahn langer, ebener Gang, in dem der Reeper (Seiler) seine Seile und Taue dreht oder schlägt

reffen Segel durch Einrollen einzelner Bahnen in der Fläche verkleinern

Riemen längeres, mit beiden Händen bewegtes Ruder

Rigg gesamte Takelung eines Schiffes

riggen auftakeln

Roller schwere lange Dünungswogen bei relativ ruhiger See

Ruder(Riemen)gast(en) zum Rudern in einem Boot eingeteilter Matrose

Rüste starke, herausragende Planke an der Außenseite eines Schiffes zum Befestigen von Ketten und Beschlägen

Schanzkleid an der äußeren Seite der Relingstützen eines Schiffes befestigter Schutzbezug

Schauermann Hafenarbeiter, dessen Tätigkeit im Laden und Löschen von Fracht besteht

Schoner Segelschiff mit zwei Masten, von denen der hintere höher als der vordere ist

Schot Tau, das die Segel in die richtige Stellung zum Wind bringt

Schwabbern mit einem Schwabber oder Dweil (Mop ähnliches Gerät) reinigen

Schwert Holzplatte, die durch eine in Längsrichtung im Boden verlaufende Öffnung ins Wasser gelassen wird, um das Abdriften des Bootes zu verhindern

Wal-(Schule) Herdenverband der Wale

seeklar fertig zur Fahrt aufs Meer

Spake 1. eine der zapfenförmig über den Rand hinausreichenden Speichen des Steuerrads; 2. als Hebel dienende Holzstange

Speigat(t) Öffnung im unteren Teil der Reling, durch die Wasser vom Deck ablaufen kann

Speil dünnes Holzzäpfchen zum Verschließen; verhindert das Ausspringen der Walleine aus der Rille am Bug des Walbootes

Spill einer Winde ähnliche Vorrichtung, von deren Trommel die Leine, Ankerkette nach mehreren Umdrehungen wieder abläuft

Spiere Rundholz, Stange (oder Takelage)

Sprietsegel viereckiges, durch das Spriet – eine diagonal vom Mast ausgehende dünne Spiere – gehaltenes Segel

Stag das von der Mastspitze nach vorn oder achtern gespannte Tau, das zum Befestigen des Mastes dient

Stelling an Seilen herabhängendes Brett zum Arbeiten an der Bordwand des Schiffes

Stenge Verlängerung eines Mastes

Steuerbord rechte Seite eines Schiffes, von achtern gesehen

Takelage Gesamtheit der Vorrichtungen, die die Segel eines Schiffes tragen (Masten, Spieren, Taue)

takeln ein Schiff mit Takelage versehen

Talje Flaschenzug

Topp Spitze eines Mastes

Trosse starkes Tau aus Hanf, Draht, das besonders zum Befestigen des Schiffes am Kai und zum Schleppen verwendet wird

Vorsteven Schiff nach vorn begrenzendes Bauteil, das den Kiel nach oben fortsetzt

FAHRTROUTEN DER ESSEX-WALBOOTE

22. November 1820 bis 23. Februar 1821

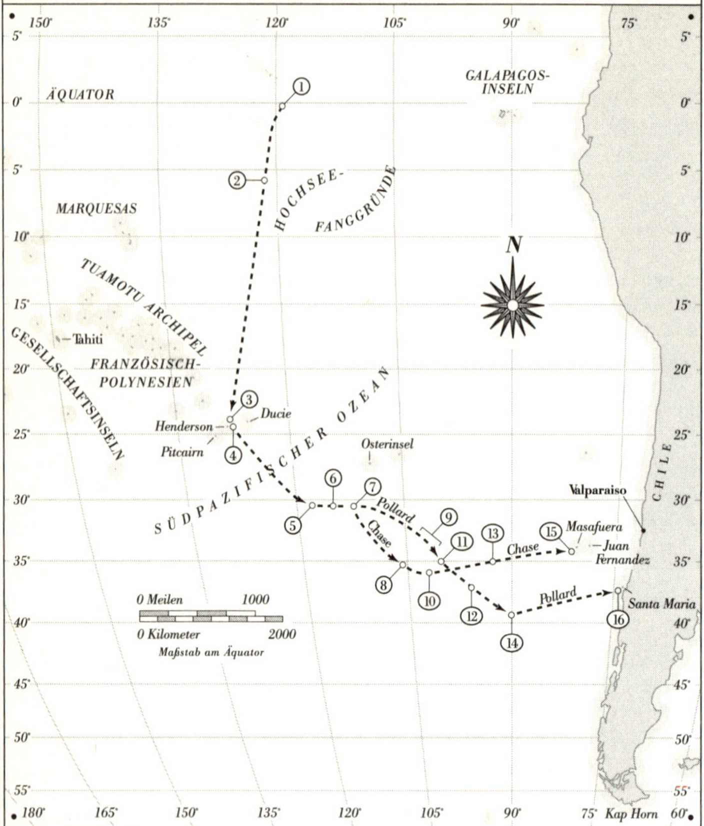

1/ 20. November 1820, die Essex wird von einem Wal gerammt

2/ Ein Killerwal greift Pollards Boot an

3/ 20. Dezember, die Insel Hendersen wird gesichtet

4/ 27. Dezember, Abfahrt von Hendersen

5/ 7. Januar

6/ 10. Januar, Joy stirbt

7/ 12. Januar, Chase verliert Pollard und Hendricks

8/ 20. Januar, Petersen stirbt

9/ 20.-28. Januar, Tod von Thomas, Shorter, Sheppard und Reed

10/ 26. Januar, Chase wendet und nimmt Kurs auf Norden

11/ 29. Januar, Pollard und Hendricks verlieren sich aus den Augen

12/ 6. Februar, Coffin wird erschossen

13/ 8. Februar, Cole stirbt

14/ 11. Februar, Ray stirbt

15/18. Februar, Chase wird gerettet

16/ 23. Februar, Pollard wird gerettet